Chefsache Frauen II

Peter Buchenau
(Hrsg.)

Chefsache Frauen II

Frauen machen Frauen erfolgreich

 Springer Gabler

Herausgeber
Peter Buchenau
The Right Way GmbH Switzerland
Oberterzen, Schweiz

ISBN 978-3-658-14269-8   ISBN 978-3-658-14270-4 (eBook)
DOI 10.1007/978-3-658-14270-4

Die Deutsche Nationalbibliothek verzeichnet diese Publikation in der Deutschen Nationalbibliografie; detaillierte bibliografische Daten sind im Internet über http://dnb.d-nb.de abrufbar.

Springer Gabler

Einbandabbildung: fotolia.de

Gedruckt auf säurefreiem und chlorfrei gebleichtem Papier.

Springer Gabler ist Teil von Springer Nature
Die eingetragene Gesellschaft ist Springer Fachmedien Wiesbaden GmbH
Die Anschrift der Gesellschaft ist: Abraham-Lincoln-Strasse 46, 65189 Wiesbaden, Germany

Geleitwort

Mami, Du musst es lieb schreiben und so, dass sich alle Frauen hineinversetzen können (Zitat meiner Tochter, als sie hörte, dass ich dieses Geleitwort schreiben soll).

Wer mich kennt, weiß, dass ich mit Schwung und Elan an alle meine beruflichen und persönlichen Herausforderungen herangehe. Ich lasse nichts liegen, oder schiebe etwas vor mir her. Zuverlässig und verbindlich bearbeite ich meine Themen oder Aufgaben und hake am Ende der Woche meine Liste ab. Das macht mir Freude und gibt mir eine innere Befriedigung, wenn die Dinge zur Zufriedenheit meiner Kunden und mir selbst getan sind. Bei allem bleibe ich flexibel und spontan und sehe auch zu, dass ich selbst nicht zu kurz komme. Gönne mir also auch Auszeiten, mache Sport oder gehe anderen Aktivitäten nach. Kontinuierliche Weiterbildung, auch in artfremden Bereichen, ist für mich kaum wegzudenken.

Als alleinerziehende Mutter und seit über 24 Jahren selbstständige Frau, davon 14 Jahre mit einem eigenen Unternehmen, ist mein sehr früh beginnender Tag getaktet und abends falle ich todmüde, aber glücklich, ins Bett. Einmal in der Woche kommt meine gute Fee und hilft mir für vier Stunden im Haushalt, meine Mutter nimmt mir manchmal Bügelwäsche und kleinere Erledigungen ab oder übernimmt Tochter-Fahrdienste. Wenn etwas im Haushalt zu reparieren oder instand zu bringen ist, bestelle ich mir Handwerker vom Ort. Verwoben sind meine Tochter und ich in ein starkes Netz voller geliebter Familienangehöriger und lieben Freunden. Regelmäßige Feste, Partys und gemeinsame Urlaube sind nicht wegzudenken. Unser spanischer Hund Lilly findet dabei im Notfall eine Unterkunft und als wir noch die Hühner, Hasen und Meerschweinchen hatten, ging es auch irgendwie.

Wie hört sich meine Schilderung für Sie an, liebe Leser/-innen? Welche Gedanken gingen Ihnen durch den Kopf? Superwoman? Gott, diese Frau muss ja total kontrolliert, diszipliniert, unspaßig und ausgemergelt sein? Die arme Tochter, was muss die erleiden, die hat bestimmt nie Zeit für sie? Die denkt nur an Karriere und Erfolg!

Das habe jedenfalls ich gedacht, als ich meine eigenen Worte gelesen habe. Mhm. Und wissen Sie was? Mit nichts habe ich mich in letzter Zeit schwerer getan, als dieses Geleitwort zu schreiben. Seit Tagen schiebe ich es vor mir her, es hat mir einige schlaflose Nächte beschert.

Wenn ich nicht am PC schreiben würde und nicht die Möglichkeit hätte, meine endlosen Versuche ständig zu löschen, lägen jetzt Hunderte von zerknäulten Papierkugeln am Boden. Der Abgabetermin steht vor der Tür, ich bin innerlich aufgewühlt.

Warum? Weil die Buchreihe „Chefsache Frauen" sich mit dem Thema Erfolg beschäftigt und aufzeigt, was Frauen benötigen, um in Führungspositionen erfolgreich zu sein. Der Knoten platzte erst bei mir, als ich die Wörter „Erfolg" und „Führungskraft" in meinem Kopf von einem Gleichnis, man könnte es auch Glaubenssatz nennen, entkoppelte. Plötzlich kam ich wieder in meine Kraft und in meinen gewohnten Gedankenschwung. Darf ich Ihnen sagen, was mich die ganzen Tage und Nächte über verzweifeln ließ?

Ich bin weder erfolgreich, noch in einer Führungsposition: Mein Gleichnis sagte mir, dass Erfolg gleich viel Geld verdienen bedeutet, also reich sein. Oder in der Öffentlichkeit stehend, berühmt sein. Mein Gleichnis sagte mir weiterhin, in Führungsposition zu stehen bedeutet Personal zu führen. Alles trifft auf mich nicht (mehr) zu.

Alles was ich Ihnen hier sage, respektive schreibe, hat dazu geführt, dass ich Angst bekam. Angst davor, dass jemand hinterfragen und zweifeln könnte, warum ausgerechnet ich etwas zum Thema Erfolg zu sagen hätte. Nun denn, ich habe mich überwunden: Ich bin der Meinung, wir alle stehen in einer „Führungsposition". Nämlich in der Position, uns selbst zu führen. Und das ist in erster Linie unabhängig vom persönlichen und/oder beruflichen Kontext zu betrachten. Dennoch steht es damit im unmittelbaren Zusammenhang, weil sich die Reflexion und Analyse meiner „persönlichen Führung" auf alles ein- und auswirkt. Nur wenn ich mich gut kenne, kann ich mich gut führen. Wenn ich mit mir klar und transparent bin, kann ich klar für andere sein und „es" führen. „Es" steht für die ganze Bandbreite unserer alltäglichen persönlichen und beruflichen Anforderungen: sei es die Organisation des Haushalts, des Familienlebens, der Freizeitaktivitäten, die Vorbereitung eines Mitarbeitergespräches, die Steuerung eines Projektes etc. etc.

Egal was wir tun, überall treffen wir auf Menschen, die entweder etwas von uns wollen oder wir von ihnen. Schwupp – da ist sie, die Führungsposition oder etwa nicht?

Und wie ist es mit dem Erfolg? Erfolg basiert für mich auf einem klar definierten Wertesystem, also zum Beispiel: Was macht mich aus, was ist mir persönlich wichtig, wie will ich sein, was soll das Leben von mir in Erinnerung behalten, wie will ich Umgang mit mir und mit anderen agieren.

Die Definition dessen und die damit verbundenen Kriterien geben mir eine Orientierung und einen Rahmen, wie das Resultat meines Handelns und Wirkens sein soll. Eingebettet ist das Ganze in planbare und erreichbare Ziele, die mein Selbstbewusstsein stärken, wenn ich sie erreicht habe und anerkannt werden. Erfolg ist für mich nicht gleich Geld. Erfolg ist für mich, wenn mein Wertesystem und meine Ziele im Einklang stehen. Dann bin ich glücklich, zufrieden und erfolgreich. Punkt.

So – die Eckpfeiler meines Wertesystems stehen und an denen orientiere ich mich jetzt, denn, wie Marina Friess sagt, es hat keinen Sinn sich zu verbiegen.

Gedanken und Worte sind für mich gelebte Materie – und umgekehrt. Ich schreibe also so, wie ich bin, wie ich fühle und erlebt habe.

Daher erfolgt zuerst ein herzliches Dankeschön an Marina. Sie hat ihr „Bauchgehirn" innerhalb von Sekunden entscheiden lassen und mir bezüglich des Geleitworts den Kontakt zum Herausgeber ermöglicht.

Da kannten wir uns erst einige Stunden, hatten uns vorher weder gesprochen, noch über uns und unsere persönlichen und beruflichen Ziele ausgetauscht. Es ging einzig und allein ein intensiver, zufälliger (!?!) Blickkontakt voraus, den wir im April dieses Jahres im Rahmen ihres Female Business FEMINESS (www.feminess.eu) Kongresses austauschten.

Mir war sofort klar, über diese kraftvolle Frau und ihre strahlenden Visionen möchte ich gerne mehr erfahren. Es kam recht zügig zu einem Treffen, dem eine Mail von mir vorausging, deren Inhalt ihre Neugier erweckte, auch mich kennenlernen zu wollen. Punkt.

Da ich, wie Sie bereits wissen, Ziele und damit verbundene Aufgaben sehr ernst nehme, bestellte ich mir gleich im Anschluss unseres Treffens das Buch „Chefsache Frauen – Männer machen Frauen erfolgreich" (Band I), um herauszufinden, worum es eigentlich in dieser Buchreihe geht. Was dann an Drama folgte, haben Sie ja zuvor bereits gelesen.

Nun folgt ein weiteres, wahrlich ernst gemeintes, herzliches Dankeschön: An all die männlichen Autoren, die in diesem ersten Band „Chefsache Frauen – Männer machen Frauen erfolgreich" (Band I) aus ihrer Sicht erklären, was wir Frauen anders und besser machen sollen, um zu einer erfolgreichen Frau zu werden. Und wo unsere ausbaufähigen Stärken und Potenziale liegen, die uns auf dem Weg dorthin begleiten können. Und um es auch hier wieder auf den Punkt zu bringen: Wir Frauen haben aus der Sicht der Männer eine Menge an Stärken zu bieten und Potenziale auszuschöpfen. Wir müssen sie unter anderem nur wahrnehmbar für andere machen und vor allen Dingen dazu stehen, damit diese Leistungen zur gebührenden Anerkennung und Honorierung kommen.

Ja, dem stimme ich voll und ganz zu, insbesondere der Wahrnehmbarkeit. Füge jedoch noch hinzu, dass wir sie (Stärken und Potenziale) uns „selbst-bewusst" machen und sie dabei ins Tun und Handeln bringen müssen.

Also raus aus der Komfortzone und die Beine unter die Arme geklemmt. Ich bin der Ansicht, dass wir Frauen alle Gelegenheiten ergreifen sollten, um uns auszutauschen. Wie ein Hero meines Herzens, Martin Buber, sinngemäß formulierte: Man(n) wächst am Du, nicht nur am Ich. Frau auch!

Übertragen bedeutet das „Du" für mich, dass wir Frauen jedwede Form des Netzwerkens nutzen sollten, um stetig von-, für- und miteinander zu lernen: Geschlechterunabhängig! Im privaten wie auch im beruflichen Bereich! Digital und analog! Online durch die Möglichkeiten und Angebote von Weiterbildungsplattformen sowie offline durch persönliche Zusammenkünfte auf Vorträgen, Messen und Kongressen. Die Möglichkeiten und Chancen sind schier unermesslich, wir müssen sie nur ergreifen und uns Frauen, wie ich es nenne, solidarisch „zusammenrotten".

Ich bin der festen Überzeugung, dass wir Frauen im Kommen sind, wenn es uns gelingt, gemeinsam an einem Seil zu ziehen. Und dieses Seil kann wahrhaftig stark, lang, mächtig und einflussreich werden. Wir haben viel zu bieten! Dafür loben uns (sogar) die männlichen Autoren des ersten Bandes „Chefsache Frauen – Männer machen Frauen erfolgreich".

Und nun melden sich hier im vorliegenden Buch „Chefsache Frauen II" erfolgreiche Frauen zu Worte, und schildern deren Sicht der Dinge auf Macht, Erfolg und Karriere. Für mich als Soziologin und Systemikerin ein Glücksfall: Ich konnte beim Lesen gedanklich die geschlechterspezifischen Unterschiede und Gemeinsamkeiten mit dem Blick auf ein gemeinsames Thema nachlesen.

Ihr lieben Frauen, danke dafür. Eure Worte haben mich sehr zum Nachdenken angeregt, meinen Blick nochmals geschärft, haben mich außerordentlich motiviert und ich habe vieles von Euch gelernt.

JA! Auf dem Weg zum Erfolg ist es erstrebenswert und sinnstiftend, an der Bewusstseins-Entwicklung der eigenen Persönlichkeit und Haltung dran zu bleiben. Es ist wichtig, sich nicht nur über seine Werte klar zu sein, auch über die Tugenden und Stärken. Es ist gut, auch einmal loszulassen, die Perspektive zu wechseln, um wieder Schwung ins Leben zu bringen und sich dabei auch von anderen Menschen supporten zu lassen und Hilfe anzunehmen.

Also alles zu tun, um mit sich in Einklang zu kommen, sich nicht zu verbiegen, zur Weiblichkeit zu stehen und die Mittel, die uns da zur Verfügung stehen, auch zu nutzen und nicht mehr zu verstecken. Mit zwinkerndem Auge: bitte an dieser Stelle keine falschen Interpretationen, was für Mittel damit gemeint sein könnten.

An der Kommunikation arbeiten? Ja! Viel reden können wir Frauen schon immer besser. Aber Quantität ist nicht gleich Qualität.

Wenn wir uns all dessen bewusst geworden sind und es uns gelingt, in die Anwendung zu gehen, ist eine charismatische Ausstrahlung nicht weit entfernt.

Ich hoffe nun sehr, dass ich Sie neugierig auf die jetzt folgenden Beiträge gemacht habe. Viel Spaß beim Lesen wünscht Ihnen von Herzen,

Dr. Michaela Aragonés im Juli 2016
Stärkenstärkerin
www.michaela-aragones.com

PS: Und seit einigen Tagen bin ich zusätzlich bei Female Business FEMINSS tätig. Als was? Tragende Säule der Strategie und Beratung Chefredaktion: Female Business FEMINESS Magazin!! Auch ich will an (m)einem Seil ziehen … ;)

Inhaltsverzeichnis

1   **Gefühle zeigen und damit erfolgreich sein durch soziale Kompetenz**   1
    Jaqueline Bakir Brader

2   **Verhandeln wie eine Königin**   7
    Beatrice Buch

3   **Die DNA der Alphafrau**   29
    Marina Friess

4   **Persönlichkeit . Macht . Sinn**   43
    Suzanne Grieger-Langer

5   **Marketing für Frauen tickt anders! Erfolgsstrategien,
    die wirklich zu Ihnen passen**   65
    Katja Hofmann

6   **Aus dem Schatten ins Rampenlicht**   87
    Antje Kehl

7   **Raus aus dem Stress – Rein in die Erfolgsspur**   103
    Margarita von Mayen

8   **Heute gehe ich mit Schwert ins Büro**   133
    Carola Orszulik

9   **Erfolgreich und erfüllt als Frau**   145
    Katharina Pommer

10 **Wer nichts sagt, hat nichts zu sagen**   179
    Simone Richter

11 **Der Weg zum wahren Wohlstand**   193
    Thiphaphone Sananikone

12   Karriereplanung, Aufstieg, Führung – was Frauen erfolgreich macht . . . 209
Lena Stocker

**13   Warum wir auch mal Tussi sein dürfen – Wie Businessfrauen
      bei der Partnersuche erfolgreich sind** 241
Gwendolyn Stoye-Mingers

**14   Weibliche Kompetenz erfolgreich im männerdominierten
      Business einsetzen** 251
Dagmar Verloop

15   Die Einstellung macht den Unterschied! 277
Sonja Volk

Gefühle zeigen und damit erfolgreich sein durch soziale Kompetenz

Jaqueline Bakir Brader

Trotz Frauenquoten und Förderprogrammen für Frauen in Unternehmen und öffentlichen Einrichtungen, wie das Mentoring, ist der Anteil der Frauen in Führungspositionen, in Vorständen, in der Politik und in der Wissenschaft nach wie vor gering. Teilweise liegt er bei wenigen Prozent, vor allem in technikorientierten Berufen und Unternehmen. An der schulischen Ausbildung liegt es weniger, hier schneiden Mädchen sogar besser ab als Jungen. Nach wie vor wählen die jungen Frauen allerdings eher typische Frauenberufe, während die Männer sich mehr den naturwissenschaftlichen und technischen Disziplinen zuwenden.

Im Gegensatz zu skandinavischen Ländern ist die Berufstätigkeit von Frauen mit Kindern in Deutschland immer noch ein heftig umstrittenes Thema. Dabei ist sogar wissenschaftlich erwiesen, dass sich der Nachwuchs von berufstätigen Müttern nicht schlechter als der von nicht arbeitenden Frauen entwickelt. Vielmehr fehlen gerade in Deutschland Kinderbetreuungsstätten und Akzeptanz und Toleranz gegenüber Frauen, die Beruf und Familie vereinbaren und Karriere machen möchten. So fällt es gerade Frauen nach der Geburt beziehungsweise Elternzeit schwer, an eine frühere Tätigkeit anzuknüpfen. In den Stellenbörsen finden sich selten Angebote für qualifizierte Tätigkeiten, die als Teilzeit ausgeschrieben sind.

Oft wird Frauen nachgesagt, dass sie zu weich sind, um Führungsaufgaben zu übernehmen. Sie verfügen zwar häufiger über die viel gelobten Soft Skills und sind empathischer, aber weniger entscheidungsfreudig und durchsetzungsstark. Auch wenn das erstmal wie eine Ausrede dafür klingt, dass Frauen in den Führungsetagen ausbleiben: Sind Härte und Risikobereitschaft tatsächlich die einzigen Anforderungen an die Chefin oder den Chef? Die Frage, unter welchem Führungsstil ein Team am produktivsten ist, lässt sich schwer beantworten. Denn jeder Angestellte braucht vermutlich einen individuellen Führungsstil,

J. Bakir Brader (✉)
Sillenstederstr. 4a, 26441 Jever, Deutschland
E-Mail: bakirbraderjacqueline@gmail.com

© Springer Fachmedien Wiesbaden GmbH 2017
P. Buchenau (Hrsg.), *Chefsache Frauen II*, DOI 10.1007/978-3-658-14270-4_1

damit er die beste Arbeit vollbringen kann. Ist es der Chef, der hart durchgreift, Überstunden voraussetzt und einen kompromisslosen Weg vorgibt? Oder ist es der Vorgesetzte, der seinen Mitarbeitern freien Lauf lässt, dem es egal ist, ob im Café, im Homeoffice oder im Büro gearbeitet wird und der für alle Probleme ein offenes Ohr hat?

Führung ist ein komplexes Thema und für jeden Mitarbeiter den richtigen Weg vorzugeben eine große Herausforderung. Doch weder autoritärer Führungsstil noch Laissez-faire allein, werden zur Höchstleistung bei den Mitarbeitern führen. Wertschätzung und Respekt sind die eigentlichen Erfolgsfaktoren. Sich für das Führen mit Herz einsetzen kann jeder. In Deutschland sind Menschen die wichtigste Ressource. Trotzdem gehen wir beruflich häufig sehr rüde miteinander um. Damit Mitarbeiter aus diesem Grund nicht innerlich kündigen und so viel von ihrem Leistungspotenzial verloren geht, sollte sich das unbedingt ändern. Dass sich Vorgesetzte – egal ob Frau oder Mann – viel mehr von ihrem Herzen führen lassen sollten, ist für mich durchaus ein wirtschaftlich relevantes Thema.

Als ich mich vor 25 Jahren selbstständig machte, wurde ich von vielen meiner Bekannten und Freunden belächelt. Doch habe ich schon damals fest an eines geglaubt: Wenn dein Herz spricht, solltest du ihm folgen. Daran glaube ich bis zum heutigen Tag und lebe auch danach. Als mir durch einen Freund angeboten wurde, mit 19 Jahren als Beraterin bei einem Finanzdienstleister zu arbeiten, nahm ich das Angebot an. Ich durchlief damals als einzige Frau mehrere Schulungsseminare. Schnell merkte ich, dass ich Freude daran fand, andere Menschen bei der Anlage ihres Vermögens zu beraten. Nach einem ersten Geschäftsjahr als freie Beraterin wurde ich als beste Mitarbeiterin in den Hauptsitz der Firma eingeladen. Als ich das große Gebäude des Finanzdienstleisters betrat, fiel mir sofort auf, dass Frauen anscheinend nur als Empfangsdamen oder Sekretärinnen präsent waren. Als ich den Meetingraum betrat, wurde meine Vermutung schnell bestätigt. An einem langen Konferenztisch blickten mich 40 Männeraugen an. Sie fixierten mich von oben bis unten. Ich fühlte mich wie ein Fremdkörper, was ich in den Augen der Männer wohl auch war. Als attraktive Frau war ich es gewohnt, die Blicke der Männer anzuziehen. Normalerweise finde ich es abstoßend, auf Blicke reduziert zu werden, doch habe ich in diesem Moment gelernt, sie mir zunutze zu machen. Ich spielte mit meiner Weiblichkeit und merkte, wie einfach es war, einige dieser Herren um den Finger zu wickeln. Als ich dann endlich an die Reihe kam und meine Jahresergebnisse präsentieren konnte, erntete ich Anerkennung und hatte die Männergruppe fest im Griff. Seitdem weiß ich, dass man auch als taffe Geschäftsfrau zu seiner Weiblichkeit stehen soll. Man sollte wertschätzen, was man ist, um erfolgreich zu sein. Auf keinen Fall sich verbiegen oder gar verstellen. Eine Erfahrung, die ich bis heute praktiziere und gerne weitergebe. Ich habe gelernt, dabei meinen Gefühlen zu vertrauen. Sie sind ein Urinstinkt des Menschen. Positive wie negative. Man kann sich darüber streiten, ob Gefühle mit Emotionen gleichzusetzen sind. Fakt ist jedoch, dass – egal wie man sie benennt – Gefühle vorhanden sind. Freude, Traurigkeit, Harmonie, Ausgelassenheit, Wut, Zorn, Glück, Zufriedenheit, Gelassenheit, Verletzlichkeit, Lebendigkeit, Leichtigkeit und viele mehr. Man findet sie täglich im Leben und so auch in der Arbeitswelt. Wichtig ist, selbst keinen Unterschied zwischen den verschiedenen Gefühlen zu machen. Sie weder positiv noch negativ zu bewerten. Denn Gefühle sind weder gut noch schlecht. Der Umgang mit ihnen ist entscheidend, sowie die Reaktion auf diese. Jede Bewertung verengt den Handlungsspielraum. Gerade in der Wirtschaft kann man mit Gefühlen vieles erreichen. Empathie und Sich-Offen zeigen, kann einen viel weiter bringen, als mit dem „Dampfhammer" auf den Bürotisch zu hauen. So arbeite ich seit Jahren und bin selten von meinen Gefühlen getäuscht worden.

Doch geschieht es auch, dass man von seinen Gefühlen negativ überrascht wird. Dies ist mir erst unlängst wieder passiert. Ein Dienstleister hatte mir zu einem gewissen Zeitpunkt eine Webseitenerstellung zugesagt, die ich dringend für ein anstehendes Projekt benötigte. Zum vereinbarten Termin war diese aber nicht fertig. In einem Telefonat fühlte ich, dass der Dienstleister seine Arbeit noch nicht einmal angefangen hatte. Meine Gefühle signalisierten mir, dass der Geschäftsmann mich versuchte, am Telefon hinzuhalten und mit immer neuen Ausreden kam. Meine Gefühle und auch meine Menschenkenntnis signalisierten mir, umgehend einen neuen verlässlichen Partner zu suchen. Gesagt, getan. Mit einem neuen Dienstleister fand ich einen zuverlässigen Partner, mit dem ich nun erfolgreich zusammenarbeite. Die negativen Gefühle führten zu einem positiven Ergebnis.

Es ist ein schwieriger und langer Weg zu lernen, seine Gefühle offen zu zeigen. Denn am liebsten möchte man sich immer gut und geliebt wissen. Daher ist es normal, die negativen Gefühle zu unterdrücken. Unbewusst schämen wir uns ihrer und fühlen uns schuldig. Das wurde uns so anerzogen. Doch Gefühle lassen sich nicht ohne Folgen unterdrücken. Sie brodeln vor sich hin, bis sie an die Oberfläche kommen und dann explodieren. Das führt in der Personalführung und mit Geschäftspartnern oft zu Hindernissen, die sich nur noch schwer oder gar nicht aus dem Weg räumen lassen. Auch ich musste erst Erfahrungen sammeln, bis ich mich auf psychologischen Fortbildungen mit dem Thema Gefühle und deren Umsetzung auseinandersetzte. Was ich entdeckte, war ein sehr komplexes Gebiet, das mich weit in die Vergangenheit führte.

Denn Gefühle zu unterdrücken, hat sehr viel mit Geschichte zu tun, mit der Art der Erziehung, die von Generation zu Generation weitergegeben wird. Es gibt Regeln, Werte und Normen, die in Kulturen und in der Wirtschaft aufgestellt werden. Danach richtet sich das Verhalten, Denken und Handeln. Wird von diesen Regeln abgewichen, gilt das als „nicht normal". Es folgen Vorverurteilungen, Diskriminierungen, die bis zur Isolation führen können.

Gefühle hatten nie einen Platz im menschlichen Dasein. Zu Kriegszeiten war dies eine Überlebensstrategie. Es steht aber fest, dass Gefühle so gut wie nie ausgelebt werden durften. Das hatte zur Folge, dass sie uns nicht wirklich bewusst waren. Selbst Freude durfte nicht offensichtlich gezeigt werden. Schnell entstand dabei die Denkweise, verrückt, abgehoben und übertrieben zu sein. Die Menschen wurden zu Logik und Vernunft erzogen. Alles andere zählt bis heute als Gefühlsüberschwang. Im Laufe der Zeit änderte sich das Bild. Die Menschen sensibilisierten sich für die Gefühlswelt. Zu erkennen ist dies im Besonderen bei der heutigen Jugend und bei jüngeren Kindern. Sie sind viel verletzlicher und empfänglicher als Erwachsene. Ein großer Fortschritt und Schatz, den sich insbesondere die Wirtschaft zu eigen machen sollte. Sind doch Kinder die Zukunft und ein Spiegelbild der Gesellschaft.

Und nicht zuletzt hat auch die Globalisierung ihren Teil zur Gefühlsöffnung beigetragen. Schnelllebigkeit, Forderung an die Intelligenz und erhöhte Ansprüche nehmen Ausmaße an, die kaum noch erfüllt werden können. Burnout und Depression sind inzwischen zu Volkskrankheiten geworden.

Gefühlsmäßig sind die Grenzen erreicht. In der Wirtschaft ist gut zu erkennen, dass ein Umdenken eingesetzt hat. Wir müssen uns mit uns und unserer Umwelt auseinandersetzen und dabei unseren Gefühlen vertrauen. Menschenführung mit Herz, Emotionen und Mut. Den Menschen als Person sehen und nicht als Arbeitsmaschine. Auf seine Ängste und Sorgen eingehen. Der Mensch wird von seinen Gefühlen gelenkt. Oft auch unbewusst. Menschen, die verlernt haben, auf ihre Gefühle zu hören, wirken auf andere als kontrollierte Menschen. Nicht greifbar und authentisch, bis hin zur Gefühlskälte sind deren Attribute. Solche Menschen wirken unnahbar, da sie emotional nicht zu erreichen sind.

Durch meine Fortbildungen habe ich mir einen Leitfaden der Gefühlswelt zusammengestellt, den ich mir oft wieder in das Gedächtnis rufe. Vielleicht mag er dem einen oder anderen ebenfalls helfen. Denn Gefühle wahrzunehmen ist gar nicht so einfach, wie man sich vorstellt. Sie können sich unangenehm anfühlen und zu Unsicherheit, Wut, Trauer, Schmerz, Hass, Unzufriedenheit führen. Lerne diese Gefühle zu akzeptieren. Sie sind ein Teil von dir, lasse sie zu. Ab diesem Moment nimmst du Gefühle an, verarbeitest sie und wirst Erleichterung spüren. Sollten die Gefühle zu schmerzhaft sein, dann setze dir eine Grenze, wie weit du sie beim ersten Mal zulassen möchtest. Es ist hilfreich, die Übungen mit einer Vertrauensperson durchzuführen, die einen emotional auffangen kann.

Genauso wichtig sind die angenehmen Gefühle. Sie erkennen, annehmen und genießen. Sich richtig gut fühlen. Ohne Schuld- und Schamgefühl. Das ist Übungssache, denn der Mensch ist auf Logik, Verstand, Kontrolle konditioniert. Wir müssen lernen, unsere Gefühle zu hinterfragen, indem wir anfangen zu erkennen, was uns gerade so wütend, traurig und unsicher macht. Seine Gefühlslage aufzuschreiben hilft dabei. Die vielen Gedanken, die einem im Kopf herumschwirren, lassen sich am besten sortieren, wenn wir sie in einem kleinen Gefühlsbuch anlegen. So sind sie immer sichtbar und in unterschiedlichen Situationen wieder einsehbar. Es mag dem einen oder anderen schwerfallen, sich dieses Verfahren anzueignen, denn so lassen sich die eigenen Gefühle und Gedanken nicht mehr verleugnen. Überwindet man diese Hemmschwelle, wird man Erleichterung spüren, da sich intensiv mit dem Thema Gefühle auseinandergesetzt wurde. Wichtig ist, ehrlich zu sich selbst zu sein! Das ist der wichtigste und schwierigste Schritt, um Gefühle anzuerkennen. Das liegt daran, dass den Menschen früh oktroyiert wurde, den eigenen Schmerz und die eigenen Bedürfnisse zu unterdrücken. Besonders bei Frauen ist dies stark zu beobachten. Ihnen wurde suggeriert, lieb, nett, artig und brav zu sein. Ein Frauenbild, das von Generationen gezeichnet wurde und sich endlich im Wandel befindet.

Sich den Gefühlen zu stellen bedeutet, ehrlich zu sich selbst zu sein. Es erfordert Mut, inneren Willen und Entschlossenheit. Dafür erntet man Selbstliebe, Mitgefühl und Verständnis für sich und somit auch für andere Menschen.

Ich selbst bezeichne mich als Gefühlsmensch, der es geschafft hat, auf sein Herz zu hören. Es hat mich nicht daran gehindert, erfolgreich in der Wirtschaft zu sein. Das Gegenteil ist der Fall: Seitdem ich noch mehr auf meine Gefühle und die meiner Mitmenschen achte, hat sich meine soziale Kompetenz erhöht und die Erfolgskurve zeigt stetig bergauf. Gerne greife ich dabei auch auf die Vorzüge einer Frau zurück. Denn eines ist klar: Was die Fähigkeit Gefühle zu zeigen betrifft, sind wir dem männlichen Geschlecht noch um einiges voraus.

In meinem Leben gab es viele Höhen und Tiefen. Ich habe gelernt, der Stimme meines Herzens zu folgen und meine Bestimmung gefunden. Ich lebe im Hier und Jetzt und bin glücklich damit. Keiner kann vor seinen Gefühlen und der Zukunft weglaufen. Egal wie sehr man es auch versucht! Beruflich wie privat. Aber wenn wir lernen, unser Leben zu akzeptieren, kann uns schnell klar werden, wie wichtig es ist, sich Zeit zu nehmen, seinen Gefühlen zu vertrauen und dadurch glücklich zu werden.

Vor einiger Zeit schrieb ich folgende Zeilen in meinem Buch „Die Mutmacherin" (Brader 2015):

„Denke nicht an morgen, denn heute ist ein guter Tag, um das Beste aus ihm zu machen."

So ist es.

1.1 Über die Autorin

Jacqueline Bakir Brader wurde in der Türkei geboren. Sie ist dreifache liebevolle Mutter, Unternehmerin, Autorin und offizielle Sprecherin des Förderkreises der „Stiftung Bildung!Egitim!"-Kompetenzentwicklung für Menschen zwischen den Kulturen. Seit vier Jahren unterstützt Jacqueline die „Stiftung Bildung!Egitim!". Diese setzt sich für junge Schüler und Schülerinnen, Studenten und Studentinnen, sowie für Berufseinsteiger mit oder ohne Migrationshintergrund ein. Die Stiftung möchte gemeinschaftlich neue Beiträge zur Integration und damit zur Stärkung der Gesellschaft über den Weg der Kompetenzentwicklung von jungen Menschen zwischen den Kulturen leisten.

In ihrem aktuellen, erfolgreichen Buchbestseller „Die Mutmacherin: Das Leben ist schön", welches ein Lebensbericht ist, scheut sie sich nicht, politische Versäumnisse zu benennen. Ihr Buch soll allerdings nicht anklagen oder belehren, sondern Mut machen. Mut machen, die Migration als Chance zu betrachten und das eigene Leben in die eigene Hand zu nehmen.

„Wir riefen Arbeitskräfte, es kamen aber Menschen" – Max Frisch brachte die Versäumnisse der Integrations- und Zuwanderungspolitik auf den Punkt. Genau hier nahmen die Probleme ihren Anfang, die in jüngerer Zeit allerorten eskalieren. Doch es gibt auch Leuchttürme: Einwanderinnen und Einwanderer, die sich allen Schwierigkeiten zum Trotz nach oben gekämpft haben. Ein solches Vorbild ist die gebürtige Türkin Jacqueline Bakir Brader, deren Vater 1969 „als Gastarbeiter der ersten Stunde" nach Deutschland gekommen ist.

Gegen alle Widerstände hinweg nimmt sie sich das Recht auf ihre persönliche Entfaltung heraus. Sie wehrt sich gegen die traditionelle Erziehung und das Gebot ihres Vaters, im Elternhaus nur türkisch zu sprechen. Eignet sich die deutsche Sprache selbstständig an und boxt sich in der Schule durch. Nach einem Aufenthalt im Frauenhaus, in das sie vor ihrem gewalttätigen Vater geflüchtet ist, fasst sie trotz vieler Vorurteile erfolgreich in der Immobilienbranche Fuß. Sie heiratet, bekommt drei Töchter, ihre Firmen expandieren. Doch das Leben auf der Überholspur hat seinen Preis: 2011 wird bei ihr Brustkrebs diagnostiziert, den sie unter großen Kraftanstrengungen schließlich besiegt.

Seit nun 25 Jahren arbeitete Jacqueline weltweit in der Immobilienwirtschaft. Als Geschäftsführerin zweier Firmen, die sie familiengeführt mit ihren zwei Schwestern betreibt, legt sie großen Wert auf ein menschliches Miteinander. Ihre gewachsenen Firmen kümmern sich aber nicht nur um den Verkauf und Vermietung von diversen Objekten. Zusammen mit ihren Schwestern, der Dipl.-Ingenieurin Nurhayat Bakir und Filiz Bakir, sind sie als Frauentrio kompetente Berater, was die Projektentwicklung beim Bauen betrifft. Von der Planung, über die Finanzierung, bis zum fertigen Eigenheim, sind die Geschwister Bakir mit der Firma Bakir Immobilien GmbH ein professioneller Partner.

Ein weiteres berufliches Steckenpferd von Jacqueline ist ihre Firma Bakir Distribution GmbH. Über diese werden ihre Vorträge, Seminare und Anfragen als Speaker organisiert. Seit Jahren hält sie Vorträge über Immobilien und gibt ihre Erfahrungen aus dem Berufsleben weiter. Des Weiteren organisiert die Bakir Distribution auch ihre zahlreichen, bundesweiten Lesungen, Seminare und Diskussionsrunden.

Weitere Infos unter www.bakirbrader.de

Literatur

Brader, J. B. (2015). *Die Mutmacherin: Das Leben ist schön*. Bad Zwischenahn: Koros Nord.

Beatrice Buch

2.1 Stecken Sie noch in der „Prinzessinnen-Falle"?

Denken wir an all die wunderschönen Grimms Märchen, wie Dornröschen, Schneewittchen oder Rapunzel, haben doch alle Prinzessinnen etwas gemeinsam: Sie warten auf ihren Retter, der sie erlösen wird. Oder kennen Sie ein Märchen, in dem die Prinzessin selbst ihr Recht erstreitet, sich gegen ihre Stiefmutter auflehnt, mit einem Richter oder König debattiert, oder gar in den Krieg zieht?

Ich erlebe in meinen Coachings immer wieder hoch qualifizierte Frauen in Führungspositionen, die jedoch in der Rolle der Prinzessin stecken geblieben sind. Das geht von der Selbstverleugnung der eigenen Kompetenz, um sich nicht eingestehen zu müssen, dass man für seine Rechte selber kämpfen muss, bis zum sexuellen Missbrauch eines Vorstandsmitglieds. Sie glauben, das sind Einzelfälle? Nein, leider nicht. Ich kenne mittlerweile zu viele davon. Hätte man mir das vor neun Jahren gesagt, es wäre mir selbst übertrieben erschienen. Leider schützt einen jedoch auch die hochwertigste Ausbildung nicht vor dieser „Prinzessinnen-Falle"!

Natürlich gibt es sehr engagierte Männer, die sich für die Gleichberechtigung einsetzen. Ich habe mit Vorständen gesprochen, die wirklich etwas verändern wollen, um in ihren Unternehmen Frauen auf entscheidende Führungspositionen zu bekommen. Sie erkennen, dass Frauen viele ihrer Vorzüge ins Business einbringen. So sind sie häufig um einiges geschickter in der diplomatischen Kommunikation. Doch dazu gehört, dass die Frauen ihre „Krone" aufsetzen und ihre innewohnende Macht anerkennen und annehmen.

Sie wollen keine Macht haben? Dann wollen Sie keine Karriere machen! Denn je höher Sie in der Führungsriege aufsteigen, umso mehr wird sich Ihre Weisungsbefugnis erhöhen und das ist nichts anderes als „Macht". Eine Königin hat diese „Macht" und sie weiß nicht nur darum, sondern sie spielt sogar damit. Eine Königin trifft Entscheidungen, ba-

B. Buch (✉)
Margaretenstr. 44, 20357 Hamburg, Deutschland

© Springer Fachmedien Wiesbaden GmbH 2017
P. Buchenau (Hrsg.), *Chefsache Frauen II*, DOI 10.1007/978-3-658-14270-4_2

sierend auf ihren Werten und Erfahrungen und vergeudet keine Zeit damit, zu überlegen, was andere von ihr halten könnten. Letztlich weiß sie, dass eine gesunde Selbstliebe und Selbstachtung wichtig ist, um ihre Krone aufrecht zu halten. Denn warum sollte sie etwas tun, einzig um den Bedürfnissen anderer gerecht zu werden und dabei riskieren, ihr eigenes Reich zu schwächen?

Viele Frauen wurden darauf konditioniert, vorwiegend andere und die Familie im Fokus zu haben. Oftmals wird an Frauen schon ab der Kindheit appelliert, doch erst an ihr Umfeld zu denken und erst dann an sich selbst! Merken Sie, wie unlogisch das ist? Max Weber (Wirtschafts-, Herrschafts- und Religions-Soziologe) drückte es einmal etwa so aus: „Wenn jeder Mensch auf dieser Welt sich selbst ein Stück weit mehr lieben würde, wäre diese Welt ein besserer Ort!" Seit mein damaliger Lieblingsprofessor diesen Satz an die Tafel des Hörsaals schrieb, ist er fest in meinem Selbstbild verankert. Damit ist natürlich nicht der klassische Egoismus oder gar ein „Ellbogen-Verhalten" gemeint, sondern eine „gesunde" Liebe zu sich selbst, die automatisch ein gerechteres Verhalten anderen Menschen gegenüber nach sich zieht. Lernen wir nicht, uns selbst unsere Bedürfnisse zu erfüllen, erwarten wir es unbewusst von unserem Umfeld! Und das ist damit nicht nur überfordert, sondern übernimmt diese Aufgabe auch äußerst ungern. Deshalb hat die Königin gelernt, auf ihre Bedürfnisse zu achten und diese auch standhaft zu vertreten, statt unbewusste und vor allem falsche Erwartungen an andere Menschen zu stellen.

Dagegen gerät eine Prinzessin, die zurückgewiesen oder sich übergangen fühlt, schnell in die „Opfer-Falle" und hält sich manchmal lange damit auf, zu klagen. Sie jammert bei allen möglichen Anlässen vor und über Kollegen, statt die Sachlage konkret anzugehen und ihre Enttäuschung oder gar Wut an den richtigen Ansprechpartner zu adressieren. Es gibt sie, die Liga der Prinzessinnen, die vor einem Vorgesetzten hilflos wirken und schnell anfangen zu weinen, um dann hintenrum über diesen Mann mit Beleidigungen nur so um sich zu werfen, statt geradeaus und direkt zu verhandeln und für ihre eigenen Interessen einzustehen. Die gleiche Frau steht vor ihrem Widersacher wie ausgewechselt und blinzelt diesem zu, wie es eben nur eine „Prinzessin" kann. Was ist falsch an diesem Bild? Können manche Frauen die Disco-Tanzfläche nicht von der Businessebene unterscheiden? Oder wollen sie es erst gar nicht. Das ist völlig in Ordnung, aber bitte dann nicht maulen, wenn man übergangen wird.

Eine Königin weiß um ihre Kompetenz und bereitet sich mit den gleich folgenden Verhandlungsprinzipien vor. Sie geht direkt zum richtigen Adressaten, ohne ihn im Unternehmen schlecht zu machen. Sie fordert konsequent ein, was sie wirklich möchte. Jedes andere Verhalten ähnelt dem eines regressiven Kindes, das quengelt, weil es nicht bekommt, was es möchte.

Natürlich sind die hier beschriebenen Verhaltensweisen sehr stereotyp und polarisierend dargestellt, um eine bessere Veranschaulichung der Thematik zu erreichen. Auch einer Königin geschieht hin und wieder Unrecht und sie erlebt harte Tage, aber sie hält sich nicht lange damit auf. Sie fokussiert sich schnell wieder auf das nächstliegende Ziel und setzt neue Energien frei. Ihr Ziel ist es stets nach vorne zu kämpfen, um neue Erfolge zu erreichen, womit sie das geschehene Unrecht schnell wieder vergisst.

Entscheidungsunfähigkeit ist eine der größten Schwächen in der Führung. Eine starke Führungskraft ist entscheidungsfähig. Sie zögert nicht immer wieder ihre Entscheidungen hinaus. Prinzessinnen tun das regelmäßig und irritieren damit ihr gesamtes Team! Sie verschwenden mehr Energie darauf, darüber nachzudenken, was die Kollegen wohl denken, falls sie die falsche Entscheidung treffen sollten, statt selber Verantwortung zu übernehmen. Das mag die Prinzessin vielleicht für einen Moment sympathischer erscheinen lassen, aber senkt ihre Führungsqualität enorm.

Eine Königin hingegen weiß, dass sie bei Entscheidungen immer jemanden vor den Kopf stoßen könnte, aber sie tut, was getan werden muss. Sie buhlt nicht darum beliebt zu sein, eine Königin tut das, was ihr im Sinne der Firma richtig erscheint! Es wird immer jemanden geben, der nicht zufrieden ist oder der sie nicht mag, obwohl sie sich alle Mühe gegeben hat, fair zu agieren. Menschen reden immer übereinander, ganz egal, ob man nun devot handelt oder seine Kompetenz voll zur Geltung bringt. Also macht sie sich nicht klein, um ja nirgendwo anzuecken, sondern streckt sich der Sonne entgegen. Die Königin ist sich bewusst, dass Everybody's Darling leicht den Ruf mit sich führt, keine Ecken und Kanten zu haben. Etwas, das jedoch letztlich eine starke Persönlichkeit ausmacht. Sie fällt ihre Entscheidungen nicht nach dem Beliebtheitsgrad, sondern stets nach ihren Maßstäben und dem, was langfristig das Beste ist. Und mit diesem Selbstbild geht sie in Verhandlungen. Ganz im Gegensatz zu den Menschen, die sich selbst mit: „Ich kann das nicht!" zur Unfähigkeit programmieren, sagt sie sich: „Ich bin der aktive Gestalter meiner Lebensumstände! Egal, wie die Umstände jetzt aussehen mögen, ich werde mein langfristiges Ziel erreichen!" Sie alleine entscheiden, wie Sie ihren „Lebens-Computer" programmieren. Natürlich sind unsere aktiven Handlungen wichtig, wenn nicht noch wichtiger. Deshalb kann man sich stets an den alten Leitspruch halten: „Bete so, als ob das Arbeiten nichts nutzen würde, und arbeite so, als ob das Beten nichts nutzen würde!" Wobei „beten" gleichgesetzt werden kann mit positivem Visionieren.

Ein Wort vorweg: Verhandeln findet im wahrsten Sinne des Wortes in unseren Köpfen statt beziehungsweise in unserem Gehirn! Dies gelingt es nicht auf 20 Seiten abzubilden. Aber vielleicht macht Ihnen mein Aufriss ja Lust auf mein Buch, welches bald herauskommt: „Verhandlungsstärke mit neurowissenschaftlichem Hintergrund".

2.2 12 Disziplinen einer Königin

2.2.1 Königin zu sein beginnt im Kopf!

Bevor Sie in eine Verhandlung gehen und Ihren Emotionen freien Lauf lassen, um Ihrem Gegenüber „jetzt mal so richtig die Meinung zu geigen!", sollten Sie zunächst Ihre „innere Haltung" überprüfen. Entspricht die etwa einer „Opfer-Haltung" nach dem Motto: „Wieso passiert mir das immer? Wie kann mein Vorgesetzter mir das nur antun und mir dabei auch noch feist ins Gesicht lächeln? Er hat mich doch sogar ermutigt diesen Weg zu gehen, um das Projekt zu bekommen, und jetzt will er es mir wegnehmen?!", ist der Zeitpunkt für eine Verhandlung ungünstig gewählt. Die „Opfer-Falle" macht Menschen zu „Tätern", denn so skurril das klingt, unterstellt man als „Opfer" automatisch seinem Verhandlungspartner „Böses". Dies mündet nicht nur in eine Abwehrhaltung, sondern führt häufig sogar zu einer „Kampfes-Haltung", in der man selbst den Part des „Bösen" übernimmt. Gleich eines Säugetiers, welches mit Angriff, Abwehr oder Verteidigung reagiert! Doch genau wie in unserem deutschen Rechtssystem die Unschuldsvermutung gilt, sollte im täglichen Miteinander die Vermutung der positiven Absichten gelten. Ich gehe sogar so weit zu behaupten, dass es eine „professionelle Naivität" gibt, die Sie sich zunutze machen sollten. Unterstellen Sie Ihrem Verhandlungspartner stets gute Absichten, dann tappen Sie erst gar nicht in die Falle, unsachlich zu argumentieren. Mit dieser Art von „Naivität" lebt es sich viel gesünder und Sie haben weniger Stress. Das bedeutet nicht, dass Sie jetzt permanent eine „rosarote Brille" aufhaben sollten, sondern vielmehr das Licht am Ende des Tunnels noch sehen. Probieren Sie es einmal aus!

Eine Königin trainiert täglich die Beobachtung ihrer Gedanken, um nicht in „Opfer-Gedanken" zu verfallen. Sie weiß, dass das, was sie denkt, nicht unbedingt wahr ist, aber dennoch zu „inneren Glaubenssätzen" werden kann. Wir haben den effektivsten biologischen Computer im Kopf, der auf jeden unserer Gedanken biochemisch reagiert. Allein mit unseren Gedanken können wir uns in Angstzustände versetzen oder sogar körperliche Verwundungen schneller heilen lassen. Sie entscheiden ganz alleine, was Sie denken. Tun Sie es zielgerichtet! Manchen Menschen fällt es leichter an die Erfüllung ihrer Ziele zu glauben, als anderen. Je nachdem wie viele Erfolge sie schon erleben durften oder in welchem Umfeld sie aufgewachsen sind. Manche Menschen haben jedoch die Fähigkeit, egal wie ihre Sozialisation verlief, an ihrem eigenen inneren Glauben festzuhalten und zu „wissen", dass sie eines Tages ihr Ziel erreichen werden. Die gute Nachricht ist, Sie können „konstruktives Denken" trainieren.

Besonders wichtig ist es, Ihre Gedanken zu lenken, sobald Sie merken, dass Sie in die „Opfer-Falle" geraten. Dann steigen Sie bitte ganz bewusst aus diesem Gedankenmuster aus und begeben sich in die Gedanken der „aktiven Gestalterin" beziehungsweise Königin und setzen Ihre Krone wieder auf. Das ist dann nicht so einfach, wenn man in ein geradezu zwanghaftes Denken verfällt, zum Beispiel, wenn man sich ungerecht behandelt fühlt. Hier ist es notwendig, sich aktiv Zeit zu nehmen, um diese Gedankenschlaufe zu durchbrechen. Wie das geht? Schreiben Sie zum Beispiel in ein Buch ein bis drei Mantras, die Ihnen für die jeweilige Situation gut tun und wiederholen Sie diese jedes Mal, wenn Ihnen wieder ein negativer Gedanke in den Kopf kommt wie zum Beispiel: „Ich entscheide, was ich möchte und wie ich vorgehen werde. Ich bin der aktive Gestalter meiner Lebensumstände und erreiche alles, was ich mir vornehme, denn ich fokussiere mich stets auf mein langfristiges Ziel und halte mich nicht mit ärgerlichen Zwischenfällen auf!"

Versuchen Sie in diesem Sinne vor einer schweren Verhandlung Ihre Gedanken zu modellieren und sich genauestens en Detail einen inneren Erfolgsfilm zu kreieren, den Sie so häufig wie möglich vor Ihrem inneren Auge abspielen lassen. Damit bringen Sie sich bereits in den Zustand der Siegerin, so als ob Sie die Verhandlung schon erfolgreich abgeschlossen hätten. Dies beeinflusst Ihre Souveränität und Ihr Verhalten. Sie wirken überzeugender und letztlich führt dieses Denken zur selbsterfüllenden Prophezeiung!

Wenn Sie als Königin zum Beispiel zu einem wichtigen Kunden gehen, mit einer Selbstverständlichkeit und dem Glauben daran, dass Sie den Kunden mit dem gewünschten Auftrag verlassen werden, wird Ihr Kunde Sie für glaubwürdiger erachten, als wenn Sie ihm mit der Haltung einer verunsicherten Prinzessin gegenübersitzen.

Eine Königin sieht sich also schon vor einer Verhandlung als Siegerin! Wenn sie dies nicht kann, schärft sie zunächst so lange ihren Glauben, bis sie an den Sieg glauben kann und betritt dann erst die Verhandlung. Wir Menschen definieren uns viel zu sehr über unseren Verstand. Dabei ist unser Verstand nicht immer konstruktiv, wie eben die zwanghafte „Gedanken-Schlaufe". Negatives, dekonstruktives Denken läuft ganz von selber ab, das müssen wir uns nicht bewusst vornehmen. Aber wenn wir zum Beispiel vor der Tür des Verhandlungsraumes stehen, dann sollten wir uns aktiv noch einmal vornehmen, eine „Positive-Wahrnehmungs-Brille" aufzusetzen! Nicht damit wir realitätsfern werden und den Tatsachen nicht ins Auge blicken, sondern damit unsere Hirnsynapsen die Fähigkeit erhalten sich neu zu vernetzen, um konstruktiv denken zu können. Haben Sie nämlich erst einmal ein „Feindbild" aufgebaut, ist es neurobiologisch gesehen, schier unmöglich, noch lösungsorientiert zu denken.

Es gibt in der Transaktionsanalyse das berühmte „Täter-Opfer-Retter-Dreieck" (vgl. Abb. 2.1), welches Sie wunderbar zur ständigen Überprüfung Ihrer eigenen Gedanken nutzen können. Nur dass wir es zu unseren Gunsten etwas anders auslegen werden, indem wir die Rolle des „Retters" derart definieren, sich selbst zu retten beziehungsweise der „aktive Gestalter" unserer Lebensumstände zu sein. Entscheiden Sie sich bewusst, aus der „Opfer-Ecke" immer wieder auszusteigen und Gedanken des „aktiven Gestalters" zu produzieren. Erst dann sind Sie neurobiologisch wieder in der Lage, konstruktiv und lösungsorientiert zu denken. Denken Sie wie ein Opfer, fühlen Sie sich auch wie ein Opfer und dieses Gefühl steuert Ihre gesamte Körpersprache! Ihr Gegenüber kann geradezu diese Emotionen und die Unsicherheit riechen und schon sind Sie ein Kandidat, dem man niemals ein wichtiges Projekt anvertrauen würde.

Sie können in Verhandlungen, in denen Sie etwas erreichen wollen, sowieso nie mit „Prinzessinnen-Begründungen" argumentieren, wie: „Aber das ist unfair und ungerecht!", „Jetzt wäre ich dran gewesen, das ist doch nur, weil ich eine Frau bin!" oder „Ich habe studiert und bin schon viel länger im Unternehmen als die Kollegin!" Das mag zwar alles

Abb. 2.1 Täter-Opfer-Retter-Dreieck

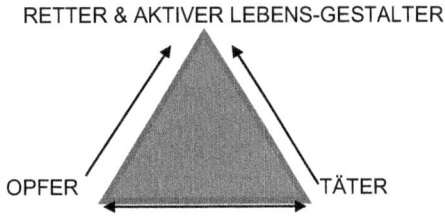

der Wahrheit entsprechen, sind aber keine Argumente, um Ihnen mehr Verantwortung anzuvertrauen.

2.2.2 Eine Königin ist stets gut vorbereitet!

Eine Königin geht nicht einfach in eine Verhandlung und „reagiert" je nach Angriff oder Forderung. Sie trägt in sich ein festes „Werte-System", nach dem sie agiert und strebt. Sie weiß ganz genau, was ihr Ziel ist und ob Alternativen für sie eine Rolle spielen könnten. Sie hat keine Angst vor einem „NEIN" oder vor vehementem Widerstand. Was erwarten Sie? Dass man Ihnen sagt: „Aber natürlich Kleines. Du brauchst doch erst gar nicht zu fragen? Dein Wunsch ist mir Befehl!" Das ganze Leben besteht aus Verhandeln. Ein erstes „Nein!" und anderweitige Zeichen der Verweigerung gehören zu jedem Verhandeln dazu. Der Geist Ihres Gegenübers muss ja erst mal Ihre Forderung verdauen. Sie dringen derweil in seinen Geist ein und zeigen (nonverbal) Ihre Entschlossenheit. Sie begründen Ihre eigene Verhandlungsposition und genauso selbstverständlich erwarten Sie ebenfalls eine konkrete Begründung für die Ablehnung Ihrer Forderungen, festgemacht an konkreten Zahlen, Daten und Fakten. Egal wie groß die Ablehnung sein mag, den ersten Samen haben Sie trotzdem gelegt, und dieser wird unbewusst weiterverarbeitet und möglicherweise „aufkeimen". Deshalb macht es Sinn, ruhig mehrmals nachzuhaken und dran zu bleiben!

Folgende Fragen sollten Sie sich jedoch bereits vor jeder Verhandlung ganz genau beantworten können:

2.2.2.1 Was genau will ich erreichen? Mit welchem Ergebnis will ich die Verhandlung verlassen?

Eine Königin weiß genau was sie will und wo ihre Grenzen liegen! Wenn Sie sich nicht ganz sicher sind, was Sie wollen, dann strahlen Sie das aus und sind nicht kongruent in Ihren Aussagen und Ihrer Körpersprache. Dadurch wirken Sie nicht authentisch und Ihr Gesprächspartner weiß nicht, was er von Ihnen halten soll. Aber vor allem kämpfen Sie damit selber im Nebel und müssen sich am Ende nicht wundern, wenn Ihnen kein Vertrauen für eine höhere Aufgabe zugesprochen wird. Ihr Vorgesetzter oder Ihr Kunde möchte fühlen können und von Ihnen hören, dass er sich zu 100 % auf Sie verlassen kann. Denn wenn Sie sich selbst nicht vertrauen, warum sollten Ihnen dann andere vertrauen? Also schreiben Sie in einem kurzen Satz eine positive Zielformulierung auf! (Bitte ohne „Verneinungen", denn diese versteht das Unterbewusstsein nicht!)

2.2.2.2 Gäbe es eine oder mehrere Alternativen, die für mich infrage kommen? Welche wären es und wie sähen diese genau aus?

Natürlich wissen Sie, dass Sie nicht immer die vollen 100 % dessen bekommen werden, was Sie einfordern, aber zumindest müssen Sie diesem Ziel nahe kommen. Also sollten Sie sich ganz bewusst fragen, wie „Alternativ-Lösungen" aussehen könnten. Wie weit können Sie mit Ihren Forderungen gehen und wo genau liegen Ihre Grenzen, die Sie nicht verbiegen wollen? Und vor allem: Was wäre eine Win-win-Situation für beide Parteien? Auf dieser sollten Sie Ihre Argumentation aufbauen.

2.2.2.3   Was genau könnten die Bedürfnisse und Interessen meines Verhandlungspartners sein?

Wenn Sie sich überhaupt nicht in die Lage Ihres Gesprächspartners hineinversetzen und sich gar keine Gedanken darüber machen, was die Bedürfnisse und Interessen Ihres Verhandlungsgegners sind, wird er sich zwangsläufig in der Verhandlung nicht gesehen und erkannt fühlen und dadurch wirken Sie wiederum nicht vertrauenswürdig und verursachen in ihm umso mehr Abwehr- und Verteidigungsmechanismen. Deshalb versuchen Sie zuvor alle möglichen Bedürfnisse und Interessen Ihres Verhandlungspartners aufzulisten. Oftmals gibt es nicht nur die vordergründigen Themen und Bedürfnisse, sondern ein Thema hinter dem Thema. Von diesen aufgelisteten Bedürfnissen können Sie nun die Liste mit den jeweils dazugehörigen Gefühlen ergänzen, um zu verstehen mit was Sie nun eigentlich verhandeln müssen! Sie „verhandeln" letztlich immer mit den Gefühlen Ihres Gegenübers.

2.2.2.4   Warum könnte mein Verhandlungspartner diese Bedürfnisse haben? Durch welche Umstände wurden diese möglicherweise hervorgerufen?

Falls Sie nicht viel über Ihren Verhandlungspartner wissen, versuchen Sie über ihn etwas in Erfahrung zu bringen oder zu recherchieren. Vielleicht wissen Sie, dass Ihr Kunde beziehungsweise Verhandlungspartner frisch eingeheiratet hat in die Konzern-Familie und sich nun als Schwiegersohn erst mal tüchtig beweisen muss und unter enormem Druck steht. Dieser Mensch wird komplett anders in einer Verhandlung auftreten, als ein erfahrener, älterer Geschäftsführer, dessen Zahlen immer stimmen, weshalb er sehr entspannt sein kann. Manchmal ergibt ein wenig Recherche erstaunliche Erkenntnisse, die die augenscheinlichen Bedürfnisse Ihres Verhandlungspartners in einem ganz anderen Licht erscheinen lassen. Und Sie stellen fest, dass diese oftmals viel weniger mit Ihnen persönlich zu tun haben, als Sie womöglich dachten.

Also frage ich Sie noch einmal: Wie mag sich Ihr Verhandlungspartner fühlen? Trainieren Sie sich in Ihrer Empathiefähigkeit. Sie sind es, die siegen will! Und wenn Sie nachfühlen können, wie sich Ihr Gegenüber wirklich fühlt, können Sie ihn mit den darauf abgestimmten Argumenten „abholen" und in Ihre Verhandlungsführung mitnehmen.

2.2.2.5   Wie könnten meine „Einwand-Vorwegnahmen" aussehen?

Listen Sie alle Einwände oder Gegenargumente auf, die von Ihrem Verhandlungspartner kommen könnten. Nun erarbeiten Sie zu jedem dieser Argumente eine „Einwand-Behandlung" mit konkreten Begründungen, Zahlen, Daten, Fakten. Eine „Einwand-Vorwegnahme" hingegen reagiert nicht erst, wenn der Einwand kommt, sondern nimmt ihn vorweg, noch in der Eingangsrede. So räumen Sie gleich erste Bedenken aus dem Weg und gewinnen Vertrauen. Dies ist die kluge, entwaffnende Art, eine Verhandlung zu beginnen. Sie zeigen, dass Sie sehr wohl wissen, in welcher Situation Ihr Verhandlungspartner sich befindet und dass Sie sich Gedanken gemacht haben. Dadurch wirken Sie vertrauensvoller. Sie werden merken, so wird die Verhandlung gleich wesentlich entspannter verlaufen.

2.2.3   Eine Königin verlässt nie eine Verhandlung ohne eine fortführende verbindliche Vereinbarung!

Wenn Sie in einer Verhandlung nicht zu einer Einigung gekommen sind, achten Sie stets darauf, dass Sie das Treffen nie ohne einen weiteren, anschließenden verbindlichen Termin verlassen! Wie wollen Sie verbleiben? Bis wann wollen beide Parteien möglicherweise noch nötige Punkte geklärt haben, um zu einer Entscheidung zu finden? Was brauchen Sie noch alles von Ihrem Verhandlungspartner, damit Sie die richtige Entscheidung treffen können und bis wann? Beendigungen einer Verhandlung mit folgendem Wortlaut: „Gut, dann setzen wir uns noch mal zusammen" führen meist zu einer „Versandung" der Verhandlung und nicht zu einer effektiven Weiterführung. Oder zu einer unbefriedigenden Verzögerung und dadurch zu verspäteten Handlungsnotwendigkeiten. Besser ist, Sie geben die Marschroute vor: „Bis wann genau werden Sie die genannten Punkte klären können? Ich komme gerne wieder zu Ihnen, passt es Ihnen am nächsten Montag um 10 Uhr?" Verlangen Sie immer eine terminierte Vereinbarung.

Nehmen wir hier das Beispiel der Gehaltsverhandlung, dann werden Sie, auch wenn Sie noch so gut sind, meist erst einmal damit vertröstet werden, dass erst mit der Geschäftsleitung Rücksprache gehalten werden muss. So gewinnt Ihr Verhandlungspartner Zeit für sich und kann die Verantwortung abgeben. Dann greift das königliche Prinzip, wie folgt: „… gut bis wann genau können Sie diese Rücksprache halten, wann sprechen wir wieder?" Noch mehr „Biss" hätte: „Gerne bin ich bei der Rücksprache mit Ihrem Vorgesetzten dabei, wenn Sie möchten und kann mein Anliegen auch persönlich begründen."

Auch, wenn ich hier von „Biss" spreche: Tragen Sie dies bitte stets in einem moderaten und freundlichen Ton vor, doch Ihr Augenkontakt sollte dabei Ihre vehemente „Bestimmtheit" demonstrieren!

2.2.4   Eine Königin vermeidet Anklagen und Schuldzuweisungen!

Schuld ist ein völlig veraltetes Konzept, denn es führt zu keiner Lösung. Eine Königin weiß, dass Schuldzuweisungen und Anklagen nur die Fronten verhärten und sie dies weiter von ihrem eigentlichen Ziel entfernt. Polemisch zu werden, befriedigt nur für eine Sekunde lang den Geist, aber nach der Sitzung sind Sie es, die mit den Konsequenzen leben muss. Selbst wenn Ihr Verhandlungspartner sich nicht an dieses Prinzip hält und Sie als „unfähig" oder gar implizit als eine „Idiotin" hinstellt, weiß die Königin stets, dass sie diesen Weg nicht einschlagen wird, da dieser nur Fallen in sich birgt. Eine Königin bewaffnet sich mit ihren Prinzipien und Werten. Sie will langfristig gewinnen und nicht kurzfristig! Sie lenkt das Gespräch sofort wieder auf die konstruktive Ebene. Je mehr Sie sich trotz allem eloquent und konstruktiv verhalten, umso mehr beeindrucken Sie Ihren Verhandlungspartner. Am Ende hat die Königin Integrität und Stärke bewiesen und der Verhandlungsgegner bleibt allein mit seinen peinlichen Grenzüberschreitungen und seien Sie sich sicher, dieser Mensch wird mit seinem Verhalten nicht nur bei Ihnen übel auffallen!

2.2.5   Eine Königin ist in erster Linie ein „Beziehungs-Manager"!

Eine Prinzessin geht in eine Verhandlung und denkt, dass sie mit ihrem Charme das Kind schon zum Schaukeln bringen wird. Eine Königin hingegen geht erst in eine Verhandlung, wenn sie sich zuvor ausgiebig mit dem Verhandlungspartner auseinander gesetzt hat. Als Wurzel von Persönlichkeitsschulungen für den Businessbereich kann man wohl nach wie vor Dale Carnegie betrachten. In seinen zahlreichen Büchern, wie „Sorge Dich nicht – lebe!" ist unweigerlich seine Hauptaussage „Liebe Deinen Nächsten und Du wirst gewinnbringend ernten" zu erkennen. Leider ist diese Haltung über die Jahrzehnte immer mehr in Vergessenheit geraten. Heute wird in Verhandlungsfortbildungen oftmals von Taktik gesprochen. Dabei sollte es in erster Linie darum gehen: Wie baue ich eine positive Beziehung zu meinem Gegenüber auf, ohne diesen gleich mit den sogenannten „Dollar-Augen" zu betrachten? Carnegie ging es demgegenüber darum, sein Gegenüber wirklich zu sehen und zu erkennen und die Dinge, die man sagt, auch wirklich wertschätzend zu meinen!

Schon der berühmte Kommunikations-Professor Paul Watzlawick hat uns in den grundlegenden Kommunikationsgesetzen aufgezeigt, dass die Beziehungsebene die fachliche Ebene einfärbt. Solange die Beziehungsebene nicht genügend aufgebaut beziehungsweise gut ist, können fachliche Begründungen noch nicht in Angriff genommen werden. Vielen mag das in der Theorie klar sein, doch wird es in der Praxis zu selten umgesetzt. Ich erlebe Menschen, die auf mich zukommen und mir von ihrem Angebot berichten, warum sie die besten für meine Bedürfnisse sind und warum eine Kooperation für uns beide gewinnbringend sei, ohne meine Bedürfnisse überhaupt zu kennen oder diese abgefragt zu haben! Was glauben Sie, wie viel Lust ich habe diesen Menschen zuzuhören? Ich empfinde sie als respektlos. Deshalb nehmen Sie die Verantwortung als „Beziehungs-Manager" an und gestalten zunächst eine gute persönliche Beziehungsebene! Diese bauen Sie besonders leicht auf, wenn Sie Interesse zeigen. In unserer schnelllebigen Welt sehnen sich viele Menschen geradezu danach. Treffen Sie sich zum Beispiel im Büro eines wichtigen Kunden, schauen Sie sich um, ob Sie etwas Persönliches entdecken. Ein Foto der neugeborenen Tochter, ein Segelboot-Modell auf dem Tisch oder ein Hockeyschläger in der Ecke. Es gibt immer etwas zu entdecken, worüber man sprechen oder interessierte Fragen stellen kann.

Je mehr ein Mensch sich selber Herausforderungen in seinem Leben gestellt hat, umso eher vermag er andere Menschen einzuschätzen. Auch diese Menschenkenntnis verschafft Ihnen einen Vorteil. Und denken Sie immer daran: „Alles, worüber ein Mensch spricht, sagt er am Ende über sich selbst!" Wenn Sie dieses Grundgesetz beherzigen, können Sie viel über einen Menschen erfahren. Bei Kunden und Vorgesetzten sollte deren Redegehalt immer höher sein, wichtig ist nur, dass Sie es nicht verpassen, klar und deutlich Ihre Ziele und Bedingungen zu klären. Je mehr der Gesprächspartner redet, umso mehr können Sie wertvolle Informationen sammeln. Dies gilt besonders bei Erstkontakten. Vielredner unterbrechen Sie jedoch zum Beispiel mit folgendem Wortlaut: „Darf ich hier noch einmal kurz zusammenfassen, um sicherzustellen, dass ich Sie wirklich richtig verstanden habe?" Nach der Zusammenfassung leiten Sie weiter auf Ihren daraus schließenden Konsens.

Wenn Sie wissen, wie sich Ihr Verhandlungspartner in der jeweiligen Situation fühlen mag, können Sie genau hierauf Ihre Argumentation aufbauen, indem Sie aus seiner Sicht argumentieren. Alleine dadurch, dass Sie mögliche Gefühle seinerseits ansprechen, wirken Sie „aufgeweckter" und vor allem als eine Person die mitdenkt. „Meinen" Sie was Sie sagen, statt leere Small-Talk-Hülsen auszuscheiden! Bauen Sie eine Beziehungsebene auf, so hat es das Fachliche viel leichter, unweigerlich auf offene Ohren zu stoßen.

2.2.6 Wie begegnet eine Königin erfolgreich einem Einwand oder Angriff?

Eine effektive „Einwand-Behandlung" (vgl. Abb. 2.2) zu beherrschen entscheidet häufig darüber, ob Sie die Verhandlung erfolgreich verlassen oder nicht. Auch hier möchte ich erneut darauf hinweisen, dass ich nicht das Taktieren im Sinn habe. Es geht vielmehr um den Aufbau einer respektvollen Beziehungsebene.

Erstens
Wie gesagt, selbst wenn Ihr Verhandlungspartner polemisch wird und sich hinter Pauschalisierungen und Phrasendrescherei versteckt, gehen Sie bitte nie darauf ein! Sie teilen Ihre Entscheidungen mit und begründen diese und lenken das Gespräch immer wieder auf die Lösung. Dies geht am besten, indem Sie die Emotionen Ihres Verhandlungspartners durch eine Frage umlenken. Viele Menschen verbrauchen sehr viel Energie, um auf ihr Recht zu pochen, statt ihr langfristiges Ziel im Auge zu behalten. Dies habe ich auf höchster Ebene erlebt. Da wird an Konferenztischen, selbst mit Kunden, die dem Unternehmen mehrere Millionen einbringen, um sein Recht gekämpft und sich in der Verhandlung komplett verirrt, statt das eigentliche Ziel zu fokussieren. Dabei geht viel Geld, Energie und Zeit „flöten". Machen Sie es anders. Geben Sie Ihrem Verhandlungspartner so oft wie möglich recht in Dingen, die für Sie nicht wirklich wichtig sind. Damit streicheln Sie sein Ego und das „Zugeständnis", welches er Ihnen geben soll, wirkt gleich nicht mehr ganz so groß. Mögliche Emotionen, wie Zweifel, Sorgen, Verärgerung und Misstrauen, bitte ansprechen! Jedes Gefühl Ihres Verhandlungspartners hat zunächst recht und erst ein-

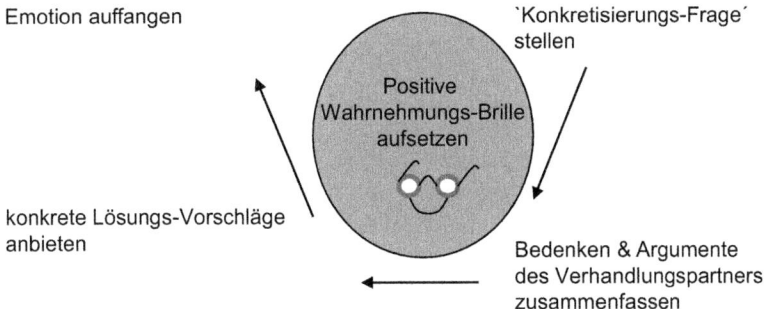

Emotion auffangen

`Konkretisierungs-Frage´ stellen

Positive Wahrnehmungs-Brille aufsetzen

konkrete Lösungs-Vorschläge anbieten

Bedenken & Argumente des Verhandlungspartners zusammenfassen

Abb. 2.2 Einwand-Behandlung

mal eine „Daseins-Berechtigung". Fragen Sie Ihren Verhandlungspartner, ob Sie richtig liegen, dass er zum Beispiel „… verärgert ist, weil …?" Packen Sie die Knackpunkte immer sofort auf den Tisch, anstatt drum herum zu reden und zu hoffen, Sie könnten diese Gefühle einfach unter Wasser drücken! Denn letztendlich geht es immer um Gefühle und Vertrauen. Wenn Sie nicht gleich bei jeglicher Ahnung Ihrerseits, seine Emotionen vorsichtig erfragen und aufgreifen, verlieren Sie die Verhandlung! Seien Sie flexibel in Ihrer Kommunikation, denn Ihr Ego beziehungsweise Ihre Gefühle haben hier zunächst nichts zu suchen. Eine Königin mischt ihr Ego nicht in die Verhandlung, sondern übernimmt gezielt die Gesprächsführung auf das eigentliche Ziel gelenkt, denn sie weiß, wenn sie das langfristige Ziel erreicht hat, wird das ihrem Ego noch viel mehr Befriedigung verschaffen. Ihr erstes Ziel ist es, dass sich der Verhandlungspartner verstanden fühlt. Meistens zieht dies schon eine ganze Menge Spannung aus der Verhandlung. Achtung: Stülpen Sie nicht einem Menschen einfach ein Gefühl über, behaupten Sie nicht einfach, wie sich Ihr Gegenüber fühlt, sondern erfragen Sie es vorsichtig, wie zum Beispiel: „Liege ich richtig, dass Sie sauer sind, aufgrund …?"

Zweitens
Stellen Sie eine „Konkretisierungs-Frage", um dem Verhandlungspartner die Verantwortung zurückzugeben und um das Gespräch wieder lösungsorientiert führen zu können, wie: „Was wünschen Sie sich stattdessen konkret?" Eine Einwand-Behandlung ist natürlich im Gespräch nie eine einmalige Sache, sondern vielmehr als fortführender Kreislauf zu verstehen, um einen Diskurs oder eine Verhandlung konstruktiv zu führen.

Drittens
Fassen Sie im Gespräch immer wieder mal die Argumente und Sichtweise Ihres Gegenübers zusammen. Schließlich hört jeder gern die Frage: „Darf ich hier noch mal zusammenfassen, damit ich sichergehe, dass ich Sie auch richtig verstanden habe?"

2.2.7 Eine Königin weiß sich zu vermarkten und fordert alles!

Bevor Sie vor Ihrem Chef so tun, als ob Sie nur ein wenig mehr möchten, um nicht dreist zu erscheinen, sollten Sie sich fragen, ob der „Business-Rahmen" für diese falsche Bescheidenheit der richtige ist. Diese Einstellung wurde vielen Frauen schon in der Kindheit eingeimpft. Eine bescheidene Person ist schließlich viel angenehmer für die Gesellschaft als eine fordernde Person. „Was ein Mann für Gott getan hat, hat eine Frau immer für einen Mann getan", so Katharine Anne Porter, eine Pulitzer-Preis gekrönte US-amerikanische Journalistin. Und Sie? Fühlen Sie sich wohl in der Rolle der Fordernden? Oder sehen Sie sich selbst lieber als die verständnisvolle Anvertraute? Als die Person, die ihren Vorgesetzten, der sowieso schon so viel Stress hat, nicht noch zusätzlich belasten möchte. Und tragen Sie Ihren Wunsch peu à peu immer mal wieder vorsichtig durch die Blume vor, um niemandem zur Last zu fallen. Falls dies Ihr Credo sein sollte, möchte ich Sie zunächst fragen: „Glauben Sie wirklich, dass Sie Ihre Forderung verdient haben?" Falls nicht, dann fordern Sie bitte erst gar nichts ein. Aber falls Sie meinen, es stehe Ihnen zum Beispiel schon lange ein größeres Projekt zu, dann frage ich Sie, warum Sie erst so lange gewartet haben? Und hiermit verweise ich wieder auf das erste Prinzip: „Verhandlung" fängt im Kopf an! Sie müssen Ihrem Vorgesetzten gleich zu Anfang klar und bündig sagen, was Ihr Ziel ist und dieses rechtzeitig einfordern. Erstens weiß er sonst gar nicht, dass das Ihre Ambitionen sind und zweitens denkt er, es sei Ihnen nicht so wichtig, denn Sie kämpfen nicht genügend dafür! Eine Prinzessin erwartet, dass man ihre Wünsche schon aus Gerechtigkeitssinn erfüllt. Bevor sie mal mit der Hand auf den Tisch haut, wird sich erst bei den Kollegen oder Schnittstellen ausgeheult, wie ungerecht sie behandelt werde. Doch die Spielregeln des Lebens und damit einer Königin sind andere. Sie müssen Ihre Rechte aktiv einfordern und wenn es sein muss, sogar darum kämpfen.

Dass Männer sich in Unternehmen besser vermarkten als Frauen ist nichts Neues. Und die Hauptfalle liegt hier ebenfalls in der inneren Haltung oder den falschen Glaubenssätzen von Frauen, wie: „Bescheidenheit ist eine Zier." Statt „Du hast das Beste im Leben verdient." Einer Königin ist es zudem sehr wohl bewusst, dass ihre interne Verhandlungsstärke im Konzern ein Spiegel dessen ist, was ihr sowohl extern beim Kunden, als auch in der Führungskraft eigenen Mitarbeitern gegenüber zugetraut wird. Eine starke und selbstbewusste Verhandlungskompetenz dient also sogar ihrer eigenen internen Positionierung und Vermarktung!

Frauen arbeiten in der Wirtschaft oftmals mehr als ihre männlichen Kollegen. Doch viele Frauen haben Angst, unzulänglich zu erscheinen, wenn sie beim Vorgesetzten deutlich machen, dass sie zum Beispiel mehr Zeit für das aktuelle Projekt benötigen, als ursprünglich vorgesehen. Hören Sie auf, mehr als Ihre Kollegen zu arbeiten, jedoch nicht unter skandierter Empörung, sondern vielmehr mit „königlicher Selbstverständlichkeit"! Eine interne gute „Vermarktung" bedeutet zum Beispiel, auch wenn die Möglichkeit einer Beförderung ansteht, so früh wie möglich zum Vorgesetzten zu gehen und deutlich zu machen, dass Sie die Richtige für diese Stelle wären und unbedingt diesen Posten haben möchten. Prinzessinnen glauben noch an das alte Märchen des „Entdeckt-Werdens" durch Leistung. Vergessen Sie's! Das ist der beste Weg, um übergangen zu werden. Um es mal mit der Künstlerbranche zu vergleichen: Keine Schauspielerin oder Sängerin wurde jemals einfach so „entdeckt", die Stars haben unglaublich viel dafür getan, um „entdeckt" zu werden! Eine gute und stetige Vorbereitung dafür ist es, in jedem Gespräch mit Ihrem Chef, Ihre guten Leistungen oder die wiederkehrende positive Kundenreferenz zu erwähnen. Wenn Sie über einen Auftrag weitere Aufträge generieren konnten: ab zum Chef mit dieser Information! Denn eine Königen weiß, dass man nur „entdeckt" wird, wenn man das „Vermarktungs-Zepter" in die eigene Hand nimmt.

Sie wünschen eine Gehaltserhöhung und schämen sich diese einzufordern? Hören Sie auf sich zu schämen! Sprechen Sie es gleich kurz und bündig an und dann begründen Sie diese Forderung konkret, ohne sich zu rechtfertigen oder sich gar mit anderen zu vergleichen. Sie sagen zum Beispiel stattdessen: „Ich wünsche eine Gehaltserhöhung, da ich nun seit einem Jahr hier bin und mir beim Einstellungsgespräch eine Gehaltserhöhung zugesagt wurde, wenn ich in dieser Zeit gute Arbeit leiste. Nun habe ich, wie Sie ja wissen, bereits zwei Projekte mit vollem Erfolg beendet!"

Falls Sie nun Ihr Vorgesetzter vertrösten möchte, dass das Timing gerade ganz schlecht sei, da das Unternehmen sich ausgerechnet jetzt in einer Schieflage befinde, können Sie ihm antworten: „Im Einstellungsgespräch wurde mir dies ohne ‚wenn und aber' zugesagt – (Blickkontakt halten!) – und diese Aussage hat meine Entscheidung hier anzufangen erheblich beeinflusst. Sonst können wir auch gerne zu dritt mit Ihrem Vorgesetzten noch mal darüber sprechen."

Nonverbal halten Sie hierbei immer die Hände auf dem Tisch; Hände unter dem Tisch vermitteln dem Unterbewusstsein des Gegenübers, Sie hätten etwas zu verstecken. Der Blickkontakt sollte gehalten werden, Ihre Stimme freundlich, warm und trotzdem bestimmend klingen. Ihre Körperhaltung bleibt geradlinig. Ihr Rumpf ist etwas über den Tisch gebeugt. Bitte hierbei nicht den Kopf zur Seite legen, denn dadurch verrutscht Ihre Krone! Diese demutsvolle Geste kommt aus der Tierwelt und bettelt um Verschonung! Eine Königin verbeugt sich nicht. Vergessen Sie nicht: Ihre nonverbale Kommunikation verrät immer Ihren inneren Zustand und zeigt Ihrem Verhandlungspartner, ob Sie „leichte Beute" sind oder es auch wirklich „meinen"! Also wie eine Königin, schön die Krone auf dem Kopf behalten! Wenn Sie sich jedoch vorher nicht in den Zustand der Königin versetzt haben, wird das Vortragen Ihrer Forderung nicht „kongruent" sein. Ihre nonverbale Kommunikation wird das Gegenteil sagen, von dem was Sie verbal fordern.

Noch klüger wäre natürlich in diesem Beispiel gewesen, sich diese „Gehaltserhöhungs-Zusage" beim Einstellungsgespräch von vornherein schriftlich geben zu lassen, aber dies wird leider vor Aufregung häufig vergessen!

2.2.8 Eine Königin übernimmt die „Führung" in einer Verhandlung!

Übernehmen Sie stets die Führung in einer Verhandlung, egal wie mächtig Ihr Verhandlungspartner ist! Ein Widerspruch? Ganz und gar nicht, denn „Führen" heißt nicht domi-

nant zu wirken oder den „Ton anzugeben", sondern vielmehr das Gespräch so zu lenken,
dass Ihr Verhandlungspartner Ihnen gerne das Lenkrad übergibt, damit er in Ruhe reflektieren kann. Denn Sie führen durch die richtigen Fragen und durch Ihre Stimme. Je mehr
Sie zum Beispiel die Vielfalt Ihrer Stimmlagen bewusst einsetzen, umso stärker ist Ihre
Führung, denn die Stimme zapft sofort das Limbische System (unbewusste Gefühlsebe-
ne) Ihres Gegenübers an. So können Sie sanft bis gut gestützt tief sprechen oder eben
auch mal Ihre Lautstärke anheben, um zu zeigen, dass Sie durchaus auch zum Angriff
bereit wären und lenken sofort friedlich wieder in eine leisere Stimme ein, wenn Ihnen
Ihr Verhandlungspartner entgegenkommt. Dies geschieht immer respektvoll und freund-
lich. Unsere Stimme ist eine so machtvolle Ressource, die jedoch leider meist brach liegt.
Als Seminarleiterin und Moderatorin leite ich hauptsächlich die Teilnehmer mit der Stim-
me. Denn auch hier gilt: 70 % ihrer Wirkung macht die nonverbale Kommunikation aus.
Das Nonverbale, Ihre Stimme, Körperhaltung, Mimik und Atmung zeigen Ihren inneren
Seelenzustand und ob Sie eine Krone auf dem Kopf haben oder eben nicht. Gerade bei
Alphamännern ist es besonders effektiv, seine Stimme bewusst einzusetzen.

George Bernhard Shaw behauptete: „Im richtigen Ton kann man alles sagen, im
falschen Ton nichts: Das Heikle daran ist, den richtigen Ton zu finden." Damit hatte er
recht, doch kann man den richtigen Umgang damit lernen: Rollenspiele sind immer der
effektivste Teil einer Schulung. Spiele ich mit einem Teilnehmer zusammen vor den Se-
minar-Teilnehmern eine Verhandlung, frage ich danach immer die anderen, wie sie mich
in dieser Verhandlung wahrgenommen haben. Die Teilnehmer schildern eine respektvol-
le, sanfte, stringente Gesprächsführung, in der mein „Verhandlungsgegner" zu meinem
„Verhandlungspartner" wurde und mir spätestens am Ende des Gespräches körperlich
zugewandt ist. Obwohl ich von Anfang bis Ende der Verhandlung die komplette Führung
übernommen habe. Trotzdem erscheint niemandem diese Führung als dominant oder
„aggressiv". Eine Königin führt das Gespräch immer, nur darf er es nicht so empfinden.
Ihr Gegenüber darf nicht sein Gesicht verlieren und Sie sollten ihm Respekt zollen. Dies
wird natürlich umso wichtiger, wenn noch andere Mitarbeiter am Tisch sitzen! Erwähnen
Sie zuerst, was Sie alles verstanden haben und jeden kleinen Punkt, in dem Sie ihm Recht
geben können. Wertschätzen Sie jede mögliche Eigenschaft und jedes Entgegenkommen
seinerseits. „Sie wissen Herr Meyer, wie sehr ich Sie als meinen Vorgesetzten schätze, allein wie Sie mir vor drei Monaten Rückendeckung vorm Management gegeben haben, das
habe ich nicht vergessen!" – und dann erst kommen Sie auf Ihre Forderung zu sprechen.

Greifen wir nun nochmal das Beispiel der Gehaltserhöhung auf, denn gerade da fällt es
den meisten Menschen schwer, eine Forderung angemessen zu artikulieren; diese könnte lauten: „Erst einmal bedanke ich mich für Ihre Zeit Herr Dr. Meyer! Ich habe Sie um
diesen Termin gebeten, da ich mir eine Gehaltserhöhung in Höhe von xy wünsche!" Blickkontakt halten und freundlich schauen. Und wenn Herr Meyer nun zu Recht fragt, worauf
Sie denn nun Ihre Forderung begründen, ist eine Königin selbstverständlich vorbereitet
und bringt mindestens drei gute Argumente freundlich und selbstbewusst vor. Es werden
immer Gegenargumente folgen, aber Sie führen auch dieses Gespräch mit „Konkretisie-
rungs-Fragen" und lassen nicht zu, dass sich Ihr Chef hinter „Gemeinplätzen" versteckt.

Sie erbitten stets „Konkretisierungen": „Was konkret meinen Sie damit, dass … ?" Eine Königin zeigt gleich zu Anfang, dass sie sich nicht vertrösten lässt und fordert klare Terminierungen ein, bis wann Weiteres entschieden wird. Sie sind immer präsent, bis zum Ende der Verhandlung und stehen mit einem Handschlag und einem wertschätzenden Abschlusssatz auf: „Danke für Ihre kostbare Zeit Herr Dr. Meyer." Oder „Danke für das konstruktive Gespräch!" Eine Königin legt sich für den Abschied schon mehrere Sätze parat, um einen starken Abgang hinzulegen. Es fühlt sich zudem viel besser an, wenn Sie entscheiden aus dem Raum zu gehen, als wenn Ihr Verhandlungspartner Sie quasi erst höflich herausbitten muss.

2.2.9   Eine Königin verbindet vermeintliche „Gegensätze"!

Glauben Sie, dass weibliche Anmut und konsequentes Verhandeln in Widerspruch zueinander stehen? Falls ja, dann wieder ab zum ersten Prinzip: „Königin-Sein beginnt im Kopf!" Auf Führungspositionen müssen Sie täglich im Interesse des Unternehmens verhandeln. Wenn Sie also wirklich Lust haben auf Karriere, dann lernen Sie schnell einen gewissen spielerischen Sportsgeist für Verhandlungen zu entwickeln und diesen mit Ihrem weiblichen Charme zu verbinden. Was meine ich damit konkret: Frauen wirken auf Männer oftmals vertrauenswürdiger als ihre männlichen Kollegen. Machen Sie sich das zunutze. Frauen werden oft unterschätzt von den Kollegen, auch das können Sie für den passenden Moment nutzen, um unerwartet zu agieren, zum Beispiel, wenn Sie schon im Vorfeld Ihre Beförderung mit Vorgesetzten absprechen und diese intern absegnen lassen, ohne dass es gleich alle Kollegen mitbekommen müssen!

Sie können als Königin komplett einen Mann entwaffnen, wenn Sie ihm einfach nur selbstbewusst und elegant gegenüber sitzen. Seien Sie sich bewusst, eine Frau zu sein und sehen Sie die Stärken des Frau-Seins. Ich glaube, wenn eine Prinzessin gelernt hat, eine Königin zu sein, kann sie als Frau ihre weiblichen Vorteile ausleben und genießen. Den weiblichen Charme, verbunden mit einem strengen Regiment, haben alle erfolgreichen Frauen gemein. Denken wir an Helena Rubinstein und Elizabeth Arden, auf deren Erfolg sich die gesamte heutige Kosmetikindustrie gründet. Dazu ist zu erwähnen, dass Helena Rubinstein nur 1,54 m groß war! Von ihr stammt übrigens die geschäftstüchtige Aussage: „Der Preis gilt immer als Qualitätsindikator!" Oder denken Sie an Coco Chanel, die aus der Armut kam und ihren Charme zu Anfang ihrer Karriere einsetzte, um Investoren für ihre Ideen zu gewinnen. Letztlich war sie die erste Frau, die sich öffentlich in Hosen zeigte und auf das lästige und gesundheitsschädigende Korsett verzichtete. Das überließ sie lieber den üblichen Verdächtigen, den „Prinzessinnen", die nur verächtlich ihre Köpfe über sie schüttelten. Sah Coco Chanel deshalb weniger weiblich aus? Weitere Königinnen, von denen wir alle viel lernen könnten, wären zum Beispiel Hannah Ahrendt, Estée Lauder, Beate Uhse, Margarete Steiff, Maria Tussaud, Florence Knoll, Maria Bogner, Aenna Burda, Jil Sander etc. Sie alle waren elegante Damen und keine verhärteten Mannsbilder. Sie waren durchaus „toughe" Geschäftsfrauen, aber das nahm ihnen weder ihre Eleganz, noch ihre Weiblichkeit.

Eine Königin kann mit vermeintlichen Widersprüchen umgehen, bestenfalls empfindet sie nicht einmal einen Widerspruch. Sie kann ihre Weiblichkeit feiern mit High Heels, Nagellack, roten Lippen und anderen modischen Accessoires und trotzdem konsequenter verhandeln als manch männlicher Kollege. Ich wurde manchmal von Frauen aus der Wirtschaft angesprochen, ob man im Business seine Weiblichkeit zeigen darf, weil mein Erscheinungsbild sehr weiblich sei. Ich plädiere geradezu dafür, dass Sie Ihre wunderschöne Weiblichkeit behalten und Sie sollten alle weiblichen Vorteile nutzen und genießen können, genauso wie ein Mann seine männlichen Attribute nutzt. Denn schon in den ersten Sekunden in denen Sie einen testosterongeschwängerten Raum voller Alphamänner betreten, merken die Herren, ob Sie innerlich zentriert sind oder ob Sie gleich der erste herausfordernde Spruch verunsichern wird. Es ist die Art wie Sie auf die Menschen zugehen, wie Sie auf Sie reagieren und nicht, ob Sie lange Haare haben und ein weibliches figurbetontes Kostüm tragen. Viele Frauen in der Wirtschaft verzichten darauf, sich von Männern helfen zu lassen, um zu demonstrieren, dass sie genauso hart sind, wie ein Mann. Sie sind aber kein Mann, sondern, wenn überhaupt, eine Königin. Und im Übrigen: Männer helfen gerne! Wieso sollte eine Frau sich nicht ihren schweren Aktenkoffer tragen lassen? Das wird Ihrer Karriere weiß Gott nicht schaden. Ich finde es eher entwürdigend, wenn Sie neben einem starken Mann nebenherlaufen und sich mit einer schweren Akten-Tasche „abbuckeln", da unterstreichen die High Heels auch nicht mehr Ihre Eleganz, ganz im Gegenteil!

Sie können also Ihre Weiblichkeit zelebrieren und trotzdem „konsequent einfordern".

Letztlich befinden sich die Geschlechter immer noch in einer Orientierungsphase. Frauen schwanken zwischen dem alten und neuen Rollenmuster und versuchen, beide Rollen gleichzeitig zu bedienen. Dies würde jede Frau überfordern. Legen wir jedoch die Rollen zusammen, kommt nur „eine" Rolle dabei heraus, nämlich die der Königin. Das bedeutet alles wegzulassen, was nicht zum Verhalten einer Königin gehört. Gerade wenn Sie Karriere und Familie miteinander verbinden wollen, dann erfüllen Sie nicht zu Hause in der Partnerschaft die eine Rolle und in der Firma eine andere. Das würde bedeuten, Sie verleugnen einen Teil Ihrer Persönlichkeit. Besser ist es, beide Rollen miteinander zu verbinden. Sie sind so authentischer und empfinden selber dabei weniger Stress. Sie dürfen dabei natürlich auch weich sein und auch mal bedürftig und gleichzeitig konsequent und klar in Ihren Bedürfnissen und Forderungen. Gegensätze in Einklang zu bringen, macht Sie nicht nur spannend und anziehend, sondern letztlich zu einer Persönlichkeit.

Seit über acht Jahren erlebe ich, dass für viele Menschen der absolute Kernsatz von Harvard Business: „Always soft to the people, but hard to the point" in der Praxis einen großen Spagat darstellt. „Sei stets sanft zu dem Menschen, aber konsequent in der Sache!", stellt jedoch eigentlich gar keinen Gegensatz dar. Manchmal sagt ein Klient zu mir: „Frau Buch, das kann ich doch so nicht einfach sagen!" Dann wird ein Rollenspiel gespielt, in der der Teilnehmer sagt, was er einfordern möchte und ganz schnell wird klar, dass er es wirklich nicht „so" sagen kann. Man kann fast alles sagen, entscheidend dabei ist das „wie"!

Stattdessen werden unbewusst zusätzliche „Mauern" errichtet und sich weiter vom eigentlichen Ziel entfernt. Egal aus welcher Unternehmenshierarchie, treffe ich immer wieder auf die Tatsache, dass Achtung und Wertschätzung gegenüber der Person und Konsequenz in der Sache, für die meisten Menschen in Verhandlungen einen großen Widerspruch in der Umsetzung darstellt. Die gute Nachricht hierbei ist, dass es Frauen wesentlich leichter fällt, dies zu erlernen. Ich habe branchenübergreifend die Erfahrung gemacht, dass es kein Klischee ist, dass Frauen in der Kommunikation stärker als männliche Kollegen sind. Außer sie müssen diese Kommunikationsstärke für sich selbst einsetzen, da hapert es dann. Frauen erlernen das Harvard-Business-Konzept wesentlich schneller und wenn dem so ist, dann müssten Frauen doch grundsätzlich auch verhandlungsstärker sein! Doch warum sind sie es dann augenscheinlich nicht?

Auch hier liegt der Knackpunkt immer in falschen Glaubenssätzen, der Konditionierung und Sozialisierung, die in eine falsche innere Haltung mündet. Sprüche wie: „. . . die hat Haare auf den Zähnen!" hat manch Prinzessin daran gehindert, zur Königin zu werden. Versucht man so einen ähnlichen Spruch für die männliche Gattung zu finden, sucht man vergebens, da nennt man es dann „Durchsetzungsvermögen"! Es liegt an Ihnen, wie Sie so einen Spruch empfinden und ob er an Ihnen abprallt oder Sie doch ein Stück weit kränkt! Oftmals trifft es die tiefe Angst der Prinzessin, nicht geliebt und gerettet zu werden. Und weil die Angst unter den Prinzessinnen so groß ist, verteidigen sie hierbei sogar noch die Männer, statt die Prinzessin, die es wagt, Anspruch auf den Thron zu stellen. Da höre ich Sprüche, wie: „Ich komme mit den Männern immer gut aus, wir brauchen keine Gleichstellungsstelle in unserem Großkonzern!" oder „Ich komme mit einem Mann als Vorgesetzten sowieso viel besser aus." Und auf diese Aussagen scheinen wir auch noch stolz zu sein. Dass dies vielmehr ein Spiegelbild unserer Gesellschaft darstellt und letztlich ein Armutszeugnis gegenüber dem eigenen Geschlecht, ist vielen offenbar nicht bewusst.

Auch entdecke ich bei Frauen in Teams untereinander mehr Konkurrenzkämpfe. Ist die eigene Vorgesetzte eine Frau, und diese erheblich jünger, gibt es fast immer Reibereien. Viele Frauen haben studiert, bekommen dann Kinder und müssen so durch eine Teilzeitstelle viel für ihre Karriere einbüßen. Doch da es eine bewusste Entscheidung war, Kinder zu bekommen, sollte dies nicht zu Neid auf jüngere Kolleginnen führen. Bei Männern gibt es diese Problematik erst gar nicht, da die meisten Männer sich nicht zwischen Karriere und Kindern entscheiden müssen. Kein Wunder, dass Männer da entspannter und toleranter sind. Auf der anderen Seite, haben mir schon häufiger männliche Geschäftsführer unter Tränen mitgeteilt, dass sie von ihren Kindern gar nichts mitbekommen und ihre Frauen darum beneiden, die Zeit des Aufwachsens wirklich mitzuerleben. Das ist die Kehrseite der Medaille.

2.2.10 Eine überzeugende Königin argumentiert stets „konkret" und teilt ihre Entscheidung mit!

Je deutlicher Sie Ihre Argumente anhand konkreter Beobachtungen, Zahlen, Daten, Fakten vortragen und vor allem aus der Sicht des Verhandlungspartners, umso überzeugender und glaubwürdiger wirken Sie. Glaubwürdigkeit bedeutet nicht zu taktieren, sondern sich wirklich Gedanken gemacht zu haben und vorbereitet zu sein! Gleichzeitig achten Sie bitte darauf, dass Ihr Verhandlungspartner ebenfalls konkrete Aussagen macht und nicht nur allgemeingültige Phrasen, die im Grunde gar keine Entscheidung mitteilen. Nehmen wir hier zum Beispiel die im Kundengespräch gerne genutzte Abwehr: „Das ist uns zu teuer!", dann erfragen Sie bitte konkret: „Zu teuer im Vergleich zu welcher anderen Leistung? Ich würde Ihnen gerne unsere Leistung anhand des Angebots unseres Mitbewerbers aufschlüsseln, damit Sie sich eine konkrete Meinung bilden können!"

Möchten Sie intern bei einem Vorgesetzten etwas einfordern, was Ihnen schon lange unter den Nägeln brennt, und Sie wissen, dass diese Forderung berechtigt ist? Dann sollten Sie in dieses Gespräch mit einer Attitüde der Selbstverständlichkeit hineingehen. Teilen Sie Ihre Entscheidung konkret mit, wie zum Beispiel: „Ich werde zukünftig freitags bereits um 14 Uhr die Arbeit beenden, Herr Dr. Meyer. Bislang arbeite ich beständig wesentlich länger, als für eine Halbtagsstelle eigentlich vorgesehen ist und dies ist mit meinen Aufgaben als Mutter nicht mehr vereinbar! Und im Übrigen auch nicht mit den Vereinbarungen meines Arbeitsvertrages … " Falls Ihr Vorgesetzter Sie nun belächelt und sagt: „Liebe Frau Burkard, wir arbeiten alle über unsere Limits!", dann lächeln Sie zurück, sagen zum Beispiel: „Das stimmt!" und verabschieden sich. Und dann verlassen Sie jeden Freitag pünktlich das Unternehmen! Falls Sie jetzt zweifeln und denken, ich hätte leicht reden und ich kenne nicht Ihren Vorgesetzten, dann sage ich Ihnen, dass das auch ganz egal ist. Wichtig ist, dass Sie Ihre Entscheidung, basierend auf Ihrer vertraglichen Grundlage, nicht vorwurfsvoll oder mit Empörung vortragen, sondern eher so, als ob Sie einem Freund eine Entscheidung mitteilen.

Eine Königin ist kein bettelndes Kind, sondern sie teilt entschlossen mit, wie sie ihre Leistung anbietet oder was sie fordert. Geraten Sie jedoch erst einmal in die Falle der „Rechtfertigung" und reden sich nur noch um Kopf und Kragen, verlieren Sie dabei Ihre gesamte Souveränität. Verwässern Sie Ihre Aussagen nicht und haben Sie Mut zu Gesprächspausen, in denen Sie so lange warten, bis Ihr Verhandlungspartner wieder das Wort ergreift. Sie teilen nur Ihre Entscheidung mit, Ihr Vorgesetzter muss jetzt liefern, falls er wirklich denkt, er könnte Sie noch umstimmen.

2.2.11 Was Prinzessin zur Krönung vom Mann lernen kann!

Gestatten Sie mir zum Ende noch einen Seitenblick ohne Seitenhieb auf die Herren der Schöpfung: Ich erlebe immer wieder, wie Männer sich untereinander, auch oder gerade in den obersten Managementboards, verbal die Köpfe einschlagen, aber wenn sie den Konferenzraum verlassen, wird zusammen gelacht, sich gegenseitig auf die Schulter geklopft, Witze gerissen und vor allem feste die Hände geschüttelt. Von außen betrachtet könnte man meinen, diese Herren seien dicke Freunde, aber weit gefehlt. Das ist etwas, was ich an der männlichen Welt bewundere: Männer betrachten diesen „Kampf" als eine Sportart, in der jeder die Regeln kennt, als ob sich alle Männer auf diese Sichtweise geeinigt hätten. Jeder weiß, dass man im Job konsequent für seine Sache streitet und zwar mit vielen Mitteln. Das nimmt man sich jedoch nicht persönlich oder übel, denn dann würde das Spiel des sich Messens in einer Art Wettbewerb ja nicht funktionieren. Logisch, ein Sprintläufer hält ja auch nicht an, um seinem Kollegen aufzuhelfen, der gerade über seine Füße gestolpert ist. Nein, er behält seinen Sieg vor Augen.

Heißt das, dass Männer also doch „verhandlungsstärker" sind? Sicher spielt auch da die Sozialisation hinein, doch sehe ich noch einen anderen Grund: Wenn Männer auch nur ungern nach dem Weg fragen, so haben sie jedoch verstanden, dass das Business nach anderen Regeln funktioniert. Dass es da im Gegenteil ganz besonders wichtig ist, sich Hilfe zu holen, die in Form von Trainings und Coachings den Rücken stärkt – bevor das Kind in den Brunnen gefallen ist. Sie wissen, es ist eine wichtige Investition in ihre Karriere, um ihre Macht und Souveränität zu stärken. Deshalb empfehle ich dies auch Frauen, die auf der Karriereleiter weiter aufsteigen wollen: Lassen Sie sich Coachings angedeihen! Dies ist kein Zeichen von Schwäche, sondern von Stärke, zu erkennen, dass kein Mensch sich in dem Grad so gut selbstreflektieren kann, wie dies der professionelle Blick von außen erlaubt. Letztendlich ist für eine gute Führungskraft immer wieder eine gute Persönlichkeitsentwicklung das A und O. Ist die Persönlichkeit gestärkt, selbstbewusst und weiß sie Grenzen zu bewahren, dann ist ihr Führungsstil ebenfalls hervorragend. Sie würden sich wundern, wie viele Manager, Geschäftsführer und Vorstände ihren heimlichen persönlichen Coach haben!

2.2.12 Eine Königin belohnt sich regelmäßig!

Aber nun wieder zu Ihnen: Sie haben vielleicht gerade eine Verhandlung hinter sich? Dann sollten Sie sich dafür entsprechend belohnen. Das „Belohnungs-Prinzip" ist die Krönung jeder Verhandlung und damit die einer jeden Königin! Das Verhandeln soll Ihnen Spaß machen und ohne Belohnung kein Spaß. Stimmt das „Belohnungs-Prinzip" nicht, können Sie nicht „auftanken"! Nach jeder entscheidenden Verhandlung sollten Sie sich daher „beschenken"! Feiern Sie sich und Ihren Erfolg! Ja, auch wenn Sie vielleicht noch nicht den durchschlagenden Sieg eingefahren haben, so haben Sie doch mit jeder Verhandlung, die Sie nicht mieden, einen weiteren Meilenstein in Ihrer Entwicklung gesetzt. Glauben Sie mir: Sie werden immer mutiger, offensiver und selbstbewusster, mit jeder einzelnen Verhandlung, der Sie nicht ausweichen. Und damit die Königin immer wieder an nötige Verhandlungen mit Sportsgeist herantreten kann, ist es wichtig, dass sie sich selber regelmäßig „dankt".

Dazu ist es gut, in sich hinein zu horchen, was Ihre aktuellen Bedürfnisse eigentlich sind. Welches Bedürfnis hätten Sie gern gerade mehr in Ihrem Leben erfüllt? Leichtigkeit, Souveränität, Freundschaft, Erfolg, Stärke, Integrität, Wärme, Zuversicht, Spaß …? Machen Sie sich klar, wonach sich Ihre Seele zurzeit sehnt und dann halten Sie Ihren Fokus darauf, denn das, was Sie fokussieren, wächst. Das ist ein physikalisches Gesetz! Wenn Sie es nicht sind, die auf Ihre Bedürfnisse achtet und diese wie ein Rechtsanwalt aufrecht verteidigt, wird es niemand für Sie tun. Also: Was bringt Ihnen wirklich Spaß? Was würde Ihnen heute gut tun? Tun Sie es!

Oder vielleicht gibt es etwas, was Sie demnächst „verhandeln" wollen/sollten? Dann legen Sie los! Setzen Sie Ihre „Krone" auf und besinnen Sie sich, wer Sie wirklich sind. Und vor allem: Mit was möchten Sie sich danach belohnen?

2.3   Über die Autorin

Beatrice Buch trainiert Vorstandsmitglieder und Geschäftsführer mittelständischer und kleiner Unternehmen. Im Rahmen dessen bietet sie Fort- und Ausbildungen für alle Führungskräfte an. Als Expertin für Verhandlungsgeschick und erfolgreiches Präsentieren, bereist sie seit mehr als acht Jahren den deutschsprachigen Raum und gibt Inhouse-Trainings in Unternehmen. Menschen beizubringen, wie sie durch geschicktes Verhandeln ihre Karriere beschleunigen, ist ihr größtes Anliegen.

Ihre regelmäßigen Führungs-Seminare in Hamburg sind immer etwas besonders. Sie moderiert mit Witz und Comedy und verfängt so auf humorvolle Weise Führungskräfte aller Ebenen.

Nach dem Abitur reiste Beatrice Buch fast zwei Jahre mit einer Dritte-Welt-Organisation in diverse Schwellenländer. In nur acht Monaten wurde sie mit 21 Jahren exklusiv zur „Speakerin" ausgebildet und hielt bereits früh Vorträge vor Harvard Business Managern und NASA-Einkäufern in den USA, um das Fundraising der Organisation zu perfektionieren. Zurück in Hamburg studierte sie Sozialpädagogik mit Theologie im Nebenfach und setzte parallel dazu ihr Schauspielstudium an der Schule für Schauspielerei Hamburg fort. Selbstständig im Casting-Bereich für Print- und TV-Werbung sammelte sie erste Erfahrungen in leitender Funktion. Auftritte im Schauspielhaus und in Werbung, TV und Film folgten. Nach ihrem Diplom in Betriebswirtschaft an der Universität Hamburg, diente ihr zunächst die Schauspielerei weiter als Haupterwerb, doch wuchs zunehmend die Sehnsucht, Erlebtes und Erlerntes miteinander zu kombinieren, um Menschen ihren Wünschen und Zielen näher zu bringen.

Ihr ganz eigenes Konzept der Personalentwicklung auf Basis eines ganzheitlichen Ansatzes war geboren: Vor dem wissenschaftlichen Hintergrund von Pädagogik, Betriebswirtschaft und Schauspielerei, sowie ihren beruflichen Erfahrungen in diesen drei Bereichen, bietet Frau Buch heute ein Alleinstellungsmerkmal auf dem Trainer-Markt. Damit zeigt sie ihren Klienten deren Fähigkeit, schnell und flexibel den unterschiedlichsten Bedürfnissen begegnen zu können, also ihre Erfolgswege auf.

Ob als Coach oder Berater, wer Beatrice Buch bucht, holt sich Kompetenz ins Haus.

Weitere Infos unter: www.beatricebuch.de

Weiterführende Literatur

Birkenbihl, M. (1971). *Train the Trainer*. München: Moderne Industrie.

Damasio, A. (2002). *Ich fühle also bin ich: Die Entschlüsselung des Bewusstseins*. Berlin: List Taschenbuch.

Damasio, A. (2013). *Selbst ist der Mensch: Körper, Geist und die Entstehung des menschlichen Bewusstseins*. München: Pantheon.

Hüther, G. (2004). *Die Macht der inneren Bilder: Wie Visionen das Gehirn, den Menschen und die Welt verändern*. Göttingen: Vandenhoeck & Ruprecht.

Rubin, H. (1997). *The Princessa. Machiavelli für Women*. New York: Doubleday.

Die DNA der Alphafrau

Entschlüsseln Sie den Code, für Erfolg und Erfüllung

3

Marina Friess

Es gibt sie, diese Frauen, die scheinbar alles erreichen was sie sich in den Kopf gesetzt haben. Bei ihnen sieht Erfolg so einfach aus, als würde er im Schlaf entstehen. Hatten Sie schon einmal mit so einer Frau das Vergnügen?

Auch ich kenne eine Frau, die mich immer wieder fasziniert. Sie ist mittlerweile eine der bekanntesten Frauen weltweit. Kaum zu glauben bei ihrer Geschichte.

Geboren als uneheliche Tochter von minderjährigen Eltern – dass das 1954 ein Unding in der Gesellschaft war, brauche ich hier wohl nicht zu erwähnen – war es bereits als Kind für sie sehr schwer. Nicht genug zog sich das noch lange Zeit durch ihr Leben. Ihre Mutter verließ sie bereits als Kind, um zu arbeiten. Daher wuchs sie bei ihrer strengen Großmutter auf, der jedes Mittel, sogar Gewalt, recht war, um die Kleine zu erziehen. Als Schülerin war sie top. Von den Lehrern gemocht, von den Schülern gehasst. Ihre Intelligenz und ihr starker Wille sind nicht überall gut angekommen.

Das sorgte auch dafür, dass sie während ihrer Studienzeit beschloss, einen anderen Weg zu gehen. Sie brach ihr Studium ab, um Nachrichtensprecherin bei einem großen Radiosender zu werden.

Doch auch hier kein Erfolg. Indem sie beim Vorlesen von bestimmten Nachrichten zu viele Emotionen zeigte, verstößt sie gegen ungeschriebene Gesetze. Emotionen, auf keinen Fall! Ihre Kollegen halten sie daher für unprofessionell. Die Folge: Rauswurf! Doch bei ihr gilt, nach dem Fall ist vor dem Aufstieg.

Mittlerweile begeistert sie mit ihrer wöchentlichen Show 21 Mio. Menschen in 215 Ländern dieser Erde. Ihr jährlicher Durchschnittsverdienst beträgt 233 Mrd. US-Dollar. Das ist die Zahl 233 mit 9 Nullen. Unglaublich, oder? Und das mit dieser Geschichte. Das ist das Leben einer faszinierenden Frau namens Oprah Winfrey.

Ihre Geschichte zeigt ganz klar: Egal wo du herkommst, du kannst alles schaffen, was du willst. Sie hat sich nach oben gearbeitet, mit viel Ehrgeiz, aber auch dadurch, dass sie

M. Friess (✉)
Oberstrasse 31, 41516 Neuss - Grevenbroich, Deutschland

© Springer Fachmedien Wiesbaden GmbH 2017
P. Buchenau (Hrsg.), *Chefsache Frauen II*, DOI 10.1007/978-3-658-14270-4_3

sich nicht für andere verbogen hat. Hätte sie sich einreden lassen, dass sie anders sein muss, um erfolgreich zu sein, hätte sie es nie soweit geschafft. Ihr Mut, ihre Fähigkeiten, gepaart mit einer großen Portion Weiblichkeit, hat sie nach oben katapultiert.

Daher ist sie auch eines der besten Beispiele dafür, was für mich eine wahre Alphafrau ausmacht.

Die Gesellschaft ist männlich geprägt, egal ob in der Politik oder in der Wirtschaft. Es fehlen weibliche Vorbilder! Die meisten Frauen an der Spitze sind das nur bedingt, da sie nicht den Durchschnitt der weiblichen Bevölkerung ausmachen. Bisher haben es Frauen kaum mit weiblichen Attributen nach oben geschafft. Im Gegenteil! Oftmals wurden diese verleugnet, da Weiblichkeit im Business nicht förderlich für die Karriere ist. So haben sich die meisten Frauen, die jetzt in Führungspositionen sind, angepasst, um in die „Norm" der Geschäftswelt zu passen. Daher fehlt es nun dringend an diesen Vorbildern, die es mit ihrer ureigensten weiblichen Stärke an die Spitze gebracht haben. Und das ist definitiv möglich. Doch bleibt uns meist nur die Option, uns an den Männern zu orientieren.

Und das ist das Problem. Wir Frauen können eines: Uns immer und ständig mit anderen vergleichen. Die kann das besser, er ist da weiter usw. Dabei vergessen wir oft, wer wir sind, was wir erreicht haben und wo wir herkommen. Vergleich an sich ist nichts Schlechtes, solange er motiviert, nicht deprimiert. Und wie bereits gesagt, haben sich die derzeitigen „Vorzeigefrauen" mit meist maskulinen Attributen an die Spitze gekämpft. Durchhaltevermögen, Schlagfertigkeit, Ellenbogenmentalität passt einfach zu 95 % der Frauen im Beruf nicht. Klar können sie den Bulldozer spielen, aber früher oder später kommt das wie ein Bumerang zurück. Kampf ist immer Anstrengung und wir sind nicht hier um zu kämpfen, sondern um das Leben zu leben, das wir lieben.

Und diese Erfahrung habe ich nicht erlesen, sondern selbst erlitten. 20 Jahre jung und schon selbstständig. Wo? Natürlich in einer Männerdomäne. Das kennen sicherlich viele von Ihnen, da viele Branchen stark männerdominiert sind. Alle meine Mentoren waren daher auch Männer. Von morgens bis abends durfte ich mir von ihnen anhören, wie doch mein Business funktioniert und wie ich mich verhalten sollte, um erfolgreich zu sein. Ich muss schmunzeln, wenn ich darüber nachdenke, was ich in dieser Zeit für einen Blödsinn gehört habe. Aber sie wussten es natürlich auch nicht besser. Jeder sieht die Welt durch seine Brille. Und das war eine maskuline Welt. Ich noch zu grün hinter den Ohren, habe das natürlich nicht weiter hinterfragt und einfach umgesetzt, was mir empfohlen wurde. Das Ende der Tortur: Nach vier Jahren in der Selbstständigkeit fand ich mich vor einem Spiegel wieder. Bei meinem Anblick schoss mir spontan der Gedanken in den Kopf: „Wer bist du eigentlich?" Ich hatte einen superschicken schwarzen Anzug an, natürlich ein Dreiteiler, damit man nicht erkennt, dass da ein Vorbau ist. Meine Haare zum Dutt zusammengebunden und mein Gesichtsausdruck streng. Ok, ich sage wie es ist, er war verbissen. Ich habe mich in dieser Verkleidung selbst nicht mehr wiedererkannt. Aber mir wurde doch immer gesagt, dass ich mich nicht zu weiblich kleiden sollte, Haare zusammen und bloß nicht zu viel lachen! Ich werde sonst nicht ernst genommen. Aber in diesem Moment brachen bei mir wirklich alle Dämme. Ich hatte keine Lust mehr auf Verkleidung. Weder meinen Körper, noch meine Persönlichkeit. Ich wollte so sein wie ich bin, humorvoll, aufgeschlossen, emotional, weiblich UND erfolgreich.

Diesen Weg gehe ich nun seit sieben Jahren, mal leichter und mal auch schwerer, aber glücklich.

Als ich 2012 Feminess | Female Business gründete, war mein größter Wunsch, Frauen auf ihrem Weg zu noch mehr Erfolg und Erfüllung zu verhelfen. Und zwar in jedem Lebensbereich. Ich dachte damals mein Erfolg lag ausschließlich daran, dass ich mich selbst gut vermarkten konnte und das Wissen wollte ich weitergeben. Drei Jahre später bin ich schlauer. Natürlich ist für den Erfolg Eigenmarketing sehr wichtig, aber Eigenmarketing ist das Dach des Hauses. Das Fundament, auf dem es steht, ist Ihre Persönlichkeit. Erkennen Sie sich selbst, Ihre Stärken, Ihre Potenziale, dann können Sie sich leichter ein Leben kreieren, das Sie lieben.

In meiner intensiven Arbeit mit Frauen habe ich erkannt, dass viele sich verstellen. Sie sind nicht sie selbst. Aber irgendwann bekommt einen die Realität und das ist oft schmerzhaft. Egal auf welcher Ebene. Entweder durch Schwierigkeiten in privaten Beziehungen, Stress auf der Arbeit, Überlastung oder auch Selbstzweifel, die uns innerlich auffressen. Sich selbst erkennen, Zeit für die Erforschung der wichtigsten Person in Ihrem Leben zu investieren, lohnt sich.

Ich höre oft von Frauen: „Ich habe zu wenig Zeit". Das ist Quatsch. Wir alle haben 24 h, nur jeder nutzt sie anders. Leider nutzen viele Frauen ihre Zeit, um es anderen recht zu machen. Gemocht werden, steht ganz oben im Kurs. Aber es geht doch darum, sich selbst zu mögen. Wie kann ich jemanden mögen, den ich gar nicht richtig kenne?

Das ist der Code zum Entschlüsseln der Alpha-DNA. Wenn wir uns kennen und uns mögen, dann sind wir nicht mehr der Spielball der Gesellschaft. Wir treffen die Entscheidungen für uns, nicht für andere. Wir sind selbstbewusster und selbstsicherer. Das bringt Erfolg. Und zwar überall.

Diese Erkenntnis kann nur von innen heraus kommen, nie von außen. Ich erlebe immer wieder, dass es in der Weiterbildungsbranche Mode geworden ist, zu sagen: „Ich gebe dir 1000 € für dein Seminar und jetzt mach mich erfolgreich!" Das funktioniert so nicht. Keiner da draußen hat diesen Schlüssel für Sie. Er ist in Ihnen. Nutzen Sie die Persönlichkeitsentwicklung nicht, um sich erfolgreicher machen zu lassen, sondern um sich selbst besser kennenzulernen. Um selbst herauszufinden, was Sie erfolgreich und glücklich macht. Der Weg der anderen muss nicht Ihr Weg sein. Und bitte, lassen Sie sich niemals einreden, dass Sie nur mit der Hilfe einer anderen Person Ihre Wünsche und Träume erfüllen können. Das ist nicht so. Sie können dies für sich selbst erreichen. Außenstehende Berater können Ihnen den Weg dorthin sicherlich verkürzen, doch alles was Sie dafür brauchen, steckt bereits in Ihnen.

Ich möchte Ihnen bewusst nicht zeigen, wie Sie um jeden Preis an die Spitze kommen, oder Ihr Umfeld – Kollegen/innen, Konkurrenten wegfegen. Darüber gibt es erschreckenderweise schon genug Ratgeber. Ich möchte Ihnen in diesem Beitrag Mut machen, sich noch besser kennenzulernen, sich noch mehr lieben zu lernen und sich dann zu zeigen, wie Sie sind: wunderbar und einzigartig.

Ich richte einen weiblichen Blick auf das Thema Erfolg. Ich möchte Sie inspirieren, neue, vielleicht auch einmal ganz andere Wege zu gehen. Eine neue Perspektive zu bekommen. Einfach die Möglichkeit zuzulassen, dass beides möglich ist, erfolgreich und weiblich.

Aber bevor ich Ihnen nun die Codes der Alphafrauen entschlüssle, gebe ich Ihnen einen wichtigen Grundsatz mit: Nehmen Sie bei allen Tipps, die Sie bekommen, immer Rücksicht auf Ihre eigene Persönlichkeit. Es muss zu Ihnen passen. Lassen Sie sich auf keinen Fall einreden, nur so und so geht es. Jede Frau ist individuell und das ist auch gut so. Schauen Sie sich doch mal die Frauen an der Spitze an. Wir haben Frauen, die sind eher still, dann gibt es die Extrovertierten, die Zurückhaltenden, die Liebevollen. Es ist für jede etwas dabei.

Alphafrau bedeutet für mich eine Frau, die ganz genau weiß, was sie will und ihre Ziele auch verfolgt. Sie schafft es mit ihrer individuellen Ausstrahlung, ob es Sympathie, Stärke, Selbstbewusstsein oder Kraft ist, andere Menschen zu begeistern. Sie bewegt durch ihre positive Ausstrahlung. Aber vor allem ist sie sich und ihrer Meinung treu.

An der Stelle werde ich immer gefragt: Kann denn jede Frau eine Alphafrau werden? Ja natürlich! Ist für jede Frau der Weg dorthin gleich? Natürlich nicht. Es kommt immer auf die eigene Persönlichkeit an. Aber ja, es ist machbar.

Muss es immer gleich eine Alphafrau sein? Das kommt darauf an, wo Sie hin möchten. Wenn es Richtung Spitze soll, dann sind auf jeden Fall einige Eigenschaften der Alphafrauen vom Vorteil.

Aber bitte, orientieren Sie sich nicht unbedingt ausschließlich an den Frauen, die derzeit an der Spitze stehen. Wie bereits gesagt, repräsentieren sie nicht die Durchschnittsfrau. Doch es ist notwendig, dass sie jetzt an der Spitze stehen. Sie sind Vorreiterinnen.

Die Soziologie sagt, dass eine Gruppe groß genug sein muss, um Sichtbarkeit zu erlangen. Und ja, die Quote ist umstritten, definitiv. Doch wird die Quote dafür sorgen, dass eine kritische Masse an Frauen in Führungspositionen sichtbar wird. Natürlich haben es die sogenannten „Quotenfrauen" jetzt schwerer. Aber es muss einfach einen Anteil von 25–35 % repräsentativer Frauen an der Spitze geben, damit auch die wirklich weiblichen Führungsqualitäten mehr Zuspruch in der Wirtschaft finden. Solange nur einzelne Frauen ihre Weiblichkeit auch an der Spitze leben, werden sie immer als Ausnahmen betitelt, die nicht die Regel zeigen. Die Führungskräfteexpertin Christina Kock sagt: „Die Quote ist wie ein exogener Schock, der durch die Wirtschaft geht". Die Quote wird ihrer Meinung nach dafür sorgen, dass in 10–15 Jahren, also in einem stark verkürzten Zeitraum, mehr Frauen mit weiblichen Führungsqualitäten an der Spitze sind. Und das braucht diese Welt. Das Zusammenspiel zwischen Männern und Frauen. Wir brauchen keine schlechteren Männer in den Führungsetagen, wir brauchen weibliche Intuition, Feinfühligkeit und Einfühlungsvermögen. Die Welt ist zu maskulin. Es geht immer nur um Geld, Macht und Wettkampf. Das ist auf Dauer nicht tragbar. Darum sage ich: Die Zukunft ist weiblich!

3.1 Alphafrau Code: Persönlichkeit

Ihre Persönlichkeit zählt. Es gibt ganz unterschiedliche Frauen an der Spitze, mit unterschiedlichen Charakterzügen. Nur weil eine Frau laut und extrovertiert ist, heißt es noch lange nicht, dass sie eine Alphafrau ist. Schauen Sie sich zum Beispiel einmal den Stil und die Eleganz von Christine Lagarde – geschäftsführende Direktorin des Internationalen Währungsfonds – an. Sie braucht kein Getöse, um Aufmerksamkeit zu bekommen. Auch eine Angela Merkel ist eher still und rational. Sie möchte nicht unangenehm auffallen, daher hat sie eine gute Selbstbeherrschung. Sie trifft intrinsisch ihre Entscheidungen und trägt diese dann voller Überzeugung nach außen. Ob diese Entscheidungen immer richtig sind, ist hier nicht das Thema.

Oder schauen Sie sich die ehemalige Kreativdirektorin von Gucci – Frida Giannini an. Sie ist eher zierlich und lieb in der Ausstrahlung. Und dennoch schafft sie es, ihr sehr großes Team zu führen und an der Spitze zu halten. Sie sagt in einem Interview mit der Frankfurter Allgemeinen Zeitung: „Man müsse an sich glauben, Opfer bringen, talentiert, teamfähig und demütig zugleich sein."

Natürlich gibt es auch die taffen Frauen wie Heidi Klum, die mit ihrer Art für viele Diskussionen sorgt.

Was ich Ihnen sagen will: Jeder Charakter kann erfolgreich werden, es muss nur Ihr eigener sein.

Das größte Problem der Frauen ist häufig, dass sie zu wenig Zeit mit sich selbst verbringen. Sich zu wenig selbst kennenlernen. Wenn wir nicht wissen, wer wir sind und was wir möchten, dann sagen es uns die anderen. Ist doch klar. Wir sind angreifbar für Manipulationen von außen. Wenn Ihnen nicht klar ist, was Sie wollen, dann sagen Ihnen andere, was Sie gefälligst zu wollen haben. Und das aber meist zu deren eigenen Vorteil, nicht zu Ihrem. Das machen viele nicht bewusst und dennoch passiert es tagtäglich. Wir werden immer unbewusst gelenkt durch Aussagen, Handlungen oder körpersprachlichen Signalen unseres Umfeldes. Sind Sie klar, haben andere keine Chance, Sie zu manipulieren und zu instrumentalisieren.

> **Tip** Eine Bitte: Fühlen Sie während und auch nach diesem Buch einmal ganz intensiv in sich hinein. Nehmen Sie sich Zeit für sich selbst und stellen Sie sich folgende Fragen:
> Wer sind Sie?
> Was möchten Sie in Ihrem Leben wirklich?
> Was möchten Sie auf keinen Fall mehr?

Lassen Sie sich nicht einreden, dass Sie anders sein müssen, als Sie jetzt sind. Keiner weiß, wie Sie zu sein haben. Lesen Sie dieses Buch aus dem Blickwinkel der Potenzialentwicklung. Es geht nicht darum zu erkennen, wo Sie noch nicht gut genug sind, um dann verzweifelt daran zu arbeiten. Es geht darum, Ihre persönlichen Potenziale zu erkennen und diese zu erweitern. Der Samen eines Apfelbaumes kann niemals einen Kirschbaum hervorbringen. Aber ein Apfelbaum kann so gut gewässert und gepflegt werden, dass er die schönsten und größten Früchte trägt. Und hier gibt es kein richtig oder falsch! Es gibt nur das, woran Sie glauben wer Sie sind. Woran glauben Sie? Ihr Glaube versetzt Berge.

Mir haben damals die sogenannten Berater immer gesagt, ich solle meinen Dialekt wegtrainieren, wenn ich auf großen Bühnen spreche. Ja ich gebe zu, meine fränkischen Wurzeln sind klar zu erkennen. Also was hab ich gemacht? Sprachtraining! Das war so zeitintensiv, so teuer und hat mich am Schluss nur frustriert, weil ich mich beim Sprechen nicht mehr wohl gefühlt habe. Ich habe mich nur noch darauf konzentriert, wie ich etwas sage und gar keine Leidenschaft mehr rein gelegt. Das Resultat: Geld verschwendet – Zeit verschwendet. Mittlerweile höre ich so oft nach Vorträgen wie toll sie meinen Dialekt fanden und wie authentisch mich das macht. Ich habe mir geschworen, mich nicht mehr zu verbiegen, nur weil es mir jemand so gesagt hat.

Und auch wenn ich Ihnen hier Tipps gebe, schauen Sie ganz genau, was zu Ihnen passt.

Wie ist sie denn nun, die Alphafrau?

Alphafrauen legen Wert auf eine gute und konstruktive Gemeinschaft. Sie möchten innerhalb ihres Teams keine Konkurrenzkämpfe schüren, auch wenn diese nach vielen Meinungen das Geschäft belebt. Sie sehen das anders. Ihr Motto: Gemeinsam sind wir stark!

Alphafrauen definieren sich nicht nur darüber, was sie für eine Position im Unternehmen haben, wie viel sie verdienen und wie ihr sozialer Status ist. Sie definieren ihren Wert auch über private Erfüllung und nicht materielle Dinge. Und ganz ehrlich, das ist auch das einzige Vernünftige. Wenn wir uns immer über Äußerlichkeiten definieren und diese einmal nicht mehr da sein sollten, dann verspüren wir in unserem Leben keinen Sinn mehr.

Haben Sie sich schon mal ganz offen gefragt, worüber Sie Ihren Wert als Frau definieren? Definieren Sie ihn auch über Erfolg, Wohlstand und materielle Fülle? Oder vielleicht darüber, dass Sie eine gute Position haben? Ist Geld Ihr Schlüssel zur Selbstliebe? Oder definieren Sie sich über Freunde, Familie, private Dinge? Sagen Sie vielleicht: „Ich definiere mich über mich selbst!"

Möglicherweise haben Sie sich vorher noch nie diese Frage gestellt. Noch nie einen Gedanken daran verschwendet. Das erlebe ich in meinen Beratungen sehr häufig. Wenn Sie Ihren Wert nicht von äußeren Dingen abhängig machen, kann um Sie herum alles passieren. Sie werden nicht an sich und Ihren Fähigkeiten zweifeln. Natürlich, Erfolg, Geld, eine gute Position sind schön, aber es ist nicht alles im Leben. Es kann doch nicht sein, dass man in sich zusammenfällt, nur weil es vielleicht berufliche Herausforderungen gibt. Warum sollte ein Mensch deshalb weniger Wert sein?

Je mehr Sie auf Ihr Selbstwertkonto einzahlen, desto mehr Erfolg werden Sie automatisch haben. Das ist das Gesetz der Resonanz. Wenn Sie sich die schönsten Dinge im Leben wert sind, können Sie diese auch anziehen. Und damit meine ich jetzt nicht, sich hinzusetzen, 1000 Mal hintereinander zu sagen, ich bin es mir Wert und darauf zu warten, dass es Geld regnet. Vielleicht schaffen Sie das, aber die meisten müssen schon etwas dafür tun. Was nicht heißen soll: „Nur wer hart arbeitet, ist erfolgreich." Das halte ich auch für eine einschränkende Überzeugung. Es geht nicht darum, hart zu arbeiten, sondern das Richtige zu arbeiten.

Bei dem Code Persönlichkeit geht es darum, wie Sie sich selbst mehr wertschätzen und akzeptieren. Wie Sie mit sich, Ihrer Weiblichkeit, Ihrem beruflichen und privaten Erfolg in Einklang kommen.

Selbstwert bedeutet natürlich auch, dass Frau zu ihrer Meinung steht. Sie legt Wert auf ihre eigene Meinung. Stefanie Voss als Führungskräftetrainerin sagt: „Frauen tun sich schwerer damit, weil sie immer gemocht werden wollen. Frau eckt an, wenn sie ihre Meinung sagt, doch es braucht eine klare Kommunikation, um Karriere zu machen. Frauen reden einfach gerne außen herum, da Direktheit oft auf Kosten ihrer Beliebtheit geht. Doch man sollte Kritik an der eigenen Person nicht immer auf sich selbst beziehen und es nicht so nah an sich herankommen lassen. Wenn Frau aneckt, ist das ein Kompliment, da das ein Beweis dafür ist, dass man in seiner Kommunikation klar ist. Das gesellschaftliche Problem ist einfach, dass Männer charismatisch sind, wenn sie eine eigene Meinung vertreten, Frauen hingegen oft als zickig abgestempelt werden. Klar, man muss sich doch nur die Prospekte ansehen, die vor Weihnachten immer kommen. Für die Jungs gibt es Ritter und Cowboys, für die Frauen gibt es Prinzessinnen. Und das prägt uns Frauen natürlich."

Sie selbst war als Kind schon recht forsch, daher ist sie abgehärtet. Dadurch war es für sie auch kein Problem, als eine von wenigen Frauen in ihrer früheren Führungsposition bei Bayer CropScience Respekt zu erhalten.

Vor allem – und das ist glaube ich sehr wichtig – sieht sie es nicht als Nachteil, als Frau in männerdominierten Berufen zu arbeiten. Für sie ist es ein Geschenk, da sie mit Intelligenz und Charme als Frau gut punkten kann. Und gerade das feine Gespür, die Fähigkeit zuzuhören und schnell zu erkennen, wann die Stimmung kippt, ist immer ihr Vorteil.

Die Persönlichkeit siegt immer.

3.2 Alphafrau-Code: Haltung

Groß und stolz! Das verbindet man doch sofort mit der Haltung einer Alphafrau. Sie gehen aufrecht und bedacht. Sie strahlen Souveränität aus.

Unser Körper spricht noch vor dem Mund. Aber spricht er das, was wir sagen wollen, oder hat er manchmal doch ein Eigenleben? Mittlerweile ist doch klar: Die Körpersprache spiegelt die Persönlichkeit wider. Jede kleine Unsicherheit wird darüber transportiert. Daher ist der zweite Code auch die Haltung. Und es geht nicht nur darum, wie Sie am besten Ihre Hand halten oder wie Sie stehen sollen, sondern auch um Ihre tiefen Überzeugungen, die sich im Außen widerspiegeln. Sind Sie mit sich im Einklang? Dann haben Sie eine starke und souveräne Körpersprache. Sind Sie es eben nicht, dann wird Ihnen Ihr Körper bei wichtigen Gesprächen immer einen Strich durch die Rechnung machen. Kennen Sie das, Sie hören einer Person zu, verstehen seine Worte, aber bei Ihnen kommt etwas ganz anderes an. Das ist Inkongruenz. Ach, das merkt doch nur ein geschulter Blick, denken

Sie sich? Nein! Unbewusst merkt es jeder. Und dann entsteht ein komisches Bauchgefühl. In der Körpersprache sagt man: erst kommt der Gedanke, danach folgt die Körpersprache, dann erst das Wort. Wenn die Reihenfolge anders ist, dann wirkt es unecht und aufgesetzt. Vielleicht kennen Sie diese gruseligen Mittagsprogramme auf diversen Fernsehsendern. Die Sendungen bei denen Sie Fremdschämen für die Schauspieler empfinden. Die machen genau den Fehler und sprechen erst, bevor die Körpersprache folgt. Sie merken es sofort oder?

Alphafrauen sind kongruent. Ihr Körper spiegelt ihren Geist wider. Doch ist das antrainiert? Nein! Es ist angedacht. Bedeutet, Alphafrauen sind mit sich selbst und den Dingen, die sie tun, im Einklang. Sie respektieren, akzeptieren und wertschätzen sich selbst und das strahlen sie auch aus. Und ... sie sind absolut überzeugt von sich.

Was ich Ihnen damit sagen möchte: Vergessen Sie einmal alles, was Sie über Körpersprache bisher gelesen haben und konzentrieren Sie sich erstmal auf sich selbst. Versuchen Sie von Tag zu Tag ein Stück selbstbewusster zu werden, das spiegelt sich dann auch auf die Körpersprache nieder.

Vielleicht fragen Sie sich jetzt, wie Sie mehr Selbstbewusstsein aufbauen können. Ganz einfach! Ja, Sie haben richtig gelesen, einfach! Sie müssen es nur tun. Und zwar setzen Sie sich von heute an jeden Tag kleinere oder größere Ziele. Es können Tagesziele, aber es dürfen natürlich auch langfristige Ziele sein. Schreiben Sie sich diese zu Beginn auch auf, damit Sie die Erreichung der Ziele kontrollieren können. Selbstbewusstsein entsteht durch kontinuierliche Referenzerlebnisse, dass Sie das erreichen, was Sie erreichen möchten. Selbstverständlich wächst das Selbstbewusstsein stärker, wenn Sie ein großes Ziel erreicht haben, aber mehrere kleine Etappen sind auch gut. Das Schöne ist, Sie werden viel Souveränität, Stärke und Kraft ausstrahlen, wenn Sie auf Erfolgskurs sind und das sorgt automatisch für eine selbstbewusste Haltung.

3.3 Alphafrau-Code: Kommunikation

Rede, damit ich dich sehen kann! Das war nicht nur eine schlaue Aussage von Sokrates, sondern eine der wichtigsten Grundlagen für den weiblichen Erfolg. Auch wenn er es damals sicher nicht deshalb gesagt hat.

Jetzt sagen Sie vielleicht: Reden kann ich, ich bin ja eine Frau! Ja, nur die 16.000 Wörter am Tag sollten schon optimal eingesetzt werden. Übrigens, laut neuerer Studien wurde bewiesen, dass Männer genauso viele Wörter am Tag sprechen wie Frauen. Das widerspricht früheren Angaben deutlich. Bisher ging man davon aus, dass Frauen etwa 7000 und Männer 2000 Wörter am Tag sprechen (Spiegel 2007). Mittlerweile liegen beide gleich auf.

Aber es kommt nicht darauf an, wie viel Sie jetzt sprechen und welche Zahl letztendlich richtig ist, sondern wie Sie diese Wörter optimal für sich nutzen.

Und wider vieler Meinungen sage ich Ihnen: Diese Wörter dürfen auch einmal emotional sein. Sie sind doch kein Roboter. Natürlich würde ich Ihnen nie sagen, dass daraufhin der Inhalt unsachlich werden sollte. Doch versuchen Sie nicht jegliche Emotion herunterzuschlucken. Sie sind eine Frau und das dürfen Sie auch innerhalb der Kommunikation zeigen. Sie müssen sich nicht verstellen. Klar, es sollte alles im „Business-Rahmen" bleiben und doch verschaffen Sie sich Respekt, wenn Sie für Ihre Meinung einstehen.

Sagen Sie, was Sie fühlen und was Ihnen wichtig ist. Teilen Sie sich mit!

Eine Alphafrau ist ruhig und sachlich, kann aber auch emotional agieren, falls dies angebracht ist. Sie weiß, eine klare, geradlinige Kommunikation ist der einfachste Weg an die Spitze. Damit schafft eine Alphafrau Vertrauen aufzubauen, weil jeder in ihrem Umfeld genau weiß, woran er ist. Natürlich kann man damit auch anecken, aber das gehört dazu.

Seien Sie echt, auch in Ihrer Kommunikation. Kommunizieren Sie klar und deutlich und zeigen Sie auch Ihre Grenzen auf. Wenn Sie angegriffen werden, dann kontern Sie Ihrem Gegenüber ruhig und sachlich, dass Sie nicht bereit sind, sich auf dieser Ebene zu unterhalten. Sie hören ihm gerne wieder zu, wenn er/sie sich beruhigt hat. Wir müssen nicht auf alles Gesagte sofort eingehen, nur weil unsere Erziehung es so gesagt hat. Sie sind eine freie Frau und können entscheiden, wie man mit Ihnen umgeht.

3.4 Alphafrau-Code: Status

Was meinen Sie, welchen Status hat eine Alphafrau? Ich denke das liegt auf der Hand. Einen Hochstatus. Und lässt sie da irgendeinen Zweifel daran? Natürlich nicht. Sie ist absolut klar und das sieht man ihr auch an.

Doch ist sie dabei sehr nahbar und teamfähig. Sie setzt sich nicht überheblich über andere, sondern ist bodenständig und greifbar. Leider ist das nicht bei allen Zeitgenossen so. Es gibt auch diese, die sich für etwas Besseres halten, nur weil sie vielleicht eine höhere Position oder mehr Gehalt haben. Das würde eine Alphafrau nie tun. Sie weiß, dass sie ihre Ziele nur dann erreicht, wenn sie respektvoll mit ihrem Umfeld umgeht. So bekommt sie immer Verbündete für ihre Ziele. Menschen die sie auf ihrem Weg begleiten und unterstützen. Denn Menschen mögen Menschen, die so sind wie sie. Auf Augenhöhe agieren ist hier der Code zum Erfolg.

Jeder kann seinen eigenen Status die meiste Zeit selbst bestimmen. Ich mache diese Einschränkung, da es immer schwer sein wird, wenn Sie als angestellte Mitarbeiterin einen höheren Status haben möchten als Ihr Chef. Doch zumindest können Sie sich auf Augenhöhe begegnen. Doch viele Frauen haben Angst davor, diesen Schritt zu gehen. Klar, wer immer kriecht, fällt nie hin.

Und wir sind leider schon von Kindheit so erzogen, immer lieb, nett und brav zu sein. Nicht laut zu werden und sich unterzuordnen. Etwas muss aber klar sein: Sie sind nicht Ihre Vergangenheit. Sie sind nur das, was Sie aus Ihrer Vergangenheit zu Ihrer Gegenwart gemacht haben. Ich finde die Aussage von Dr. Richard Bandler perfekt: „Das Schöne an der Vergangenheit ist, dass sie vorbei ist!"

Ist Ihre Vergangenheit vorbei, oder leben Sie diese noch jetzt? Lassen Sie sich noch von alten Überzeugungen und Mustern lenken, oder lenken Sie Ihre Überzeugungen?

Es gibt ein Grundbedürfnis, das in jedem Menschen steckt. Der Wunsch nach Dominanz. Den haben Sie nicht, sagen Sie? Und genau hier ist das Problem vieler Frauen. Sie leben dieses Bedürfnis nicht. Der Wunsch nach Dominanz sagt: Die Dinge sollen so passieren, wie ich es möchte.

Und insgeheim wünschen wir uns das doch alle. Es gibt Sicherheit. Ich kann selbst kontrollieren, was im nächsten Moment passiert.

Nur mit einem andauernden Tiefstatus wird das wirklich schwer.

Fordern Sie ein, was Sie möchten. Betteln Sie nicht darum. Das haben Sie nicht nötig! Sie müssen sich nicht unterwerfen, um zu bekommen, was Sie verdienen. Sie müssen nicht Everybody's Darling sein.

Wir sind auf die Welt gekommen mit allem, was wir brauchen. Es musste um nichts gebeten werden. Fordern Sie ein, was Sie möchten.

Der positive Nebeneffekt ist, wenn Sie sich bewusst sind, was Sie möchten und dafür auch einstehen, erhöhen Sie automatisch Ihren Status. Seien Sie also mutig. Mut ist nicht die Abwesenheit von Angst, sondern die Erkenntnis, dass etwas anderes wichtiger ist.

Das sind Sie, liebe Damen! Jede Einzelne von Ihnen.

Seien Sie stolz darauf, eine Frau zu sein!

Ich weiß, es hört sich alles leichter gesagt als getan an. Vor allem, weil es noch dieses nervige Liebhab-Gen gibt, mit dem viele von uns beschenkt wurden. Der Wunsch, gemocht zu werden, ist einfach tief verankert. Doch egal wie sehr Sie sich anstrengen, Sie werden nicht von jedem gemocht. Wie soll das denn gehen?

Apropos nicht gemocht werden. Kennen Sie diese narzisstischen Zeitgenossen? Ihnen scheint es nicht so wichtig zu sein, gemocht zu werden. Doch woher kommt das eigentlich?

Ganz einfach, das liegt an ihren Grundbedürfnissen. Es gibt sechs Grundbedürfnisse der Menschen:

1. Sicherheit,
2. Liebe I Verbindung,
3. Abwechslung,
4. Aufmerksamkeit,
5. Beitrag leisten,
6. Wachstum.

Je nach Anordnung dieser sechs Punkte legen wir auf unterschiedliche Dinge Wert. Umso höher der Wert in der Rangordnung, desto prägender ist er für unser Leben. Narzissten haben häufig Sicherheit und Aufmerksamkeit ganz oben angeordnet. Na, klingelt da was bei Ihnen? Schauen Sie sich doch mal die Menschen in Ihrem Umfeld an. Wie wichtig ist ihnen Kontrolle zu behalten und immer wieder Anerkennung und Aufmerksamkeit zu bekommen. Mit Sicherheit ist es einigen sehr wichtig. Fühlen Sie sich manchmal in der

Nähe solcher Menschen auch unwohl oder nicht gut genug? Bestimmt, denn sie tun auch alles dafür, damit sich andere klein fühlen. Dann fühlen sie sich selbst groß. Traurig oder?

Diese Menschen brauchen ein Gegenüber, das deutlich sagt: „Mit mir nicht!"

So verschaffen Sie sich Respekt und einen höheren Status.

Das war die Theorie, doch wie sieht die Praxis aus? Wie viele Frauen trauen sich denn wirklich einmal die Stimme zu erheben und STOP zu sagen?

Sehr wenige! Das kommt daher, weil Frauen häufig Sicherheit und Liebe | Verbundenheit an oberster Stelle haben. Sie möchten keine Auseinandersetzungen und schon gar keinen Streit.

Doch wenn Sie nicht Ihre Stellung in Ihrem Unternehmen selbstbewusst einnehmen, dann werden Sie auch Schwierigkeiten haben, Ihre Ziele langfristig zu erreichen.

Sie sind gut so wie Sie sind, zeigen Sie das auch allen!

3.5 Alphafrau-Code: Charisma

Charisma ist wohl der Inbegriff von Alphafrauen. Sie sind ruhig, souverän und bedacht in ihren Bewegungen. Das strahlt eine wahnsinnige Gelassenheit aus. Und das ist auch ein Geheimnis charismatischer Menschen. Neben ihnen kann die Welt zusammenbrechen, sie bleiben immer noch ruhig. Wenn sie verbal angegriffen werden, reagieren sie bedacht und selbstbewusst.

Eine wahre Alphafrau weiß von dem Gesetz Aktion – Bewertung – Reaktion. Und noch mehr, sie wendet es auch an. Sie weiß, dass ihre Reaktion davon abhängt, wie sie die Aktion bewertet.

Dadurch, dass sie ihre Bewertung immer wieder reflektiert und kritisch beurteilt, kann sie ihre Reaktion optimal anpassen. Bei den meisten gibt es nur Aktion gleich Reaktion. Das haben Sie sicher auch schon gehört. Doch das Wichtige ist die Bewertung, die Sie einer Aktion geben. Halten Sie also einmal nach einer Aktion inne und fragen Sie sich: Wie werte ich das jetzt in meinem Kopf, was mein Gegenüber gemacht hat? Und ist diese Bewertung in dieser Situation förderlich FÜR MICH? Und „Was wäre ich ohne diese Bewertung?"

Oftmals reagieren wir einfach aus einem festen Muster heraus, das wir nicht steuern können. Wenn Sie sich allerdings immer wieder reflektieren, können Sie aus diesen Mustern ausbrechen. Das macht Sie in der Wahrnehmung Ihres Umfeldes charismatischer. Sie springen nicht auf jeden Emotionszug auf, sondern bleiben gelassen und souverän.

Und natürlich gibt es immer wieder Menschen, die uns in den Wahnsinn treiben. Die kenne ich auch. Charisma bedeutet auch hier Gelassenheit. Zwei Möglichkeiten gibt es für einen souveränen Umgang mit Nervensägen:

1. Fragen Sie sich selbst, welche Ressourcen Sie brauchen, um mit dieser Person gelassen umgehen zu können. Was brauchen Sie dafür? Das ist eine prozessorientierte Frage,

da sie offen gestellt ist. Hier können Sie nicht mit JA oder NEIN antworten. Sie sind quasi gezwungen, neue Möglichkeiten im Umgang zu finden. Praktisch oder?

2. Versuchen Sie das Positive in diesem Menschen zu sehen. Jetzt sagen Sie vielleicht: „Das geht nicht! Er ist so furchtbar, da finde ich nichts." Ein Trainerkollege von mir meinte dazu: „Und wenn dein Gegenüber nur noch einen Zahn im Mund hat, begeistere dich für diesen einen Zahn."

Heißt: Egal wie abstoßend Sie jemanden finden, er hat immer noch zumindest einen Zahn, der gut an ihm ist und diesen müssen Sie finden. Und dann voller Fokus darauf. Sie werden sehen, Sie können dieser Person viel gelassener entgegentreten. Und Gelassenheit macht charismatisch.

Werten Sie weder über sich noch über andere. Jeder ist gut so wie er ist, auch wenn wir das Gute nicht immer auf den ersten Blick sehen. Wenn Sie den Menschen, egal aus welcher Klasse oder Position, wertschätzend entgegentreten, werden Sie erstaunt sein, was das für eine Wirkung auf Ihr Umfeld hat.

Ich bin immer von Menschen fasziniert, die so eine angeborene Herzlichkeit haben. Kennen Sie diese Personen? Sie betreten einen Raum und alle denken sich: „Schau dir mal diese Frau an, was für eine Ausstrahlung sie hat." Das ist Charisma.

Das erreicht man, indem man mit sich selbst klar ist und sich und andere wertschätzt.

Ich hoffe, ich konnte ein paar der Codes für Sie entschlüsseln.

Und noch etwas zum Abschluss: Lassen Sie sich nicht runterziehen, indem Sie mit ihnen in den Vergleich gehen. Es gibt hier nichts zu vergleichen.

Falls Sie zu den Frauen gehören, die gerne mal die Peitsche auspacken und sich selbst kasteien: Hören Sie auf damit! Sie sind gut so wie Sie sind. Es muss nicht immer 110 % sein. Richten Sie Ihre Aufmerksamkeit darauf, was Sie an Ihrer Persönlichkeit erweitern möchten, nicht was Sie verändern könnten.

Und seien Sie liebevoll mit sich selbst. Jede Entwicklung braucht ihre Zeit. Diese dürfen Sie sich nehmen. Wenn Sie kontinuierlich an sich und Ihren Potenzialen arbeiten, kann Sie nichts und niemand mehr aufhalten.

Legen Sie damit los, Ihre Wünsche, Ideen und Ziele umzusetzen und hören Sie dabei immer auf Ihr Bauchgehirn. Es wird Ihnen sagen, wie der richtige Weg ist. Das Wichtigste ist erst mal eine Entscheidung zu treffen, den Weg überhaupt gehen zu wollen. Wenn Sie mit Leidenschaft und Hingabe dabei sind, werden sich Ihre Ziele schneller manifestieren, als Sie es sich jetzt gerade noch vorstellen können.

Treffen Sie jetzt eine mutige Entscheidung für sich und Ihr Leben. Und es gibt keine falschen Entscheidungen. Jede Entscheidung kann auch revidiert werden. Die Hauptsache ist, dass Sie erst mal loslaufen. Sagen Sie nicht: „Ich muss noch das lernen, diese Ausbildung machen, und da bin ich noch nicht gut genug." Damit sterben Sie in Schönheit. Glauben Sie denn, eine Alphafrau ist von Anfang an perfekt gewesen? Nein! Aber sie setzt sich nicht hin und liest erst 1000 Bücher darüber, wie man am effektivsten zu 110 % alles richtig macht, sondern sie lernt es, während sie schon losgelaufen ist.

Also laufen Sie los und siegen Sie!

3.6   Über die Autorin

Marina Friess ist seit 2005 Unternehmerin. Mit ihrem Weiterbildungsinstitut Feminess – Female & Business unterstützt sie Geschäftsfrauen und Frauen mit Führungsverantwortung beim Aufbau und Ausbau ihres Unternehmens. In diesem Zusammenhang hält Frau Friess unzählige Vorträge und veranstaltet jährlich Kongresse im ganzen deutschsprachigen Raum.

Seit 2015 ist sie Dozentin für Eigenmarketing an der Steinbeis Hochschule Köln.

Zahlreiche Publikationen in Online- und Printmedien wie Focus, Stern, Cash, Handelsblatt und Wirtschaftswoche sowie das jüngst erschienene Buch – Die Alpha DNA – machen sie zu einer gefragten Expertin zum Thema „Status-Prinzip" – der Erfolgsgarant für Geschäftsbeziehungen. Anhand von anschaulichen Beispielen aus ihrer Praxis erläutert sie die Wirksamkeit dieses Prinzips: Denn je höher der eigene Status, desto wahrscheinlicher ist der geschäftliche Erfolg.

Ihre Kunden lesen sich wie das Who is Who der deutschen Wirtschaft – Deutsche Bahn AG, s.Oliver, Timberland, Deutsche Bank AG …

Das Profil von Marina Friess runden unabhängige Expertenmeinungen ab, die ihr Know-how schätzen und ihr die Qualitätszertifizierungen „Qualitäts Experte" und „Top-Speaker" verleihen.

Weitere Infos unter www.feminess.de

Literatur

Der Spiegel (Hrsg) (2007) Frauen und Männer reden gleich viel. http://www.spiegel.de/wissenschaft/mensch/mythos-widerlegt-frauen-und-maenner-reden-gleich-viel-a-492546.html. Zugegriffen: 18. Nov. 2016.

Suzanne Grieger-Langer

Liebe Frauen, lebt Ihr das Potenzial Eurer Persönlichkeit? Ist die Macht mit Euch? Spürt Ihr den Sinn Eurer Existenz?

Wenn Sie jetzt erst einmal tief Luft holen, dann geht es Ihnen wie den meisten Menschen, Männern wie Frauen. Meist leben wir nicht wahrhaft unser eigenes Leben, sondern eines, das wohl gerade frei war. Wir fühlen uns ferngesteuert, von Erlebnissen geformt und von Erwartungen getrieben. Das ist kein gutes Gefühl, das ist kein gutes Leben. Hand aufs Herz: Sind das wirklich Sie?

Ich bin sicher, Sie können mehr. Und damit meine ich ganz und gar nicht, dass Sie noch mehr tun sollen. Damit meine ich, dass Sie endlich das Richtige für sich tun sollten.

Frauen sind typischerweise echte Macher. Sie leisten viel. Und theoretisch müssten sie mindestens in der Wirtschaft als high Potentials gehandelt werden. Werden sie aber nicht. Warum? Weil unter den Frauen typischerweise die drei F der Verlierer grassieren: Faulheit, Feigheit, Fixation. Wie bitte?

Ich hoffe ernsthaft, dass Sie sich jetzt – wenigstens etwas – aufregen, denn ich brauche Ihre ungeteilte Aufmerksamkeit, für einen der wichtigsten Aspekte der persönlichen Entwicklung: den Umgang mit sich selbst!

4.1 Faulheit

Viele wehren sich gegen diesen Vorwurf, denn wer regelmäßig 12 bis 16 h arbeitet, ist doch nicht faul, oder? Tja, im Leben geht es nicht darum, stumpf viel zu tun, sondern das Richtige zu tun. Und immer dann, wenn Mensch – und damit auch Frau – überfordert ist, neigt er | sie | es dazu, sich schafsgleich in klein klein zu verkriechen, statt das „big picture"

S. Grieger-Langer (✉)
Grieger-Langer Gruppe
The Squaire 12 – Am Flughafen, 60549 Frankfurt am Main, Deutschland

© Springer Fachmedien Wiesbaden GmbH 2017
P. Buchenau (Hrsg.), *Chefsache Frauen II*, DOI 10.1007/978-3-658-14270-4_4

anzugehen. Da wird dann über Serviettenfarben diskutiert, statt sich mit dem Rückzug der Sponsoren zu beschäftigen.

Statt das zu tun, was man kann und kennt, gilt es, sich tatkräftig dem zu stellen, was aktuell anliegt. Ich frage also erneut: „An welchen Ecken Ihres Lebens, Ihrer Karriere und Ihrer Entwicklung … sind Sie faul?" Es lohnt sich hier fleißiger zu werden, denn diese (meist blinden) Flecken, sind typischerweise die, die den Durchbruch bringen. Und damit kommen wir zur:

4.2   Feigheit

Feigheit ist ebenso wie die Faulheit, besonders bei tatkräftigen Menschen, nicht flächendeckend ausgeprägt. Im Gegenteil, sie lebt ein ausgeprägtes Inseldasein. VORSICHT: Wenn ich als Profiler Ihre Feigheiten erkennen kann, denn weiß ich um Ihre Ängste und Eitelkeiten. Und als nächstes baue ich mir eine Fernbedienung für Ihre Psyche.

Subtil und charmant drücke ich die Knöpfe und Sie werden nicht tun, was Sie wollen, sondern das tun, was ich will und Sie glauben sogar, dass Sie das selbst so wollten. Und das glauben Sie tatsächlich so lange, bis ich die Fernbedienung aus der Hand lege und Sie endlich wieder zu sich selbst kommen. Das kann nach einem Meeting sein, oder nach einer Menge an Jahren. Schaumschläger, Betrüger und Wirtschaftsspione, aber auch Verhandlungsexperten sind sehr an Ihren Feigheiten interessiert. Glauben Sie mir, Sie können es sich nicht leisten, welche zu haben. Grundsätzlich gilt: Wer es im Leben zu etwas bringen will, darf keine Angst haben!

Und noch etwas ist Gift für den Erfolg:

4.3   Fixation

Never touch a running system? Never change a winning team? – Are you crazy?! Diese Religion der Tradition gehört in die Zeit des Industriezeitalters, als Größe noch Gewinn sicherte. Heute im 21. Jahrhundert geht es darum, ständig den Status quo herauszufordern. Heute regieren Flexibilität und Innovation. Es ist das Zeitalter der Bewegung, der Kommunikation und der Veränderung. Kein Stein wird auf dem anderen bleiben. Wer sich sperrt, wird mitgerissen. Wer voller Leidenschaft in die Welle eintaucht, schwimmt gestärkt auf der anderen Seite wieder heraus. Die „Schlafmützigkeit" der drei F von Otto-Normal-Mensch treibt nicht nur engagierte Mitmenschen in den sicheren Wahnsinn, sondern verspielt auch massiv monetären und ideellen Gewinn. Der beste Schutz gegen Betrug und Übervorteilung ist und bleibt eine starke Persönlichkeit. Sie ist der größte Erfolgsgarant! Also ist klar:

▶   Persönlichkeit . Macht . Sinn

Und doch schreckt es mich immer wieder zu sehen, wie sehr Menschen – und besonders die Frauen – weit unter ihrem Potenzial agieren. Zum einen wird ihr Potenzial be- und verhindert durch Idioten im Umfeld – ob nun von Pfeifen oder Psychopathen – und zum anderen wird es von ihnen schlicht nicht abgerufen, ob sie nun ihr Potenzial verkennen oder nicht darauf vertrauen, sei dahingestellt.

Wenn Sie aber mit irgendetwas Erfolg haben wollen, dann müssen Sie Ihr Potenzial voll einsetzen!

Wenn Sie vor allem nicht bereit sind, sich dem Irrsinn der Pfeifen zu beugen, wenn Sie nicht bereit sind, sich in das Forderungsförmchen Ihres Umfeldes zu biegen und wenn Sie nicht bereit sind, sich von den Verrücktheiten der Psychopathen brechen zu lassen, dann wird es höchste Zeit, Ihr volles Potenzial abzurufen!

Das Wunderbare daran? Es tut gar nicht weh. Im Gegenteil, es tut verdammt gut, sich endlich zu entfalten. Ihre Achillesferse und weitere Schwachstellen erhalten einen Rundumschutz und Ihre Stärken können endlich den Raum einnehmen, der ihnen zusteht. Es kehrt innere Ruhe ein, die sich aus der Souveränität Ihrer Individualität speist – ein tolles Gefühl. Besser noch, ein Erfolgsgarant.

Wie das geht? – Wussten Sie, dass man heute keine Psychotests mehr macht? Ja, okay, beim Friseur schon, um die Zeit zu vertreiben, aber doch nicht mehr im Recruitment, der Verhandlungsvorbereitung oder der Persönlichkeitsentwicklung. Heutzutage berechnet man den psychogenetischen Code einer Persönlichkeit. Das ist Ihre CharakterDNA. Ja, erschreckend, aber wahr. Aus einem Bruchteil an Informationen kann ein Profiler berechnen, wie Sie mit Geld umgehen, wie sich Ihre Loyalitäten verhalten, wozu Sie fähig sind und wozu nicht. Und weit besser: Man kann Ihnen auch sagen, mit welchen kleinen Tricks Sie Ihr ruhendes Potenzial abrufen können. Dabei geht es nicht darum, schwer an sich selbst zu ackern, sondern die Bremsen zu lösen. Fertig!

Und wenn Sie sich vergegenwärtigen, dass: „Potenzial minus Störung = Leistung" ist, dann bekommen Sie eine Ahnung von der möglichen Leichtigkeit und der möglichen Leistung, die Ihr Charakter in sich trägt.

Nun ja, es gibt da tatsächlich einen Haken. Das hatten Sie sich schon gedacht. Ich will ehrlich sein und Sie auf die Risiken hinweisen: Sie werden unbequem! Jemand, der in sich ruht, weiß, was er sich wert ist und was er mit seiner Energie anfangen will. Das sehen die Traditionalisten nicht gern. Aber: Ihr Tribe wird es Ihnen danken, denn endlich ist da ein Typ!

Also, nehmen Sie Ihre Kompetenzen in die Hand und verdichten Sie Ihre Eigenschaften. Nachhaltiger Erfolg braucht den ganzen Menschen! Ein Produkt kann inszeniert werden, ein Mensch muss bei sich bleiben, um zu überzeugen. Und ein Mensch wird nur dann zur Marke, wenn er sich Glaubwürdigkeit bewahrt und das inszenierte Image im Einklang mit dem Charakter steht. Ihr Charakter ist also kein Handicap, sondern Fundament Ihres Erfolges – jenseits vom Mittelmaß.

4.4   Profiling – Menschenkenntnis im 21. Jahrhundert

Unsere Welt wird von über sieben Milliarden Menschen belebt. Wo auch immer Sie sind, was auch immer Sie tun – am Menschen kommen Sie nicht vorbei!

Was bleibt, ist die Frage, wie Mensch mit Mensch bestmöglich auskommt. Den Schlüssel hierzu kann Ihnen Profiling liefern. Es erschließt Ihnen nicht nur, mit wem Sie es zu tun haben, sondern auch, wie mit dieser Person umzugehen ist. Sie erweitern damit Ihre Menschenkenntnis, die immer und überall von zentraler Bedeutung ist, denn das, was uns in der Welt bewegt, sind die Menschen. Je besser Sie sich selbst kennen (und sich damit so manch unliebsame Überraschung an Situation und Emotion ersparen), und je besser Sie die Menschen kennen (als Lebewesen mit individuellem Strickmuster), desto besser können Sie gelassen und souverän jede Situation meistern.

Unsere Welt verändert sich so schnell, dass wir laufen müssen, um Schritt halten zu können. Jede Sekunde eine neue Erkenntnis! Zwischen 1800 und 1900 hat sich das Wissen der Menschheit verdoppelt. Zwischen 1900 und 2000 verzehnfacht. Ab 2050 wird sich bereits das Wissen der Menschheit täglich verdoppeln. Einst besaßen Gelehrte wie Sokrates, Da Vinci und Newton noch einen großen Teil des menschlichen Wissens. Doch heute versteht ein Mathematiker die Berechnungen seines Kollegen nicht mehr. Alle vier Minuten gibt es heute eine neue medizinische Erkenntnis, alle drei Minuten wird ein neuer physikalischer Zusammenhang gefunden, jede Minute eine neue chemische Formel …

Als biologischer Meilenstein des 20. Jahrhunderts gilt die Entdeckung der DNA. Der gesamte Bauplan eines Menschen, Ihr persönlicher genetischer Code, wird in nur vier Buchstaben (Basen) geschrieben. Heutzutage – also im 21. Jahrhundert – ist die Wissenschaft noch einen Schritt weiter. Nicht nur der physiogenetische Code, also der körperliche Bauplan, lässt sich bestimmen, auch der psychogenetische Code, der charakterliche Bauplan einer Person, kann mit modernen wissenschaftlichen Methoden bestimmt werden. Der Mensch ist also tatsächlich gläsern geworden. Das ist nicht nur gut, aber auch nicht nur schlecht. Schauen wir, was uns diese neuen Erkenntnisse in der Einschätzung von Menschen bringen.

4.5   Poser vs. Performer

Das englische performance ist mittlerweile eingedeutscht und bezeichnet nicht nur im beruflichen Kontext die Leistung des Einzelnen, die Erfüllung der Anforderungen und Ausübung der Rolle. Und? Erfüllen auch alle Menschen die Anforderungen?

In der Literatur wird grundsätzlich davon ausgegangen, dass der Mensch an sich gut ist und der Mitmensch mit den richtigen Überzeugungstechniken einfach alles mit jedem erreichen kann. Entsprechend braucht es lediglich die richtige Einstellung bei dem Einen und die passende Motivationstechnik bei dem Anderen und alles wird gut.

Das Märchen der Motivation folgert logisch weiter, dass es immer und ausschließlich an einem selbst liegen müsse, wenn die Dinge zwischen uns schief laufen. Diesem Irrsinn widerspricht nicht nur der gesunde Menschenverstand, sondern auch so mancher Experte. Denn nur im Fernsehen ist es möglich, mit einer Handvoll Kommunikationstechniken aus einer grünen Raupe einen bunten Schmetterling zu zaubern.

Wenn wir mit verhaltensoriginellen Menschen vernünftige Ziele erreichen wollen, dann müssen wir alle Störfaktoren schonungslos im Blick haben, um unser Verhalten so darauf abzustimmen, dass das Bestmögliche realisiert wird. Und diese schonungslose Analyse beinhaltet auch die grundsätzliche Prüfung: Was ist mit wem überhaupt machbar?

Laut Prof. Knoblauch sind Mitarbeiter – und damit Menschen – in drei Kategorien einzuteilen, die die Leistungserbringung widerspiegeln. Er kategorisiert in A-, B- und C-Mitarbeiter wie folgt: „A-Mitarbeiter ziehen Ihren Karren [das Unternehmen], B-Mitarbeiter laufen nebenher und C-Mitarbeiter setzen sich auf den Karren und lassen sich mit durchziehen." Im Rahmen dieses launigen Engagement-Indexes können wir also von Machern, Mitmachern und Miesmachern sprechen. Warum aber sind manche Menschen so? Warum verhalten sie sich derart? Und warum kommen sie meistens sogar damit durch?

Liegt es tatsächlich ausschließlich am Charakter, wie viele Persönlichkeitstrainer postulieren? Und danach sind manche Charaktere manchmal einfach am falschen Platz? Oder aber folgen wir der Argumentation der Coaches und Therapeuten und gehen davon aus, dass lediglich innere Blockaden zu Fehlstimmung und Fehlverhalten führen? Oder ganz anders gesehen, gehen wir wie Consultants der Idee nach, dass es lediglich Situationen gibt, die es zu bewältigen gilt?

Weder noch oder alles gleichzeitig? Wir sind uns sicherlich einig, dass zwischen manchen Menschen die Chemie einfach nicht stimmt. Da treffen Charaktere aufeinander, die sich von ihrer unterschiedlichen Struktur her nicht gut tun und damit automatisch nicht optimale Ergebnisse erzielen können, so sehr sie auch motiviert und fähig sind, den Anforderungen gerecht zu werden. Und wir haben alle schon erfahren, dass Personen, die innerlich mit sich selbst zu kämpfen haben, nicht die volle Energie nach außen bringen können. Im schlimmsten Fall bringen sie ihre eigene Problematik mit in die Situation und sind damit nicht nur selbst blockiert, sondern blockieren auch noch andere, ohne dies selbst so zu wollen und oft genug ohne dies selbst auch zu bemerken.

Um optimal zu reagieren, müssen wir alle drei Bereiche analysieren und unser Verhalten darauf abstimmen:

- die Person an sich (mit ihrem Charakter und ihren fachlichen Fähigkeiten),
- die inneren Blockaden der Person, die sich auf das System auswirken können (das sind psychische Beeinträchtigungen, wie auch Glaubenssätze und Einstellungen) und
- die faktische Situation (mit all ihren Anforderungen und Umständen).

Für diese differenzierte Analyse ist das Performance-Dreieck das geeignete Instrument (vgl. Abb. 4.1).

Abb. 4.1 Performance-Dreieck

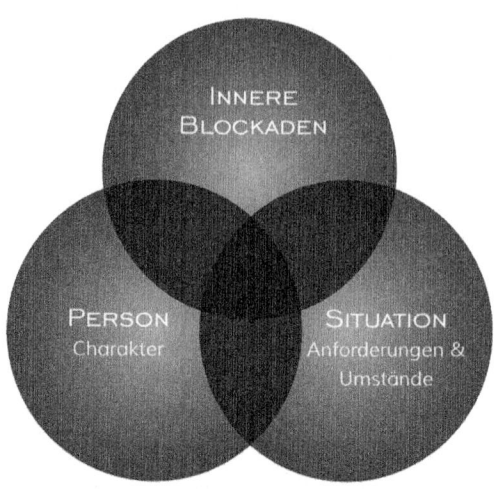

4.6 Performance-Triangle

Wir alle hoffen, dass Performer nicht nur die Speerspitze bilden, sondern als Elite auch an
der Spitze der Gesellschaft stehen. Wir alle vermuten begründet und zu Recht, dass dieses
optimale Szenario wohl nicht die Realität widerspiegelt. Wir alle sollten uns das englische
Sprichwort vor Augen halten: „Nach oben kommen nur der Rahm und der Abschaum!"

Im Performance-Dreieck (vgl. Abb. 4.2) zeigt es sich so, dass die Performer immer an
der Spitze des Dreiecks stehen. Allerdings steht nicht fest, ob die Performer überwiegen
und damit die Spitze des Performance-Dreiecks nach oben und in den monetären, emotionalen und menschlichen Profit führt. Oder aber, der Performer ist in der Unterzahl, diverse
Poser stützen sich auf seine Arbeitsschultern und die Spitze weist in den Untergang – die
Pleite ist durchaus auch in allen Facetten zu verstehen: emotional, motivatorisch und monetär. Betrachten wir die Positionen im Performance-Dreieck, weisen wir die Performance
persönlichen Einstellungen und Charakteren zu und schon wird deutlich, wie man | frau
mit wem was warum zu machen hat, um es zum Guten zu wenden.

Im Performance-Triangle zeigt sich, mit welchen Personentypen frau zu tun bekommen kann, wie sie mit ihnen bestmöglich umgeht und welche Konstellation zum Erfolg
führt. Die Faustregel lautet: Überwiegen die Performer, kann das Projekt Profit generieren.
Besteht das Projektteam allein aus Performern, wird es die Pole-Position am Markt einnehmen. Sind aber die Performer in der Minderzahl, dann sinkt das Projekt unangespitzt
in den Untergang.

Gehen wir die einzelnen Performance-Typen erst einmal im Schnelldurchgang durch,
um uns dann im Detail mit jedem zu beschäftigen.

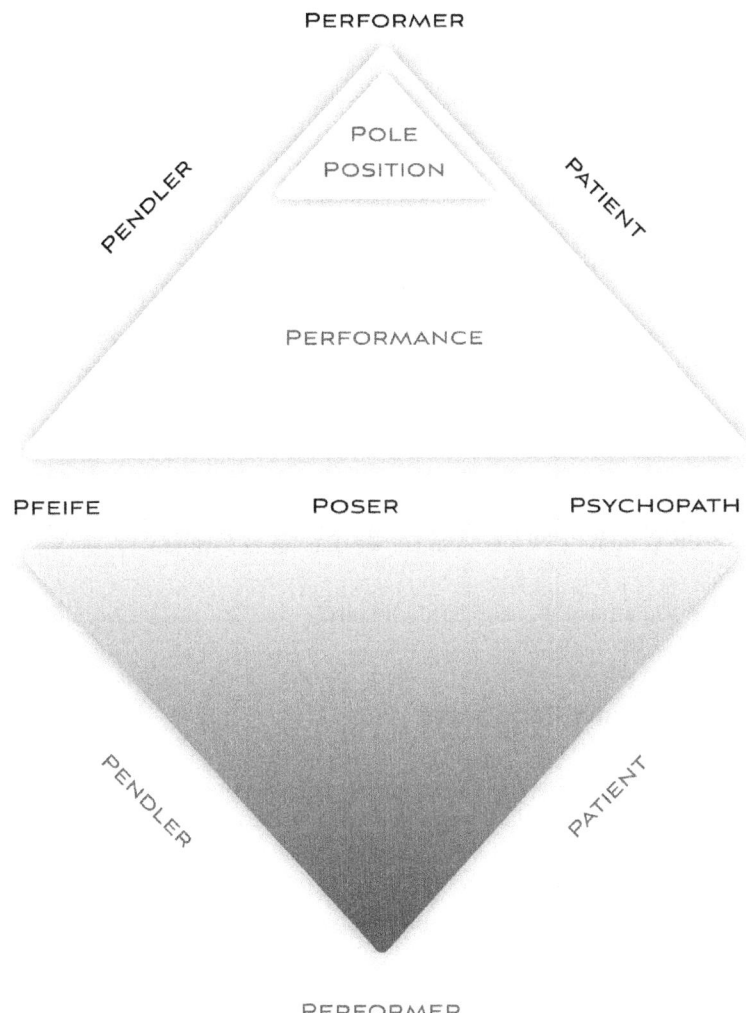

Abb. 4.2 Performance-Triangle

Akteure im Performance-Triangle

- *Performer*
  Ja, den wollen wir alle – und seien wir ehrlich, wir wollen auch selbst immer Performer sein. Prüfen wir auf den folgenden Seiten, ob unsere Selbsteinschätzung passt.
- *Pfeife*
  Außen hui, innen pfui! Die Pfeife ist ein Leistungssimulant: Von Beruf Sohn oder Tochter, sieht sie sich kurz vor Kanzler, bekommt aber keine PS auf die Straße. Testen Sie Ihr Umfeld im Pfeifen-Check auf die wichtigsten Symptome.

- *Psychopath*
  Oh, oh, hier wird's kriminell. Ein Prozent der Weltbevölkerung sind Psychopathen. Das klingt nicht nach viel, doch sind sie vor Ort, sind sie für 99 % der Schäden verantwortlich. Im Check werden Sie erkennen, warum.
- *Poser*
  Der Dampfplauderer und Schaumschläger. Poser sind von ihrer Natur aus Pfeifen – unter den Händen von Psychopathen wandeln sich diese geltungssüchtigen Unsympathler zu echten Vollpfosten.
- *Pendler*
  Bambi statt Biest. Der Mangel an Selbstbewusstsein und Durchsetzungskraft, lässt ihn vor den moralisierenden Pfeifen einknicken und deutlich unter seinem Potenzial navigieren. Ein Verlust für alle.
- *Patient*
  Leistung ist Potenzial minus Störung. Bei den Narzissten ist die Leistung groß, doch stören sie die Stimmung gewaltig mit ihrer Störung. Kommt noch ein Psychopath hinzu, der die Störung für sich auszunutzen weiß, ist alles verloren.

Und jetzt im Detail und wissenschaftlich korrekt, der Performer-Check.[1]

4.6.1 Das Wesen des Performers

Performer sind Leistungsträger. Dazu muss frau sie nicht einmal anstiften. Performer wollen leisten und sie werden leisten, wenn man sie nur lässt. Sie brauchen ein Ziel. Dieses erfordert zwingend einen Sinn und dann legen sie selbstständig los und zeigen viel Eigeninitiative.

Ein Performer zeichnet sich durch permanente Selbstaktualisierung aus. Er ist quasi ein Nimmersatt an Wissen und Weiterbildung, dabei vielseitig interessiert und stets gut informiert, wie er sich und sein Umfeld weiterbringen kann. Der Performer hasst Stagnation.

Ein Performer verfügt über eine hohe Auffassungsgabe, das heißt, er versteht schnell und bekommt auch die Zwischentöne mit. Selbst in fachfremden Themen findet er sich gut zurecht. Das ist eine natürliche Folge davon, dass er ein sehr guter Informationsverwerter ist. Was auch immer man ihm an Information vor die Füße wirft, der Performer weiß etwas damit anzufangen, liest zwischen den Zeilen und ist am Puls der Zeit.

Ein Performer stellt sich den Aufgaben. Sprich, er oder sie tut, was getan werden muss. Auch wenn es nicht angenehm ist, zieht er die Aufgabe durch, ohne zu jammern oder sich leid zu tun. Im Gegenteil, wenn ihm etwas nicht gefällt, dann diskutiert er mit offenem Visier. Er sagt einem direkt und präzise, was ist und was nicht ist – anstrengend, aber immer transparent, legt er alle Karten auf den Tisch und spielt fair.

---

[1] Free Download: PerformerCheck www.suzannegriegerlanger.com/positivemacht.

Ein Performer ist typischerweise verlässlich. In Absprachen und Beziehungen gilt: Ein Mensch, ein Wort. Dabei handelt er verantwortungsvoll. Er hat im Blick, worauf es ankommt und wird der Situation gerecht – dabei immer auch mit Blick auf alle Beteiligten.

Er ist zielorientiert, weiß also, wo er hin will und beginnt nichts ohne Klarheit in Ziel und Planung. Was er angeht, geht er engagiert an, denn er weiß, was er leisten kann und will das auch tun.

Der Performer ist strukturiert und organisiert, dabei priorisiert er eigenständig und findet sich auch in sehr großen Projekten mit weiten Verzweigungen auf Anhieb zurecht. Er weiß Abläufe zu erkennen, zu planen und zu koordinieren.

Ein Performer ist innovativ, da sein Blick stets weit über den Tellerrand geht. Nicht selten ist er sogar „vor seiner Zeit".

Und ein Performer braucht weder Gurus noch Einpeitscher. Er weiß, was er will und tut dies aus eigenem Antrieb. Zu enge Führung nervt ihn, denn er braucht Raum, um sein Potenzial zu entfalten.

Wow, wenn Sie nur solche Leute um sich hätten, dann wäre alles gut in Ihrem Leben, oder? Leider ist das selten der Fall. Doch wer und was sind die anderen? Wenn dies der Performer war, dann kommt doch eigentlich nur noch das Gegenteil, also ein Low Performer, oder?

In der Literatur wird oft von Low Performern gesprochen, doch die Definitionen verschwimmen. Entsprechend haben Kritiker ausreichend Angriffsfläche, um die Schuld für einen fehllaufenden Prozess erneut allein dem Manager anzuhängen. Zuerst also klären wir, was Low Performer sind. Direkt übersetzt sind das Niedrigleister. Das ist noch recht neutral. Mich als Profiler aber interessiert, warum die Leistung niedrig ist, und ob ich sie nicht optimieren kann, und vor allem auch wie Niedrigleister zu mindestens Normal-Null-Leistern, geschweige denn Hoch- oder Spitzenleistern werden.

Low Performer und ihre überraschend gute Leistung können wir am Beispiel des Stadthaushotels in Hamburg festmachen. Dieses Hotel ist wirklich anders, es ist ein Integrationshotel und in seiner Eigenschaft das bekannteste Europas. Seit 1993 wird in Altona der Integrationsgedanke praktisch gelebt und gearbeitet. Die Mitarbeiter des Hotels sind – bis auf den Direktor, die Hausdame und die Hauswirtschafterin – alle! stark körperlich und geistig behindert. Genau: Neun von zwölf Mitarbeitern sind stark eingeschränkt. Wenn Sie jetzt denken, dass das ja ein netter Gedanke ist, dann ist bei Ihnen wahrscheinlich noch gar nicht angekommen, dass dieses Hotel mittlerweile stolz drei Sterne trägt, dass es zu 70 % von Geschäftsleuten gebucht wird und dass es wirklich stark gebucht ist. All diese Geschäftsleute haben nicht einfach ein Faible für Behinderte, sie sind fasziniert, dass diese eingeschränkten Menschen einen Hotelbetrieb mit einem Drei-Sterne-Anspruch bewältigen. Und noch besser – dort herrscht keinesfalls Stress. Dort herrscht eine achtsame und freudvolle Atmosphäre. Und das alles führt zu viel Zufriedenheit bei den Hotelgästen.

Wie bitte ist das möglich? Ganz einfach, die Mitarbeiter sind zwar behindert und damit stark eingeschränkt, aber sie wollen! Und das ist der wesentliche Ansatzpunkt. Diese Menschen wollen mitmachen, sie wollen ihren Beitrag leisten, sie wollen ihre Grenzen überwinden. Und mit achtsamer Führung ist scheinbar Unmögliches möglich. Das be-

weist, dass Low Performer keinesfalls das Problem sind. Es beweist, dass wir an anderer
Stelle ein Problem haben. Unser Problem sind Personen, die sich und ihre Leistung massiv
überschätzen, Kritik an ihrer Minderleistung nicht verarbeiten, aber über viel Geltungsdrang verfügen. Hierbei handelt es sich nicht um geistig behinderte Menschen – Menschen
mit Handicap. Hierbei handelt es sich nicht um psychisch beeinträchtige Menschen –
Menschen mit Persönlichkeitsstörungen. Hierbei handelt es sich schlicht um Menschen
mit einem Defizit in ihrer persönlichen Reife. Wir nennen sie – nicht einhundertprozentig
politically correct, aber nach deutschem Volksmund sofort intuitiv begreifend – Pfeifen.

4.6.2   Das Wesen der Pfeife

Die Pfeife ist ein Möchtegern – sie möchte gern: Dabei sein, Status erlangen, Erfolge
verbuchen. Doch möchten ist noch lange nicht machen oder hart arbeiten.[2]

   Eine Pfeife leidet an einem engen Bezugsrahmen. Wobei einschränkend erklärt werden muss, dass nicht die Pfeife selbst darunter leidet, sondern das Umfeld. Für die Pfeife
selbst ist alles gut. Ihr enger Bezugsrahmen kombiniert eine provinzielle Weltsicht mit
dem Selbstbild des Kosmopoliten. Dazu passt der relativ infantile Lebensstil. Die Pfeife
löst sich sehr spät aus dem Elternhaus und braucht auch darüber hinaus Unterstützung
an Elternstatt – durch Partner oder Systeme. Ein Teil dieses Phänomens ist die Entschei-
dungshemmung der Pfeife. Aus Angst etwas falsch zu machen, kann und will sie sich nicht
entscheiden. Für Entscheidungen braucht sie Orientierung von außen – so ahmt sie Entscheidungen anderer nach oder holt sich unangemessen viele und an sich unangemessene
(inkompetente) Meinungen ein. So kommt die Pfeife sicherlich irgendwie im Leben voran, aber ist alles andere als ein Vorreiter, was als Nachahmer ja auch unmöglich erreichbar
wäre.

   Die Pfeife kennzeichnet sich dazu durch Selbstüberschätzung. Dies zeigt sich in kon-
sequentem Mitreden ohne inhaltliche Kompetenz. So fragt eine Pfeife auch nicht nach,
sondern blökt gern Allgemeinplätze heraus. In Diskussionen kann man Pfeifen leicht beeinflussen und inspirieren, doch da sie offenkundig mental nur eine geringe Halbwertzeit
hat, kann sie Ergebnisse und Entscheidungen, die ihren Bezugsrahmen übersteigen, nicht
konservieren. Diskussionen beginnen immer wieder bei Adam und Eva. Dieses Phänomen
wird die Pfeife selbst interessanterweise nicht leid. Im Gegenteil leitet sie das Olympi-
sche Prinzip: Dabei sein ist alles. Und das ist auch ihr Wesenskern, sie will überall dabei
sein, besonders da, wo es etwas Besonders gibt. Dies entspricht ihrer Geltungssucht, aber
nicht ihrem Leistungsgewinn. Spätestens, wenn sie mit ihrer Minderleistung konfrontiert
wird, erfolgt ein moralisches Anklagen. Das heißt, im Falle von Kritik wird nicht sachlich
diskutiert. Die Pfeife wird nun aggressiv und klagt den Kritiker moralisch an, dass er, der
Kritiker, nicht richtig erklärt, geführt, was auch immer hat, sonst wäre die Pfeife selbstverständlich erfolgreich gewesen. Zu dieser wenig produktiven Konfliktbewältigung gehört

---

[2] Free Download: PfeifenCheck www.suzannegriegerlanger.com/positivemacht.

auch ihr Abventilieren von Ärger hinter dem Rücken des Performers. Sie geht Konflikte nicht mit offenem Visier an, sondern streut Gerüchte hinter dem Rücken der starken Persönlichkeiten. Wie sie das mit ihren eigenen moralischen Ansprüchen in Einklang bringt, ist nur über ihren Hang zur Redefinition zu verstehen. So verdreht sie Absprachen und Tatsachen so zu ihren Gunsten, dass sie immer gut dasteht.

Wer mit einer Pfeife in Projekten arbeitet, wird auch die fußballerische Technik der Abseitsfalle neu kennenlernen. So bietet sich die Pfeife anfänglich immer engagiert an, verdünnisiert sich aber dann, wenn es drauf ankommt (Arbeit, Verantwortung, Farbe bekennen . . .).

Wer sich nun fragt, wie jemand so dreist sein kann und dennoch ein scheinbar reines Gewissen hat, der weiß nicht um den Mangel an Selbstreflexion bei der Pfeife. Denn in ihrer Welt ist immer jemand oder etwas schuld, wenn etwas nicht klappt. Im Notfall ist davon auszugehen, dass die Pfeife eigentlich schon vorher wusste, dass das nicht gut geht, sie wollte aber keine miese Stimmung machen.

Falls Sie jetzt den ein oder anderen Kandidaten in Ihrem Umfeld erkannt haben, ja, dies ist kein seltenes Phänomen. Und es ist auch kein unüberwindbares Phänomen. Für eine funktionierende Kommunikation aber muss frau anerkennen, dass hier kein intellektuelles Problem vorliegt, sondern ein Reifeproblem. Bei einer Pfeife haben Sie es mit jemandem zu tun, der erwartet, dass man um ihn herumtanzt, wie um das goldene Kalb. Dies ist ein Mangel an persönlicher Reife, kein Mangel an Motivation. Im Gegenteil, wenn Sie nun beständig motivierend die wenigen guten Ergebnisse loben, dann fühlt sich die Pfeife nur in ihrer überlegenen Position bestätigt. Und eines findet dann garantiert nicht statt – die Performance, für die sie beklatscht und bezahlt wird.

Während man sich darüber streiten kann, in welcher Liga eine Pfeife vielleicht doch noch ein Performer ist. A lá, ja gut, Champions League ist er nicht, aber in der Kreisliga hat er schon ein paar Tore geschossen, ist die Zuordnung der Psychopathen eindeutig. Da fackelt der DSM5 nicht lang und definiert.

4.6.3 Das Wesen des Psychopathen

Wer bei Psychopathen an Hannibal Lektor denkt, liegt nur leicht verkehrt. Aber wir brauchen einen anderen Denkansatz, um zu verstehen, womit wir es bei einem Psychopathen zu tun haben. Also: Kennen Sie Mr. Spock?

Mr. Spock ist Vulkanier, gut erkennbar an der korrekten Ponyfrisur und den spitzen Ohren. Was ihn aber wirklich ausmacht ist, dass er reiner Logos ist. Vulkanier haben keine Gefühle. Nun ist Mr. Spock sehr integer und es lässt vermuten, dass Vulkanier ein eingebautes ethisches System haben, vielleicht ja anstelle eines emotionalen Systems. Das klingt etwas langweilig und doch ist Mr. Spock immer wieder fasziniert. Wenn nämlich zum Beispiel Lieutenant Uhura, die Kommunikationsoffizierin mit den langen roten Fingernägeln, weint, weil einer ihrer Freunde von bösen Aliens weggefasert wurde. Mr. Spock ist erst besorgt und weist sie auf das Problem hin: „Lieutenant Uhura, Ihre Augen sind defekt, da kommt Wasser raus!" Was beim Kinopublikum zu Lachsalven führt, kann Lieutenant Uhura nicht wirklich belächeln. Sie muss ihm schon mal wieder erklären, wie Mensch tickt und dass wir weinen, wenn wir traurig sind. Und Mr. Spock? Sagt: „Faszinierend!" Er ist ehrlich interessiert, wie anders die Spezies Mensch funktioniert. Bisweilen hat man das Gefühl, der Mensch sei eine Art Laborratte für ihn.

Zurück zum Psychopathen.[3] Ein Psychopath kommt ohne emotionalen Link im Hirn auf die Welt. Das ist das, was man im Volksmund „falsch verdrahtet" nennt. Seine Gefühlsapparatur steht quasi per Werk auf off. Und da Gefühle ja bekanntlich viel Stress machen können, lässt der Psychopath diese Einstellung auch exakt so, wie sie ist. Off! Er könnte in Teilen auf ON stellen, hat aber kein Interesse daran. Warum auch, denn das Gefühlsprogramm verbraucht ja eine Menge Arbeitsspeicher und macht damit automatisch das Denkprogramm langsamer. Also heißt es, Ressourcen klug einzusetzen und das System einzig auf Logos zu stellen. Damit ist der Psychopath logischerweise im Vorteil und das hat er auch sehr klar erkannt.

Wenn nun aber jemand so ganz ohne Emotionen und damit automatisch auch ohne Mitgefühl auf Gottes Erde wandelt, wie wird sich derjenige wohl verhalten? Welche Einstellung wird er haben? Wie sieht er die, die anders sind, die, die Emotionen haben? Während sich die Pfeife für das moralisch hochwertigere Wesen hält, ist der Psychopath weniger bescheiden und davon überzeugt, insgesamt hochwertiger, weil leistungsfähiger, zu sein.

Neben der psychiatrischen Diagnostik sind zwei Stellgrößen im echten Leben relevant: Gewaltbereitschaft und Intellekt. Es ergeben sich vier mögliche Kombinationen:

- *Hohe Gewaltbereitschaft, geringer Intellekt*
  bedeutet, dass der Psychopath typischerweise schon vor dem 18. Lebensjahr im Knast landet. Er ist einfach zu krawallig, als dass er „fünfe mal grade sein" lassen könnte und zu dusselig, sich nicht erwischen zu lassen.
- *Geringe Gewaltbereitschaft, geringer Intellekt*
  bedeutet, dass der Psychopath in seinen frühen Zwanzigerjahren im Knast landet. Er ist zwar wenig gewalttätig, aber trotzdem zu dusselig, um nicht aufzufallen. Er reiht sich ein in das Lager der Kleinkriminellen.
- *Hohe Gewaltbereitschaft, hoher Intellekt*
  wird den Psychopathen typischerweise in der organisierten Kriminalität sehr erfolgreich sein lassen.
- *Geringe Gewaltbereitschaft, hoher Intellekt*
  diese Sorte Psychopathen ist prädestiniert für die Wirtschaft. Und sie wollen ganz nach oben – koste es, was es wolle. Sie haben den Intellekt, unter justiziablem Niveau zu navigieren und die emotionale Kälte, ihren Willen gegen jeden Widerstand durchzusetzen.

---

[3] Free Download: PsychopathenCheck www.suzannegriegerlanger.com/positivemacht.

Psychopathen stellen ein Prozent der Weltbevölkerung, im Top-Management kumulieren sie sich auf 14,5 % auf. Sie, die Psychopathen und die Pfeifen unter den Menschen, sind für den schlechten Ruf der Manager verantwortlich. Es gilt also, dieser Spezies keineswegs das Feld zu überlassen. Eines ist gewiss: Der Psychopath ist ein Performer. Doch er arbeitet nur für die eigene Agenda. Er ist also ein Loyalitätssimulant und damit brandgefährlich, weil er – ähnlich einem Zweijährigen – nicht ahnen lässt, was er als nächstes tut.

Hier ein paar diagnostische Einzelheiten, um den Psychopathen zu entlarven. In erster Linie ist ein Psychopath ein Eindrucksmanager. Er managt den Eindruck über sich, nicht aber die ihm zugewiesenen Aufgaben – es sei denn, dies würde seinem persönlichen Plan dienen.

Bei einem Psychopathen haben Sie es mit einem Blender mit oberflächlichem Charme zu tun. Er verfügt über raffinierte und einnehmende Umgangsformen, die ihm helfen, hohe Positionen zu erlangen und das Vertrauen der Entscheider zu gewinnen. Er ist überzeugt von seinem übersteigerten Selbstwert, was ihn bisweilen äußerst arrogant und eingebildet reagieren lässt – das aber immer nur Menschen gegenüber, die er in die Niederrelevanzkategorie sortiert. Dies ist ein wichtiger Aspekt, den er mit den Patienten teilt, er sortiert alle Menschen in zwei Kategorien: Hoch- oder Niederrelevanzkategorie. Alle Menschen, die für die Karriere oder die eigene Agenda nicht relevant sind, werden bestenfalls links liegen gelassen, schlimmstenfalls sehen sie die unverfälschte brutale Seite des Psychopathen. Alle Menschen, die relevant für die eigenen Angelegenheiten erscheinen, werden nur sein Sonntagsgesicht erleben. Entsprechend werden die Entscheider der Hochrelevanzkategorien mit dem Psychopathen einen völlig anderen Menschen kennen, als alle anderen.

Der Psychopath ist ein begnadeter Quatscher und dank seiner Erfahrung, sich in alle Positionen hinein und aus allen Problemen herausreden zu können, überschätzt er nicht nur seinen Wert für das Unternehmen, sondern auch seine persönlichen Fähigkeiten maßlos.

Zum Quatschen gehört für den Psychopathen das Lügen dazu. Ohne Skrupel führt er Menschen bewusst in die Irre – bisweilen nur aus Langeweile. Dabei fehlen ihm jede Reue oder Scham. Er ist geradezu unbarmherzig und blind für die Bedürfnisse anderer. Sofern ihm diese nicht dienen, hegt er Verachtung für seine Opfer.

Sein Lebensstil ist parasitär. Er nutzt andere gern aus und hat auch kein Problem damit, (scheinbar) finanziell abhängig zu sein. Diese Abhängigkeit ist immer nur scheinbar, denn derart skrupellos, wie er ist, manipuliert er nicht nur geschickt, er arbeitet auch mit dem sogenannten Cäsar-Phänomen!

Sein manipulatives Verhalten kennt keine Grenzen, gnadenlos nutzt er die Menschen in seinem Umfeld aus. Dabei weiß er geschickt Gefühle vorzuspielen. Doch in Wahrheit verfügt er über ein so stark eingeschränktes Gefühlsspektrum und er ersetzt die fehlenden Emotionen mit exzessivem Erlebnishunger. Schnell gelangweilt, sucht er ständig nach Stimulation. Dabei geht er große Risiken ein, ohne Angst vor den Folgen zu haben. In dieser Richtung erklärt sich auch seine Promiskuität. Häufig wechselnde Partner und zahlreiche Affären, bei denen er Lust daran hat, andere zu sexuellen Handlungen zu zwingen, lassen keine echten oder langen Beziehungen zu. Außer zum Schein vermag der Psychopath keine längeren Beziehungen zu pflegen.

Und ebenso, wie er Bindungen ablehnt, lehnt er jegliche Form von Absprachen ab. Verabredungen und Verträge werden nicht eingehalten. Oft werden auch Rechnungen nicht bezahlt. Summa sumarum ist er eine einzige wandelnde Verantwortungslosigkeit.

4.6.4   Das Wesen der Patienten

Über die sogenannten Patienten ist schon an vielen Stellen viel geschrieben worden. Der Fairness halber muss man aber zugeben, dass sie für vieles herhalten müssen, was Pfeifen und Psychopathen verbrochen haben.

Warum werden sie Patienten genannt?[4] Weil sie ebenfalls laut DSM5 eine eindeutige psychiatrische Diagnose erhalten. Hier werde ich exemplarisch nur die Narzissten und Borderliner vorstellen. Bei beiden handelt es sich um psychische Störungen, nicht psychische Krankheiten. Krankheiten sind heilbar, Störungen nicht; diese können nur gemanagt werden. Und das ist eine wichtige Erkenntnis: Man kann Patienten managen, ehrlich gesagt, ist das sogar sehr leicht, wenn man nur weiß, welches die entscheidenden Manipulationsdruckpunkte sind. Und hier kommen wir an einen weit wichtigeren Punkt, an das WIE manage ich einen Patienten. Denn es stellt sich die Frage: WER managt den Patienten, wenn Sie es nicht tun? Sobald ein Psychopath die Patienten in die Finger bekommt, hat er willige Performer an der Angel, die noch mehr Meilen machen, als es sich ein echter Performer zumuten würde. Warum?

Alle Patienten haben in ihren ersten Lebensmonaten einen echten Knacks abbekommen. Man hat sie nicht schlecht behandelt. Das Problem ist nun, dass sie kein Gespür für echte, ehrliche zwischenmenschliche Beziehungen haben. Sie sind nach wie vor – wie alle Menschen – sehr soziale Wesen, aber mit einem sogenannten Spin. Allerdings spinnen sie nicht, sondern sie gieren sichtlich, endlich ganz zu sein: ganz angenommen, ganz erfolgreich, ganz glücklich … Dafür tun sie alles, wenn man es ihnen nur richtig verkauft. Und seien wir ehrlich, jeder Psychopath ist ein begnadeter Verkäufer.

Noch einmal: Patienten sind definitiv Performer, doch sie haben einen kleinen Knacks, der ihrer Performance die für den ultimativen Erfolg nötige Eleganz im Miteinander verwehrt. Kurz: Patienten sind verhaltensoriginell bis schwer nervend, aber nicht bösartig. Bösartig ist nur der Psychopath. Dummerweise sind die Patienten mangels ihrer psychischen Eigenständigkeit anfällig für die Manipulationen der Psychopathen. Dieses Szenario ist unter allen Umständen zu vermeiden!

---

[4] Free Download: PatientenCheck www.suzannegriegerlanger.com/positivemacht.

4.6.5 Das Wesen der Poser

Ich knüpfe direkt an der Manipulation durch die Psychopathen an. Auch Pfeifen sind mit ihrem Mangel an Reife in Kombination mit ihrem Geltungsdrang besonders anfällig für die Manipulation der Psychopathen.

Ein Poser[5] ist ein Zwitter zwischen Pfeife und Psychopath. Genauer gesagt, ist der Poser eine Pfeife, die von einem Psychopathen gesteuert wird. Der Manipulationstrick besteht darin, dass die Marionette glaubt, der Macher zu sein. Es ist ein Taschenspielertrick: Die Pfeife erlebt den Psychopathen als Cheerleader, der mit viel „Tschakkaa!" die Pfeife glauben macht – und damit ihre geheimsten Sehnsüchte bestätigt – die absolute Nummer Eins werden zu können. Und alle, die Kritik an ihnen übten, seien nur neidisch oder blind für deren Fähigkeiten. Ach ja, und natürlich zeigt der Psychopath der Pfeife im Verlauf der Zusammenarbeit, wie man ganz nach oben kommt, ist doch klar. So nimmt es der Poser wahr. In Wahrheit aber ist er der Strohmann des Psychopathen. Er wird als Puffer und Potenzialmultiplikator überall dort eingesetzt, wo es dem Psychopathen dient. Platt gesprochen: Der Poser investiert, der Psychopath kassiert.

4.6.6 Das Wesen der Pendler

Mit dem Pendler[6] sind wir fast schon wieder in ruhigen Gewässern. Pendler sind ebenfalls Performer. Leider sind sie in ihrem Charakter beziehungsweise ihrer Persönlichkeit noch nicht so gefestigt, dass sie sich gut gegen andere durchzusetzen wagen. Während die Patienten von ihrem Umfeld oft als Biester wahrgenommen werden, sind die Pendler eindeutig Bambis. Dummerweise läuft Bambi in der rauen Geschäftswelt Gefahr, schnell zu Rudolph-the-Red-Nosed-Reindeer zu werden – everybody punching his face. Pendler brauchen den Schutz der Stärkeren – tatsächlich brauchen auch die Patienten diesen Schutz. Patienten müssen vor den Psychopathen beschützt werden. Pendler dagegen brauchen Schutz vor den Pfeifen. Denn Pfeifen reagieren äußerst ungemütlich auf Konkurrenz. Dies aber auf eine so subtil subversive Art, dass man nicht so schnell dahinter kommt, was eigentlich passiert. Pfeifen arbeiten nach dem Prinzip: Wenn du sie nicht besiegen kannst, dann verwirre sie. Sie betreiben Judo mit Worten und sind gut erfahren damit, Pendler mental auf die Matte zu befördern. Da sie dies sachlich-logisch unmöglich vermögen, verlegen sie sich aufs emotional-moralische. Ganz nach Schopenhauers Eristik zielt die Pfeife nicht zur Sache, da ihr die Kompetenz fehlt, sondern zum Menschen, indem sie persönlich wird, Werte und Verhalten als unlauter darstellt und so den Pendler und seine Absichten infrage stellt. Dies tut sie tendenziell schwülstig und oberlehrhaft. Es ist unschwer zu erkennen, dass sie sich selbst als die moralisch höhere Lebensform betrachtet und nun von oben eingreifen muss. Wer hier nicht über ein ausgeprägtes Selbstbewusst-

---

[5] Free Download: PoserCheck www.suzannegriegerlanger.com/positivemacht.
[6] Free Download: PendlerCheck www.suzannegriegerlanger.com/positivemacht.

sein verfügt und schnell und präzise in der Analyse des Gesagten ist, gerät aufs Glatteis. Dies hat zur Folge, dass sich die Pendler mit ihren Leistungen zurückhalten, um nur nicht anzuecken und damit der nächsten Diffamierung auszusetzen. Entsprechend werden die Pendler in Zukunft – eingeordnet von den Pfeifen – weit unter ihrem möglichen Niveau navigieren. Das ist ein vielschichtiger Verlust: Der Pendler selbst verliert die Lust an seiner Leistung und daran seine Grenzen zu überwinden – stagniert also. Die Performer verlieren einen wichtigen Bundesgenossen im Kampf gegen die Herausforderungen des Lebens außen und die Herausforderungen der Bergaufbremser innen. Und die Gesellschaft verliert ihr Potenzial um die notwendige Kraft, die es am Markt bestehen lässt. Kurz: Nicht nur der Spaß am Miteinander geht verloren sowie die Gesamtstimmung, sondern auch die Lebensqualität. Damit ist ein Gewähren der Pfeifen als grob fahrlässig zu bezeichnen.

Pendler sind Potenzialträger. Sie brauchen Schutz und Sinnhaftigkeit, um ihr Potenzial zu entfalten.

4.7   Ein Performer gegen fünf Problemfälle

Bisweilen haben Performer das Gefühl, auf verlorenem Posten zu kämpfen. Das muss nicht sein.

- Zuerst einmal gibt es mehr Bundesgenossen als Feinde.
  Pendler und Patienten sind eindeutig Performer. Allerdings wird ihr Potenzial von Hemmungen (Pendler) und Störungen (Patienten) eingeschränkt. Werden aber diese Einschränkungen durch Weitsicht und versierte Überzeugungskraft egalisiert, ist die Bahn frei für Bündnisse.
- Zum Zweiten kann ein starker Sinn die ungewöhnlichsten Bündnisse hervorbringen. Ein starker Beweggrund bringt Menschen zusammen. Der gemeinsame Geist entfacht eine Kernschmelze an Kompetenz und Engagement.
- Und zum Dritten kann man in einer freien Welt frei wählen.
  Performer sind auf diesem Planeten das höchste Handelsgut! Wer das für sich verstanden hat, wird sein Spielfeld sorgfältig wählen.

Für Performer gilt ab jetzt die Regel, im Rudel zu jagen, um mit Leichtigkeit und Lust ein frei gewähltes Leben zu leben.

4.7.1   Was tun mit den Pfeifen?

Pfeifen meiden den Schmerz, und dazu gehört auch die Anstrengung. Ist ihr Selbstbild in Gefahr, spielen sie nicht fair.

Dank psychologischer Motivationsparolen hebt die Pfeife vollends ab. Pfeifen müssen auf den Boden der Tatsachen zurückgeholt werden. Wenn sie Ergebnisse bringen sollen, dann braucht es enge Führung und absolute Klarheit in der Grenzsetzung und im Feed-back.

4.7.2   Was tun mit den Psychopathen?

Psychopathen meiden die Langeweile. Da sie keinen Schmerz und keine Grenzen kennen, sind sie eine ernste Gefahr für ihre Umgebung.

Da Psychopathen rundum therapie- und führungsresistent sind, kann in ihrem Falle – einzig in ihrem Falle – Integration keine Lösung sein. Egal wie, werden Sie den Psycho-pathen los. Er wird immer nur noch mehr Schaden anrichten. Mit ihm verhält es sich wie mit dem Krebs – er wuchert unkontrolliert. Und sobald Sie den Schmerz spüren, ist es erfahrungsgemäß längst zu spät. Es ist an der Zeit, alle Register zu ziehen, um sich zu befreien.

4.7.3   Was tun mit den Patienten?

Patienten fürchten das Mittelmaß wie der Teufel das Weihwasser. Darum sind sie immer auf der Flucht vor der Beliebigkeit. Damit sind sie kopflos und leichte Beute für Manipu-lateure.

Patienten wollen und können – unter Führung. Für Sie bedeutet das, dass Sie zwingend selbst über viel Selbstbewusstsein und Gelassenheit verfügen müssen, um sich nicht von deren Ängsten beeindrucken zu lassen. Die enge und erfolgreiche Entwicklung von Pati-enten erfolgt über zwei Führarme: Die eine Hand schützt die Patienten wohlwollend vor den Psychopathen, die andere Hand wacht kritisch darüber, dass sie nicht über die Stränge schlagen. Dann wird alles gut. Die Patienten gedeihen gut, unter dieser engen Obhut. Sie spüren sich und ihr Wesen besser in engen Tuchfühlung.

4.7.4   Was tun mit den Posern?

Poser fürchten nichts so sehr, wie den Abstieg. Je mehr sie von ihren Fähigkeiten abheben, desto größer wird diese Angst. Sie sind Getriebene – wie die Patienten. Getrieben von ihren Ängsten, versteigen sie sich in Größenfantasien, von denen sogar ein Narzisst noch etwas lernen könnte.

Poser brauchen noch mehr Realitätskontakt als Pfeifen. Da sie nicht lernen wollen und ihnen die Wahrheit nicht gefällt, brauchen sie weit mehr Negativerfahrungen und kon-trollierten Bodenkontakt als alle anderen. Poser müssen kontrolliert vor die Wand fahren, sonst begreifen sie es nicht. Vor die Wand fahren meint, dass sie scheitern müssen. Bitte kompensieren Sie deren Fehlleistungen nicht. Und kontrolliert meint, dass es wichtig ist, dass der Poser sein Gesicht dabei nicht verliert. Und wundern Sie sich bitte nicht, wenn der Poser nur sehr langsam lernt.

4.7.5 Was tun mit den Pendlern?

Pendler verfügen über wenig Selbstbewusstsein und fürchten die Beschämung, wenn sie etwas falsch machen.

Pendler brauchen wohlwollenden Schutz, damit sie sich entfalten können. Es gilt, diese zarten Naturen vor Pfeifen wie Psychopathen zu schützen und ihnen den Rücken zu stärken. Dann entwickelt sich ihr Potenzial von ganz allein.

4.7.6 Was tun mit den Performern?

Performer fürchten nichts mehr als die Stagnation. Damit sind sie immer in Bewegung: Veränderung ist ihr Naturzustand. Das macht sie fast schon zum natürlichen Feind der Pfeifen.

Performer brauchen Freiheit, sich zu entfalten. Schaffen Sie also die nötigen Ressourcen herbei und alles läuft mit einem Performer von selbst. Aber laut Steve Jobs heißt es auch: „Erste Liga Spieler wollen nicht mit zweite Liga Spielern spielen!" (Isaacson 2011). Prüfen Sie, in welcher Liga Sie selbst spielen wollen und wählen Sie Ihre Mannschaft gut. Einen Performer, der in einer anderen Liga spielen will, aber nicht darf, wird auf Dauer die Motivation verlieren.

4.8 Der entscheidende Unterschied

Der entscheidende Unterschied zwischen Performern und Pfeifen ist der Umgang mit dem persönlichen Bezugsrahmen.[7] Der Bezugsrahmen ist nicht nur ein im Volksmund geläufiger Begriff, sondern auch ein Konzept der Transaktionsanalyse, mit dessen Hilfe die psychische Flexibilität – die gleichbedeutend mit psychischer Gesundheit steht – diagnostiziert werden kann.

Performer, wie auch Psychopathen und Pendler, gehen direkt auf einen Konflikt zu, während Pfeifen und Poser dem Konflikt, dem Schmerz und der Anstrengung ausweichen. Diese Grundhaltung wirkt sich entscheidend auf den Umgang mit der Umwelt aus. Die Welt – private wie auch Arbeitswelt – strömt mit unendlich vielen Informationen auf uns ein. Was nun tun, mit all der Information?

Bei Performern trifft der Impuls – die Information – auf den Bezugsrahmen und durchdringt die Wahrnehmungsmembran bis hinein ins innere System. Je durchlässiger seine

---

[7] Free Download: Check Bezugsrahmen www.suzannegriegerlanger.com/positivemacht.

Wahrnehmungsmembran ist, desto flexibler reagiert der Performer auf Informationen und er lernt von Neuem. Die eingedrungene Information wird also innerhalb des Bezugsrahmens mental und emotional verarbeitet. Mit der neuen Information erfolgt ein Upgrade des Denksystems. Diese Erneuerung des Denkens ist auch immer eine Erweiterung des Bezugsrahmens. Die innere und individuelle Welt wird weiter, die Handlungskompetenz größer. Mit jeder erfolgreichen Informationsverarbeitung lernt das System und stärkt seine Verarbeitungskompetenz. Dies ist die Art der Performer, ihren Bezugsrahmen und ihre Kompetenz zu erweitern.

Im Gegensatz dazu passen Pfeifen ihren Bezugsrahmen nicht an die neue Erkenntnis an. Es findet tatsächlich gar keine neue Erkenntnis statt, denn Pfeifen passen die eintreffende Information ihrem Bezugsrahmen an. Und so dringen in ihr Denksystem nur die Informationsanteile, die die alte Sichtweise bestätigen. Neue Informationsanteile dagegen, die erst einmal kognitiv und emotional verarbeitet werden müssten, tropfen an der Oberfläche ab. Nur Bestätigendes dringt in den Bezugsrahmen und wird dankbar aufgesogen. Dieses Phänomen – der Schwamm mit Lotuseffekt – ist für Performer schwer zu begreifen. Interessanterweise ist hier ausnahmsweise der Performer im Nachteil, der sich nicht vorstellen kann, dass bestimmte Informationen einfach nicht ankommen.

Pfeifen passen die Welt an ihren Bezugsrahmen an, während Performer sich selbst und damit auch ihren Bezugsrahmen an die Welt anpassen. Das ist der Grund, warum besonders Pfeifen gegenüber unmissverständliche Klarheit gesendet werden muss. Denn bei einer Pfeife sind erhebliche Streuverluste in der Kommunikation zu verzeichnen. Nur ein geringer Teil der Information kommt an, was zu völlig unterschiedlichen Aussagen führt. Es ist, als würden Performer auf einer anderen Frequenz senden (Abb. 4.3).

Diese Informationsverzerrung ist Dreh- und Angelpunkt im Umgang mit Pfeifen. Doch auch hier weiß der Volksmund zu helfen – entlehnt aus der Bibel: An ihren Taten sollt ihr sie messen. Das bedeutet, dass in der Kommunikation immer wieder die Tonspur der Pfeife auf stumm geschaltet werden muss, um dem Wortwirrwarr und der Wirklichkeitsverzerrung zu entkommen. Das Einzige, das zählt, ist die gelieferte Leistung. Nicht mehr und nicht weniger. Gleichzeitig ist wieder und wieder – einer gesprungenen Schallplatte gleich – die wichtige Information zu senden. Da Pfeifen den Logik- und Entwicklungskonflikten ausweichen, werden sie immer wieder Nischen finden, um der Realität zu

Abb. 4.3 Bezugsrahmen

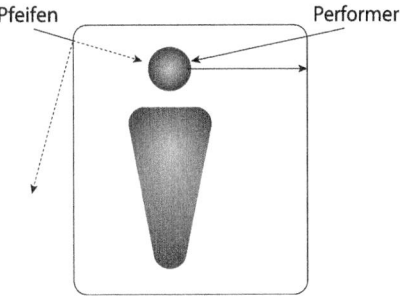

entkommen. Performer dagegen gehen hin zum Konflikt, sie wollen ihn nicht einfach lösen – sie wollen ihre Grenzen überwinden!

4.9 Was bin ich?

Haben Sie sich während des Lesens gefragt, wer und was Sie selbst sind? Vielleicht sogar befürchtet, eine Pfeife zu sein? – Meinen herzlichen Glückwunsch! Sofern Sie sich ernsthaft selbst hinterfragen, beweisen Sie Ihren Performer-Status. Natürlich stellt sich jede von uns auch mal nicht optimal an und dar. Und natürlich gibt es immer wieder etwas, das wir noch zu lernen haben. Das ist aber kein Zeichen der unnatürlichen Stagnation der Pfeife, sondern im Rahmen einer Selbstaktualisierung ein natürlicher Prozess der Reife.

Achtung: Die meisten Frauen sind Pendler. Sie sind Hochleistungsperformer für andere, aber nicht für sich selbst. Sie sind überkritisch mit sich und knicken emotional ein, wenn mal was nicht gut läuft. Und Sie haben leider nicht das nötige Selbstbewusstsein, sich gegen die Moralapostel-Pfeife zu behaupten. Was Sie brauchen, ist eine besondere Form der Zivilcourage: Trennen Sie die Poser von den Performern, trennen Sie sich von Psychopathen und wehren Sie sich souverän gegen Pfeifen und Patienten.

Warum? Miese Menschen sind ruinös, und das versteht sich emotional, mental und monetär. Auf die bange Frage, ob einige von denen das vielleicht unbewusst tun, muss ich nicht antworten, denn dies würde an deren Verhalten nichts ändern. Was aber veränderbar ist, ist Ihre Zivilcourage. Diese versteht sich bitte in zwei Richtungen:

- Selbstschutz vor miesen Menschen (ab jetzt haben Sie ultimatives Pfeifen- und Psychopathenverbot) und
- Entfaltung Ihres Persönlichkeitspotenzials (ab jetzt muten Sie sich und der Welt Ihre Möglichkeiten zu).

Sofern Sie dies tatsächlich tun, bleibt mir zu sagen: Viel Spaß beim Erfolg!

4.10 Über die Autorin

Suzanne Grieger-Langer ist Profiler – Wirtschaftsprofiler. Die Erkennung von persönlichen Potenzialen als auch von Betrug sind ihr tägliches Geschäft. Sie ist die Frontfrau der Grieger-Langer Gruppe und seit 1993 Jahren erfolgreiche Unternehmerin.

Als Spezialistin für die Stärkung von Persönlichkeiten instruiert sie seit über zwanzig Jahren weltweit Nachrichtendienstler wie auch Entscheider der Wirtschaft und Wissenschaft. Mit ihrem internationalen Team von Profilern ist sie in der Lage, Charakterprofile auf dem Niveau des psychogenetischen Codes zu erstellen. Die von ihr entwickelte Formula Infiltration® gilt als Meilenstein der Betrugserkennung. Mit dieser Kompetenzbreite und -tiefe ist sie Europas führende Profilingexpertin.

Suzanne Grieger-Langer ist Lehrbeauftragte der bekanntesten Wirtschaftshochschulen Europas (Frankfurt School of Finance and Management, Wirtschaftsuniversität Wien, Universität Bern) und entwickelte u. a. den Studiengang „Certified Profiler" für die Frankfurt School of Finance and Management.

Ihren Kunden rekrutieren sich aus dem Who is Who der Branchen, von Einzelpersonen bis zu internationalen Konzernen.

In ihren Büchern warnt sie vor Manipulationsmechanismen (Die Tricks der Trickser) und plädiert für einen verantwortungsvollen Umgang mit Macht (Die 7 Säulen der Macht).

Weitere Infos unter www.grieger-langer.de

Literatur

Isaacson, W. (2011). *Steve Jobs – die autorisierte Biografie des Apple-Gründers*. München: Bertelsmann.

Marketing für Frauen tickt anders! Erfolgsstrategien, die wirklich zu Ihnen passen

5

Katja Hofmann

5.1 Die eigene Unterschätzung – der Erfolgskiller Nummer eins

Bescheidenheit ist eine Zier, doch weiter kommt man ohne ihr.

Liebe Leser, bestimmt kennen Sie dieses deutsche Zitat und ich sehe förmlich, wie Sie Ihre Stirn beim Lesen runzeln, oder? Soll es jetzt etwa in diesem Kapitel darum gehen, dass Sie prahlen sollen? Sind Ihnen Menschen, die selbstverliebt über ihre vermeintlichen Erfolge erzählen, regelrecht unangenehm? Vielleicht empfinden Sie diese Menschen gar als „Luftpumpen", von denen Sie wissen, dass dahinter ein Mensch mit einem geringen Selbstwert steckt und wollen so auf gar keinen Fall wirken. Da gebe ich Ihnen recht.

Doch eine gute Leistung wird vorausgesetzt und reicht alleine nicht, um am Markt heute erfolgreich zu sein. Wer sich bekannt machen will, der muss dafür sorgen, dass andere positiv über seine Ideen und Erfolge sprechen. Das Thema Vermarktung spielt somit eine große Rolle im Arbeitsleben. Ständig werden vor allem Unternehmer und Marketingfachleute mit der Frage konfrontiert, wie man am besten die eigene Marke/das eigene Unternehmen vermarktet.

> Denn in einer Beziehung sollten wir alle Marketingfachmänner/-fachfrauen werden: Authentisches Selbstmarketing

Wie finden wir eine sympathische Form des Selbstmarketings, mit der wir uns interessant machen und unsere Ziele leichter und schneller erreichen, uns aber gleichzeitig nicht überheblich darstellen? Und gibt es einen Unterschied, wie Frauen Marketing erfolgreich machen gegenüber Männern?

K. Hofmann (✉)
KMU-kreative Marketingunterstützung
Mühlwiesenstrasse 13, 70794 Filderstadt, Deutschland

© Springer Fachmedien Wiesbaden GmbH 2017
P. Buchenau (Hrsg.), *Chefsache Frauen II*, DOI 10.1007/978-3-658-14270-4_5

Meistens wird komplett unterschätzt, wie wichtig Auftreten und Selbstmarketing für den beruflichen Erfolg ist. Man wird leider nicht automatisch erfolgreich, nur weil man besonders gut in etwas ist! Laut einer IBM-Studie sind nur zehn Prozent die erbrachte Leistung, 30 % sind Image und Selbstdarstellung und die restlichen 60 % Kontakte und Beziehungen. Doch warum sind die Menschen so – warum schaffen sie es oft nicht, ihre Fähigkeiten ganz offen zu präsentieren und ihre eigenen Stärken hervorzuheben? Weil wenige Menschen überhaupt wissen, wie dies auf sympathische Art gelingt. Da haben wir die „Luftpumpen", die sich aufblasen und die uns unangenehm sind, wenn sie prahlen und sich dauernd in den Vordergrund drängen und in Facebook ununterbrochen „Selfies" von sich in jeder Lebenslage posten. „So wollen wir auf keinen Fall sein", ist häufig der Gedanke. Und dann fehlt ein stimmiges Konzept, wie dies auf wirkungsvolle und clevere Art gelingt, mit der wir uns vor allem selbst wohlfühlen.

Darum geht es in diesem Kapitel. Machen Sie sich mit mir auf den Weg. Unterwegs werde ich Ihnen viele Fragen stellen, denn es gibt Antworten, die nur Sie kennen, weil Sie wissen, was das Beste für Sie ist. Ich gebe Ihnen Tipps und Impulse und Sie suchen aus, was für Ihren Weg im Moment passt. Doch vor allem werde ich Sie dabei unterstützen, Ihren kreativen Flow anzuregen, damit Sie beim Lesen nicht nur ein paar nette Aha-Erlebnisse haben, sondern erstaunt sind, welche Initialzündung Sie mit strategischem Selbstmarketing für Ihre Zukunft geschaffen haben.

Doch zuvor werde ich Ihnen mit dem Beispiel aus dem Leben zeigen, wie sehr es sich lohnt, sich mit dem Thema zu beschäftigen und welch ein Erfolgskiller es ist, wenn Unternehmen die Marketingmacht unterschätzen:

Praxisbeispiel

Die Geschäftsinhaberin einer Trainingsfirma für interkulturelle Firmen lässt sich mit lautem Plumps in den Sessel fallen. Eine Powerfrau, Mitte 40, die weiß, was sie will und mit ihrem Unternehmen seit 15 Jahren am Markt ist. Sie hat ein Strategiecoaching im Marketing bei mir gebucht und ist skeptisch. Sie fährt sich mit der Hand über die Stirn und seufzt. „Wir machen eine so hochwertige Arbeit. Ich unterrichte selbst noch, damit ich den Praxisbezug habe. Wir haben wunderbare Trainer, die einen tollen Job machen und langjährige hoch zufriedene Kunden von führenden Wirtschaftsunternehmen. Doch jetzt kommt so ein Prahler auf den Markt, der noch nie selbst unterrichtet hat, aber im teuren Anzug dasteht – unsere selbstentwickelten Trainings kopiert und mittlerweile hat er auch noch mehrere Niederlassungen in ganz Deutschland aufgemacht. Dabei müssen seine Kunden langjährige Knebelverträge abschließen, aus denen sie nicht mehr rauskommen. Obwohl er erst seit zwei Jahren auf dem Markt ist, nimmt der uns Marktpotenzial weg … und dies alles nur, weil er ein aggressives Marketing macht." Ihre Augen funkeln vor Zorn und sie zieht die Schultern hoch. Aha, denke ich: Sie ist der Meinung, dass Marketing nur manipuliert und nicht ehrlich ist. Ich spreche dies an. Plötzlich wirft sie den Kopf nach hinten, ihre Augen blitzen auf und sie sagt: „Sehen Sie Frau Hofmann, genau das ärgert mich, dass nicht die bessere Leistung Erfolg hat. Jetzt bleibt mir ja nichts anderes übrig, als auch solch ein Marketing zu machen, wenn ich nicht noch weiter Marktpotenziale verlieren will. Doch es kostet mich Zeit und Geld und ich komme ja so schon zeitlich nicht rum und jetzt kommt noch das nervige Marketing hinzu. Ich mache dies so ungern, allein wenn wir neue Flyer brauchen." Sie verschränkt die Arme vor der Brust und reibt sich den Nacken. „Doch", sage ich, schaue ihr dabei direkt in die Augen und lächele: „Es ist genau umgedreht, wenn Sie jetzt nicht clever ihre gute Leistung zeigen und nur immer brav weiter fleißig arbeiten, dann bleiben Sie mit Ihrer guten Leistung allein auf der Strecke." Sie atmet hörbar laut aus. „Ich sehe eine sehr kompetente, engagierte, sympathische und erfolg-reiche Frau, die eine Firma aufgebaut hat, auf die sie zu Recht stolz sein kann. Doch Ihr Erfolgskiller ist, dass Sie sich nicht mit Ihren Potenzialen und Erfolgen strategisch sichtbar machen."

Somit hoffen viele Menschen, dass ihre gute Leistung schon entdeckt wird, wenn es nur gut genug ist. Und es gibt noch einen „Hemmschuh": fehlendes Selbstvertrauen. Be-vor man andere von sich überzeugen kann, muss man lernen, sich selbst für die eigene Leistung anzuerkennen und wertschätzend über sich und die eigene Arbeit zu denken! Gedanken nach einem erfolgreichen Teammeeting oder der Eventorganisation, wie: „Ach, das ist doch ganz normal. Ist ja mein Job" oder „Das kann doch fast jeder" oder „Das war noch nicht perfekt", sind dabei sehr kontraproduktiv. Für das Selbstbewusstsein gibt es keinen Schalter, den man einfach umlegen kann, es zu erlangen ist ein fortlaufender Pro-zess. Durch kleine Schritte kann auch ein zurückhaltender Mensch selbstbewusst auftreten und gutes Selbstmarketing betreiben. Das Wichtigste ist, dass man die innere Einstellung ändert. Eine introvertierte Person, die sich auf Biegen und Brechen verstellen muss, um selbstbewusst zu wirken, kommt kaum gut an und wirkt unglaubhaft. Wenn man selbst Zweifel daran hat, ob man für die höhere Position geeignet ist, warum sollte der Chef dann davon überzeugt sein oder gar der Kunde Vertrauen zu uns haben? Also muss man sich von sich selbst überzeugen.

Werden Sie sich klar über Ihre Fähigkeiten und denken Sie beim Einschlafen darüber nach, was Ihre Stärken sind und was Sie heute gut gemacht haben, anstatt darüber nach-zudenken, was Sie noch nicht 100 % perfekt gemacht haben. Wie soll die Welt von Ihnen erfahren, wenn Sie ihr zumuten, dass sie den Nutzen bei Ihnen suchen muss? Lassen Sie uns Ihre Werte und Besonderheiten rausarbeiten und gezielt kommunizieren. Sie werden erleben, wie viel Freude es macht und welchen Erfolgsschub Sie erhalten, wenn exzellente Leistung und exzellentes Marketing zusammenwirken.

Wie hört sich dies für Sie an, liebe Leser/-innen? Neugierig? Dann schnallen Sie sich an: Es geht los! Lassen Sie uns jetzt gemeinsam überlegen, wie wir Ihre PS (persönliche Stärken) wirkungs- und sinnvoll in die Welt bringen!

Ich lade Sie nun ein, sich einen Stift zu nehmen und die Antworten schriftlich zu notie-ren. Bitte schreiben Sie in dieses Buch rein, denn Gedanken verfliegen, aber ihre Notizen können Sie auch in ein paar Monaten noch nachlesen und sehen, wie sich Ihr Leben ent-wickelt hat. Die Strategien und Konzepte in diesem Kapitel werden ein Ideenfeuerwerk in Ihrem Kopf zünden, dies hat aber nur dann einen Sinn, wenn Sie sie auch anwenden. Daher arbeiten Sie mit dem Buch.

5.1.1 Machen wir eine Bestandsaufnahme

Nutzen Sie doch jetzt die Gelegenheit, sich selbst zu fragen. Lehnen Sie sich zurück und stellen Sie sich folgende Fragen:

Was sind meine Stärken/Talente – was sagen andere, was ich gut kann?

_____

_____

_____

Was sind meine größten beruflichen Erfolge, auf die ich stolz bin?

_____

_____

_____

Was macht mir Spaß? Auf welche Themen/Arbeiten möchte ich mich in der Zukunft konzentrieren?

_____

_____

_____

Fühlen Sie sich glücklich in Ihrem Arbeitsleben?
Ja ___
Nein ___

Beschreiben Sie, womit Sie zufrieden/unzufrieden sind:

_____

_____

Tun Sie das, was Sie tun, gerne?
Ja ___
Nein ___

Beschreiben Sie, womit Sie zufrieden/unzufrieden sind:

_____

_____

Denken Sie an Ihre Eigenschaften und Fähigkeiten – setzen Sie diese Stärken in Ihrem Job ein?

Ja ____

Nein ____

Beschreiben Sie, wobei Sie dies tun:

_____

_____

Macht Ihre Arbeit für Sie Sinn?

Ja ____

Nein ____

Beschreiben Sie, warum/in welchen Bereichen dies so ist:

_____

_____

Haben Sie mehr als dreimal mit „ja" geantwortet? Klasse, dann sind Sie in einer glücklicheren Lage, als die meisten anderen Menschen. Wenn Sie mehr mit „nein" geantwortet haben, dann nehmen Sie den Schmerz oder die Irritation als Gelegenheit, um weiterhin neugierig zu bleiben, was Ihnen dieses Kapitel an Ideen bringt.

Gutes Selbstmarketing ist Übungssache – nachdem Sie Ihren jetzigen Stand mal genauer unter die Lupe genommen haben, gehen wir nun direkt an die Umsetzung!

Doch wie ist ein sympathischer Weg für Ihr Marketing, so dass sie auf eine authentische Weise Ihre Fähigkeiten auch nach außen zeigen? In meinem Buch „Sponsoring: gute Unternehmen machen Werbung, exzellente lassen positiv über sich sprechen", schreibe ich über zwei Grundtypen von Menschen. Der erste: Das tapfere Schneiderlein. Es handelt sich um Menschen, die aus einer Mücke einen Elefanten machen und stolz sind auf Heldentaten, die Ihnen nur ein müdes Lächeln rauben, die zum Beispiel ihr prestigeträchtiges Auto immer so parken, dass es sichtbar genau vor dem Eingang einer Veranstaltung steht; die rausposaunen, was ihre Weltreise auf der AIDA – im fünfstelligen Eurobereich – gekostet hat. Wenn Sie so jemanden als Tischnachbar auf einer Feier haben, können Sie am Abend nur auf die Tanzfläche flüchten.

Und dann gibt es die andere Gruppe: Die Dornröschen – die zurückhaltend darauf warten, entdeckt zu werden. Sie versuchen durch Leistung zu überzeugen und denken, ihr Wissen reicht nie aus. Sie machen ständig neue Ausbildungen und sammeln Zertifikate. Ist im Unternehmen eine Stelle ausgeschrieben, dann bewerben sie sich nicht, weil sie denken, dass ihre Qualifikation doch nicht ausreichen könnte und sie erst noch die Businessenglisch-Fortbildung absolvieren müssen. Und der männliche Kollege bewirbt sich ohne diese Ausbildung zu haben, bekommt den Job und macht die Fortbildung, wenn er es unbedingt benötigt. Vor allem bei Frauen erlebe ich häufig diesen eigenen Anspruch an Perfektionismus und eine hohe Anforderung an sich selbst. Sätze, wie „Eigenlob stinkt" und das Gefühl immer noch besser sein zu müssen, prägten ihr Bild seit der Kindheit über sich selbst und – jetzt kommt das wirklich Tragische – sie verhindern damit selbst, dass sie ihre PS (persönliche Stärke) nicht auf die Straße ins Leben bringen.

Obwohl wir davon wissen und Frauen insgesamt gut ausgebildet sind, fehlen Frauen in den oberen Führungsetagen, als Unternehmerinnen, in Hochschulen und in Aufsichtsräten. Doch warum tun wir uns so schwer damit? Warum sind 95 % der Redner auf Bühnen Männer?

Es geht vielmehr um die grundlegende Frage, wie Frau „mitwirken" kann und zwar auf eine Art, in der wir uns gut fühlen, die zu uns passt. Wenn ich in Unternehmen oder auf Bühnen unterwegs bin, dann habe ich es in den Vorstandsetagen fast ausschließlich mit Männern zu tun. Wenn wir bisher als Frau in einer männerdominierten Wirtschaft aufsteigen wollten und gesehen werden wollten, dann mussten wir uns den vorherrschenden Spielregeln anpassen. Wir mussten daran denken, uns in Meetings mit Beiträgen gezielt sichtbar zu machen, ob wir es jetzt wichtig finden, dass wir das sagen oder nicht. Wir mussten daran denken, dass, wenn wir eine Idee vorbringen, die Nummer 1 – in der Hierarchie der Gruppe ansprechen – obwohl wir lieber alle Beteiligten angesehen und mit einbezogen hätten, … usw. Frauen, die im obersten Management sind, haben die Spielregeln der Männer gelernt, sonst wären sie dort nicht angekommen und dies unabhängig von ihrer fachlichen Qualifikation. So ist dies meine Erfahrung, doch um jetzt auch die Stärken der Frau in der Wirtschaft einzubringen, ist es notwendig, einen Schritt weiter zu gehen: Und dies so, dass wir Frauen zwar die Spielregeln kennen, aber nach und nach verändern. Und zwar zum Wohle des Ganzen.

Wenn Unternehmen auch in Zukunft Wachstum wollen, dann wird es zukünftig nur so gehen, dass sie dieses Potenzial nutzen. Dies ist einigen Unternehmen schon bewusst und sie setzen gezielt auf eine Mischung an Frauen und Männern in ihrer Führung. Wenn wir Wirtschaftswachstum erzielen wollen, dann können wir es uns nicht mehr leisten, auf die Potenziale und das Wissen der Frauen zu verzichten. Es ist doch irrwitzig, was wir volkswirtschaftlich tun. Dabei ist es erwiesen, dass Unternehmen, die von Frauen geführt werden, mehr Gewinne erwirtschaften. Der McKinsey-Studie Women Matter (2008) zufolge weisen Unternehmen mit einem höheren Frauenanteil im Vorstand, mindestens aber mit drei Frauen, erheblich höhere Umsatzgewinne auf als der Branchendurchschnitt. Das Catalyst-Institut zeigte bezüglich der Eigenkapitalrendite großer börsennotierter Unternehmen einen ähnlichen Zusammenhang auf.

Dieses Beispiel aus dem Leben zeigt, wie sehr es sich lohnt, sich mit der eigenen Positionierung zu beschäftigen und wie wichtig es für den Erfolg von Unternehmen ist, die eigenen weiblichen Impulse und Verhalten einzubringen:

Es herrscht geschäftige Hektik. Jahresabschlussmeeting eines weltweit agierenden Unternehmens in einer großartigen Location. In einer halben Stunde wird die Tür geöffnet und über 1000 Mitarbeiter und Geschäftspartner werden die Plätze einnehmen, wie auch prominente Gäste aus Wirtschaft und Sport.

Die Führungsmannschaft mit den wichtigsten Managern laufen geschäftig in dem Veranstaltungsraum hin und her, prüfen die Mikrofone und ob für sie ein Headset vorhanden ist, platzieren ihre Taschen hinter dem Technikpult und hängen ihr Sakko an die Stühle in der ersten Reihe – so wird der Platz markiert und die Position nach außen sichtbar gemacht. Die Firma hat nämlich keine Sitzplätze schriftlich reserviert – also machen dies die Manager kurzerhand mit ihren Sakkos, nach dem Motto „selbst ist der Mann". Bei allem geschäftigen Hantieren gibt es eine Person, an der sich alle orientieren und dies ist die „Nummer 1", der Chef in der Hierarchie – in diesem Fall auch der Geschäftsführer. Er ist das Leittier und alle folgen ihm. Von außen beobachtet, laufen sie ihm regelrecht nach, geht er an die Bar, folgen einige. Es wird geprüft, wo sitzt er und wo ist dann mein Platz, sodass ich sichtbar meine „Wichtigkeit" positioniere, vor allem wenn der Fotograf die Eindrücke auf Bildern festhält, man dann auch gut zu sehen ist. Nun passiert etwas Ungewöhnliches: Der Geschäftsführer macht die Ansage an seine Führungsmannschaft, die erste Reihe frei zu machen und in der letzten Reihe Platz zu nehmen! Es herrscht Stille. Das geschäftige Treiben war eingestellt, die Blicke gingen zum Boden und widerwillig nahmen sie ihre Sakkos von den Stühlen. Keiner sagte etwas, doch auch keiner platzierte seinen Stuhl in der letzten Reihe mit seinem Sakko. Es herrschte Irritation und das Gefühl, „abgewertet" worden zu sein. Freunde hatte der Geschäftsführer mit diesem Verhalten nicht gewonnen.

Doch warum brach er diese „Regel"?

Weil er ein gutes Ergebnis wollte und zwar für die Teilnehmer und die Veranstaltung. Es ging nicht darum, dass das Ego der Manager bespielt werden sollte und die Bedeutung der Position sichtbar zum Ausdruck kommen sollte. Viel mehr wollte er von ihnen ein Feedback, welche Eindrücke sie zu der Stimmung im Unternehmen haben, wie die neu präsentierten Projekte und Ziele für das nächste Jahr bei den Besuchern ankommen, um dann gegebenenfalls noch nachjustieren zu können. Dies war zum „Wohle des Ganzen" gedacht, aber die Gefühle der Manager fuhren Achterbahn – es herrschte Verunsicherung. Spielregeln wurden für sie „aus heiterem Himmel" neu gesteckt, dies kann Angst machen. Keiner der anwesenden Manager nahm einen Platz in der letzten Reihe ein, sie verteilten sich im Raum, aber den Schritt, sich so weit zurückzunehmen – war ein Schritt zu viel.

Wie verhält sich „Frau" in der gleichen Hierarchiestufe? Sie hat gelernt, sich auch so zu positionieren und zu verhalten. Ich weiß, dass ich mich bei einer Geschäftsveranstaltung in die erste Reihe setzen sollte, doch wenn ich privat bin, dann genieße ich es hinten zu sitzen. Es gibt einen viel besseren Einblick und ich kann beobachten, die Eindrücke des Publikums besser aufnehmen – denn um die geht es doch, oder? Vor allem sitzen dann in der vordersten Reihe auch Teilnehmer, die echtes Interesse an der Veranstaltung haben und nicht nur sich selbst positionieren, nebenbei im Handy rumspielen oder gar bei einem Anruf auch den Saal verlassen, um das „wichtige" Telefonat zu führen.

Es geht mir jedoch in keiner Weise darum, Frauen als bessere Menschen oder Männer als schlecht hinzustellen oder umgedreht. Vielmehr verbirgt sich hier ein Potenzial, das darauf wartet, von uns genutzt zu werden für unsere Weiterentwicklung. Und wir Frauen müssen erkennen und wertschätzen, dass unsere Art zu führen, Männer irritieren und verunsichern kann. Einfach daher, weil es anders ist.

5.1.2 So stehen wir jetzt an einem Tipping-Point in unserer Gesellschaft.

Liebe Leser/-innen, wir leben in einer großartigen Zeit: Denn wir stehen an einem Tipping-Point in unserer Wirtschaft und wir haben es jetzt in der Hand, den Kurs zu bestimmen. Ich kenne viele großartige, leistungsstarke Frauen, die große Potenziale und Fähigkeiten haben, doch die noch nicht den Karriereschritt gegangen sind, den sie sich insgeheim für sich wünschen und die eine neue Qualität in die Wirtschaftsentwicklung bringen würde. Momentan versuchen viele Frauen „ihren Mann zu stehen". Sie handeln und agieren in ihrem Marketing wie Männer und dabei merken sie, das fühlt sich nicht rund an, irgendetwas passt nicht. Nur was genau dieses Gefühl ist, das kann schwierig beschrieben werden und vor allem wissen viele Frauen nicht, wie erfolgreiches Marketing für sie geht.

Noch ein Hinweis: Wir werden in der jetzigen Zeit zur Weiterentwicklung angetrieben und dies kann sich erst mal sehr ungewohnt und holprig anfühlen, wenn wir den gewohnten Kurs und die eigene Komfortzone verlassen.

5.1.3 Marketing für Frauen tickt anders

Es geht um die richtige Mischung zwischen Zielstrebigkeit und Emotionen. Nur gut sein allein reicht nicht. Wir müssen auch lernen zu sagen, was wir können und was wir wollen und für uns ein cleveres Selbstmarketing machen.

Also, wenn Frau nicht darauf warten will, dass der Prinz kommt und sie für die Karriere entdeckt, in dem er Dornröschen wach küsst, dann zeigt Ihnen dieses Buchkapitel, wie Sie Ihre Ziele erreichen:

- Sie werden erfahren, wie Sie durch gezieltes Marketing erreichen, dass Menschen Sie auf eine bestimmte Art wahrnehmen und über Sie sprechen.
- Sie erhalten praxiserprobtes Fachwissen, wie Sie positiv über sich sprechen lassen.
- Sie werden begeistert sein, wie Sie mit ein paar Kniffen bereits getätigte Erfolge/Arbeiten in lohnende Selbstmarketingstrategien umwandeln.

In diesem Sinne: Lassen Sie uns gemeinsam die Weichen auf Ihre Erfolgsspur stellen.

5.2   Ohne Leidenschaft schreibt man keine Erfolgsgeschichte.

▶   **Tip** Zeigen Sie sich einzig und nicht artig.

In diesem Kapitel gebe ich Ihnen einen persönlichen Einblick in meinen Weg. Denn mir ist es ein wichtiges Anliegen, Ihnen nicht in der Theorie, sondern anhand meiner Erfahrungen zu berichten, welche Höhen und Tiefen es gibt, wenn Arbeit Leidenschaft ist. Dies mache ich, da unser Lernen autobiografisch (die eigene Lebensgeschichte betreffend) funktioniert, wenn es mit uns und unseren Situationen zu tun hat. Somit liebe Leser/-innen, fühlen Sie sich ganz hautnah dabei. Ich nehme Sie jetzt mit in das Jahr 2008.

Ich sitze im Auto und fahre in die Tiefgarage des Bürogebäudes und mein Magen zieht sich zusammen, Es ist Montagmorgen. Als ich mich beladen mit Kaffeebecher und Aktentasche aus dem Auto im engen Parkhaus zwänge, schlägt mir der schale Tiefgaragengeruch in die Nase und mir wird flau im Magen. So drücke ich im Aufzug den Knopf der dritten Etage und ich habe Zeit, über meinen bevorstehenden Tag nachzudenken. Teammeeting heute Abend, davor Umsatzzahlen und Maßnahmen prüfen und Umsatzbesprechung mit dem Geschäftsführer. Ich überlege, welche Maßnahmen wohl heute für meine Mitarbeiter folgen, damit noch mehr Umsatz produziert wird, dabei sind wir bereits die stärkste Niederlassung. Und ich bin mir noch nicht ganz sicher, welche Rolle mir der Geschäftsführer zuteilt, die ich bei der Teammotivation ausführen soll. Mit meinen Werten hat das Drücken der Menschen in den Umsatzprofit schon lange nichts mehr zu tun. Verschiedene Standorte werden mit Umsatzvergleichen künstlich in Konkurrenzdruck gesetzt und Mitarbeitern, die nicht mitziehen, habe ich zu kündigen. Sicherlich profitiere ich finanziell von den Verkaufserfolgen meines Teams, doch ich merke, wie ich mich dabei mit meinen Überzeugungen für Erfolg immer mehr verrate. Ich werde immer häufiger krank, nichts Schlimmes, nur Grippen, aber deutlich Zeichen, dass es jetzt genug ist. Es muss doch möglich sein, Erfolg und Werte in Einklang zu bringen. Mit diesem Wunsch und Hoffnung, fahre ich an einem Dienstagmorgen das letzte Mal in die Tiefgarage des Bürogebäudes – und ich kündige.

Da stand ich nun – mit nichts als meiner Idee der Firmengründung und ganz viel Hoffnung und beinah genauso vielen Ängsten. So hatte ich Rücklagen für ein halbes Jahr, bis dahin musste mein Unternehmen schwarze Zahlen schreiben. Als ich 2008 mein Marketingberatungsunternehmen gründete, wollte ich es RICHTIG machen. Meine Vision: Kundengewinnung mit sinnstiftendem Marketing bringt Erfolg und macht Freude. Hierzu wollte ich meine über 10-jährige Erfahrung und Wissen aus dem Sponsoring einsetzen, damit die Wirtschaft und soziale Organisationen/Vereine erfolgreich zusammenarbeiten. Sponsoring bei regionalen Vereinen sollte nicht als „verschenktes Geld" gesehen, sondern eine lohnende Marketinginvestition für Unternehmen werden. So wollte ich die Wirtschaft und die Gesellschaft mit ihrer Vereinskultur stärken. Dies lag mir sehr am Herzen, doch ich wusste auch, wenn ich eine Telefonakquise oder E-Mail-Akquise machte, dann würde die Idee sofort abgeschmettert. Ich wollte nicht um Aufträge „betteln", dafür hatte ich zu viel Herzblut. Ich brauchte also einen Expertenstatus, sodass andere mich finden. Ich musste bekannt werden. Und so schaute ich, wie machen die Kollegen ihr Marketing. Doch dies verunsicherte mich eher, zum Teil waren sie viel länger am Markt und verfügten über viel mehr Referenzen und zum anderen hatte ich das Gefühl, dass viele Wege gar nicht zu mir passen. So entschied ich mich, meinen Weg zu gehen. Dies hört sich jetzt vielleicht ganz einfach an „mach dein Ding". Dies lässt sich auch einfach sagen, wenn man schon Erfolge vorzuweisen hat, doch meine Gründung musste ja innerhalb eines halben Jahres so erfolgreich sein, dass meine Fixkosten gedeckt werden und da linste ich als Neuling schon hin, was denn erfolgreich am Markt funktioniert. So schloss ich mich für zwei Tage ein und arbeitete an „meinem" Weg.

Ich stelle mir folgende Fragen:

- Warum soll es mein Unternehmen überhaupt geben,
- Welchen Nutzen bringe ich den Kunden und in die Welt.
- Was sind meine persönlichen Ziele, welchen Sinn soll mein Unternehmen für mich und die Wirtschaft und Gesellschaft bringen,
- Was kann ich dazu beitragen, den Erfolg von anderen Menschen und Unternehmen zu erhöhen und wie bringe ich mich mit meiner Erfahrung dazu am besten ein.

Nach gefühlten fünf Kaffeekannen und zwei vollgeschriebenen Flipchart-Blöcken, wurde aus meinen Gefühlen und Gedankenwirrwarr Klarheit und es standen viele Ideen fest. So steht zum Beispiel die Kundenzufriedenheit an erster Stelle. Zudem beschloss ich, keine Wettbewerbsanalyse zu machen – was jedes Marketingstudium als Grundlage lehrt –, sondern vielmehr mein Unternehmen so aufzustellen, dass es einen hohen Sinn für mich und andere hat und dies setze ich in einer klaren Marketingstrategie und Marktpositionierung auf. In meiner Einstellung ist der Verdienst die Folge aus dem Mehrwert, den andere davon haben, dass es mein Unternehmen gibt – und der Profit steht nicht an erster Stelle. Ich wollte mich nicht nur als Unternehmerin einbringen, sondern auch ehrenamtlich engagieren, aber dabei den roten Faden meines Unternehmenszieles umsetzen. Dabei war mir klar, dass ich dabei jedoch keinesfalls ein „Gut-Mensch-Tun" lebe, sondern das Unternehmen ökonomisch erfolgreich führen will, denn dies ist ja der Sinn von Wirtschaft – doch eben dies auch mit einem hohen Mehrwert verbinde. Ganz „egoistisch" für mich und eben auch für andere.

Und ich gebe es offen zu: Ich wusste zu Beginn meiner Unternehmensgründung nicht, ob meine Strategie aufgeht und ich mir gezielt einen Expertenstatus erarbeite, um dann eine Sogwirkung bei Kunden auszulösen. Es gab Momente des Zweifels, vor allem als die Entwicklung nicht so schnell ging, wie ich sie wollte, da saß ich grübelnd an meinem Schreibtisch – denn schließlich war meine Vorgehensweise gegen die gängige Unternehmensplanung unserer Zeit. Sicherlich haben viele Kollegen auch gedacht, dass mein Vorgehen unprofessionell ist, und schüttelten den Kopf, wie ich so ein Unternehmen aufsetze. Doch mir war klar, es gab für mich keinen anderen Weg – wenn es nicht so funktioniert, wie ich denke, so geht Erfolg für mich, dann scheitere ich eben. Es gab Momente des Zweifels, in denen ich unsicher war, ob ich es schaffe. Ich gehöre auch nicht zu den Menschen, die vor Selbstbewusstsein nur so strotzen – ich musste es mir erarbeiten und noch heute bin ich in meiner Tendenz immer so, dass ich mich selbstkritisch hinterfrage. Doch es nicht mal zu wagen, meinen Weg und meine Überzeugung zu gehen, kam für mich nicht infrage. Ich wollte meine Arbeits- und Lebenszeit sinnvoll einsetzen.

Die gute Nachricht: Mittlerweile – Jahre später – ist meine Strategie aufgegangen. Ich wurde mehrfach für meine Arbeit mit Preisen ausgezeichnet, die Presse berichtet regelmäßig über mich, ich bin Bestsellerautorin, gebe mein Wissen in Hochschulen, Vorträgen und Seminaren in Europa weiter und es gehören Unternehmen der Weltelite sowie innovative Kleinunternehmen zu meinen Kunden. Dies geschah, weil eine Stimme in mir an mich geglaubt hat und ich war bereit, mich voll und mit ganzem Risiko einzubringen, mich sichtbar zu machen. Nicht nur die Hände in den Schoß zu legen und zu warten, bis der Erfolg von außen kommt, sondern kontinuierlich an meinem Weg zu arbeiten. Dies bedeutete, dass ich viele Wochenenden und Abende durcharbeitete und in den wenigen Urlauben, die ich mir, wenn überhaupt, dann nur ein paar Tage, nahm. Ich will jetzt nicht sagen, dass viel arbeiten der einzige Weg zum Erfolg ist, denn ich hatte nur Rücklagen von einem halben Jahr, dann hätten mich die Fixkosten langsam aufgefressen. Den Antrieb zu haben, von seiner selbstständigen Arbeit auch gut zu leben, ist für den Erfolg aus meiner Sicht elementar wichtig. Ich kenne Gründer, die sich von hohen Abfindungen aus Konzernpositionen selbstständig gemacht haben, oder von ihren Ehepartnern unterstützt werden, damit dieser sich verwirklichen kann. Doch viele von diesen Gründungen scheitern. Wir brauchen einen Antrieb in uns, damit wir bereit sind, den Preis zu zahlen. Damit meine ich auch, Neues zu lernen und die Komfortzone zu verlassen, zum Beispiel Neukundenakquise zu machen, sich selbst zu verkaufen/anzubieten, auf Ablehnung zu stoßen und genau dann weiter zu machen. Nur einen Job zu haben, der zwar Spaß macht, aber nicht zu wissen, wie die Miete zu bezahlen ist oder auf Geldzuschuss von der Bank, Familie oder Partner angewiesen zu sein, war für mich keine Alternative. Dies muss jeder für sich entscheiden und müssen zum Beispiel Maschinen angeschafft werden, dann ist es ohne Finanzierung schlicht nicht möglich. Doch ich wollte beides – Erfüllung im Job und ein finanzielles Auskommen in Freiheit. Das ist doch kein Widerspruch, sondern muss doch erreichbar sein, so hatte ich die große Hoffnung. Somit setzte ich darauf, gute Arbeit zu leisten und ein gutes Marketing zu betreiben, damit das Image und meine Bekanntheit gesteigert wurden. Allerdings hatte ich auch eine große Freude an meinem Ziel zu arbeiten und so war der Zeiteinsatz kein „Opfer", sondern meine Berufung – meine große Leidenschaft.

Doch wenn wir Karriere machen wollen und ein gutes Selbstmarketing für uns, dann ist es auch notwendig, dass wir uns unser selbst bewusst sind und dies kann man lernen. Sie kennen die Bücher, die vorgeben, morgens in den Spiegel zu lächeln und einfach positiv über sich selbst zu denken? Funktioniert dies bei Ihnen? Fühlen Sie sich damit selbstbewusster? Na, im Negativen funktioniert es doch auch, dass Sie noch etwas härter arbeiten müssen, disziplinierter mit dem Sport sein sollten, sich nicht so viel aufregen sollten beim Autofahren. Die Liste ist wohl beliebig lang.

Es ist wichtig, das Bewusstsein auf die positiven Eigenschaften zu richten, auf das was schon gut läuft, denn diese positive Einstellung strahlt man automatisch nach außen ab.

Schon unser Auftreten kann sehr schnell verraten, wie selbstbewusst wir sind. Ein aufrechter Gang und aufgeschlossene Gesten wirken in Situationen, wie in einem Bewerbungsgespräch, natürlich viel positiver als ein verunsicherter Blick und Schweißausbrüche.

Eine Unternehmerin, die hervorragend fachlich ausgebildet ist, möchte gerne mehr Kunden für sich gewinnen. Doch in Kundengesprächen kommt es nicht zum Abschluss – sie spürt, irgendetwas läuft falsch und kommt zum Selbstmarketing-Coaching zu uns. Wir gehen den Kundengesprächen nach und bei der Selbstpräsentation über ihre Arbeitsleistung, stellen wir fest, dass sie keine „Lust" weckt beim Gegenüber, es fehlt der Part, welche Erfolge ihre Kunden schon mit ihrer Hilfe erzielt haben und welchen Nutzen sie für die Kunden bietet.

Zu hoffen, dass der andere schon entdecken wird, welchen Mehrwert man bietet, ist ein großer Irrglaube. Bescheidenheit ist fehl am Platz, wenn es um die Präsentation der eigenen Fähigkeiten geht. Warum etwas Positives über sich erzählen und es gleich im nächsten Satz mit einem unnötigen Kommentar über die Unbedeutsamkeit dieser Fähigkeit zunichte machen?

Denn ohne Leidenschaft schreibt man keine Erfolgsgeschichte.

Was ist Ihre Leidenschaft? Was wollen Sie in diese Welt einbringen? Was sind Ihre ganz eigenen Potenziale?

Es gibt unglaublich viele Forschungen zu dem Thema Erfolg und immer zeigen sie, dass unsere innere Motivation und die Fähigkeit andere zu begeistern, ausschlaggebend sind.

5.2.1 Machen Sie sich interessant, schließlich sind Sie es

Wir müssen aufhören, darauf zu warten, dass andere Menschen unser Können schon von selbst erkennen! Talentierte Menschen gibt es viele, nur leider sehr wenige von ihnen können ihr Talent auch selbst präsentieren. So ist es wichtig, dies gezielt zu erlernen und zu üben. Unsere Kundin hat übrigens durch die professionelle, geübte Selbstdarstellung ihre Abschlussquote um 60 % erhöht! Es lohnt sich also, sich über das Selbstmarketing Gedanken zu machen.

> **Tip** Erfolg ist, unser Potenzial an Schaffenskraft, Lebensfreude und Kreativität zu nutzen.

Es gibt wahrlich genug Strategien über Erfolg, aber die meisten versuchen, sich dem Erfolg von außen zu nähern. Wahrer Erfolg entsteht aber nur, wenn unser Tun mit unserem Inneren übereinstimmt. Wenn Menschen eine kreative Arbeit haben, die sie als sinnvoll empfinden, dann steigt die Resilienz – die seelische Widerstandskraft. Dies beschreibt der Psychologe Hilarion Petzold (1993) in seinen „fünf Säulen der Identität". Erfolg ist im entscheidenden Maße davon abhängig, warum man etwas macht, und dann zeigt es sich im Außen. Es geht darum, genau diese Komponenten klar herauszuarbeiten und Ihre persönliche Antriebsliste zu entwickeln. So schaffen Sie ein Unterscheidungsmerkmal am Markt und können dies in Ihren Karriereplan mit einarbeiten.

So lade ich Sie ein, mit mir über folgende bedeutenden Kompass-Fragen nachzudenken, da dies die Grundlage für Ihre Marketingstrategie ist.

5.2.2 Wo stehen Sie? – Ist-Stand-Analyse mit den Kompass-Fragen

Bestimmt haben Sie auch schon Menschen erlebt, die ihren Job einfach machen, weil sie damit Geld verdienen und solche, die in ihrer Berufung angekommen sind. Diese Fragen helfen Ihnen zu erkennen, wo Sie gerade stehen. So erhalten Sie Struktur und Klarheit über das, was Sie zu bieten haben und um Ihre Strategie zu entwickeln. Je mehr Sie erreichen wollen, desto fokussierter muss Ihre Ausrichtung sein.

Welche Werte sind Ihnen im Leben wirklich wichtig und sind diese im Einklang mit Ihrem Arbeitsleben? Was bringen Sie in die Gesellschaft mit ein? Was geben Sie Menschen weiter? Zum Beispiel Unterstützung, Begeisterung für ein bestimmtes Thema, Erfahrung, Mut, . . .

_____

_____

_____

_____

Freuen Sie sich auf den Arbeitstag und das, was Sie heute wieder voranbringen? Wie soll es sein – wie wollen Sie sich fühlen? Was wollen Sie in Ihrem Beruf erreichen?

_____

_____

_____

_____

Nehmen wir mal für einen Moment an, Sie könnten völlig frei wählen und würden alles bekommen, was Sie sich für Ihren Arbeitsbereich wünschen: Was bräuchten Sie, damit Sie den Erfolg hätten, den Sie sich wünschen?

_____

_____

_____

Folgende Fragen helfen bei Ihrer Überlegung:

Wo liegen aus Ihrer Sicht Ihre Potenziale?

_____

_____

_____

_____

Was sagen andere über Ihre Stärken?

_____

_____

_____

_____

Was machen Sie anders/besonders?

_____

_____

_____

_____

Ihre Glaubwürdigkeit: Halten Sie das, was Sie versprechen?

_____

_____

_____

_____

Für was stehen Sie? Was sind Werte, die Ihnen wichtig sind?

_____

_____

_____

_____

Bitte notieren Sie von 1–10 (1 trifft überhaupt nicht zu und 10 trifft voll zu) hinter Ihre Antworten, ob Sie diese Eigenschaften schon im Alltag umsetzen.

Bitte notieren Sie, welche Eigenschaften Sie zwar haben/Ihnen wichtig sind, aber Sie diese (noch) nicht leben und gerne in Ihrem Beruf integrieren möchten. Was ist Ihnen wichtig? Schreiben Sie diese auf und notieren Sie wieder dahinter Ihre Bewertung von 1–10.

_____

_____

_____

Haben Sie einige Erkenntnisse für sich gewonnen? Prima, dann haben Sie eine wichtige Grundlage für Ihre Antriebsmotivation geschaffen und wir können den nächsten Schritt in Ihrer Erfolgsgeschichte gehen. Diese Schaffung der Klarheit ist daher so wichtig, damit Sie wissen, wo Ihr Antrieb liegt, nur so können Sie in der Zukunft Ihre Potenziale gezielt einsetzen und dabei nicht nur zufriedener, sondern auch noch erfolgreicher werden.

5.3   Vier Schritte für Ihren Marketingerfolg. Jetzt geht es an die Umsetzung für Ihren Erfolgsweg

Bereit? Dann nähern wir uns der Umsetzung Ihres persönlichen Erfolgsweges.

Der Beginn eines wirkungsvollen Marketings liegt darin, sich vorab gründlich Gedanken zu machen und eine Strategie zu entwickeln.

5.3.1   Die wichtigsten Schritte für Ihren Marketingerfolg:

Legen Sie Ihre Ziele fest

Haben Sie eine erfolgreiche Imagestrategie für Ihre Positionierung? Bei der Wahl der Imagestrategie ist es wichtig, dass Ihre Überlegung auf einer langfristigen Zielsetzung beruht.

Wie soll über Sie gesprochen werden? Was sind Ihre drei wichtigsten Eigenschaften/Merkmale?

_____

_____

_____

_____

Warum? Welchen Nutzen bieten Sie? Welche Probleme haben die Kunden, für die Sie eine Lösung haben? Zum Beispiel eine ökologische Schreinerei mit folgendem Motto: „Wir wollen unseren Kunden helfen, in einem gesunden Raumklima zu leben."

_____

_____

Wen wollen Sie erreichen? Wer soll über Sie sprechen – Zielgruppe?

_____

_____

_____

Was wollen Sie erreichen? Neue Kundenzielgruppe? Nächster Karriereschritt? Mitarbeitergewinnung?

_____

_____

_____

Erarbeiten Sie ein Strategiekonzept und einen Aktions- und Handlungsplan zur Umsetzung
Wollen Sie, dass eine breite Öffentlichkeit auf Sie/Ihre Firma aufmerksam wird? Wenn ja, dann schreiben Sie auf, was Sie schon alles einsetzen.

_____

_____

_____

Hier erhalten Sie eine Übersicht über mögliche Marketingkanäle. Bitte unterstreichen Sie, was Sie schon einsetzen:

- Broschüren, Flyer, Postkarten, Plakate, Aufkleber, Webseite, Internetbanner, Filme, Blog, Facebook, Xing, Twitter, LinkedIn, Google+, YouTube, Empfehlungsmarketing, Messen, Events, Vorträge, Öffentlichkeitsarbeit, Sponsoring, Newsletter, E-Mail-Marketing, Telefonakquise, Radiowerbung, Fernsehwerbung, Anzeigen in Zeitungen und Magazinen.
- Bitte notieren Sie die Maßnahmen, die bisher zum Erfolg geführt haben. Welche Maßnahmen möchten Sie zukünftig noch einsetzen? Wo sehen Sie noch Potenzial?

_____

_____

_____

- Heben Sie sich mit Ihrem Image sichtlich vom Wettbewerb ab und kommunizieren Sie diese Unterschiede in Ihrer Zielgruppe? Zum Beispiel Slogan, Newsletter, Kleidung, Veranstaltung, ...

_____

_____

_____

- Welche Märkte wollen Sie noch erreichen? Wer kann Ihre Produkte/Dienstleistung noch kaufen – wo ist noch Bedarf?

_____

_____

_____

- So werden Sie Schritt für Schritt Ihre ganz persönliche Erfolgsstrategie umsetzen. Erstellen Sie schriftlich Ihren Plan: Was wollen Sie wann verändern/tun? So wird der Weg zum Ziel ganz klar.

_____

_____

_____

Suche nach Kooperationen, um die eigene Arbeit voranzubringen

- Haben Sie Erfolgsgeschichten parat – Beispiele aus Ihrer Arbeit?
- Nutzen Sie meisterhaft die Bühnen, die Ihnen geboten werden – lassen Sie sich sehen, gehen Sie zu Einladungen, Verbands- und Vereinsveranstaltungen. Melden Sie sich in Meetings zu Wort – bringen Sie sich ein. Wenn Sie gefragt werden, einen Vortrag oder die Moderation zu übernehmen, dann sagen Sie zu, statt zu denken „oh weh, ob ich dies kann?“.
- Nutzen Sie Netzwerke und Kooperationen: Mit wem wollen Sie kooperieren? Wo können Synergien gebildet werden? Wer kann über die Wirkungsweise Ihrer Arbeit berichten? Nach dem Motto: Gute Unternehmer/innen machen Werbung, exzellente lassen positiv über sich sprechen.

Machen Sie eine Erfolgskontrolle

- Wie können Sie Ihre Ziele messen?
- Was war gut und was soll noch optimiert werden?
- Kommunizieren Sie erreichte Ziele und feiern Sie Ihre Erfolge.

▶   Wenn Sie noch tiefer in das Thema einsteigen möchten, dann erhalten Sie in meinem Buch *„Neue Unternehmer braucht das Land"* Umsetzungsstrategien für ein großartiges Arbeitsleben, von denen Sie erstaunt sein werden, welche Initialzündung Sie für Ihre Zukunft geschaffen haben.

Fazit
Warten Sie nicht darauf, dass Ihr Erfolg zufällig passiert, sondern wagen Sie etwas, um Kunden für Ihre Arbeit zu begeistern. Zeigen Sie der Welt, was Sie drauf haben und hören

Sie auf zu denken, dass Ihr Tun und Ihre persönlichen Fähigkeiten selbstverständlich sind. Erst wenn Sie das nach außen ausstrahlen, können auch andere Menschen Ihr Können erkennen.

5.4 Die Zukunft erwartet SIE

Ist es denn nicht mehr als lohnend, dass wir ab sofort unsere Potenziale und Arbeitsleistungen in noch produktivere Bahnen lenken und das Leben in vollen Zügen genießen?

Kann dies so einfach sein? Vielleicht ist in Ihnen noch eine innere Stimme, die den Glaubenssatz hat, dass große Freude an der Arbeit zu haben und gut zu verdienen, nicht überein passen. Es ist die Gewohnheit und die Angst vor der Veränderung. Doch es gibt einen lohnenden Grund für Veränderung: Wenn Sie ein langes und glückliches Leben haben wollen, dann werden Sie einfach noch erfolgreicher!

Das Buch „Die Long-Life-Formel. Die wahren Gründe für ein langes und glückliches Leben" von Howard Friedmann und Leslie Martin stellt fest, dass die Arbeit nicht als Stress gesehen wird, sondern als etwas höchst Wertvolles und die Erfolgreichsten im Durchschnitt sogar fünf Jahre länger leben (Friedmann und Martin 2012).

5.4.1 Warum ist es scheinbar so schwierig, gutes Selbstmarketing für sich zu betreiben?

Die Wissenschaft hat einen Namen dafür: Methatesiophobie – die Angst vor dem Erfolg! Es gibt die Sorge, trotz allem nicht zufrieden zu sein.

Haben Sie Lust, mit mir ein Gedanken-Experiment zu machen?

Es ist Morgen und Sie schlürfen Ihren Kaffee und schlagen den Wirtschaftsteil der Zeitung auf (oder lesen dies auf Ihrem iPad …) und auf einem großen Foto lächeln Sie sich selbst entgegen. Das Foto zeigt Sie mit Prominenz aus Politik und Management bei einer Preisverleihung. Der Minister übergibt Ihnen eine Auszeichnung für Ihre Verdienste in der Region und Ihre Vorbildfunktion. „Unternehmer par excellence" lautet die Überschrift, die über Ihrem Foto prangt und Sie lesen weiter „Der Erfolg von Herrn/Frau X ist das Ergebnis von unternehmerischem Talent, Innovation, Ausdauer und außergewöhnlichem Einsatz". Es wird über Ihre Erfolgsgeschichte berichtet und Sie erhalten Glückwunschanrufe und E-Mails und Einladungen zu wichtigen Veranstaltungen, bei denen Sie als Ehrengast dabei sein sollen. Die Presse fragt nach Interviews.

Fühlt sich dies gut an? Für die meisten von uns ist dies eine wunderbare Vorstellung. Gleichzeitig setzt es uns aber auch unter Druck. Mit jedem Erfolgserlebnis steigen die Ansprüche an sich selbst. Wie lange wird man es schaffen? Kommen vielleicht die Schattenseiten ans Licht? Angst schleicht sich ein, dass das, was bisher an Know-how ausreichte, nun nicht mehr reicht. Erfolg legt einen sogar womöglich fest, in ein bestimmtes Verhalten oder eine Rolle. Wir wissen ja: „Schuster bleib bei deinen Leisten" oder

„Je höher wir aufsteigen, desto tiefer können wir fallen". Und desto einsamer können wir werden. Beim Aufstieg gibt es eben nicht nur Freunde und Fans – es gibt auch Neider. All diese Gedanken können dafür sorgen, dass Menschen zwar davon träumen, endlich Marktführer zu werden, einen Bestseller zu schreiben, sich endlich selbstständig zu machen oder berühmt zu werden – aber den ersten Schritt wagen sie nicht.

Wir führen Gespräche mit erfolgreichen Unternehmern, die sagen, sie wollen in die Presse oder ihr Image steigern, wenn wir dann für ihre Zielerreichung konkrete Handlungsschritte ausarbeiten, dann haben sie plötzlich Argumente, warum dies nicht funktioniert – und genau dies ist die Angst vor dem Erfolg, die Angst vor dem Neuen, denn sie wissen nicht, wie es sich anfühlt und ob sie dann wirklich glücklicher sind. Es fehlt ein klares Bild davon, was Erfolg ausmacht.

5.4.2 Die Frage ist also: Was muss passieren, damit Sie sich als erfolgreich bezeichnen?

Um Ihren Wunschzielen näher zu kommen, ist es notwendig, dass Sie beginnen und bereit sind, „Fehler" zu machen. Legen Sie los. Teilen Sie der Welt mit, was Sie drauf haben und hören Sie auf zu denken, dass Ihre Errungenschaften und Fähigkeiten selbstverständlich sind. Erst wenn Sie das nach außen ausstrahlen, können auch andere Menschen Ihr Können erkennen.

Machen Sie sich einen Strategieplan, so wie wir dies in den vorherigen Kapiteln vorbereitet haben. Was wollen Sie erreichen? Was sind die Einzelschritte, die dafür notwendig sind? Und ganz wichtig . . . beginnen Sie jetzt!

Laufen Sie nicht in die Perfektionsfalle, „wenn die Kinder groß sind, wenn ich noch die Weiterbildung gemacht habe, wenn . . . dann . . ." Machen Sie. Es wird Ihnen vielleicht nicht alles sofort gelingen, manchmal benötigt es auch länger als von Ihnen geplant, aber Sie sind auf dem Weg. Und das ist wichtig. Sie zeigen damit der Welt, dass Sie bereit sind, sich mit einzubringen und dann gehen Türen auf, vielleicht auch andere, als Sie erwartet haben, aber Sie sind im Handeln. Hören Sie auf, alle Eventualitäten zu durchdenken, vertrauen Sie sich und einer „Führung", dass das Richtige für Sie passiert und haben Sie Mut, den Erfolg und das Gute anzunehmen.

Ein wichtiger Hinweis: Wenn Sie Ihren Erfolg in Ihre Hände nehmen und von Ihren Zielen viel erreicht haben, dann gibt es eine Gefahr, die Sie ausbrennen kann und dies möchte ich Ihnen zum Abschluss in diesem Kapitel gerne noch als Gedanke mitgeben: die Gewohnheit. Menschen, die erfolgreich sind, sind gewohnt, für ihren Erfolg zu arbeiten und es ist eine Gedankengewohnheit, sich immer weiter anzustrengen und das nächste Ziel schon im Auge zu haben. Es wird dahin geschaut, was noch erreicht werden will. Dies fordert auch und macht auch Spaß, denn es gibt unendlich viele Arten von Erfolg. Doch bedenken Sie, dass das ganze Leben Veränderung ist und Sie auch irgendwann auf dem Berggipfel angekommen sind und die Aussicht genießen dürfen. Sicherlich, vielleicht entscheiden Sie sich, einen neuen Berggipfel zu erklimmen, doch erlauben Sie sich auch, den

Augenblick zu genießen, von all dem, was Sie geschaffen haben. Sie leisten Großartiges und erkennen Sie dies auch von Zeit zu Zeit an. Setzen Sie sich gedanklich auf Ihren Berggipfel, lassen Sie sich den sanften Wind um die Nase wehen und von den Sonnenstrahlen wärmen und schauen Sie sich den Weg an, den Sie zurückgelegt haben. Dies ist wichtig, um wieder Kraft zu tanken. Ich kenne einige Manager, die so gewohnt sind, immer im Tun zu sein, dass diese Kraftmomente fehlen und sie innerlich ausbrennen.

In diesem Sinne, warten Sie nicht darauf, dass Ihr Erfolg zufällig passiert, sondern wagen Sie etwas, um zur eigenen Begeisterung für Ihr Leben aufzubrechen. Hören Sie auf zu denken, dass Ihre Errungenschaften und Fähigkeiten selbstverständlich sind. Sie sind EINZIG-ARTIG!

Vielen Dank für Ihr Wirken, in dieser großartigen Zeit.

Somit: Sei wer du bist, sei erfolgreich und gestalte dein Leben immer noch etwas besser.

5.5 Über die Autorin

Katja Hofmann, Geschäftsführerin der KMU, Management-Beraterin und Bestsellerautorin, ist führende Marketingexpertin für CSR und Social Sponsoring. Sie ist nicht nur eine erfahrene Unternehmerin, sondern auch Querdenkerin für eine neue Wirtschaftsethik. Ihr Credo „Kunden gewinnen mit sinnstiftendem Marketing" hat Erfolg! Der SWR bezeichnet sie als „Expertin für sinnstiftendes Marketing" und das Harvard Business Manager Magazin schreibt „Marketingkonzepte mit Innovationsschub".

Sie gehört als Speaker zu den „Top 100 Unternehmer Excellence". Für ihre Arbeit wurde sie bereits mehrfach ausgezeichnet, zum Beispiel beim Mittelstandsprogramm „Erfolg durch Innovation" als Top Consultant/CSR Berater im Mittelstand und vom Bundesministerium als Vorbild-Unternehmerin. Ihre Marketingagentur gehört aufgrund ihres sozialen Engagements zu den fünf beispielhaften Unternehmen und wurde am Lea Mittelstandspreis vom Ministerium für Wirtschaft ausgezeichnet.

Sie ist Dozentin an mehreren Hochschulen und Partnerunternehmen der Dualen Hochschule Baden-Württemberg Stuttgart. Zu ihrem Kundenkreis zählt die Elite des deutschen Mittelstandes sowie innovative Kleinunternehmen. Sie inspiriert Führungskräfte und Unternehmer in Seminaren, Beratungen, Coachings und Vorträgen neue zukunftsfähige Wege zu gehen und umzusetzen.

Bleiben Sie in Kontakt mit der Autorin:

- erhalten Sie Informationen zu Terminen von Vorträgen, Seminaren oder Marketingberatung unter: www.kmu-hofmann.de,
- nutzen Sie wertvolle Tipps in dem Marketing-Blog: www.kmu-hofmann.de/blog/,
- melden Sie sich zu dem Gratis-KMU-Newsletter an: www.kmu-hofmann.de/der-kmu-newsletter/,
- vernetzen Sie sich mit Katja Hofmann in Social Media – Facebook, Xing, Twitter.

Literatur

Friedmann, F., & Martin, L. (2012). *Die Long-Life-Formel. Die wahren Gründe für ein langes und glückliches Leben*. Nordhausen: Beltz.

Hilarion, P. (1993). Die 5 Säulen der Identität für die integrative Therapie. http://www.ifp-finanzen. de/downloads/petzold.pdf. Zugegriffen: 17. Nov. 2016.

Hofmann, K. (2016a). *Neue Unternehmer braucht das Land! Wie Sie wirtschaftlichen Erfolg mit sozialer Verantwortung verbinden*. Weinheim.

Hofmann, K. (2016b). KMU Blog. http://www.kmu-hofmann.de/2016/04/vermarkte-dich-selbst-die-regeln-des-selbstmarketing-teil-2/

McKinsey & Company Inc. (Hrsg.) (2008) Women matter. https://www.mckinsey.de/files/Women_ Matter_2_brochure.pdf; Zugegriffen: 17. Nov. 2016.

Aus dem Schatten ins Rampenlicht

Antje Kehl

6.1 Prolog mit meiner Geschichte

> Du bist geboren, um Erfolg zu haben. Niemand kann Dich davon abhalten, außer Du selbst (Arthur Lassen).

Genau um dieses Thema herum rankt sich dieses Kapitel. Es will aufzeigen, bewusst machen und Veränderung herbeiführen. Es soll Ihnen zeigen, dass es Ihr Geburtsrecht ist, Erfolg zu haben und erfolgreich zu sein. Es soll Ihnen helfen zu erkennen, dass Sie Ihr eigener größter Erfolg sind und es darf Ihnen die Augen öffnen, dass niemand Ihren Erfolg verhindert, nicht Ihre Herkunft, nicht Ihre Hautfarbe und schon gar nicht Ihre Geschichte.

▶ Sie sind der Ursprung, Sie haben die Macht, Sie sind Ihr Schöpfer!

Ich freue mich, dass Ihnen mein Buch zugefallen ist, denn dann ist es gerade die Zeit für Sie, mit diesem Thema umzugehen. Nichts auf dieser Erde geschieht einfach nur so ohne Grund, nur manchmal wird Ihnen erst später bewusst, warum bestimmte Dinge oder Ereignisse in Ihr Leben gekommen sind.

Wenn mir vor vielen Jahren ein Wahrsager prophezeit hätte, dass ich einmal dort landen würde, wo ich heute bin, mit meinem Können, meinem Erfolg, aber auch mit meinem ganzen Tun und Sein, ich hätte ihn sprichwörtlich ausgelacht. Gut, dass das nicht der Fall war, denn damals hätte es mich komplett eingeschüchtert und blockiert.

Während ich jetzt nun hier sitze und schreibe, fließt mein Leben in Bildern durch meinen Kopf und ich komme ins Schmunzeln. Als Kind wurde mir gesagt, ich könne nicht schreiben und soll es besser anderen Menschen überlassen. Wie komme ich dann überhaupt auf die Idee, mich auf ein solches Projekt einzulassen, in der Gewissheit, dass meine Worte für Andere hilfreich sein können?

A. Kehl (✉)
MVTP-Consult, Antje und Holger Kehl GbR
Pflanzstr. 5, 45359 Essen, Deutschland

© Springer Fachmedien Wiesbaden GmbH 2017
P. Buchenau (Hrsg.), *Chefsache Frauen II*, DOI 10.1007/978-3-658-14270-4_6

Ein langer Weg liegt hinter mir, ich habe mich fördern und fordern lassen, bin mutig Schritt für Schritt gegangen, habe schwierige Zeiten durchlebt, viele Ängste überwunden.

Aus diesem Grund ist es mir ein so großes Bedürfnis über diese Themen zu schreiben, andere Menschen zu inspirieren und sie auf ihrem eigenen Weg zu unterstützen.

Ich möchte ihnen helfen, ihre Ängste zu überwinden, Selbstbewusstsein aufzubauen, den eigenen Stand im Leben zu entwickeln und daraus erfolgreich zu werden und zu sein.

Dieses Buch kann kein reales Coaching ersetzen, aber ich bin sicher, dass es für den Einen oder Anderen ein Impuls oder möglicherweise sogar wegweisend sein kann. Selbst wenn es nur dieser eine kleine Tipp ist, der bei Ihnen etwas zum Klingen bringt oder Ihnen einen winzigen Schritt nach vorne bringt, dann hat sich meine Überwindung gelohnt, dieses Buch zu schreiben. Und glauben Sie mir, zu schreiben ist zeitlebens eine meiner schwersten Übungen. Wenn dir als Kind immer wieder gesagt wird, du könntest nicht erzählen, keine Geschichten schreiben, dann wird es irgendwann Gesetz. Es wird dann sogar zu einem „Glaubens"-Satz, fast. Solche Gegebenheiten kennen viele, ich behaupte sogar, jeder von uns hat genau solche Glaubenssätze und wenn wir diese im Laufe des Lebens nicht auflösen, werden sie uns lebenslang begleiten und uns daran hindern, der zu sein, der wir wirklich sind und auch sein wollen.

Um die Zusammenhänge besser zu verstehen, hilft es, ein wenig aus meiner Geschichte zu plaudern.

Als kleines Kind war ich schüchtern, introvertiert, unselbstständig und sehr sehr ängstlich. Ich weiß eigentlich gar nicht mehr, wann ich in meiner Kindheit keine Angst hatte. Ich war sehr bemüht nicht aufzufallen, wollte mich regelrecht unsichtbar geben. Zu meiner elf Monate älteren Schwester habe ich aufgesehen und hinter ihr habe ich mich regelrecht versteckt. Sie war in meinen Augen immer hübscher, klüger, schlanker und kommunikativer. Schreiben konnte sie übrigens, im Gegensatz zu mir, schon als Kind vorzüglich.

Hinter ihrem Rücken war ich vermeintlich geschützt, habe sie immer vorangehen lassen, konnte keine Verantwortung übernehmen. Verantwortung hatte ich vor allem immer dann, wenn es um meine Schwester selber ging, denn sie war ein zartes zerbrechliches Kind und so hatten meine Eltern mir den Hut für ihr Wohlergehen aufgesetzt.

In diesem Zusammenhang haben mich Sätze wie „Du kannst das nicht" „Sei nicht so egoistisch" und viele mehr begleitet. In der Pubertät hatte ich es sehr schwer, bedingt durch meine fehlende Identität, mich selbst zu finden und zu definieren. Hänseleinen in der Schule begleiteten und quälten mich. Allein vor der Klasse zu stehen und die Blicke und Hänseleien der Mitschüler zu ertragen, war deshalb eine Qual. Mündlichen Prüfungen konnte ich kaum Stand halten. Das war dann auch der Grund, warum ich mir nach dem Abitur schwor, zum einen niemals mehr eine Prüfung machen zu wollen und zum anderen niemals wieder vor Menschen zu stehen und zu sprechen.

Die Prüfung am Ende meiner Ausbildung konnte ich natürlich nicht verhindern, da ich einen Abschluss wollte, aber danach fühlte ich mich erst einmal sicher. Ich glaubte, diese beiden Themen wären nun für mein ganzes Leben vom Tisch. Augenscheinlich war das auch so, denn ich fand bald eine staatliche Anstellung in meinem damaligen Beruf, habe geheiratet, ein Kind bekommen und so glaubte ich, könnte es bis an mein Lebensende weitergehen.

▶   Umarmen Sie Ihre Herausforderungen, denn sie sind die Chance für Wachstum.

Dieser Illusion wurde ich allerdings beraubt, als ein paar Jahre später der Einbruch meines Lebens kam. Es hat mir den Boden unter den Füßen weggerissen, als mein damaliger Mann und ich uns trennten und ich mit meiner Tochter in eine andere Stadt zog. Nichts war mehr wie es war. Alleinerziehend, ohne Job, trauernd, wieder neu beginnen zu müssen. Ich habe erst nach langer Zeit verstanden, dass das Schlimmste an dieser Situation war, dass mein eigenes (illusorisches) Lebenskonzept sprichwörtlich im Eimer war.

Meine größte Lernerfahrung daraus war, dass es keine Sicherheit im Außen gibt und dass, wenn wir stehen bleiben, ohne Wachstum, ohne Veränderung, eigentlich schon der Rückschritt beginnt. Die Natur macht uns vor, dass wir Zyklen unterstehen und alles immer in Veränderung ist.

Mit dem Rücken an der Wand gab es damals für mich nur eine Möglichkeit: wieder nach vorne gehen, loszuschreiten mit kleinen Schritten. Die Wunden im Herzen heilen, im Alltag funktionieren, arbeiten gehen, für das Kind als alleinerziehende Mutter und Vater sein. Dann kam ein weiterer herber Rückschlag für mich. Nach Jahren des Funktionierens, des sich selbst ständig Zurücknehmens und eingepresst in ein Angestelltenverhältnis, das mir zu diesem Zeitpunkt nur noch Stress, Enge und Frust bereitet hat, bin ich so richtig im Burnout gelandet. Der Begriff wird heute sehr schnell und auch leichtfertig verwendet, für wirklich Betroffene ist es eine harte Zeit und bedarf einer langandauernden Genesung.

Schlimm war für mich zudem, dass meine Intuition damals schon länger wusste, dass der eingeschlagene Weg nicht mehr der Richtige ist. Mein Kopf wollte aber an der festgefahrenen Situation festhalten, war doch meine Anstellung sicher für den Rest meiner Lebensarbeitszeit. Erst in der Ausnahmesituation des Burnouts habe ich, gegen jeglichen gut gemeinten Rat von außen, das feste Arbeitsverhältnis gekündigt. Nach meiner Gesundung habe ich aus der Arbeitslosigkeit heraus den Entschluss gefasst, mich selbstständig zu machen. Etwas, das ich niemals für möglich gehalten hätte, wollte ich doch bis dato lieber jemandem zuarbeiten und Verantwortung abgeben, als selber das Heft und damit auch die Verantwortung in die eigene Hand zu nehmen. In die Selbstständigkeit zu gehen, vor nun mehr zwölf Jahren, war eine meiner großen wichtigen Entscheidungen, die mein Leben grundlegend verändert haben. Endlich dem Herzen folgend, mein eigener Chef sein und daran zu lernen und zu wachsen. Viele Ausbildungen pflastern nunmehr in den letzten Jahren meinen Weg, auf die ich heute stolz und dankbar zurückblicke, in dem Bewusstsein, dass jede einzelne ein Mosaikstein des einen großen Bildes war, das entstand.

Durch den neu eingeschlagenen Weg eröffneten sich mir neue Perspektiven und Chancen. Zudem habe ich mit Unterstützung alte Glaubenssätze hinter mir gelassen, an meinem Mindset gearbeitet und mich immer wieder auf Neues eingelassen.

► Die Umstände ändern sich nicht von alleine, erst muss die eigene Persönlichkeit
    wachsen, dann verändert sich automatisch Ihr Außen!

Heute arbeite ich nun im Management eines global agierenden Direktfachvertriebs,
führe ein großes Team, halte Vorträge und gebe zudem meine Erfahrung und mein Wissen
gepaart mit großer Empathie in Einzelcoachings weiter …

► Umarmen Sie Ihre Angst und nehmen Sie sie mit ins Abenteuer!

6.2   Was verstehen Sie unter Erfolg?

Wenden wir uns doch einmal dem Begriff Erfolg direkt zu. In Wikipedia (2016) steht
geschrieben:
    „Der Begriff Erfolg bezeichnet das Erreichen selbst gesetzter Ziele. Das gilt sowohl
für einzelne Menschen als auch für Organisationen. Bei Zielen kann es sich um eher sach-
liche Ziele wie zum Beispiel Einkommen oder um emotionale Ziele wie zum Beispiel
Anerkennung handeln. Zur Umsetzung von Zielen in Ergebnisse bedarf es der Umsetzungskompetenz."
    Meiner Meinung nach trifft diese Aussage voll auf den Punkt. Aber was bedeutet Erfolg
für den Einzelnen?
    In einer persönlichen Umfrage meiner Umgebung habe ich meine zuvor gebildete Mei-
nung bestätigt bekommen, dass es im Prinzip gar nicht das Geld ist, das den Maßstab für
Erfolg darstellt, sondern die Auswirkung, die das Geld selber mit sich bringt. Freiheit,
Unabhängigkeit, Flexibilität, Anerkennung, Zeit mit Familie und Freunden, berufliche
Träume leben und ähnliche, sind der Antrieb erfolgreich zu sein oder zu werden. Ich gehe
allerdings noch einen Schritt weiter und behaupte, dass sich auch hinter den scheinbar
materiellen sachlichen Zielen ein emotionaler Hintergrund verbirgt. Emotionen bestimmen unser Leben. Sie sind der Grund, warum wir uns so gerne verlieben, verrückte Dinge
tun, ins Kino gehen. Sie sind der Grund, warum wir uns lebendig fühlen und es bleiben am
Ende unseres Lebens die Ereignisse in unserem Gedächtnis, die mit einer starken Emotion
verbunden waren.
    Egal ob es sich nun vordergründig um sachliche oder per se emotionale Ziele han-
delt, damit Erfolg überhaupt entstehen kann, braucht es also Umsetzungskompetenz. Es
ist schön ein Ziel zu haben, wir werden es allerdings nie erreichen, wenn wir uns nicht
bewegen. Es muss also vorab etwas getan werden, damit ein Ergebnis überhaupt „erfolgen" kann. Der Erfolg, also das Erreichen eines Zieles, folgt uns hinterher. Wir selber sind
es, die loslaufen und tätig werden müssen. Manche Menschen sitzen heute noch auf der
Couch und warten darauf, dass „die Anderen", also Familie, Partner, Politiker, der Staat
usw. sich bewegen und ihnen das Gute bringen. Passiert das aber nicht (wie soll das denn
auch funktionieren?), beginnen diese Menschen zu jammern, Schuld zuzuweisen, sich als
Opfer zu fühlen und sich als solches darzustellen. Gehören diese Menschen jetzt eher zu

den Erfolgreichen oder zu den Erfolglosen? Erfolgreiche Menschen wissen, dass sie selbst der Schöpfer ihres Lebens sind, warten nicht auf Andere und werden selber tätig.

Wenn Sie bisher noch nicht zu den Erfolgreichen gehören, sondern eher zu den Jammernden ist das kein Problem. Sie können sofort damit aufhören, Sie können Ihr Denken verändern, Sie können sich selbst ändern und Sie können jeden Tag, jede Stunde, jede Sekunde neu beginnen.

Jetzt stellt sich nur noch die Frage, wie können Sie beginnen und wie kommen Sie in die Umsetzung, wie kommen Sie ins Tun?

Lassen Sie uns damit direkt in den ersten Punkt meiner fünf Erfolgsfaktoren eintauchen.

6.3 Fünf einfache Gesetze für Ihren Erfolgsweg

6.3.1 Das Feuer in Ihnen

Sie möchten in die Umsetzung kommen? Sie wissen aber nicht wie? Dann finden Sie als erstes einen Grund für Ihr Tun. Finden Sie den Grund und die Emotion hinter dem, was Sie in Bewegung bringt (movere = bewegen, ist Wortstamm von Motivation). Denn das ist so individuell wie es Menschen gibt. Aus der Kenntnis Ihres Warums heraus entsteht nämlich auch die intrinsische Motivation, (die von innen kommt) etwas im Außen und/oder sich selbst zu bewegen. Wenn Sie Ihr Warum kennen, fällt es Ihnen zum einen viel leichter sich zu bewegen, also ins Tun zu kommen, zum anderen können Ihnen auch dann erst Menschen folgen, die Ihre Ideen, Ihr Produkt oder Ihre Dienstleistung kaufen. Zudem hilft es Ihnen, Ihren eingeschlagenen Weg weiterzugehen, auch wenn Hindernisse auftauchen oder es schwierig und ungemütlich wird. Nur weil Sie ein Ziel haben, heißt es nicht automatisch, dass es immer leicht sein wird. An den Schwierigkeiten, die auftauchen, werden wir geprüft, wie ernst wir es wirklich mit unserem Vorhaben meinen. Je größer die Hindernisse sind, die vor Ihnen auftauchen, umso größer ist in diesem Moment auch Ihr Wachstumspotenzial. Wachstum beginnt da, wo alte Strukturen aufbrechen, alte eigene Grenze sich auflösen, wenn Sie Dinge umsetzen, die Ihnen schwer fallen, wenn Sie Mut brauchen, wenn Sie sich überwinden müssen, wenn schlicht gesagt die Angst kommt.

Und wenn es mal schwer wird, Sie jedoch genau an diesem Punkt weitermachen, werden Sie belohnt werden. Aller Einsatz zahlt sich aus, je größer der Einsatz, umso stärker folgt der Erfolg, also das „Erfolgen". Mit Ihrem Motiv, Ihrem Ziel und dem unbeirrbaren Dranbleiben haben Sie eine Ausrichtung, die das Universum liebt. Es wird Sie unterstützen, Ihnen Hilfe bringen, neue Wege eröffnen und Inspiration sein. Schon Johann W. von Goethe sagte: „Sobald der Geist auf ein Ziel gerichtet ist, kommt ihm vieles entgegen."

Jetzt fragen Sie sich vielleicht: Wie finde ich mein Warum?

Es gibt den wunderbaren Spruch: Die Qualität deiner Fragen bestimmt die Qualität deiner Antworten, beziehungsweise deines Lebens. Beginne also einfach mal, Dir selber Fragen zu stellen, damit Antworten entstehen können.

Als Unterstützung habe ich für den Anfang ein paar Fragen aufgeführt, um Ihnen den Einstieg damit zu erleichtern:

- Welche Werte bestimmen mein Leben? Werte sind Gesundheit, Liebe, Geld, Macht, Freundschaft, Ehrlichkeit, Anerkennung und vieles mehr.
- Was macht mir wirklich Spaß, was bringt mich in Schwingung?
- Wo beginnt meine Begeisterung auszubrechen?
- Was fällt mir besonders leicht?
- Welches Tun gibt mir Sinn?
- Was möchte ich in diesem Leben bewegen, was möchte ich in die Welt hinaustragen?

Es kann sich zu Beginn unglaublich schwierig anfühlen, den Fokus auf sich selbst zu lenken, sich diese Fragen zu stellen und auf eine innere Antwort zu warten.

Gerade Frauen sind oft dazu erzogen worden, mehr auf die anderen zu achten als auf sich selbst. Wer es nicht gewohnt ist, sich selber Raum zu geben, wird sich zu Beginn vielleicht sogar zwingen müssen. Es geht gar nicht so sehr darum, andere (Familie, Freunde, Beziehung usw.) zu vernachlässigen, sondern sich selber mehr Wertschätzung angedeihen zu lassen. Wie so vieles ist auch das eine Gewohnheit, die wir in unser Leben einladen und verfestigen können, wollen wir wachsen und erfolgreich werden.

Je öfter Sie sich Zeit für sich selbst und diese Fragen nehmen, umso leichter fällt es Ihnen, später schnelle Antworten zu finden.

Je besser Sie Ihre eigenen Antworten kennenlernen, umso schneller werden Sie ein Gefühl dafür entwickeln, was in Ihrem Leben für Sie stimmig ist und was nicht. Sie werden mit der Zeit lernen, die Stimme Ihres Kopfes von der Stimme Ihres Herzens unterscheiden zu können. Es braucht hier nur einfach immer wieder die Auszeit und die damit verbundene Ruhe und Einkehr.

Sie glauben, keine Zeit zu haben, um sich mit sich selbst beschäftigen zu können? Dann ist genau das der Moment, in dem Sie es sogar tun müssen!

▶   Setzen Sie sich Termine mit Ihnen selbst in Ihren Kalender und halten Sie sie immer und verbindlich ein! Sie sind Ihr wichtigstes Date, Ihr wichtigster Termin!

6.3.2   Lösen Sie Ihre Fesseln

Im ersten Kapitel ging es um Ihr Motiv, um Ihren inneren Turbolader. Sie kennen jetzt Ihr Ziel, das Sie erreichen möchten.

Für dieses Ziel wird es nötig sein, immer wieder Entscheidungen zu treffen, allein um überhaupt zu beginnen, braucht es schon eine Entscheidung. Nicht entscheiden zu können beziehungsweise zu wollen, bedeutet pure Stagnation. Sie wollen nicht nach links oder nach rechts, nicht nach vorne oder nach hinten. Vielleicht haben Sie keine Lust, vielleicht haben Sie Angst, vielleicht kennen Sie nicht genug Fakten, vielleicht glauben

Sie sogar nicht gut genug zu sein. H.-F. Amiel bringt es mit seinen Worten auf den Punkt: „Wer darauf besteht alle Faktoren zu überblicken, bevor er sich entscheidet, wird sich nie entscheiden" (zitiert nach www.zitate-online.de).

Viele Menschen haben Angst davor Entscheidungen zu treffen, weil diese zum Beispiel zu einer falschen Entscheidung werden könnten. Meiner Meinung nach gibt es keine falschen Entscheidungen. Falsch ist nur, nie entscheiden zu wollen.

Wir können die Konsequenzen getroffener Entscheidungen nicht revidieren, aber wir können die Entscheidungen selbst revidieren oder können Entscheidungen lenken.

Lassen Sie uns ein Beispiel aus dem Alltag nehmen.

Stellen Sie sich einmal vor, Sie wollen von A nach B und es gibt verschiedene Wege nach B. Was tun Sie? Die erste Möglichkeit wäre, sich für keinen der Wege zu entscheiden und zu Hause zu bleiben. Sie werden nie wissen, wie es gewesen wäre, nach B zu fahren.

Die zweite Möglichkeit wäre, Sie entscheiden sich für den kürzesten Weg dorthin, um schnell anzukommen und fahren los. Mitten auf der Strecke gibt es einen Stau. Direkt vor dem Stauende ist noch eine Abfahrt. Sie lassen die Abfahrt ungenutzt und stellen sich ans Stauende, weil Sie sich sagen, „ich habe mich einmal entschieden, ich muss jetzt auf diesem Weg bleiben und hoffe, dass der Stau sich auflöst".

Die dritte Möglichkeit wäre, Sie erkennen den Stau, sehen die Abfahrt, entscheiden sich abzufahren, einen Umweg in Kauf zu nehmen, um so nach B zu kommen.

Sie werden höchstwahrscheinlich nie erfahren, welcher Weg der schnellere gewesen wäre. Welche Erkenntnis können wir daraus ziehen?

Erstens überhaupt loszufahren.

Zweitens, egal für welchen Weg Sie sich in diesem Moment entscheiden, es ist für diesen Zeitpunkt immer die beste Wahl.

Drittens, egal für welchen Weg Sie sich in diesem Moment entscheiden, Sie haben jederzeit die freie Wahl, Ihre Entscheidung zu revidieren und einen anderen Weg zu nehmen. Sie können aus jeder getroffenen Entscheidung heraus den eingeschlagenen Weg verlassen und eine Abzweigung nehmen. Solange Ihnen es mit einer Entscheidung gut geht, bleiben Sie dabei. Wenn sich einmal das Blatt wandelt, sich der Weg nicht mehr richtig anfühlt, dann nehmen Sie die Abzweigung und entscheiden sich neu.

Wie viele Menschen verharren zum Beispiel in ihrer Arbeit trotz großer Unzufriedenheit, vielleicht, weil sie eine Ausbildung oder Studium gemacht haben, weil sie eine Summe x investiert haben, weil sie glauben, zu alt zu sein oder weil sie einfach Angst haben, überhaupt etwas Anderes zu bekommen, geschweige denn, dass es besser sein könnte. Oder sie streben einfach nur nach Sicherheit und sind bereit, sich dafür selbst aufzugeben.

Die Krux dabei ist, Sie können nicht gleichzeitig nach Sicherheit, Ihren neuen Zielen und einem neuen Leben streben. Sicherheit im Außen gab es noch nie und gibt es nicht, das zeigt sich doch sogar in unserer heutigen „vermeintlichen" Wohlstandsgesellschaft ganz deutlich.

Wie viele Stellen werden abgebaut, die vor ein paar Jahre noch als sicher galten? Konzepte, die vor zehn Jahren das Ultimative waren, funktionieren heute nicht mehr oder brechen immer mehr ein. Unsere Zeit ist geprägt von Umbruch und Wandel. Die Veränderung bringt automatisch Unsicherheiten mit sich. Jetzt könnten wir entweder den Kopf in den Sand stecken und so tun als ginge uns das alles nichts an oder wir begreifen, welch spannende Zeit, welche Chancen in diesem Wandel liegen.

Wenn Sie bereit sind, die Illusion der Sicherheit fallen zu lassen, beginnt ein ganz neuer Abschnitt Ihres Lebens.

▶   Sicherheit im Außen ist eine Illusion, Sicherheit kommt von innen.

Nelson Mandela ist ein beeindruckendes Beispiel dafür, nicht daran zu zerbrechen, wenn sich das eigene Außen auflöst. Laut Wikipedia hat er 27 Jahre als politischer Gefangener in Haft verbracht und trotzdem nie den Glauben an sich und seine Idee, den Widerstand gegen die Apartheid, und die Menschen verloren. Im Gegenteil, sobald er freigelassen wurde, kämpfte er für seine Ideale weiter und erhielt Jahre später für seine Leistungen sogar den Friedensnobelpreis.

„Der größte Ruhm liegt nicht darin, niemals zu fallen, sondern jedes Mal wieder aufstehen, wenn wir hinfallen," sagte er.

Nelson Mandela hätte verzweifelt sein können, sich völlig aufgeben können, da seine Entscheidungen zu Handlungen geführt haben, die ihn so lange ins Gefängnis brachten. Für ihn gab es allerdings sicherlich nie eine Alternative, als sich und seinen Idealen treu zu bleiben. Marc Victor Hansen prägte den schlauen Satz: „Es wird immer Herausforderungen, Hindernisse und nicht optimale Bedingungen geben" (zitiert nach http://dein-bestes-leben.de/13-motivationsspruche/).

▶   Trainieren Sie Ihren Entscheidungsmuskel bei alltäglichen winzigen Entscheidungen!

6.3.3   Ihr Weg ist das Ziel

Im täglichen Leben, in der Arbeitswelt und beim Coaching treffe ich häufig auf Menschen, die eine negative Assoziation zum Thema Disziplin und dem Erreichen eigener Ziele haben. Viele setzen diesen Begriff mit der Definition aus dem Latein gleich: lateinisch disciplina = Wissenschaft; schulische Zucht. Man spricht heute noch umgangssprachlich von „Zucht und Ordnung halten". Das hört sich zwar im Moment dramatisch an, aber wenn wir das ohne Wertung beleuchten, bedeutet es nur „sich selbst erziehen" und „Ordnung halten". Bringt es das nicht schon auf den Punkt?

Schauen wir uns einmal an, was heute über Disziplin geschrieben steht.

Im Duden (2016) finden wir die Bedeutungen:

das Einhalten von bestimmten Vorschriften, vorgeschriebenen Verhaltensregeln o. Ä.; das sich einfügen in die Ordnung einer Gruppe, einer Gemeinschaft.

das Beherrschen des eigenen Willens, der eigenen Gefühle und Neigungen, um etwas zu erreichen.

Diese Definitionen beziehen Zucht (gleich b) und Ordnung (gleich a) ein, konkretisieren gleichermaßen.

Worum geht es denn nun bei der Disziplin also wirklich? Wenn wir uns wieder das Beispiel der Autofahrt ansehen:

Sie haben Ihr Ziel im Kopf. Sie wissen, dass eine gewisse Wegstrecke nötig ist, um nach B zu kommen. Die „eigene vorgeschriebene Verhaltensregel" wäre, sich ins Auto zu setzen und solange zu fahren bis Sie bei B, also Ihrem Ziel, ankommen.

Die „Willensbeherrschung" wäre, dies tatsächlich auch umzusetzen. Sie könnten ja auch auf der Couch sitzen bleiben. Oder Sie könnten sich ins Auto setzen und beim ersten Stau mutlos wieder umdrehen und Ihr Vorhaben abbrechen.

Fazit, wer die Disziplin mitbringt, also das Einhalten der nötigen Regeln, gekoppelt mit der Willensbeherrschung, erzielt Ergebnisse.

Selbstverständlich wäre es in genau so einer Situation am einfachsten wieder aufzuhören, umzukehren oder die Segel zu streichen.

Aber genau hier trennt sich die Spreu vom Weizen, von Erfolg oder Nicht-Erfolg.

▶   Erfolg heißt also genau dann weiter zu machen, wenn es ungemütlich wird!

Sie kennen Ihr Warum, haben ein Ziel, treffen eine Entscheidung, aber beginnen nicht mit der Umsetzung oder hören sofort wieder auf, wenn es schwierig oder anstrengend wird. Es entsteht kein Ergebnis.

Im Prinzip sind es mehr Ihre eigenen Regeln, die Sie entweder befolgen oder nicht befolgen, um langfristig die selbstgesteckten Ziele zu erreichen. Es steht niemand hinter Ihnen, der Sie geißelt, nur weil Sie ein Vorhaben nicht umgesetzt haben oder wieder abbrechen. Haben Sie sich auch schon einmal etwas zum Jahreswechsel vorgenommen, tatsächlich aber nie beendet? Bestimmt passiert das bei über 95 % der Menschen.

Das Schlimmste, das jetzt passieren kann, ist, dass der eigene innere Kritiker auftaucht, sich kaputt lacht und sagt: Siehst Du, hab ich es doch gesagt, Du kannst das halt doch nicht, Du hast kein Durchhaltevermögen, Du bist ein Weichei, ein Looser und vieles mehr.

Dieser innere Dialog, den wir häufig noch nicht einmal wahrnehmen, schwächt Ihren Selbstwert und Ihr Selbstvertrauen. Je häufiger das so passiert, umso weiter geht die Negativspirale nach unten.

Wie können Sie denn diesen Abwärtstrend wieder umdrehen und ins Positive richten?

Machen Sie es wie beim Entscheidungsmuskel. Beginnen Sie mit ganz kleinen, vielleicht alltäglichen Vorhaben, die Sie kontinuierlich, am besten jeden Tag, umsetzen. Das Ziel soll Sie fordern, aber nicht überfordern, sonst hören Sie erst recht wieder auf.

Der Erfolg folgt dem Tun der kleinen immer wiederkehrenden Schritte.

Und genau diese kleinen Schritte sind es, die Sie, wenn Sie es zulassen, glücklich machen, weil Sie wieder etwas erreicht haben.

Ich habe vor Jahren den Tipp zu einem Erfolgstagebuch bekommen, den ich hiermit sehr gerne an Sie weitergebe.

Schreiben Sie jeden noch so kleinen Schritt, jede noch so kleine Überwindung auf, die Sie gemeistert haben. Das lenkt Ihren Blick auf Ihre Stärken und Erfolge, anstatt auf das, was Sie vielleicht noch nicht geschafft haben.

Was das betrifft, sind viele Frauen ein Paradebeispiel dafür, immer nur an das zu denken, was eigentlich noch getan hätte werden müssen (findet nur in unserem Kopf statt). Dieses schwächt und entmutigt Sie. Der neue Blick auf das Umgesetzte, Geschaffte stärkt Ihren Selbstwert und Ihr Selbstvertrauen. Das ist die Basis zu größeren und schwierigeren Taten. Mit der Zeit trauen Sie sich immer mehr zu und der innere Kritiker wird immer leiser.

Und wenn Sie dann mal so richtig down sind zwischendurch, nehmen Sie Ihr Tagebuch in die Hand, lesen darin und besinnen sich wieder auf das schon Erreichte.

Im Vorfeld zu wissen, dass das Leben, auch das erfolgreiche Leben, nicht linear verläuft, sondern immer Höhen und Tiefen aufweist, hilft Ihnen, in den schwierigsten Zeiten Durchhaltevermögen zu entwickeln. Es hilft Ihnen, ein Bewusstsein dafür zu erschaffen, dass die schwierige Zeit einen Sinn hat, dass sie ein Teil des Vorankommens ist, ein Teil des großen Ganzen ist. Auch wenn es sich in diesem Moment so gar nicht danach anfühlt! Dieses Bewusstsein hilft Ihnen selbst in extrem schwierigen herausfordernden Situationen das Ziel nicht aus den Augen zu verlieren und sich auf die Zeit danach, also die Belohnung, zu freuen.

►   Wisse, alles hat einen höheren Sinn und nichts geschieht ohne Grund!

►   Schreiben Sie am Abend mindestens drei Dinge auf, die Sie gut gemacht beziehungsweise umgesetzt haben.

6.3.4   Knacken Sie Ihre Komfortzone

Oft in aller Munde und häufig missverstanden ist das Wort Komfortzone.

Was genau ist die Komfortzone und warum ist es so wichtig, aus ihr heraus zu treten?

Die Komfortzone ist der Bereich, in dem wir täglich agieren und in der wir uns wohl und sicher fühlen. Darin enthalten sind die Dinge, die wir täglich fast automatisch tun. Dinge, die uns nicht Außergewöhnliches und Schwieriges abverlangen oder wofür wir Mut bräuchten.

Sie kennen die Stadt, in der Sie leben, den Weg zur Arbeit, zum Einkaufen, den Arbeitsalltag und vieles mehr.

In dem Moment allerdings, in dem Sie etwas Neues wagen, in dem sich Angst bemerkbar macht, wenn Sie etwas Überwindung kostet, dann verlassen Sie diesen geschützten Bereich und gehen über eigene gesteckte Grenzen hinweg.

Jetzt könnten Sie sagen: Warum sollte ich denn meinen gewohnten Bereich oder Weg verlassen, auf dem es sich so angenehm kuschelig und leicht anfühlt?

Es gibt mindestens einen guten Grund dafür. Es ist auf jeden Fall der einzige Weg, wie Sie langfristig Ihr Selbstvertrauen und Ihren Glauben an sich selber stärken, Ängste überwinden lernen, stärker werden, in der Persönlichkeit wachsen, Durchhaltevermögen entwickeln und damit überhaupt die Basis für große Ziele legen.

Erfolg steht in direkter Korrelation zum Selbstvertrauen und der Persönlichkeit. Aus meiner Erfahrung für mich selbst und aus der langjährigen Arbeit und Coaching mit Menschen, hat sich für mich diese Erfolgsformel herauskristallisiert:

▶   Selbstvertrauen + Persönlichkeitswachstum = Erfolg

Mit jedem noch so kleinen Ziel, das sich außerhalb Ihrer Komfortzone befindet, überwinden Sie automatisch mutig Ihre Angst, überwinden Ihre eigenen Grenzen. Und das allein ist jedes Mal schon ein Teilerfolg. Und wenn Sie aus Angst, allein schon beim Gedanken an Ihr Vorhaben, in Schockstarre fallen, machen Sie sich bewusst, dass auch erfolgreiche Menschen Angst haben. Sie lassen sich davon nur nicht beirren oder hemmen. Sie tun es trotzdem oder genau deswegen. Was könnte Ihnen jetzt aber in Ihrer Situation helfen zu beginnen?

Setzen Sie sich angemessene kleine Herausforderungen, vor denen Sie sich vielleicht schon länger drücken, oder die Sie als Wunsch schon länger im Hinterkopf haben, beginnen Sie erst mit ganz kleinen Schritten. Beginnen Sie mit dem Schritt, den Sie gerade so schaffen, egal was Ihr Umfeld dazu sagt. Was in den Augen der anderen vielleicht nur ein winziger Schritt ist, kann für Sie riesig beziehungsweise entscheidend sein und nur darauf kommt es an. Nehmen wir das Beispiel einen Vortrag halten, vor Menschen sprechen. Sie möchten gern, haben aber Angst und wissen nicht wie. Nutzen Sie zum Beispiel die Erfahrung von erfahrenen Coaches in diesem Bereich, besuchen Sie ein Seminar zum Thema „Vortragen". Wichtig dabei sind die Punkte „wie gestalte ich einen Vortrag", „wie leite ich eine Rede ein", „was muss ich in meinem Auftreten beachten" usw. Wenn Ihnen selbst schon das Angst bereitet, dann suchen Sie sich gezielt ein Seminar mit einer kleinen Gruppe, oder nehmen ein Einzelcoaching, sodass Sie sich sicherer fühlen können und die Hürde nicht so groß wird. Diese Hilfe kann Ihnen schon einmal Struktur und weitere Sicherheit geben. Um die gelernten Faktoren umzusetzen, besuchen Sie zu Beginn erst mal Netzwerk-Treffen. Hier gibt es fast immer eine Vorstellungsrunde von kurzer Dauer, in der Sie sich präsentieren können.

Zu Beginn fällt Ihnen die eigene Vorstellung möglicherweise sehr schwer und Sie werden den Impuls verspüren, schnell den eigenen Part hinter sich bringen zu wollen. Mit der Zeit üben Sie daran, diesem Impuls, kurz und knapp zu sprechen, zu widerstehen. Lernen Sie die Blicke der anderen Personen auszuhalten und sich selbst genug Raum für sich zu geben. Schauen Sie die Menschen an und konzentrieren sich auf die Botschaft, die Sie gerne von sich vermitteln wollen.

Nutzen Sie so viele Vorstellungen wie möglich, bis Sie sich hier sicherer fühlen. Der nächste Schritt zum eigenen Vortrag könnte sein, dass Sie sich mit jemandem zusammentun, der selbst schon vorträgt und Sie ihn vor seiner Rede einfach kurz vorstellen. Lassen

Sie beim nächsten Mal die Ansage länger werden. Übernehmen Sie dann einen kleinen Beitrag aus dem Vortrag usw., bis Sie irgendwann eigenständig selber vortragen. Suchen Sie sich einen Coach, der Sie mental begleitet und aufbaut, wenn Sie Angst haben, diesen Weg alleine zu gehen.

Machen Sie sich nach erreichtem Zwischenstep (also auch nach jeder kleinen Vorstellung) bewusst, dass Sie Ihre Angst überwunden haben. Schreiben Sie das Ereignis am besten direkt auf, spätestens aber am gleichen Abend, vielleicht sogar in Ihr Erfolgstagebuch. Jeder dieser kleinen Schritte, die Sie tun, wird Sie mutiger werden lassen. Mit dem wachsenden Mut lassen Sie Ihre Schritte in Ihrem Tempo größer werden.

Sie werden sehen, je öfter und je schneller Sie Ihre kleinen Ziele umsetzen, umso schneller wird es leichter, außerhalb der Komfortzone zu agieren. Durch das Niederschreiben in Ihr Erfolgstagebuch, nimmt der Gedanke an das Erreichte sogar noch Gestalt an, er wird zur Wahrheit.

Ich bin sogar sicher, dass der Zeitpunkt kommen wird, an dem es Ihnen sogar Spaß macht, Grenzen zu überschreiten und sich auf Ihre neuen Herausforderungen einzulassen und zu freuen.

►   Die tiefsten Tiefen Ihrer Angst bergen das größte Wachstum.

Schauen Sie sich kleine Kinder an, die ein gesundes Verhältnis zu sich selbst und zur Mutter haben. In einer neuen Umgebung wird das Kind erst mal kurz bei ihr bleiben. Es wird die Neugier siegen und das Kind entfernt sich von der Mutter, kommt dann wieder zurück. Dieser Bewegungsraum vergrößert sich mit dem Alter.

Diese Sicherheit, die Sie nach einiger Zeit erlangen, das Selbstvertrauen, das Sie sich außerhalb der Komfortzone aufbauen, strahlen Sie wie selbstverständlich (wiederum) auf andere aus. Das alles geht selbstverständlich nicht von heute auf morgen, es ist ein Prozess, der individuell lange oder kürzer dauert.

►   Außerhalb der Komfortzone liegt der Erfolg. Jeden Tag ein klein wenig die eigenen Grenzen erweitern, bringt Ihr Selbstvertrauen zum Klingen. Beginnen Sie noch heute damit!

6.3.5 Leben Sie Ihre Wahrheit

Klarheit und Vision
Wo finden wir in unserer heutigen Zeit überhaupt noch Echtheit und Wahrheit? In einer Zeit, in der es so leicht ist Wahrheit zu verzerren, zu retuschieren und ein Fake-Image zu kreieren, bleibt Authentizität und Wahrheit vollkommen auf der Strecke. Es ist heute wichtiger das perfekte (unnatürliche) Bild abzugeben, als den wahren Kern durchscheinen zu lassen.

Was bedeutet das für Sie im Alltag? Wann kann ein Mensch glauben, dass Sie echt sind? Wann erkennen wir, dass andere Menschen echt sind?

Ihr wahrer Kern kommt dann zum Vorschein, wenn Sie sich zeigen wie Sie sind, wahrhaftig und ungeschminkt, ohne Maske, ohne Retusche, mit Ihren Stärken, genauso wie mit Ihren Schwächen. Wir glauben immer nur, dass andere uns nicht mögen, wenn wir uns schwach zeigen oder Fehler machen.

In dem Moment, in dem Sie sich wirklich zeigen, fällt der ganze Druck ab. Zum einen für Sie selbst, aber gleichzeitig gibt dies auch Ihren Mitmenschen den Raum, die Maske fallen zu lassen.

Es ist der erste Schritt sich aus der Tiefe Ihres Herzens selbst anzunehmen und zu erkennen, dass Sie gar nicht perfekt sein müssen, um sich zeigen zu können, sondern dass Sie heute schon richtig sind, mit Ihrem Denken, Fühlen und Handeln.

Im Ernst, wer braucht schon Perfektion? Perfektion ist langweilig. Kein Mensch verlangt dies von Ihnen, außer Sie selbst. Das Gegenteil ist der Fall. Früher dachte ich, ich kann nur Vorträge halten, wenn sie schon von Anfang an perfekt sind. Heute, nach viel Erfahrung mit dem „Unperfektsein", spüre ich, wie entspannend es ist, die eigenen Fehler und Schwächen zu zeigen. Überraschend erkannte ich, dass ich mich durch die daraus resultierende Echtheit, mit meinem Publikum um ein Vielfaches besser verbinden konnte. Auch über sich lachen zu können, wenn Situationen nicht rund laufen, hilft ungemein.

Warum führt Barbara Schöneberger das Ranking der besten Moderatoren/innen in Deutschland an? Sie sagt, dass sie sich selbst nicht so ernst nimmt.

Ich wiederhole noch einmal, wir brauchen keine Perfektion, weder von anderen Menschen noch von uns selbst. Im Gegenteil, Perfektion bedeutet Verkrampfung, Enge, Inflexibilität, sodass wenig Raum für das Erschaffen, die Kreativität und die Spontaneität bleibt.

Ein weiterer Punkt, der Sie daran hindert Ihr Selbst zu zeigen, ist der Vergleich mit anderen. Sich vom eigenen Denken zu lösen, nicht gut genug zu sein, *anders* oder sogar perfekt sein zu müssen, ist ein nicht zu unterschätzendes Hindernis auf der Erfolgsspur. Ein Hindernis ist es deshalb, weil es von Ihnen wegführt, anstatt zu Ihnen hin. Der Schritt, Ihr Vergleichskabel zu kappen, katapultiert Sie zu Authentizität und Kongruenz, was bedeutet, Gedanke, Gefühl und Handlung in Einklang zu bringen.

Im Prinzip geht es doch während des ganzen Lebens immer nur darum nach innen zu lauschen, um sich von der inneren Stimme führen zu lassen.

Nur wer sich selbst kennt, kann sich auch vertrauen. Daraus folgt dann auch das Vertrauen der Mitmenschen. Denkt es häufiger in Ihnen: „Man kann heute keinem mehr trauen!" Dann frage ich Sie: „Vertrauen Sie denn sich selbst?"

Folgende Fragen können Ihnen dabei helfen herauszufinden, wer Sie wirklich sind:

- Was macht Sie aus?
- Was sind Ihre Stärken?
- Worin glauben Sie schwächer zu sein?
- Was ist Ihnen wichtig?
- Welche drei Werte liegen in Ihrer Priorität am höchsten?
- Was denkt es in Ihnen? Gehören diese Gedanken wirklich zu Ihnen?
- Was fühlen Sie in welcher Situation?
- Wie verhalten Sie sich in welcher Situation?
- Agieren Sie in Ihrem Leben oder handeln Sie reaktiv, also ausschließlich auf die Impulse von außen?
- Welchen Einfluss haben Familie, Freunde, Ihre Umgebung, die Gesellschaft und die Welt auf Sie?
- Welchen Einfluss haben Sie auf Familie, Freunde, Ihre Umgebung, die Gesellschaft und die ganze Welt?
- Was bedeutet es denn für *Sie,* entsprechend *Ihrer* Wahrheit zu leben?

Nehmen Sie sich Zeit, sich zu reflektieren und schreiben Sie Ihre Antworten nieder. Sie können auch einen Coach hinzuziehen, der Sie in Ihren Erkenntnissen unterstützt und Ihre Konditionierungen und Prägungen ins Bewusstsein holt. Erst wenn Sie Klarheit fühlen, können Sie Klarheit ausstrahlen!

▶   Es gibt keinen Weg außer zu Ihnen hin!

▶   Überprüfen Sie täglich Ihre Gedanken! Entsprechen sie Ihrer Wahrheit?

6.4   Fazit

Lassen Sie den Perfektionismus los, nehmen Sie das Leben wie ein Spiel. Die verschiedenen Möglichkeiten sind wie Sandförmchen. Probieren Sie aus, was Ihnen gefällt und womit Sie am liebsten spielen. Erfahren Sie die Möglichkeiten! Machen Sie auch mal etwas Verrücktes! Stellen Sie die Dinge auf den Kopf! Ändern Sie die Perspektive und schauen Sie um die Ecke!

Leben Sie die Dinge, die Sie schon immer tun wollten, aber noch nie getan haben.

Besuchen Sie Seminare, lesen Sie Bücher und lassen Sie sich inspirieren von Menschen, die den Weg bereits vor Ihnen gegangen sind. Nehmen Sie jede Gelegenheit wahr, um Ihren Geist zu öffnen und weiter werden zu lassen. Öffnen Sie sich und Ihr Herz, sodass Chancen von Ihnen erkannt werden können und nicht einfach spurlos vorbei ziehen.

Suchen Sie sich einen Mentor, der Sie ein Stück weit auf Ihrem Weg begleitet und für Sie als Katalysator wirkt.

Es geht immer und zwar immer nur darum, was Sie selber wollen und Ihrer Wahrheit entspringt.

Hören Sie auf, sich ständig den Kopf zu zerbrechen. Beginnen Sie einfach, laufen Sie los. Aus jedem Schritt wird sich der nächste Schritt ergeben. Warten bedeutet Stagnation, Bewegung bedeutet Entwicklung. Gehen Sie hinaus, entscheiden Sie sich mutig und machen Sie Fehler.

Machen Sie Ihre Erfahrungen, egal ob negativ oder positiv und bewerten Sie sie nicht. Schütteln Sie alles ab, wie ein kleiner Hund, der aus dem Wasser kommt. Schauen Sie nicht nach links und nicht nach rechts. Hören Sie nicht auf die anderen, sondern hören Sie nur noch auf sich selbst!

6.5 Über die Autorin

Die erfolgreiche Unternehmerin Antje Kehl ist Managerin im Direktfachvertrieb, Trainerin und Coach.

Gemeinsam mit ihrem Ehemann leitet sie im Vertriebsmanagement der BEMER Int. AG ein international agierendes Vertriebsteam.

Auf der einen Seite unterstützt sie die eigenen Geschäftspartner darin, deren Ziele zu erreichen, auf der anderen Seite coacht und begleitet sie Menschen, die in der eigenen Persönlichkeit sowie im Businesskontext wachsen wollen.

Ihre berufliche Laufbahn begann sie in der medizinischen Forschung. Zuletzt hat sie an wissenschaftlichen Forschungsprojekten der Universität Münster mitgewirkt, bevor sie sich 2004 bewusst für das Unternehmertum entschied.

Sie ließ sich in den Bereichen Pilates, Ayurveda und Hypnose ausbilden und hat ihre Zulassung zur Heilpraktikerin erworben. Fortbildungen zum Sales-Coach, NLP-Master, Train-The-Trainer und vor allem auch die eigene Persönlichkeitsentwicklung haben maßgeblich zu ihrem heutigen umfassenden Know-how beigetragen.

Mit Hilfe ihrer gelebten Erfahrungen sowie der Mischung aus Einfühlungsvermögen und Führungsqualität, zeigt sie neue Wege in der Selbstständigkeit auf, weil sie weiß, welche Faktoren wichtig sind, um sichtbar zu werden und seinen eigenen Erfolgsweg einschlagen zu können.

Als Autorin schreibt sie sowohl Fachartikel, wie beispielsweise in der Frauenzeitschrift FEMINESS und auf ihrem Blog www.AntjeKehl.de, als auch Bücher. Ihr tiefer Wunsch ist es, eine Inspiration für mehr Sichtbarkeit, Klarheit und echter Authentizität zu sein.

Mit ihrer Mischung aus Herzenswärme, Einfühlungsvermögen und Führungsqualität setzt sie Impulse bei anderen Menschen, begeistert sie und unterstützt diese dabei, das eigene Potenzial zu entfesseln und zur vollen Entfaltung zu bringen, die Basis für Top-Erfolge!

Weitere Infos unter www.AntjeKehl.de

Literatur

Duden (Hrsg.) (2016) Disziplin. http://www.duden.de/rechtschreibung/Disziplin. Zugegriffen: 24. Juni 2016.

Wikipedia (Hrsg.) (2016) Erfolg. https://de.wikipedia.org/wiki/Erfolg. Zugegriffen: 24. Juni 2016.

Raus aus dem Stress – Rein in die Erfolgsspur

7

Wie Führungsfrauen Stressfallen umgehen und dadurch zu mehr beruflichem und privatem Erfolg kommen können

Margarita von Mayen

> Buddha sagte: „Wenn ein weiser Mensch leidet, so fragt er sich ‚Was habe ich bisher getan, um mich von meinem Leiden zu befreien? Was kann ich noch tun, um es zu überwinden?' Wenn aber ein törichter Mensch leidet, so fragt er: ‚Wer hat mir das angetan?'" (Thich Nhat Hanh, Das Herz von Buddhas Lehre).

7.1 Alles Stress oder was?

Stress scheint heute zum guten Ton zu gehören. Der Begriff wird inflationär benutzt, ohne genau zu wissen, was eigentlich damit gemeint ist.

Wenn „man" als wichtig und bedeutend wahrgenommen werden will, hat man heute „im Stress zu sein". So gewöhnen wir uns mittlerweile an, bei der kleinsten Belastung gestresst zu sein. Auch Kinder und Jugendliche haben diese Terminologie wie selbstverständlich in ihren Wortschatz aufgenommen.

So ist ein spontanes Treffen nach der Schule kaum noch möglich, weil die vielen Hausaufgaben stressen, die Lehrer sowieso – von den Eltern zu Hause erst gar nicht zu reden. Diese sind gestresst, weil sie nach der Arbeit noch einkaufen, mit dem Hund raus müssen oder das Wetter ihnen beim geplanten Grillabend einen Strich durch die Rechnung macht.

Auch aus einem entspannten Wochenende wird nichts, weil der Ehepartner stresst, die vielen Termine stressen und auch die Planung für den Wochenendausflug ein einziger Stress ist.

Kein Wunder also, dass 50 % der Deutschen angeben, ihr Leben bestehe tagtäglich aus purem Stress.

Fakt ist: Das meiste ist *kein* Stress, sondern es sind einfach ein paar zusätzliche Aufgaben, Störungen des täglichen Ablaufes oder allenfalls kleine Belastungen.

M. von Mayen (✉)
MagWay UG
Portastr. 29, 32545 Bad Oeynhausen, Deutschland

© Springer Fachmedien Wiesbaden GmbH 2017
P. Buchenau (Hrsg.), *Chefsache Frauen II*, DOI 10.1007/978-3-658-14270-4_7

Und das ist genau der Punkt: Reden wir von Stress, so empfinden wir auch Stress. Da das Wort ständig gebraucht wird, haben wir auch permanent das Gefühl, im Stress zu sein. Dabei verstehen wir selbstverständlich den Stress nicht als etwas Positives, sondern meist als etwas Negatives. Mit genau den negativen Folgen. Studien belegen, dass Personen die glauben, Stress sei gesundheitsschädlich, auch über mehr Gesundheitsbeschwerden berichten, als diejenigen, welche Stress nicht von vorneherein als negativ betrachten. Das ganz unabhängig von der Höhe des Stresslevels.

So liegt laut amerikanischen Studien die Sterberate bei Menschen mit viel Stress um 43 % höher, als bei Menschen mit weniger Stress (Amick et al. 2002, S. 374 f.). Das Erstaunliche daran ist allerdings, das gilt nur für diejenigen, die Stress als etwas Negatives betrachten.

Warum sich also nicht den Stress zum Freund zu machen, indem man die Einstellung dazu ändert.

Oft macht es die Sicht der Dinge. So zeigt die genannte Studie (Amick et al. 2002), dass Stress sehr viel mit der individuellen persönlichen Einstellung dazu und den Stressregulierungsfähigkeiten zu tun hat. Stress entsteht also oft im eigenen Kopf.

Wenn wir Stress als Hilfe des Körpers sehen, um mit Herausforderungen besser umgehen zu können, Gefahren und Belastungen zu meistern, werden wir einen großen Gewinn für unser gesundheitliches Wohlbefinden haben.

Indem wir unserem Körper Stress als etwas Positives verkaufen, wird er lernen es so zu sehen, uns zunehmend glauben und damit die beruflichen und privaten Belastungen für uns verringern.

Wie wunderbar ist es, kurzzeitige Stressreaktionen wie schnellere Atmung und Herzklopfen als nützlich für die Sauerstoff- und Energiezufuhr für Körper und Geist zu sehen und nicht als stressbedingte Vorboten eines drohenden Infarktes zu werten.

Würden wir die zuvor genannten Beispiele unter diesem geänderten Blickwinkel betrachten, so müsste es uns angesichts dieser Fülle an Stress doch sehr gut gehen. Was eine geänderte Sichtweise ausmacht!

Hier genau gilt es anzusetzen, denn egal, welcher Stressdefinition man folgt, einig sind sich alle darin, dass es zwischen positivem und negativem Stress zu unterscheiden gilt.

Bei **positivem Stress** handelt es sich um subjektiv lösbare Aufgaben, die sogar als Herausforderung verstanden und als Schlüssel zum Erfolg genossen werden können. **Negativer Stress** entsteht dann, wenn man sich subjektiv überfordert fühlt, einer Sache hilflos ausgeliefert ist und keine Handlungsspielräume oder Auswege erkennt.

Während positiver freudiger **Eu-Stress** ein Freund des Körpers ist und als solcher auch gesehen werden sollte, kann negativer leidvoller **Di-Stress** zu erheblichen physischen und psychischen Gesundheitsschäden führen.

Dabei ist die Wahrnehmung des Stresses individuell sehr verschieden. Während ein Abenteurer im Urlaub Überraschungen und waghalsige Sportarten als positive Herausforderung sieht, ist dies für den ordnungsliebenden genauen Beamten extremer negativer Stress. Genauso wie für einen Marathonläufer der 10-km-Lauf ein Spaziergang ist, für den Ungeübten jedoch eine schier unüberwindbare körperliche Tortur darstellt.

Gleichwohl ist für alle die Einstellung zum Stress von ganz elementarer Bedeutung. Wenn wir dies erkennen, haben wir einen entscheidenden Schlüssel in der Hand, um die Türe des negativen Stresses hinter uns zu lassen und den Raum zum motivierenden freudigen Stress aufzuschließen.

Umso fataler ist es deshalb im Alltag, ständig von Stress zu sprechen und dabei genau den negativen Di-Stress im Hinterkopf zu haben. Die negativen gesundheitlichen Folgen sind uns gewiss.

Beginnen Sie mit dieser Erkenntnis, Ihre Verwendung des Wortes Stress im Alltag zu beobachten und korrigierend gegenzusteuern, Ihre Gesundheit wird es Ihnen danken.

Ansonsten besteht die Gefahr, dass Sie sich an die permanente Anwesenheit von Stress in Ihrem Alltag gewöhnen und wirkliche gefährliche Stresssignale missachtet werden. Dies kann zu erheblichen körperlichen und vor allem physischen Gesundheitsgefahren führen. Schlimmstenfalls in die Abwärtsspirale zum Burnout. Fragt man Menschen mit einem Burnout-Syndrom, wann sie sich zuletzt so richtig fit gefühlt haben, kommt meist die Antwort: Ungefähr vor sechs Jahren. Genauso lange haben sie die Warnsignale ignoriert.

Kritisch wird es nämlich genau dann, wenn negativer Stress chronisch und damit zur Dauerbelastung wird. So stellt für den menschlichen Körper eine kurze Belastung über die Grenzen hinaus kein Problem dar. Im Gegenteil! Momentan über das Limit zu gehen, kann sogar einen gewissen Kick geben und zu einer Beflügelung führen. Wie wären ansonsten die unzähligen Actionattraktionen und Extremsportarten zu erklären.

Die Betonung liegt aber hier eindeutig auf **kurz**. Geht die Belastung dauerhaft über das Limit hinaus, hält die Anspannung, Ausweglosigkeit, Überforderung ständig an. Dann, ja dann spricht man von **chronischem Stress**. Dieser bedarf einer eindeutigen Benennung und Behandlung, meist einhergehend mit professioneller Hilfe, da die Betroffenen selbst oft nicht mehr in der Lage sind, sich aus der Stressspirale zu befreien. Professionelle Hilfe kann in Form von Psychotherapie, Coaching, Anti-Stress-Training, Mentaltraining, Resilienz- und Entspannungsmaßnahmen erfolgen.

Überblick

Nicht alles ist Stress! Die Sichtweise ist entscheidend. Sie haben es in der Hand. Achten Sie im Alltag auf die Verwendung des Wortes und verbannen es. Dann wird es Ihnen langfristig besser gehen.

Bestehender chronischer Stress muss erkannt und Gegenmaßnahmen ergriffen werden. Wichtig ist, die Stresssignale rechtzeitig zu erkennen und nicht zu übergehen. Denn die Abwärtsspirale zum Burnout ist ein schleichender Prozess.

Typische Stresssignale können sein: Trotz ausreichender Nachtruhe am Morgen müde und erschöpft sein, keine Freude an Dingen und Tätigkeiten haben, die Ihnen normalerweise Spaß machen, soziale Kontakte zu vernachlässigen, irrational und gefährlich handeln, ständig Misserfolge zu erleben, sinkendes Selbstwertgefühl und

Selbstachtung, Vernachlässigung der eigenen Person (maßloses Essen und Trinken, Körperpflege, Erscheinung, Seelenhygiene), ständige Unausgeglichenheit und Gereiztheit.

Dann ist es Zeit, Hilfe anzunehmen und Ihrem Leben die Tür zum positiven Stress zu öffnen.

7.2 Stress bei Frauen ist anders – bei Führungsfrauen erst recht

Wir haben vorher gehört, dass vor allem der chronische Stress gefährliche Auswirkungen auf Körper und Psyche haben kann. Dazu gibt es auch zahlreiche Untersuchungen.

Umso merkwürdiger ist es jedoch, dass es kaum Untersuchungen über den spezifischen Stress von Frauen gibt.

Noch weniger Beachtung wurde bisher dem besonderen Stress von Frauen in Führungsverantwortung geschenkt. Was wahrscheinlich der Tatsache geschuldet ist, dass es immer noch wenige Frauen in diese Position geschafft haben.

Doch die Auswirkungen von Stress allgemein zu betrachten, bringt ungefähr so viel, wie auf die Nebenwirkungen auf Beipackzetteln zu vertrauen, die vorzugsweise an männlichen Probanden getestet wurden oder auf den umfänglichen Schutz eines auf einen Durchschnittsmann konzipierten Autositzes zu vertrauen. Im Zweifel kann es die Gesundheit oder sogar das Leben kosten.

Deshalb lassen Sie uns den spezifischen Stress von Führungsfrauen einmal genauer anschauen.

Zu einen der wenigen Studien, die sich diesem Problem nähert, gehört die SHAPE-Studie (Kromm und Frank 2009). Diese stellt die bisher umfangreichste Studie von Führungskräften im deutschsprachigen Raum dar. Dabei wurden 500 Manager des mittleren und oberen Managements beiderlei Geschlechts zu Themen wie aktueller Gesundheitszustand, beruflichen und privaten Belastungen beziehungsweise Arbeits- und Lebensbedingungen, Work-Life-Balance und Gesundheitsprophylaxe befragt.

Mit bemerkenswerten Ergebnissen gerade auch im Hinblick auf den Vergleich männlicher und weiblicher Führungskräfte zum deutschen Mann beziehungsweise der deutschen Frau.

Betrachtet man die körperlichen Gesamtbeschwerden durch chronischen Stress, so ergibt sich folgendes Bild: Weibliche Führungskräfte leiden am meisten darunter, gefolgt von der weiblichen und männlichen Allgemeinbevölkerung.

Die größte Überraschung sind jedoch die männlichen Manager. Diese haben mit Abstand die geringsten körperlichen Beschwerden durch chronischen Stress. Also kann Führungstätigkeit nicht automatisch als Stressverursacher gesehen werden – im Gegenteil!

Hier gilt es die Ursachen der spezifischen Stressfaktoren bei weiblichen Managern zu hinterfragen. Denn nur dann kann dem Stress wirksam begegnet werden und die Führungsfrau ihre ganze Kraft in die Umsetzung ihres privaten und beruflichen Erfolges widmen. Deshalb werde ich mich diesem Thema im Abschn. 7.3 ausführlich beschäftigen.

Lassen Sie mich noch kurz zu den weiteren Ergebnissen der Studie hinsichtlich der spezifischen Erkrankungen der verschiedenen Personengruppen durch chronischen Stress kommen.

Bei einer eingehenden Betrachtung zeigt sich, dass sowohl bei männlichen als auch bei weiblichen Managern das Krankheitsbild Erschöpfung wesentlich stärker ausgeprägt ist, als bei der deutschen Allgemeinbevölkerung.

So scheint die Arbeit als Führungskraft mit stärkeren Schlafproblemen, Müdigkeit, Abgespanntheit und damit höherer Erschöpfung einherzugehen.

Weibliche Führungskräfte haben **bei allen untersuchten Krankheitsbildern** (Magenbeschwerden, Gliederschmerzen) den **höchsten Anteil**. Erstaunlich ist jedoch, dass sie bei Herzbeschwerden unter den Werten der deutschen Frauen und Männer liegen.

Überraschend sind einmal mehr die männlichen Manager, die entgegen aller Vermutungen die geringsten Herzprobleme haben (vgl. Abb. 7.1).

Die Studie sieht das als Hinweis darauf, dass es sich bei Herz-Kreislauf-Erkrankungen als typische Managerkrankheit um einen Mythos handeln könnte.

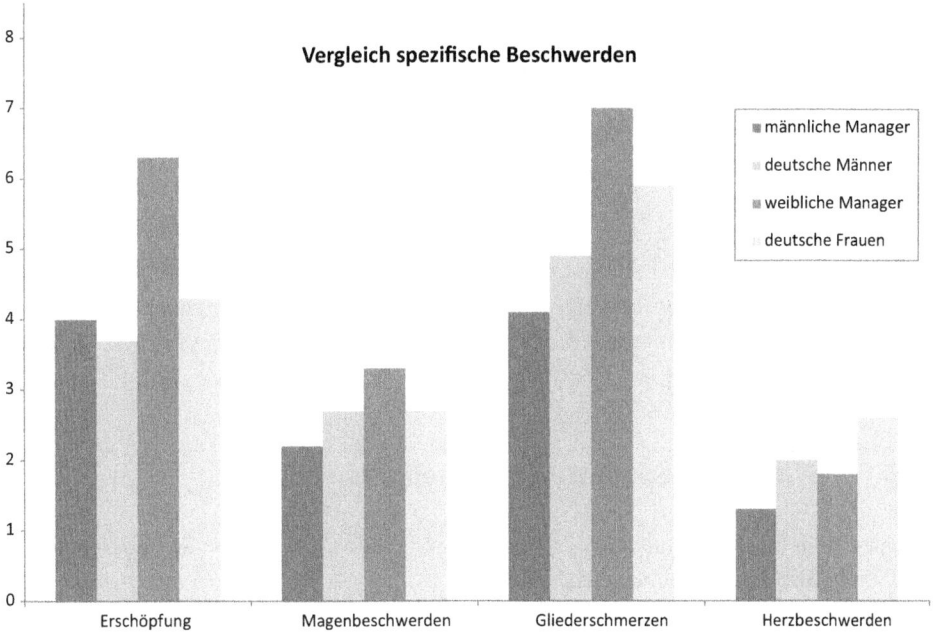

Abb. 7.1 Vergleich spezifische Beschwerden. (Quelle: Kromm et al. 2009, eigene Darstellung)

Die Kölner Sportwissenschaftlerin Bettina Begerow (Liesem 2015) gehört zu den wenigen, die ebenfalls die Gesundheit von weiblichen Führungskräften untersucht haben. Sie ist dabei zur Erkenntnis gelangt, dass Frauen vor allem mit Muskel- und Skeletterkrankungen sowie psychischen und psychosomatischen Krankheiten zu kämpfen haben.

Dieses höhere Risiko, psychisch zu erkranken, wird auch bestärkt durch die Studie Psychische Gesundheit von Manager/innen (Zimber und Hentrich 2009). Dabei wurden 282 Führungskräfte mit einem Durchschnittsalter von 47 Jahren und einem Frauenanteil von 54,4 % befragt. Die **Managerinnen leiden demzufolge unter einer deutlich höheren emotionalen Erschöpfung als ihre männlichen Kollegen.**

Sucht man hierzu Erklärungsansätze, kommt man neben den rein biologischen Ansätzen vor allem an den unterschiedlichen sozialen und gesellschaftlichen Kontexten von männlichen und weiblichen Führungskräften nicht vorbei. Auch typische Rollenmuster kommen hierbei zum Tragen.

Insbesondere das Thema Doppelbelastung, das weibliche Hilfsmuster, das Lieb-Mädchen sein, es allen recht machen, alles gleichzeitig und möglichst perfekt erledigen zu wollen, haben an der Entstehung der typisch weiblichen Krankheitsbilder einen großen Anteil.

Bei Männern – erst recht bei männlichen Führungskräften in ihrer Vorbildfunktion – gilt Krankheit immer noch als Zeichen von Schwäche und wird daher nicht gerne zugegeben.

Überblick

Führungsfrauen leiden unter deutlich erhöhten körperlichen und psychischen Beschwerden durch Stress als ihre männlichen Kollegen.

Männliche Manager haben erstaunlicherweise die geringsten körperlichen Beschwerden durch chronischen Stress auch im Hinblick auf die Allgemeinbevölkerung.

Lassen Sie uns gemeinsam den Ursachen dafür auf den Grund gehen. Denn nur gesunde Führungsfrauen können die an sie gestellten Aufgaben und Herausforderungen bewältigen, gleichzeitig beruflichen und privaten Erfolg haben und damit anderen Frauen Mut machen, diesen Weg zu gehen.

7.3 Die Ursachen erkannt – Stress gebannt

Schauen wir hinter die Kulissen, um weitere Klarheit über das erhöhte Stresspotenzial von Führungsfrauen zu bekommen.

Wie wir gesehen haben, ermöglichen uns gerade Studien, den Vorhang etwas zu lüften und dem Phänomen auf die Spur zu kommen.

Lassen Sie uns deshalb einen näheren Blick auf die Ursachenforschung werfen.

Zimber und Hentrich (2009) haben in ihrer Untersuchung zur psychischen Gesundheit von Managerinnen wesentliche Belastungsfaktoren für das höhere psychische Gesundheitsrisiko von Führungsfrauen herausgefunden.

Dazu gehören eine hohe Arbeitsintensität, starke emotionale Anforderungen, insbesondere aber Work-Privacy-Konflikte. Also der Vereinbarkeit von Familie, Privatleben und Beruf.

Das wird durch die SHAPE-Studie bestärkt (Kromm et al. 2009), die alarmierende Zahlen liefert. Demzufolge leiden Führungsfrauen gegenüber ihren männlichen Kollegen um ein **Drittel mehr an chronischem Stress**.

Dieser entsteht laut Studie zum einen durch **hohe quantitative Anforderungen** (vgl. Abb. 7.2). Wie etwa signifikant hohe Arbeitsbelastung (Erledigung zu vieler Aufgaben), soziale Überlastung (Kümmern um Probleme und Versorgung anderer) und Erfolgsdruck (Aufgabenerfüllung mit hoher Erwartung).

Zum anderen durch eine **ungenügende Befriedigung menschlicher Grundbedürfnisse**.

Dazu gehören fehlende oder ungenügende Anerkennung, nicht ausreichende Potenzialentwicklung (Arbeitsunzufriedenheit), Mangel an Bewältigung des Arbeitspensums (Arbeitsüberforderung) und fehlende soziale Wärme und Liebe (soziale Spannungen und soziale Isolation) (vgl. Abb. 7.3).

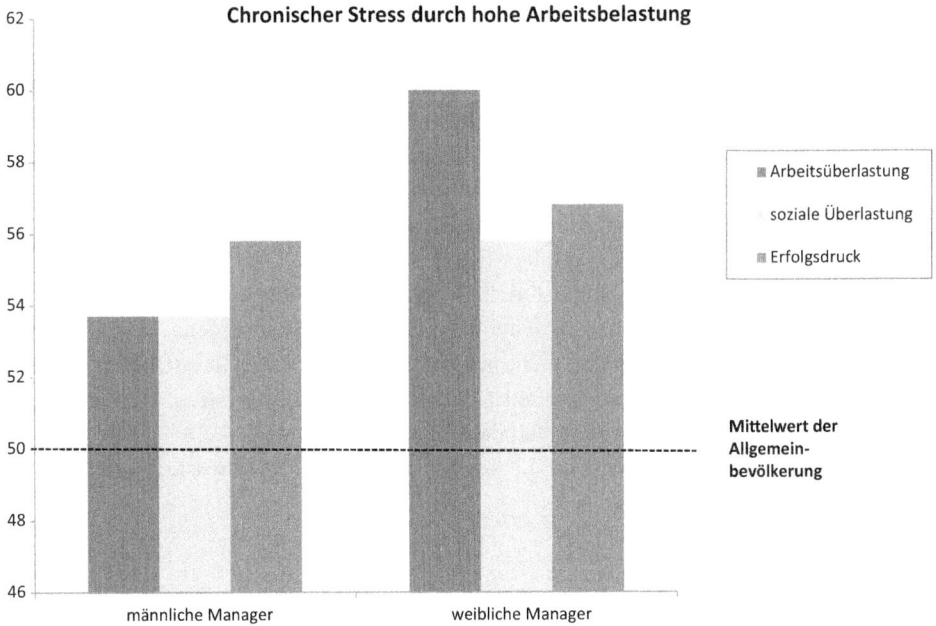

Abb. 7.2 Chronischer Stress durch hohe Arbeitsbelastung. (Quelle: Kromm et al. 2009, S. 37, eigene Darstellung)

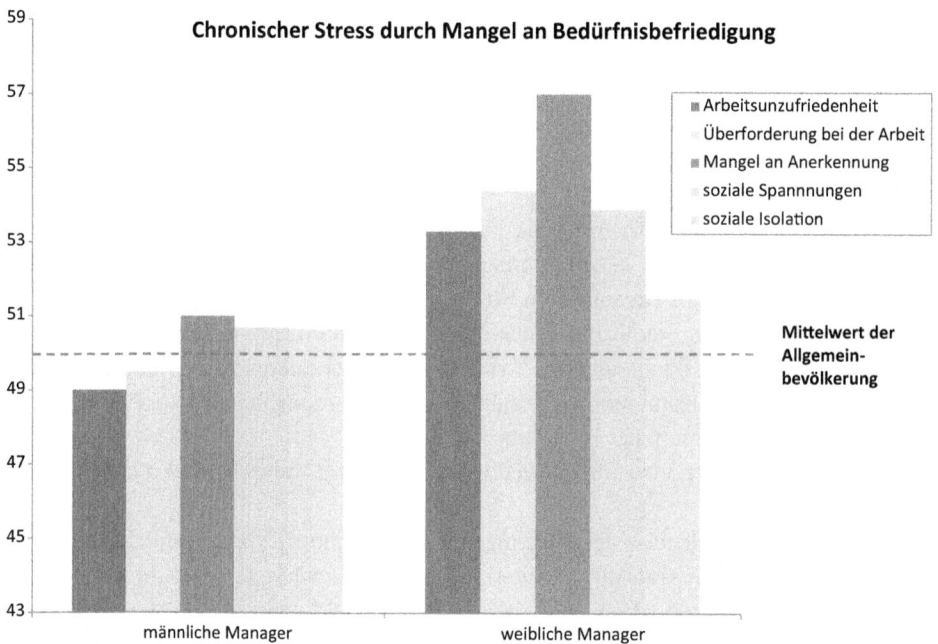

Abb. 7.3 Chronischer Stress durch Mangel an Bedürfnisbefriedigung. (Quelle: Kromm et al. 2009, S. 38, eigene Darstellung)

In allen Fällen liegt der chronische Stress von Führungsfrauen deutlich über dem ihrer männlichen Kollegen und dem Mittelwert der Allgemeinbevölkerung.

Männliche Manager sind hingegen sogar deutlich zufriedener mit ihrer Arbeit und liegen auch im Hinblick auf ihre Potenzialentfaltung über dem Durchschnitt.

Zeit, Lösungen gegen den chronischen Stress von Führungsfrauen zu suchen.

Dazu ist es notwendig, die typischen Fallen zu erkennen, in die Führungsfrauen tagtäglich treten können. Denn nur dadurch ist es möglich, hohen chronischen Stress zu umgehen und ganz nebenbei beruflich und privat erfolgreich zu werden.

Damit können Führungsfrauen nicht nur erheblich stressfreier ihren Alltag meistern, sondern auch als souveräne, kompetente und weibliche Führungsfrau wahrgenommen werden. Die ersehnte Anerkennung und der Erfolg sind ihr sicher.

Klingt doch ziemlich verlockend. Lassen Sie uns deshalb die Stressfallen genauer anschauen.

Überblick

Hoher chronischer Stress von Führungsfrauen liegt in folgenden Faktoren begründet:

- hohe quantitative Anforderungen,
- ungenügende Befriedigung menschlicher Grundbedürfnisse (fehlende Anerkennung und Potentialentwicklung, Arbeitsüberlastung und mangelnde soziale Integration),
- Work-Privacy-Konflikten.

7.4 Raus aus der Stress-Falle – Rein in den Erfolg

7.4.1 Verleihen Sie der Rabenmutter Flügel

Praxisbeispiel

Manuela H., Abteilungsleiterin in einem Pharmakonzern, sitzt wie auf Kohlen – schon wieder wurde ein Meeting auf den späten Nachmittag verschoben. Sie ist unruhig und kann sich nicht mehr richtig konzentrieren, denn sie weiß, dass zuhause schon ihre Kinder Marie (6) und Maximilian (8) sehnsüchtig auf ihre Mama warten. Sie wollen gemeinsam Abendessen und danach etwas spielen, bevor sie von ihr ins Bett gebracht werden. Doch wie es aussieht, wird es damit wieder nichts werden, da sie nicht vor 19 Uhr hier rauskommt. Als einzige Führungsfrau kann sie dies ihren Kollegen auch kaum erklären, da bei denen ja durch ihre Frauen alles wohlorganisiert ist und die meisten Frauen dafür Verständnis haben.

Nicht so ihr Partner, der angesichts der extensiven Zeitbelastung seiner Frau langsam sehr ungehalten wird und ihr zunehmend Probleme bereitet. Sie stellt sich schon auf Auseinandersetzungen am Abend ein und weiß nicht, wie lange sie den Spagat zwischen Familie und Beruf noch physisch und psychisch aushalten kann. Sie leidet unter ständiger Erschöpfung, ist gereizt, hat Konzentrationsschwächen und an manchen Tagen scheint der Kopf zu platzen. So kann es nicht weitergehen.

Welche berufstätige Mutter kennt sie nicht: Die **Rabenmutter-Falle**. So versucht sie jeden Tag aufs Neue den Spagat zwischen Berufs- und Privatleben, wohlwissend, beiden sowieso nicht gerecht werden zu können.

Bei Führungsfrauen ist dieses Problem besonders prekär, da sie aufgrund ihrer höheren Arbeitsbelastung, längeren Arbeitszeiten und erhöhten Reisetätigkeiten ein sehr viel engeres Zeitfenster haben.

Außerdem besteht gerade bei ihnen oft der Anspruch, sich gegenüber ihren männlichen Kollegen durch ihre fachliche Qualifikation zu positionieren (Sander und Hartmann 2009).

Sie versuchen also nicht nur mehr, sondern auch besser zu arbeiten als ihre männlichen Kollegen. So geben weibliche Führungskräfte an, 150 % leisten zu müssen, um die gleiche Anerkennung wie Männer zu bekommen (Sander und Hartmann 2009).

Ein gefährlicher Teufelskreis mitten hinein in die Stressspirale beginnt. Denn gerade Arbeitsüberlastung, insbesondere aber soziale Überlastung und soziale Spannungen stellen die wesentlichen Faktoren für chronischen Stress bei Führungsfrauen dar. Sie rutschen mitten hinein in die Work-Privacy-Konflikte.

Erschwerend kommt hinzu, dass Führung auch heute noch traditionell mit Anwesenheit und der damit verbundenen Kontrollausübung verstanden wird. Was bei den überwiegend männlichen Führungskräften meist kein Problem darstellt und gesellschaftlich akzeptiert wird.

Nehmen Frauen das gleiche Zeitfenster für sich in Anspruch, ist schnell der Begriff Rabenmutter zur Hand – nicht selten gerade auch von ihren Geschlechtsgenossinnen.

Das kommt nicht zuletzt von althergebrachten Rollenbildern, in denen Betreuung häufig noch als Frauenthema verstanden wird und in die angeblich moderne Zeit herübergerettet wurde. Kindererziehung sowie Pflege der Angehörigen müssen also von den wenigen Führungsfrauen in das sowieso schon enge Zeitfenster gepackt werden. Ohne dabei auf allzu großes Verständnis der sozialen Umgebung, weder im Beruf noch privat, hoffen zu können.

Michaela aus unserem Beispiel geht morgens mit einem schlechten Gewissen aus dem Haus, versucht den Tag möglichst optimal zu nutzen, damit es abends nicht zu spät wird und sie mit ihren Kindern und ihrem Partner noch etwas gemeinsame Zeit verbringen kann. Sehr oft geht das zulasten von Pausen und persönlichen Erholungszeiten.

Der Supergau tritt dann ein, wenn die Kinder kurz vor Antritt einer unaufschiebbaren Geschäftsreise plötzlich erkranken. Dieses Gefühl wünsche ich keiner Mutter.

Von der vielbeschworenen Work-Life-Balance, also dem Ausgleich zwischen stressiger Arbeit und entspannendem Privatleben sind Führungsfrauen oft meilenweit entfernt. Denn Stress und Belastung finden sie gerade auch im privaten Bereich durch Kindererziehung und Haushalt wieder (Kastner 2009).

Dabei müssen Kinder kein Karrierehindernis sein, sie werden speziell in Deutschland dazu gemacht. So herrscht hier im Gegensatz zu anderen Ländern häufig noch eine tradierte Rollenvorstellung, wo Frauen möglichst 24 h am Tag für die Kinder ansprechbar sein sollen. Dies bestätigt eine aktuelle Umfrage aus dem Jahr 2013 (Bundesinstitut für Bevölkerungsforschung 2013).

Zwar sind die befragten jungen Eltern dafür, dass beide berufstätig sind. Jedoch sollte die Frau zumindest nachmittags zuhause sein, um die Kinder zu betreuen und bei den Hausaufgaben behilflich zu sein. Dieses Denken ist jedoch kaum mit der Karriere als Führungsfrau vereinbar.

So ist nicht verwunderlich, dass in einer empirischen Untersuchung zur Work-Life-Balance (Stor 2014) bei Führungsfrauen insbesondere der Wunsch nach flexiblerer Arbeitszeit, Kinderbetreuungsmaßnahmen und Angebote im Gesundheitsmanagement (zum Beispiel Stressbewältigungsseminare, gesunder Arbeitsplatz und körperliche Gesundheit) besteht. Diese könnten helfen, den chronischen Stress durch soziale Überlastung und sozialen Spannungen, aber auch durch Arbeitsunzufriedenheit wegen mangelnder Potenzialentwicklung zu reduzieren.

Doch leider bedarf es zur Behebung des Rabenmutter-Images eines generellen politischen und gesellschaftlichen Wandels, an dem auch die Frauen einen gewaltigen Anteil nehmen müssen.

Da dieser jedoch nur mittel- beziehungsweise langfristig möglich ist, sind kurzfristig realisierbare Maßnahmen notwendig, um den Führungsfrauen den Spagat zwischen ihren Rollenanforderungen erträglicher zu machen und den sozialen krankmachenden Stress zu reduzieren.

Doch wie können Rabenmütter Flügel bekommen und über sich zum Erfolg herauswachsen?

Überblick
Flugstunden für Rabenmütter:

1. Effektives Zeitmanagement mit klarer Zieldefinition und Priorisierung. Fokussieren Sie sich beruflich und privat auf das Wesentliche. Achten Sie dabei darauf, nicht mehrere Dinge gleichzeitig zu erledigen, sondern sequenziell abzuarbeiten, denn Multitasking funktioniert definitiv nicht!
2. Schaffen Sie die perfekte Familienorganisation: Erstellen Sie Familienpläne mit genauer Aufgabenaufteilung und klar definierten Zeiten. Wichtig ist hierbei die

konsequente Umsetzung und Sanktionierung, damit es keine Spaßveranstaltung wird.

Gewöhnen Sie sich an, den Plan immer an einem bestimmten Tag (zum Beispiel Sonntag für die kommende Woche) zu besprechen, damit daraus ein festes Ritual wird. Denken Sie dabei auch an Ihre persönlichen Auszeiten.

3. Delegation und sozialer Puffer: Delegieren Sie, wann immer es möglich ist, Hausarbeiten. Verabschieden Sie sich vom Gedanken, alles selbst und alles besser machen zu müssen (siehe Abschn. 7.4.4).

   Puffern Sie Ihr soziales Umfeld. Stellen Sie die Kinderbetreuung auf mehrere Säulen (zum Beispiel Kindergarten, Nachmittagsbetreuung, Ganztagsschule). Greifen Sie auch auf Ihre Familie, Freunde oder externe Betreuung wie zum Beispiel Au-Pair zurück und haben für alle Fälle einen Plan B parat, damit Sie extrem stressende unerwartete Ereignisse besser abfedern können.

4. Exklusive Kinderzeit: Sorgen Sie für ein besonderes Zeitfenster nur für Ihre Kinder. Planen Sie die geringe gemeinsame Zeit und nutzen Sie diese sehr intensiv. Tatsächlich kommt es nicht auf die Dauer der gemeinsamen Zeit an, sondern darauf, wie darin unvergessliche Erlebnisse geschaffen werden können. So genießen Ihre Kinder sicherlich ein gemeinsames Picknick, Ausflüge oder einfach nur Zelten im Garten mehr, als den tollsten exklusivsten Freizeitpark.

5. Exklusive Partnerzeit: Denken Sie auch an Ihren Partner und schaffen sich gemeinsame Zeitfenster, die fester Bestandteil in Ihrem Terminkalender sein sollten. Denn gerade in der tradierten Rollenvorstellung sind private Spannungen bei Führungsfrauen durch die geringe gemeinsame Zeit und die besondere Inanspruchnahme des Partners im privaten Umfeld vorprogrammiert.

6. Optimierung des organisatorischen Rahmens: Sprechen Sie mit Ihrem Chef über die Möglichkeit, bestimmte Tätigkeiten von zu Hause aus zu erledigen. Denken Sie auch an einen oder zwei Bürotage. Gerade für Konzept- und Projektarbeit ist dies hervorragend geeignet. Wie wäre es, statt langer Besprechungen einfach Skype-Konferenzen einzuberufen? Das hätte den Vorteil größerer Strukturierung, zeitlicher Limitierung und erhöhter Flexibilität. Ein Gewinn für alle.

   Warum nicht einfach mit Ihren Kollegen über Jobsharing reden? Eventuell würden einige gerne weniger arbeiten oder ältere Kollegen langsam aussteigen.

   Scheuen Sie sich nicht, neue Impulse zu geben und quer zu denken. Das kann zu überraschenden Ergebnissen und Lösungen führen. Was hätten Sie schon zu verlieren?

7. Schaffung von Ritualen: Planen Sie feste Termine für Sport und Freizeitaktivitäten in Ihren Terminkalender ein. Nur wenn diese manifestiert sind, werden sie auch eingehalten und zum festen Ritual, das man kennt.

8. Einhaltung fester Pausenzeiten: Tragen Sie Pausenzeiten als Termine ein und versuchen Sie diese unbedingt wahrzunehmen. Denn gerade das Entfallen von Pausen schafft zusätzlichen Stress durch übermüdetes Arbeiten.

9. Machen Sie Arbeitszeit zu Bewegungszeit: Bewegen Sie sich in Ihrer Arbeitszeit, wann immer es Ihnen möglich ist. Benutzen Sie Treppen, gehen Sie zum Kaffeeautomaten anstatt sich welchen servieren zu lassen und besuchen Sie Kollegen statt eine Mail zu schreiben. Sie werden erstaunt sein, wie viel Bewegungs- und Kommunikationspotenzial darin steckt und Sie ganz nebenbei heraus aus der Isolationsfalle lockt.

10. Integrieren Sie Abschaltrituale in den Alltag: Platzieren Sie am Schreibtisch Ihr Lieblingsbild, das Sie Kraft und Freude tanken lässt, hören Sie auf der Fahrt nach Hause Ihre Lieblingsmusik und singen laut mit. Nutzen Sie eine bestimmte Stelle auf dem Nachhauseweg, um ganz bewusst vom Berufs- in den Privatmodus umzuschalten. Zusätzlich kann die Haustüre als Schleuse verwendet werden, mit deren Betreten Sie gleichzeitig mit dem Ausziehen der Schuhe oder des Mantels den Alltag hinter sich lassen. Sie können auch den Tag mit einer Dusche abwaschen und danach ganz in Ruhe an Ihrem Lieblingsplatz einen Tee trinken.

11. Freuen Sie sich am Leben: Lachen Sie, wann immer es Ihnen möglich ist. Beschäftigen Sie sich mit positiven Dingen, lassen Sie die Welt außen vor und genießen Sie lieber ein schönes Buch, statt Fernsehen und Internet zu konsumieren.

Nur wenn Sie Ihr berufliches und privates Umfeld optimieren, können Sie aus der Rabenmutter-Falle entkommen.

Sie haben mehr Zeit für sich, sind weniger gestresst und machen dadurch anderen Frauen Mut, auch als Mutter Führungsverantwortung wahrzunehmen.

Damit könnte sich eine Eigendynamik entwickeln: Je mehr Frauen in Führungspositionen sind, desto höher wird der gesellschaftliche Druck, die Rahmenbedingungen zu verändern und desto eher stellt man fest, dass Raben ganz tolle Eltern sind.

Und fliegen lernen sie nur, wenn sie es sich wert sind, Zeit für diese Flugstunden zu nehmen.

7.4.2   Gute Mädchen kommen in den Himmel –
Böse überall hin (Ute Ehrhard)

Praxisbeispiel

Simone H., Projektleiterin in einem großen Automobilkonzern, freut sich auf einen pünktlichen Feierabend, den sie schon seit Wochen nicht hatte. Als sie gerade ihre Sachen einpacken will, kommt ihr Chef ins Zimmer. Das lässt nichts Gutes ahnen! Und prompt fragt er sie, ob sie für die kurzfristig morgen anberaumte Projektsitzung einen Zwischenbericht über den Projektstand geben könne. Obwohl es ihr überhaupt nicht passt, antwortet sie: „Überhaupt kein Problem – das mache ich gerne."

Also wieder nichts mit ihrem Feierabend und der Verabredung zum Essen, obwohl sie das ihrer Freundin doch versprochen hatte, weil diese gerade dringend Hilfe in einer persönlichen Angelegenheit braucht.

Sie fühlt sich total überfordert, ausgenutzt und in ihrer Funktion als Projektleiterin übergangen. Sie hat häufig Kopfschmerzen und einen verspannten Nacken. Da sie oft die Arbeit mit nach Hause nehmen muss, kann sie oft nicht einschlafen und nimmt die beruflichen Probleme mit ins Bett. Wie lange sie dieser enormen Belastung und totalen Zurückstellung ihrer eigenen Bedürfnisse noch gewachsen ist, kann sie nicht sagen. Sie ist verzweifelt.

Mädchen und lieb gehört in der tradierten Erziehung häufig zusammen. Wer kennt nicht die Sprüche: „Sei ein liebes Mädchen und decke den Tisch" oder „Wenn Du lieb bist und mir hilfst, bekommst Du nachher ein Eis."

So verbinden Mädchen vielfach lieb sein und Anerkennung bekommen mit Leistung erbringen und funktionieren. Sie tappen in die sogenannte Liebmädchen-Falle, die auch später noch eine entscheidende Rolle im Berufs- und Privatleben spielt.

Aus dem lieb sein wollen resultiert dann eben auch die Helfer-Falle. Das führt dazu, dass gerade Führungsfrauen ihren Mitarbeitern und Kollegen bei beruflichen aber auch bei privaten Problemen gerne helfen wollen und dabei stets ein offenes Ohr für sie haben. Zusammen mit ihrer sowieso schon hohen Arbeitsbelastung durch intensive Arbeit ist dies eine gefährlich Mischung, die leicht in die komplette Selbstaufgabe und damit zu hohem chronischem Stress führen kann.

So werden für die Probleme anderer häufig die eigenen Ruhe- und Konzentrationsphasen hinten angestellt. Stattdessen kommen zu den vielfältigen Aufgaben noch weitere Belastungen in Form von Problemen der armen Kollegen, Mitarbeiter, Nachbarn, Freunde und Familienmitglieder hinzu.

So hat Simone H. stets ein offenes Ohr für die Probleme ihrer Sekretärin, egal wie sehr sie gerade unter Anspannung steht. Sie ist der Meinung, das wäre die Aufgabe einer guten Chefin, immer für ihre Mitarbeiter da zu sein. Doch mit wem kann sie sich austauschen, ohne die Grenzen zwischen Freundin und Chefin zu verwischen oder bei ihren Kollegen auf Unverständnis zu stoßen.

Bleibt ein schwieriger Balanceakt.

Gerade bei beruflichen Wiedereinsteigerinnen zeigt sich das tradierte Rollendilemma in ganzem Umfang. Zwar werden 80 % von ihrem Partner bei dem Wunsch nach Rückkehr in die Arbeit unterstützt. Die praktische Umsetzung beschränkt sich jedoch auf die Übernahme einzelner Haushaltstätigkeiten, während die Frau weiterhin in der Haushaltsverantwortung bleibt (Holst et al. 2015). Wippermann et al. (2009) nennt dies auch die selektive Entlastung der Frau. Diese kann auch hier weiterhin ihr Helfer- und Liebmädchensyndrom voll ausleben.

Ein gefährliches Unterfangen! Denn, wenn wir sehen, dass chronischer Stress bei Führungsfrauen vor allem durch soziale Überlastung entsteht (vgl. Abb. 7.2), erscheint ein Ausstieg aus der Helfer- und Liebmädchenrolle dringend geboten, um schlimmere gesundheitliche Folgen mit möglichem Totalausfall zu verhindern.

Erschwerend kommt hinzu, dass Führungsfrauen ihren Selbstwert häufig am Grad der sozialen Anerkennung und Liebe, die ihnen entgegengebracht wird, festmachen. Sie sind vom Lob der anderen abhängig und vollbringen wahre Meisterleistungen, um anderen zu gefallen und als lieb und hilfsbereit zu gelten.

Dabei gehen sie häufig über die eigenen Belastungsgrenzen hinaus. Denn gerade Führungsfrauen leiden signifikant mehr an einem Mangel an Anerkennung als die deutsche Durchschnittsfrau und erst recht gegenüber ihren männlichen Kollegen (vgl. Abb. 7.3).

Gerade wegen diesem Mangel an Achtung und Wertschätzung ist ihr Frustrationspotenzial besonders hoch (Kromm et al. 2009) und schafft damit eine Hauptursache für chronischen Stress.

So ist es nicht weiter verwunderlich, dass gerade Führungsfrauen häufig meinen, mit ihrem Liebmädchen-Verhalten diesem Mangel begegnen zu können.

Doch das erweist sich als fataler Irrtum. Denn wenn die Falle zugeschnappt ist, geht das sehr häufig mit zusätzlicher Arbeitsüberlastung und Erfolgsdruck einher. Damit sind die Hauptfaktoren für chronischen Stress aufgrund hoher Anforderung gegeben (Kromm et al. 2009).

Dieses Phänomen der übertriebenen Harmoniebedürftigkeit um fast jeden Preis wird von männlichen Vorgesetzten und Kollegen für die Umsetzung ihrer eigenen Machtinteressen zielsicher eingesetzt.

So wird der Kuschelfaktor verwendet, um von Führungsfrauen zusätzliche Leistungen in Anspruch zu nehmen. Dabei wird ein emotionaler Vorteil in Aussicht gestellt, der meist materiell nicht entlohnt wird.

Peter Modler (2015) nennt das die Einladung zur Ausbeutung.

Simone H. steckt ganz tief in ihrer Liebmädchen-Falle, als der Chef fragt: „Es macht Ihnen doch sicher nichts aus, für morgen den Projektzwischenstand zu präsentieren?" und sie antwortet: „Überhaupt kein Problem."

In Wirklichkeit möchte sie einfach sagen: „Geht's noch? Es macht mir total viel aus, weil ich dann wieder bis spät abends im Büro sitze und meine ganzen Feierabendtermine streichen kann. Es macht mir total viel aus, weil ich mich von Ihnen in meiner Gutmütigkeit ausgenutzt fühle und als Projektleiterin übergangen werde."

Stattdessen: Ein freundliches Lächeln und das Signalisieren der Bereitschaft, alles ohne Probleme zu erledigen.

Bei ihrem Vorgesetzten kommt das so nicht als Zusatzbelastung, sondern als Normalität an, die er deshalb auch nicht entsprechend honorieren wird. Im Gegenteil! Er meint, alles richtig gemacht zu haben und wird es bei nächster Gelegenheit wiederholen.

Also nichts wie raus aus der Liebmädchen- und Helfer-Falle, die NICHT zu der ersehnten Anerkennung und Wertschätzung, sondern zu einer Erhöhung des Stresses durch Arbeitsüberlastung, Erfolgsdruck und mangelnder eigenen Bedürfnisbefriedigung führt.

Überblick
Lernen Sie ein böses Mädchen zu werden:

1. Unbequem sein: Lernen Sie NEIN zu sagen!
   Also lieber beim Antworten kurz durchatmen und wenn dann Ihr Gefühl „nein" sagt, das auch höflich und bestimmt so formulieren.

Wenn Ihnen das anfangs schwerfällt, probieren Sie es im täglichen Leben an der Fleischtheke (darf's ein bisschen mehr sein?) oder im Restaurant (hat es geschmeckt?) aus und setzen es später im beruflichen Bereich um.

Dann bekommen Sie nach anfänglichen Momenten der Überraschung auch endlich die Wertschätzung und Anerkennung, nach der Sie sich so dringend sehnen.

2. Raus aus der Manipulationsfalle: Seien Sie besonders vorsichtig bei Formulierungen wie: „Es macht Ihnen doch sicher nichts aus? Es ist Ihnen doch bestimmt recht, dass". Hier droht Manipulationsgefahr zu Ihren Ungunsten.

   Achten Sie insbesondere bei Ihren männlichen Vorgesetzten und Kollegen auf den Appell an Ihre Harmonie. Denn sie wollen Sie zu ihrem Vorteil benutzen.

3. Klare Artikulation der eigenen Bedürfnisse: Nur wer klar seine Bedürfnisse artikuliert, wird verstanden. Das trifft insbesondere auch auf die Kommunikation zwischen Mann und Frau zu. Wie soll Ihr Vorgesetzter Ihre Ablehnung verstehen, wenn Sie nach außen sagen: „Überhaupt kein Problem." Dass Sie in Wirklichkeit meinen; „Das ist ja total die Höhe, ich habe heute Abend Termine, was denkt er sich eigentlich?" kommt nicht an.

   Stattdessen lieber klar und bestimmt sagen: „Das geht nicht, ich habe heute Abend Termine. Wenn wir die Termine gemeinsam abstimmen, ist eine Vorbereitung selbstverständlich möglich."

   Jetzt wissen beide, woran sie sind.

   Beobachten Sie sich bei Ihren Aussagen und streichen Worte, wie eigentlich, aber, könnte und sollte.

4. Abgrenzung: Lernen Sie sich von den Problemen anderer abzugrenzen. Fragen Sie sich, inwieweit Sie das Anliegen zu Ihrem machen wollen. Wenn es gar nicht passt, lernen Sie freundlich und bestimmt NEIN zu sagen.

   Wenn Sie helfen wollen, drängen Sie auf die Einhaltung eines passenden Zeitfensters (in der Pause, nach Feierabend) und eines Zeitlimits (max. 30 min).

5. Pflegen Sie Ihre Unaufmerksamkeit: Das mag zunächst mal völlig schräg klingen, hilft jedoch sensationell. Sie müssen nicht immer überall bereit sein, auch wenn Ihnen die gute Erziehung verbietet, unaufmerksam und uninteressiert zu sein.

   Lassen Sie abschweifen und innerliche Abwesenheit zu und verschaffen sich damit die nötigen Ruhepausen.

   So ist es bei langwierigen Besprechungen oft gar nicht nötig, die ganze Zeit präsent zu sein. Wirkungsvoller sind ein bemerkenswerter Start und ein starker Abgang.

6. Seien Sie sich selbst genug: Versuchen Sie sich so weit als möglich von der Anerkennung anderer unabhängig zu machen.

   Stärken Sie Ihr Selbstbewusstsein durch außerbetriebliche Erfolge, bei der Ausübung von Hobbys oder der Gesellschaft von Gleichgesinnten. Machen Sie sich klar, dass Sie gerade als Führungsfrau ständig einen Balanceakt vollführen müssen und es deshalb sowieso nicht allen recht machen können.

7. Andere in die Mitverantwortung nehmen: Geben Sie Ihre Mitverantwortung für die Haushaltsführung, Kinderbetreuung, für die erweiterte Kernfamilie ab. Laden Sie andere ausdrücklich zur Mithilfe ein, machen gemeinsam Zeitpläne und bestehen auf deren Einhaltung.

8. Wer hilft Ihnen bei Ihren Problemen? Scheuen Sie sich nicht, mit Personen Ihres Vertrauens Probleme zu besprechen. Reden befreit und durch den Austausch mit anderen können sich ungeahnte Lösungsmöglichkeiten ergeben.

9. Externe Hilfe: Scheuen Sie sich nicht, externe Hilfe zu holen. So kann ein Kommunikationstraining, ein spezielles Führungsfrauen-Coaching oder Glaubenssatzarbeit durch Coaching Ihnen große Hilfe bieten.

Raus aus der Liebmädchen- und Helfer-Falle heißt, andere Wege gehen und ein gesundes Ego pflegen. Lernen Sie Abgrenzung, Unaufmerksamkeit und Delegation für Ihr Wohlergehen einzusetzen.

Nicht Liebmädchen-Verhalten macht erfolgreich, sondern klare und damit häufig auch unbequeme Positionierung, Gleichzeitig bekommen Sie mehr Zeit für sich und Ihre Bedürfnisse, die für den Abbau von chronischem Stress so elementar sind.

Ihr Umfeld wird Sie für Ihre klare Haltung bewundern und Ihnen mehr Anerkennung geben. Also weniger Aufmerksamkeit und Hilfe führt zu mehr Wertschätzung und hilft Ihrer Gesundheit. So crazy, so einfach!

Ein Grund mehr, als böses Mädchen erfolgreich zu werden.

7.4.3 Ausgezickt – wer ist hier die Chefin?

Praxisbeispiel

Anita W. ist eben zur Filialleiterin aufgestiegen, in der sie früher Kollegin unter vielen war. Sie freut sich sehr über ihre Beförderung, hat aber das Gefühl, dass insbesondere ihre Kolleginnen sie kritisch und teilweise ablehnend betrachten. Die Unterstützung, die der ehemalige Filialleiter bekam, erhält sie nicht. Ihre Bitte, ihr bei der Vorbereitung für die morgige Präsentation zu helfen, wird wieder mal unwillig Folge geleistet. Der Aufforderung etwas zu kopieren oder ihr einen Kaffee zu bringen, wird kommentiert: „Kannst Du das nicht selber machen – das hast Du doch früher auch machen müssen." So fühlt sich Anita W. zunehmend unwohler, wird isoliert und ausgegrenzt und in ihrer Rolle als Chefin nicht anerkannt und wahrgenommen. Sie hat mit Magenproblemen zu kämpfen, kann schlecht schlafen und hat Angst vor dem nächsten Tag.

Anita W. ertappt sich zunehmend dabei, wie sie überlegt, die Beförderung rückgängig zu machen und sich wieder in die Reihe der Kolleginnen einzufinden.

Leider kein Einzelfall. Froh, es als Führungsfrau endlich nach oben geschafft zu haben, wähnt man sich der Unterstützung der weiblichen Geschlechtsgenossinnen sicher.

Doch leider oft weit gefehlt. Wagt man sich an dieses Tabu-Thema heran, stellt man fest, dass es mit der vielbeschworenen weiblichen Solidarität nicht besonders weit her ist.

So sind gerade Frauen häufig die schärfsten Kritiker von Chefinnen. Das hat die Soziologin Sonja Bischoff (2010) in ihrer Langzeitstudie über männliche und weibliche Führungskräfte festgestellt. Pikanterweise werden den Chefinnen gerade die als typisch weiblich geltenden Verhaltensweisen wie hohe Emotionalität, Unberechenbarkeit und mangelnde Professionalität vorgeworfen. Bemerkenswert ist in diesem Zusammenhang auch, dass es sich bei den Befragten um weibliche Führungskräfte handelt, die ihre Chefinnen beurteilen. Dabei sollten sie es doch gerade besser wissen.

Wie man bei Anita W. sieht, erweist sich die Rolle der Führungsfrau immer dann als besonders schwierig, wenn sie aus einer bestehenden kollegialen Struktur aufsteigt.

Solange sich alle auf einer Hierarchieebene befinden, gibt es normalerweise wenige Probleme. Das Rollenverständnis wird jedoch empfindlich gestört, wenn sich eine von ihnen hervortut.

Während bei Männern offener Wettbewerb und Kampf um die Rangfolge Gewohnheit ist, wachsen Frauen eher in einer tradierten harmoniebezogenen Gemeinschaft auf (Erpenbeck 2004). Das Verlassen der Gruppe wird – anders als bei Männern – nicht offen, sondern häufig durch Schweigen, Ignoranz und Missachtung ausgetragen. Es kommt zu einer sogenannten Ex-Kommunikation der Chefin, der das wichtigste, nämlich die persönliche Vertrautheit verwehrt wird (Modler 2015).

Schlimmstenfalls führt das bei auf Harmonie erzogenen Frauen dazu, auf ihre Führungsposition zu verzichten und wieder zurück in die Gruppe zu gehen. Anita W. ist hier das beste Beispiel. Das wird dann auch als Drehtüreneffekt bezeichnet. Damit ist eine Veränderung gemeint, die nach kurzer Zeit in den Ursprungszustand zurückkehrt und damit nutzlos ist (Wikipedia).

Eine andere Verhaltensweise ist, dass sie ihre Position als Führungsfrau nivellieren und herunterspielen, indem sie sich als Gleiche unter Kolleginnen verhalten. Sie machen sich klein, passen sich extrem an und hüten sich, ihren Rang zu demonstrieren. Modler (2015) bezeichnet dieses Verhalten auch als „Levelling".

Doch das ist sicherlich die schlechteste Alternative. Denn dadurch werden Sie vielleicht weniger isoliert, aber niemals als führungsstarke Chefin wahrgenommen, geachtet und respektiert.

Egal, wie Sie als Führungsfrau vorgehen, Sie müssen ständig einen schwierigen Balanceakt vollbringen, bei dem Sie kaum etwas richtig machen können: Sind Sie zu weiblich, werden Sie von Ihren Geschlechtsgenossinnen kritisiert. Sind Sie zu männlich, können Sie ja nur Karriere machen – was sonst?

Diese kritische Haltung von Frauen gegenüber weiblichen Vorgesetzten belegen auch folgende Zahlen.

Während 84 % der Männer bei Vorgesetzten keinen Unterschied der Geschlechter machen, sind es bei den Frauen gerade mal 60 %. Außerdem arbeiten ca. 25 % der weiblichen Führungskräfte mit weiblichen Chefs schlechter (Bischoff 2010) zusammen.

Auch der vermeintliche Vorteil, dass Personalabteilungen überproportional mit Frauen besetzt sind, erweist sich als gewaltiger Nachteil. So haben Studien bestätigt, dass Bewerberinnen mit einem attraktiven Aussehen bei gleicher Qualifikation weit weniger Chancen haben und kaum zu Vorstellungsgesprächen eingeladen werden (Meuselbach 2015).

Dies birgt für die ohnehin schon belastenden Führungsfrauen ein häufig unterschätztes Stresspotenzial.

Denn gerade soziale Spannungen, aber auch die mangelnde Anerkennung und Isolation durch ihre Geschlechtsgenossinnen werden von Führungsfrauen als gravierende Faktoren von chronischem Stress genannt (Kromm et al. 2009).

Hinzu kommt häufig die fehlende Unterstützung in der Tagesarbeit, wie das auch Anita W. erlebt hat. Warum sollte man einer ehemaligen Kollegin Kaffee bringen, kopieren, zuarbeiten? Bei Männern wird das eher selten infrage gestellt.

Was können Führungsfrauen also tun, um als Chefin Respekt, Achtung und Anerkennung auch gerade von anderen Frauen zu bekommen? Warum sich hier nicht Erfahrungen aus der rangerprobten Männerwelt zunutze zu machen und sie mit Weiblichkeit umsetzen?

Überblick

Lassen Sie die Chefin raus:

1. Souveränität gegenüber Zickenspielen: Lassen Sie sich nicht darin verwickeln. Gehen Sie auf professionelle Distanz und verhalten sich neutral.
2. Klärung der Rangordnung: Weisen Sie klar und deutlich auf Ihren Rang hin (wichtig bei Aufstieg innerhalb Kolleginnen) und machen Sie die damit verbundene Aufgabenverteilung klar. Sie sind Chefin – nicht Kollegin!
3. Männliche Unterstützung an Bord: Holen Sie sich männliche Unterstützung ins Boot. Suchen Sie männliche Mentoren, die Sie fördern und voranbringen. Denn nur Sie wissen, wie männliche Strukturen funktionieren und können Ihnen den Zugang zu männlichen Netzwerken und informellen Gruppen verschaffen.
4. Solidarität und Loyalität gegenüber anderen Chefinnen: Zeigen Sie sich solidarisch mit anderen Führungsfrauen und versuchen gemeinsam, Ihre Interessen durchzusetzen.
5. Mit Netz und doppeltem Boden: Vernetzen Sie sich mit anderen Führungsfrauen, um Erfahrungen auszutauschen, Tipps zu bekommen und Probleme zu lösen. Und denken Sie quer: Vernetzen Sie sich auch mit männlichen Führungskräften, denn die haben auf dem Weg nach oben immer noch das Sagen.
6. Neutralität bei Personalentscheidungen: Weisen Sie auf das Problem der Ungleichheit bei Einstellungsverfahren hin und drängen auf deren Anonymisierung. Prüfen Sie sich bei Einstellungen, inwieweit Sie sich von der Zickenfalle leiten lassen.
7. Raus aus der Isolation – rein in die Gruppe: Schaffen Sie sich anderweitig Ihre Gruppenzugehörigkeit. Neben den ganz entscheidenden Netzwerken sollten Sie sich ein bis zwei Mal wöchentlich mit anderen sozialen Gruppen zu gemeinsamen Freizeitaktivitäten treffen. Ob Sport, kulturelle Veranstaltungen oder einfach nur reden, damit können Sie ihr fehlendes Gruppengefühl kompensieren.
8. Externe Hilfe: Gönnen Sie sich ein spezielles Coaching für Führungsfrauen, bei dem Sie lernen, erfolgreich in der Männerwelt mit Weiblichkeit zu bestehen.

Statt sich auf Zickenspiele einzulassen oder isoliert in der Ecke zu stehen, ist es besser, diesen wirksam zu begegnen. Damit verschwenden Sie Ihre Energie nicht im täglichen Kleinkrieg, sondern erhalten als respektierte und wertgeschätzte Chefin soziale Anerkennung und sind weniger sozialen Spannungen ausgesetzt. Außerdem führt die klare Rangordnung dazu, Ihren Leistungsdruck und Aufgabenvielfalt zu reduzieren und damit wesentliche Faktoren für den chronischen Stress zu mindern (vgl. Abb. 7.1).

Rein in den Erfolg heißt hier ganz klar nicht weniger Chefin sein und sich klein machen, sondern mehr und das auch zeigen.

Dabei verschafft Ihnen der Einsatz männlicher Rangordnungsrituale Respekt und Anerkennung und bringt Ihre männlichen Kollegen und Vorgesetzten an Ihre Seite, die Sie durch informelle Prozesse und Mentoring unterstützen können. Scheuen Sie nicht, mit weiblichem Charme die männliche Karte zu spielen und damit erfolgreich zu werden.

7.4.4 Mrs. Perfect war gestern – heute gehört die Bühne Ihnen

Praxisbeispiel

Marie S., Fachbereichsleiterin in einem großen Lebensmittelkonzern, ist auf dem Weg zum Bereichsmeeting. Dort eingetroffen, spürt sie als einzige Frau schon alle Blicke auf sich gerichtet. Sitzt das Kostüm richtig? Ist sie nicht zu auffällig gekleidet? Hat sie alle notwendigen Unterlagen dabei? Warum ist sie die Präsentation nicht noch einmal kurz durchgegangen? Können sie ihre Kollegen diesmal mit ihrer Fachkompetenz überzeugen oder folgen sie trotz freundlichem Interesse wieder Herrn D., weil er einfach die überzeugendere Show macht?

Innerlich seufzt sie tief und wünscht sich weit weg. Es strengt sie wahnsinnig an, so perfekt und kompetent sein und sich ständig unter den interessierten Blicken der Kollegen behaupten zu müssen.

Sie ist dauernd erschöpft, ihre Migräneattacken häufen sich und ihr Rücken ist total verspannt. Schlafen kann sie schon lange nicht mehr und sie fühlt sich einfach überfordert. Zeit für ihr Privatleben, Entspannung und Urlaub hat sie immer weniger. Wie lange soll sie sich das noch antun?

Marie S. erlebt genau das Problem vieler Führungsfrauen. Da es sehr wenige weibliche Führungskräfte gibt, werden ihre Fehler, Wissenslücken oder gar Unfähigkeiten ganz genau zur Kenntnis genommen. Jede Gestik, Mimik, Aussage, Kleidung, also das gesamte Auftreten unterliegt der gesteigerten Betrachtung.

Dies trifft besonders auf Führungsfrauen mit Minderheitenstatus, also weniger als 15–20 % der jeweiligen Hierarchiestufe, zu (Sander und Hartmann 2009). Bedenkt man, dass gerade im Top-Management die Quote der Frauen signifikant geringer ist, kann man sich deren Belastungsdruck durch diese erhöhte Wahrnehmung vorstellen. In diesem Zusammenhang sprechen die Wissenschaftlerinnen Sander und Hartmann auch von dem „Token Women Phänomen". Also einer Art weiblichem Aushängeschild. Diese werden dabei in erster Linie als stereotype Führungsfrau und weniger als Individuum wahrgenommen.

Diese Wahrnehmung führt dazu, dass Führungsfrauen unter einem starken Erfolgsdruck stehen, ihre Aufgaben fehlerfrei und mit hoher Kompetenz wahrzunehmen. Dies birgt ein wesentlich höheres Stresspotenzial als bei ihren männlichen Kollegen in sich.

Hinzukommt, dass Erfolg bei Frauen eher Glück beziehungsweise dem Zufall zugeschrieben wird, während bei Männern die hohe Fachkompetenz angenommen wird. Dies gilt umgekehrt auch für die Fehlertoleranz bei Männern, die eben Pech hatten, während es Frauen schlichtweg an der fachlichen Kompetenz und Professionalität fehlt.

So geben Führungsfrauen an, ihre fachliche Kompetenz häufiger unter Beweis stellen zu müssen, um die gleiche Wertschätzung und Anerkennung wie ihre männlichen Kollegen zu bekommen (Wunderer und Dick 2002).

Die Angaben von Führungsfrauen, oft 150 % leisten zu müssen, zeigt das Dilemma. Sie müssen nicht nur mehr, sondern auch bessere Leistung als ihre männlichen Kollegen erbringen.

Dies führt sie genau mittenhinein in die Mrs.-Perfect-Falle. Meist setzt sie sich unter großen Erfolgs- und Leistungsdruck und schafft damit die bedeutendsten Ursachen für chronischen Stress selbst (vgl. Abb. 7.1). Denn gerade die paar Prozent der Übersollerfüllung stehen in keinem Verhältnis zum eingesetzten Zeit- und Energieaufwand.

Sie strapaziert damit nicht nur ihr sowieso schon enges Zeitfenster, sondern es ist mehr als fraglich, ob diese vermeintlich perfekte Leistung von außen wahrgenommen wird. So mancher Schaumschläger erzielt mit der Hälfte des Aufwands eine wesentlich bessere Resonanz.

Mrs. Perfect will aber nicht nur im Beruf, sondern auch im Privatleben perfekt sein. Hier rutscht sie auch wieder mitten in die Rabenmutter- und Helfer-Falle hinein. Die wenige Zeit, die sie für ihre Familie und ihr soziales Umfeld hat, möchte sie optimal nutzen. Sie will den perfekten Haushalt, die perfekte Ehefrau, Mutter, Liebhaberin, Tochter und Freundin sein. Doch das ist eine Vision, die nur in ihren Träumen besteht und für die Betroffene leicht im persönlichen Alptraum mit Zusammenbruch und Burnout enden kann.

Denn die Rundum-Perfektion schafft einen enormen chronischen Stress, weil das Bedürfnis der Arbeitszufriedenheit niemals erreicht werden kann (vgl. Abb. 7.2) und einhergeht mit Leistungsdruck, Arbeitsüberlastung und sozialen Spannungen.

So muss die Führungsfrau erkennen, dass sie ihre eigenen Qualitätsansprüche niemals erreichen kann und mit den eigenen Mängeln leben muss. Mrs. Perfect fühlt sich alles andere als perfekt, sondern sieht sich als Versagerin und entscheidet sich dann im schlechtesten Fall gegen den beruflichen Erfolg.

Das bestätigt auch eine Studie des Bundesfamilienministeriums (Wippermann und Wippermann 2010), in den Frauen in erster Linie die schlechte Vereinbarung von Familie und Beruf als Gründe des Berufsausstieges nannten. Erst mit weitem Abstand erfolgten berufliche Kriterien, wie zum Beispiel hohe Leistungsanforderungen.

Wäre es angesichts dieser Erkenntnisse nicht besser, die eigene Perfektion zurückzuschrauben und dadurch weiter als Führungsfrau tätig sein zu können? Und wäre es nicht besser, statt 150 % Überleistung zu erbringen, diese einfach perfekter in Szene zu setzen? Warum nutzt Führungsfrau das Rampenlicht nicht für die Selbstinszenierung?

Stressmindernde Anerkennung der Leistung wird nun mal nicht dadurch erreicht, dass sie in ihrem Büro sitzen, stets freundlich und bescheiden sind, bei Sitzungen, Meetings und Diskussionen anderen höflich den Vortritt lassen, sondern nur durch Sichtbarwerden, Sichtbarwerden, Sichtbarwerden!

Also gehen wir es an.

Überblick

So gehört die Bühne ihnen:

1. Kleiner Einsatz – große Wirkung: Arbeiten Sie auf der Basis des Pareto-Prinzips und erzielen Sie damit ein Höchstmaß an Effizienz. Das besagt, dass Sie mit 20 % des Einsatzes 80 % der angepeilten Ergebnisse erzielen können. Für die weiteren 20 % aber unter Umständen 80 % des Einsatzes gebracht werden muss (vgl. Wikipedia 2016).

   Also verlieren Sie sich nicht in arbeitsintensiven Teilaufgaben, die Sie viel Zeit kosten und im Projekt keinen Schritt voranbringen. Fokussieren Sie sich stattdessen auf die konsequente Aufarbeitung Ihrer Prioritätenliste.

   Dazu ist es wichtig, Folgendes zu erkennen:
   - Welche meiner Fähigkeiten bringt den meisten Erfolg? Stehen diese auf meiner Prioritätenliste oben?
   - Welche Tätigkeiten sind überflüssig? Kann ich diese sein lassen oder reduzieren? Wo stehen sie auf meiner Prioritätenliste?
   - Sage ich NEIN zu allen Tätigkeiten, die mich behindern und meinem Erfolg im Wege stehen?

Die konsequente Umsetzung dieses Prinzips hilft Ihnen, beruflich und privat mit kleinem Einsatz große Wirkung zu erzielen.

2. The show must go on: Nutzen Sie Ihren Vorteil gegenüber den männlichen Kollegen aus und präsentieren Ihre mit minimalem Einsatz erzielten Ergebnisse im Rampenlicht. Gehen Sie dabei bewusst auf die Hauptbühne und lassen Sie sich nicht auf die Nebenbühne drängen. Inszenieren Sie auf der Hauptbühne Ihre Leistung, betreiben Sie Selbstmarketing und stellen Ihren Rang unter Beweis.

3. Nicht kleckern – klotzen: Was nützt Ihnen 150 % Leistung, die Sie dann aus Gründen aufzufallen kleinreden? Dann doch lieber 20 % wirkungsvoll inszenieren. Halten Sie mit Ihren Leistungen nicht hinter dem Berg und betonen Sie stets, wie viel Kompetenz und Können Sie dafür einsetzen müssen. Lernen Sie von Ihren männlichen Kollegen, ohne sie zu imitieren.

4. Nobody is perfect: Tolerieren Sie Ihre Fehler. Gestehen Sie sich zu, nicht alles perfekt machen zu müssen. Oft ist ein improvisiertes Abendessen in lockerer Atmosphäre viel spannender, als ein gestresstes 4-Gänge-Menü. Häufig erweckt eine nicht ins Detail geplante und mit Spontaneität und Witz vorgetragene Präsentation mehr Aufmerksamkeit, als eine perfekte und glatte Vorstellung.

Das Schöne daran: Je entspannter Sie mit sich und Ihren Fehlern umgehen, desto entspannter und gelassener wird Ihre Umgebung.

5. Mehr Frauen in Führungspositionen: Je mehr Frauen in Führungspositionen kommen, desto weniger kommt der Token-Effekt zum Tragen. Unterstützen Sie also Ihre Kolleginnen und Mitarbeiterinnen beim Aufstieg und setzen sich auch bei Ihren Vorgesetzten für mehr weibliche Führungskräfte ein. Geben Sie Ihren Mitarbeiterinnen eine Chance, sich zu profilieren, indem Sie sie mit wichtigen Aufgaben und Projekten betrauen. Lassen Sie sie Leitungs- und Präsentationsaufgaben wahrnehmen und unterstützen sie mit Weiterbildungsmaßnahmen.

6. Sichtbarkeit der Fachkompetenz: Damit Ihre Fachkompetenz besser wahrgenommen wird, nutzen Sie die Stellung im Rampenlicht ganz gezielt für die eigene PR aus: Halten Sie Vorträge, treten Sie bei Symposien, Messen und Fachveranstaltungen auf. Denken Sie auch an die Möglichkeiten der Publikation in Fachzeitschriften oder sozialen Netzwerken – warum nicht ein eigenes Buch schreiben, um anderen Frauen Mut zu machen?

7. Externe Hilfe: Manchmal stecken hinter der Perfektions-Falle auch Glaubenssätze aus der Kindheit, die Sie in Ihrer persönlichen und beruflichen Entwicklung behindern. Nutzen Sie hierfür Coaches, die Ihnen helfen können, diese aufzulösen.

Häufig scheuen sich auch Führungsfrauen, ihre Leistung zu betonen. Hier können Ihnen spezielle Coaches für Führungsfrauen behilflich sein, weiblich Ihre Kompetenz zu zeigen und mit mehr Selbstbewusstsein aufzutreten. Lernen Sie sich mit Hilfe von Profis optimal im Rampenlicht zu bewegen. Dafür gibt es spezielle Präsenz- und Performance-Coaches, die Ihnen helfen, wirkungsvoll Ihren Auftritt zu inszenieren.

Das Geheimnis heißt: Mit wenig Einsatz große Wirkung zu erzielen, eigene Fehler zu tolerieren und dann wesentlich entspannter das Leben als Führungsfrau zu genießen. Lob, Wertschätzung und Anerkennung sind Ihnen sicher. Damit natürlich auch der berufliche und private Erfolg.
Worauf warten Sie noch?

7.5   Ganz entspannt den Erfolg genießen

Was hindert Sie jetzt daran, als Führungsfrau erfolgreich zu sein, indem Sie die wichtigsten Ursachen für chronischen Stress reduzieren und Ihnen durch die hier dargestellten Maßnahmen wirksam begegnen?
Meist nur Sie selbst. Sie alleine haben es in der Hand!
Ist das nicht eine wunderbare Erkenntnis, die Ihnen Kraft und Mut gibt, den Balanceakt als Führungsfrau vollkommen im Gleichgewicht zu bestehen.
Wenn Sie dazu noch die Verwendung des Wortes Stress auf den Prüfstand stellen und gezielte Abschaltrituale in den Alltag einbauen (s. Abschn. 7.4.1), gibt es wieder nur einen, der Ihrem Erfolg im Wege steht: Wiederum nur Sie selbst.
Gewöhnen Sie sich an, gezieltes Entspannungstraining, wie zum Beispiel Meditation, Yoga, Progressive Muskelentspannung und Atmen einen festen Platz in Ihrem Tagesablauf zu geben. Die fehlende Zeit ist hier ein vorgeschobenes Argument, denn mit einiger Übung können Sie diese auch ganz individuell zu Hause oder sogar im Büro durchführen.
Ein mehr an Leichtigkeit und Lebensfreude ist Ihnen sicher und ganz nebenbei werden Sie die Anerkennung und Wertschätzung als Führungsfrau bekommen, die Sie sonst trotz harter Arbeit und großer Anstrengung niemals erreicht hätten.
Vorsicht Nebenwirkung: Es kann sein, dass sich ganz langsam Ihr Leben verändern wird, Sie bewusster leben und erfahren, was das Wort Lebensqualität bedeutet und wie es sich anfühlt, sich selbst der beste Freund zu sein.

Und sehen Sie die Rolle als Führungsfrau positiv:

▶ Sie werden sowieso nicht allen Ansprüchen gerecht. Warum machen Sie dann nicht gleich Ihr Ding?
Werden Sie eine entspannte, kompetente Führungsfrau, die wunderbar weiblich führt.

Wenn ich dazu etwas beitragen könnte, würde mich das sehr freuen.

7.6   Über die Autorin

Margarita von Mayen oder Mag, wie sie sich nennt, ist eine empathische fröhliche Power-frau und Macherin.

Mit Mut und großem Engagement stellt sie sich stets neuen Herausforderungen.

Trotz schwierigster Rahmenbedingungen hat sie nie aufgegeben, sondern ist unverdros-sen ihren Weg gegangen.

Der MagWay war geboren und mit ihm der Wunsch, andere auf ihrem unverwechsel-baren Weg zu begleiten.

Aufgrund ihrer Vita und umfangreichen Erfahrungen als oft einzige Frau in traditionel-len Männerdomänen, hat sie sich dem Thema weibliche Führungskräfte verschrieben.

So war sie nach ihrem Studium der Rechts- und Verwaltungswissenschaften mit Schwerpunkt Personal und Organisation als Führungsfrau in verschiedenen IT-Firmen tätig.

Diese vielseitigen Erfahrungen setzte sie als selbstständige Projektleiterin, Interimsma-nagerin, Consultant und Trainerin in den Branchen Automotive, Maschinenbau, Pharma und Logistik mit großem Erfolg ein.

Um ihre Kenntnisse über die verschiedensten Bereiche, Hierarchiestufen und Tätig-keitsfelder weitergeben zu können, arbeitet sie heute als Business Coach, Women Perfor-mance Coach, Managementtrainer und Anti-Stress-Berater.

Außerdem hält sie Seminare für Führungskräfte in Deutschland und dem europäischen Ausland.

Sie ist stolze Mutter eines 20-jährigen Sohnes und hat als solche den Spagat zwischen Familie und Beruf hautnah miterlebt. Diese Erfahrung fließt in ihre Arbeit ein.

Als ehemalige Leistungssportlerin hat sie sich der körperlichen Bewegung, wie etwa Schwimmen, Wanderungen mit ihrem Hund, Radfahren, Fitness, Tanzen und Yoga ver-schrieben. Ihre ganzheitliche Sichtweise der Dinge, hat sie auch dazu bewogen, vor zwei Jahren eine Ausbildung als Yogalehrerin zu beenden.

Elementar ist für sie aber auch die geistige Beweglichkeit. So ist sie ein Polypreneur, der an den vielfältigsten Themen wie Politik, Geschichte, Soziologie, Psychologie, Neu-rowissenschaft, Literatur, Technik und Architektur interessiert ist. Neugier und Lust auf Neues, Unbekanntes prägen ihr Leben. So gehört ständiges Lernen, aber auch die Weite der Welt unbedingt zu ihrer eigenen Entwicklung dazu.

Ein Leben ohne Reisen, neue Eindrücke, andere Kulturen und Lebensformen wäre für sie nicht vorstellbar. Dies alles fließt auch in ihre Arbeit ein.

Wenn Sie an dem Magway interessiert sind, dann erfahren Sie mehr unter http://www.magway.de/.

Literatur

Amick, B., et al. (2002). Relationship between all-cause mortality and cumulative working life course psychosocial and physical exposures in the United States labour market from 1968–1992. *Psychosomatic Medicine, 64*(3), 370 ff.

Bischoff, S. (2010). *Wer führt in (die) Zukunft? Männer und Frauen in Führungspositionen der Wirtschaft in Deutschland*. Studie Deutsche Gesellschaft für Personalführung e. V., Bd. 5. Bielefeld: Bertelsmann. PraxisEditon.

Bundesinstitut für Bevölkerungsforschung (Hrsg.). (2013). Familienleitbilder 2012, Vorstellungen, Meinungen, Erwartungen. http://www.bib-demografie.de/SharedDocs/Publikationen/DE/Broschueren/familien_leitbilder_2013.pdf?_blob=publicationFile&v=7

Erpenbeck, M. (2004). Stutenbissig?! – Frauen und Konkurrenz: Ursachen und Folgen eines mißachteten Störfalls. *Wirtschaftspsychologie aktuell*, (I), 21ff.

Holst, E., Busch-Heizmann, A., & Wieber, A. (2015). *Führungskräfte Monitor 2015 – Update 2001–2013*. Berlin: DIW.

Kastner, M. (Hrsg.). (2009). *Die Zukunft der Work-Life-Balance: Wie lassen sich Beruf und Familie, Arbeit und Freizeit miteinander vereinbaren?* (5. Aufl.). Kröning: Asanger R

Kromm, W., & Frank, G. (Hrsg.). (2009). *Unternehmensressource Gesundheit – Weshalb die Folgen schlechter Führung kein Arzt heilen kann*. Düsseldorf: Symposium Publishing.

Kromm, W., Frank, G., & Gadinger, M. (2009). Sich tot arbeiten – und dabei gesund bleiben. In W. Kromm & G. Frank (Hrsg.), *Unternehmensressource Gesundheit* (S. 27–52). Düsseldorf: Symposium.

Liesem, K. (2015), Bei Männern streikt das Herz, bei Frauen die Psyche, FAZ, Beruf und Chance, 27. Dez. 2015

Meuselbach, S. (2015). *Weck die Chefin in Dir – 40 Strategien für mehr Selbstbehauptung im Job*. München: Ariston.

Modler, P. (2015). *Die Manipulationsfalle – Selbstbewusst im Beruf mit dem Arroganz-Training für Frauen*. Frankfurt: Fischer Krüger.

Sander, G., & Hartmann, I. (2009). Erhöhter Stress bei weiblichen Führungskräften. In W. Kromm & G. Frank (Hrsg.), *Unternehmensressource Gesundheit* (S. 241–266). Düsseldorf: Symposium.

Stor, M. (2014). *Work-Life-Balance Maßnahmen und Kosten-Nutzen Messung für Unternehmen, Die Vereinbarkeit von Privat-und Berufsleben insbesondere bei weiblichen Führungskräften*. Hamburg: Diplomica.

Wikipedia (Hrsg.) (2016) Pareto Prinzip. https://de.wikipedia.org/wiki/Paretoprinzip. Zugegriffen: 27. Juni 2016.

Wippermann, K., & Wippermann, C. (2010). *Perspektive Wiedereinstieg. Ziele, Motive und Erfahrung von Frauen vor, während und nach beruflichem Wiedereinstieg, Quantitative Repräsentativuntersuchung von sinus sociovision* (4. Aufl.). Berlin: Bundesministerium für Familie, Senioren, Frauen und Jugend.

Wippermann, C., Calmbach, M., & Wippermann, K. (2009). *Männer: Rolle vorwärts – Rolle rückwärts? Identitäten und Verhalten von traditionellen, modernen und postmodernen Männern*. Opladen & Farmington Hills, MI: Barbara Budrich.

Wunderer, R., & Dick, P. (2002). Frauen im Management – Ergebnisse einer empirischen Untersuchung. *Wirtschaftspsychologie*, *1*(2), 29–34.

Zimber, A., & Hentrich, S. (2009). *Führen und gesund bleiben – Ergebnisse der Studie „Psychische Gesundheit von Manger/innen (PsyGeMa)"*. Heidelberg: Fakultät für Angewandte Psychologie, SRH Hochschule.

Heute gehe ich mit Schwert ins Büro

8

Wie ein Symbol der Macht den Zugang zur inneren Macht möglich macht

Carola Orszulik

Ein Donnerstagmorgen. Ich parke vor dem Gebäude, öffne den Kofferraum, hole mein Schwert heraus, stecke es behutsam in die Gürtelscheide und gehe auf den Bürokomplex zu. Die ersten Mitarbeiter der benachbarten Firma kommen mir entgegen. Ich grüße freundlich. Die anderen sind im Gespräch, grüßen eher beiläufig und gehen an mir vorbei. Im Rücken spüre ich, wie sich einige umdrehen und verständnislos auf mein Schwert deuten. Im Treppenhaus muss ich mein Schwert etwas seitlicher halten, damit ich nicht anecke. Auf dem Weg ins Büro begegne ich verschiedenen Personen, die erst im zweiten Moment mein heutiges Accessoire bemerken. Grinsen, Kopfschütteln, mitunter erschrockene Gesichter. Im zweiten Stock angelangt, gehe ich durch mein Büro, einige meiner Mitarbeiter sind schon anwesend. Beim Morgengruß beobachte ich ihre Reaktionen: Ein freudiges „Oh!" mit zielgerichtetem Blick auf mein Schwert, ist die gefühlt intensivste Emotionsbekundung. Auch die anderen, die sich nach und nach zu uns auf eine Tasse Kaffee an den Stehtisch gesellen, sind nicht sehr verwundert. So etwas seien sie von mir ja schon gewohnt, sagen sie. Doch die Herkunft, das Gewicht und die scharfe Klinge wecken das Interesse des Teams. Wir sprechen noch lange über die Symbolik des Schwerts. Dieses Zeichen von Macht ist in meinem Alltag angekommen.

Macht ist eines von drei Grundbedürfnissen, die jeder Mensch hat – neben Liebe und Leistung. Dieses innere Verlangen existiert in unterschiedlicher Gewichtung. Immer aber sind diese Grundbedürfnisse völlig neutral zu verstehen. Sie sind lediglich Werkzeuge, die von sich aus nichts tun oder bewirken können. Erst der Einsatz durch einen Menschen in die eine oder andere Richtung entscheidet, ob sich ein Bedürfnis positiv oder negativ entwickelt, ob es für gute oder ungute Taten eingesetzt wird. So ist Liebe ein wunderbares Grundbedürfnis und der Einsatz von Liebe sowohl auf zwischenmenschlicher Ebene als auch sich selbst gegenüber äußerst empfehlenswert. Kippt die Liebe allerdings ins Ex-

C. Orszulik (✉)
Orszulik GmbH
Rilkestr. 4, 73728 Esslingen, Deutschland

© Springer Fachmedien Wiesbaden GmbH 2017
P. Buchenau (Hrsg.), *Chefsache Frauen II*, DOI 10.1007/978-3-658-14270-4_8

treme, sind Eifersucht und Kontrollzwang mit verheerenden Auswirkungen möglich. Mit der Leistung verhält es sich ähnlich: Leistung und Höchstleistung geben uns ein extrem gutes Gefühl. Gäbe es dieses Grundbedürfnis nach Leistung nicht, würden wir heute noch im Wald wohnen und auf Eseln reiten. Die komplette Konzentration auf Leistung kann übertriebenermaßen beispielsweise zu Trainingsschäden, Vernachlässigung sozialer Bindungen oder klassischem Burnout führen. Und wie verhält es sich mit dem Bedürfnis von Macht? Macht ist grundsätzlich dafür da, um Dinge zu bewirken, Veränderungen anzustoßen und Wirkung zu erzielen. Dabei stellt sich die Frage, welche Ziele ich mit meiner Macht verfolge, welche Hürden ich mit Hilfe von Macht überspringen kann und ob die Auswirkung meiner Macht ausschließlich für mich Vorteile bringt – oder eben auch für andere gut ist.

Werden die Grundbedürfnisse als Werkzeuge für gute oder schlechte Mittel eingesetzt, ist von jedem Menschen selbst abhängig. Hinzu kommt, dass die Grenzen zwischen einer positiven und einer eher negativen Auswirkung durchlässig sind – und das gilt für alle drei menschlichen Grundbedürfnisse gleichermaßen. Beispielsweise ist die Liebe von Eltern zu ihren Kindern sehr wichtig und gut. Wenn aber Eltern jeden Schritt ihrer Sprösslinge über ein gesundes Maß hinaus überwachen und lenken, spricht man vom sogenannten Helikopter-Syndrom. Wenn diese Form der Liebe also massiv ausgeprägt ist, kippt die Liebe ins Negative. Auch wenn es die Eltern nur gut meinen, gilt: Gut gemeint ist nicht immer und überall auch tatsächlich gut gelungen, sondern in vielen Fällen sogar ausgesprochen schlecht für die Entwicklung von Eigenverantwortlichkeit und Selbstständigkeit der Kinder – und somit für deren glückliche Zukunft.

Die innere Macht des Menschen ist ein großer Schatz. Ich begreife meine innere Macht als wertvolles Werkzeug. Meine innere Macht ist wie mein Schwert – eine Kostbarkeit, die schwer zu erreichen ist und erst nach langer Suche an einem verborgenen Ort gefunden wird. Dieser verborgene Ort steckt tief in uns und zeigt sich erst zum passenden Zeitpunkt. Der Weg zur Macht ist ein relevanter Teil im Bewusstwerdungsprozess: Jeder Mensch darf seine Macht erst einmal aufspüren und stärken, bevor sie zu sinnvollem Einsatz kommt. Die innere Macht besitzt übernatürliche Kräfte und unendliche Weisheit. Wie mein Schwert kennt sie den rechtmäßigen Besitzer, sobald ich meiner Intuition vertraue. Meine innere Macht macht mich unbesiegbar.

8.1 Energie durch Erfahrung

Ein Freitagmorgen. Heute gehe ich mit meinem Schwert zum Kunden. Die Prokuristin des Unternehmens empfängt mich. Wir gehen durch die neu renovierten Büroräume, machen etwas Smalltalk. Es dauert etwa zehn Minuten, bis sie sich zu einem beiläufigen Kommentar entschließt: „Sie sind heute sehr gut bewaffnet. Sind Sie heute besonders schutzbedürftig?" Ich werde hellhörig, denn so hatte ich das bisher noch nicht betrachtet. Tatsächlich bietet mir mein Schwert auch Schutz vor Angreifern. Zwei Stunden später kommt der Geschäftsführer zu unserer Besprechung mit dazu. Mein Schwert liegt inzwischen auf dem Tisch neben mir. Ich habe es dort drapiert und es mir so für das Meeting etwas bequemer gemacht. Und doch ist es nach wie vor in meiner sichtbaren und greifbaren Nähe. Erst nach einer Stunde im Gespräch spricht mich endlich auch der Geschäftsführer auf mein neues und ungewöhnliches Accessoire an. Erst zeigt er sich etwas verwundert, dann löst sich seine anfängliche Anspannung und er äußert ausführlich seine Eindrücke. „Das Schwert ist zwar sehr stark, es muss aber unbedingt von einer starken Hand geführt werden, um entsprechend seine Wirkung entfalten zu können." Ein kluger Gedanke. „Das Schwert gibt Ihnen als seiner Trägerin seine Energie. Und diese Energie hat es durch seine bisherigen Erfahrungen gewonnen." Diese weitere Perspektive gibt mir neuen Auftrieb. Sie macht mich stolz und bekräftigt mich in dem Entschluss, das Schwert als Symbol meiner inneren Macht gefunden zu haben. Der Gedanke, dass ich die Energie aus vergangenen Erfahrungen bei mir tragen darf, gibt mir zusätzliche Stärke und macht mir Mut.

Ein Samstagmorgen. Heute gehe ich mit meinem Schwert zum Frisör. Auf dem Fahrrad ist das eine kompliziertere Angelegenheit, stelle ich fest. Mit etwas Übung sieht das Fahren dann doch gekonnt aus – ich fühle mich wie ein Ritter auf seinem Pferd. Zum Glück sieht mich keiner beim Absteigen, denke ich so bei mir, während links das Schwert hängt, in der Mitte die Stange meines Herrenrads schwebt und hinten drauf der Kindersitz auf kleine Reisepassagiere wartet. Aller guten Dinge sind drei: Tatsächlich schaffe ich beim dritten Versuch den Abstieg, halte das Gesamtkonstrukt gerade noch im Gleichgewicht und entgehe sowohl einem Sturz als auch etwaigen Verletzungen durch mein scharfes Accessoire. Was ich nicht bedacht habe ist, dass die Fensterfront meines Frisörs den Blick auf die Straße für die Belegschaft und alle Kunden völlig freigibt. An meiner etwas unbeholfenen Absteige-Akrobatik darf sich so mancher erfreuen … Ich habe dadurch eine weitere Lektion gelernt: Der Umgang mit Schwert und Macht darf durchaus geübt werden. Ich betrete nun in aufrechtem Gang und wachem Blick den Frisörsalon. Die Köpfe drehen sich zu mir und die Gespräche verstummen. Mein kreativer italienischer Haarkünstler bricht die Stille und überschlägt sich vor Freude über meinen besonderen Auftritt. Sein lautstarker Kommentar: „Ich wusste schon immer, dass Frauen Schwert tragen können. Sie sind sich ihrer Macht sowieso intuitiv bewusst." Nun will er meine extravagante Darbietung mit entsprechender Frisur unterstreichen und legt mit fliegenden Scheren los.

8.2 Die fünf Komponenten innerer Macht

Das Fünf-E-Schwert verdeutlicht die Komponenten unserer inneren Macht (Abb. 8.1).

8.2.1 Das erste E – die Energie

Die **Energie** befindet sich in der **Spitze** meines Schwerts. Mit Energie erziele ich genau die Wirkungstreffer, die ich möchte. Von welcher Leidenschaft werde ich angetrieben?

Abb. 8.1 Das Fünf-E-Schwert

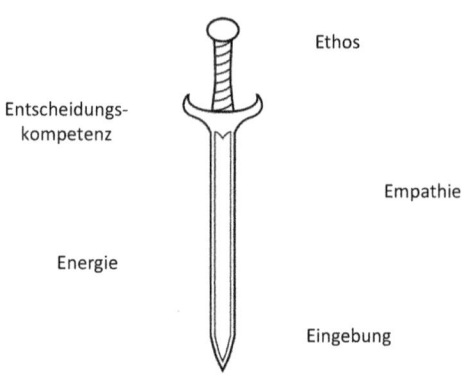

Ethos

Entscheidungs-
kompetenz

Empathie

Energie

Eingebung

Für welche Sache brenne ich? Hier finden sich die optimalen Energielieferanten. Auch der Ehrgeiz spielt eine wichtige Rolle. Die Ehre ist wertvoll, denn sie wird erteilt, kann nicht erworben, jedoch erkämpft werden. Der Geiz hingegen wird aktiv betrieben und ist nicht zwingend positiv besetzt. Wer mit etwas geizig ist, möchte es nicht oder ungern teilen und erst recht nicht hergeben. Im wahrsten Sinne des Wortes möchte ich beim Ehrgeiz also die gesamte Ehre für mich behalten. Dafür bin ich bereit – wenn notwendig – auch sehr viel zu tun. Das Streben nach dieser Ehre, die ich ehrgeizig erringen möchte, nimmt im Idealfall keinem anderen etwas weg – außer dem Sieg. Passiert dies auf eine faire Weise, ist dieser gesunde Ehrgeiz eine gute Quelle für Energie. Die Spitze meines Tuns ist fokussiert, meine Handlungen sind bereits im Vorfeld auf einen Punkt gerichtet. Ohne diese gebündelte Energie – bestehend aus Leidenschaft und untermauert durch Ehrgeiz – wird keine nachhaltige Wirkung möglich sein.

8.2.2 Das zweite E – die Entscheidung

Die **Klinge** steht für die **Entscheidungsfähigkeit**. Sie nimmt nicht ohne Grund die größte Fläche des Schwerts ein: Um Entscheidungen sinnvoll treffen zu können, sind im Hintergrund einige Voraussetzungen notwendig. Wichtig ist das Wissen von Fakten und Zusammenhängen. Hinzu kommen die Reflexion meiner bisherigen Erfahrungen sowie die Standfestigkeit, die ich mir im Laufe der Jahre erarbeitet habe. Nach Aristoteles können wir den Logos (also die Folgerichtigkeit und Beweisführung) in eine Entscheidung mit einbeziehen. Das Resultat sind typische Kopfentscheidungen. Im Bereich der Entscheidungsfähigkeit befinden sich darüber hinaus die Disziplin, Selbstkontrolle und das Selbstvertrauen inklusive dem daraus abgeleiteten Mut. Dies alles sind wichtige Bausteine, um eine umfassende und jederzeit abrufbare Entscheidungsfähigkeit zu entwickeln und zu stabilisieren. Es geht vorerst nicht darum, die richtigen Entscheidungen zu treffen, sondern sich überhaupt zu einer Entscheidung zu befähigen. Die Richtigkeit lässt sich oft erst im Nachhinein feststellen und liegt zudem im Auge des Betrachters. Dass ich mich für oder gegen etwas oder jemanden entschieden habe, hängt von meiner umfassenden Schwertklinge ab. Diese Klinge schärfe ich im Laufe des Lebens – durch meine Erfahrungen und Erlebnisse, durch Reflexionen und Begegnungen. In dem Begriff steckt noch etwas mehr: Das Entscheiden beinhaltet immer auch ein Scheiden oder ein Abschneiden – und das bezieht sich auf die nicht gewählte Option. Sich für das eine entscheiden, bedeutet im gleichen Atemzug, sich gegen etwas anderes zu entscheiden. Der heilige Sankt Martin teilt den Mantel mit seinem Schwert und gibt die Hälfte davon dem Bettler. Dieses Bild zeigt uns: Mit jeder Entscheidung teilen wir etwas in mindestens zwei Teile und trennen uns von mindestens einem Bestandteil. Ist meine Klinge jedoch nicht scharf genug, fällt diese Handlung schwer – oder ist sogar unmöglich.

8.2.3   Das dritte E – der Ethos

Der **Griffschutz** schirmt die starke Hand vor Angriffen und Treffern ab. Das ist unser inneres Wertesystem, aus dem wir unser **Ethos** bilden. Der gesamte Einsatz des Schwerts wäre nicht zielführend, wenn wir nicht diesen Schutz hätten. Dabei ist es wichtig zu verstehen, dass Moral nicht gleichzusetzen ist mit Ethik und Ethos. Ethos kann als gelebte Ethik beschrieben werden. Die Moral basiert auf kulturellen, sozialen und familiären Regeln. Das macht „man" oder jenes macht „man" nicht sind typische Vorgaben im Rahmen eines moralischen Systems. Diese unterscheiden sich regional und hierarchisch. Hingegen sind eigene Werte und die daraus abgeleitete Ethik sehr persönlich und eine intime Angelegenheit des Individuums. Auch wenn in einer Paarbeziehung oder Familie viele Gewohnheiten im Ethos auf Basis einer gemeinsamen Ethik enthalten und weitgehend deckungsgleich sind, wird nicht einmal ein sich liebendes Paar eine zu 100 % übereinstimmende Ethik haben. Aristoteles bezeichnet das Ethos als eine Form der Überzeugung durch Autorität und Glaubwürdigkeit, was wir heute mit Authentizität umschreiben.

8.2.4   Das vierte E – die Empathie

Der **Griff** selbst steht für die **Empathie**. Dieser schafft die Verbindung zwischen dem Werkzeug und dem Träger des Schwertes. Genau so wird auch die innere Macht über Verbindungen nach außen getragen. Die Liebe, das Einfühlungsvermögen und die Kommunikation sind die unverzichtbaren Verbindungen von meiner inneren Macht zu meinem Umfeld. Ohne den Griff mit der Verbindung zur Hand, die das Schwert letztendlich führt, nutzt auch das beste Werkzeug nichts. Erst über den Griff erfolgt der Zugang zur Macht. Erst die führende Hand am Griff schafft den wirkungsvollen Einsatz und gewissermaßen den Vollzug der Handlung. Der Begriff „Einfühlungsvermögen" beinhaltet den Wortbestandteil „Vermögen" – davon wird die Macht abgeleitet. Es geht dabei nicht darum, die Gefühle meines Gegenübers zu übernehmen. Vielmehr steht die Fähigkeit im Zentrum, wahrzunehmen, was in einer anderen Person vorgeht. Die Kommunikation ist wichtiger Bestandteil vom Griff, besonders wenn wir den Pathos nach Aristoteles (also die rednerische Gewalt und den emotionalen Appell) genauer betrachten. Die Empathie unterscheiden wir in kognitive und emotionale Empathie, wobei die Gefühlsübertragung weder vorausgesetzt noch zwingend sinnvoll ist. Vielmehr geht es um das Sehen des anderen und die Sicht auf etwas aus der Perspektive meines Gegenübers. Dies sind wichtige Faktoren, die wir wortwörtlich im Griff haben sollten. Nicht umsonst befassen sich viele Trainer mit der Kunst des Sprechens, der Körpersprache und der nonverbalen Sprache insgesamt.

8.2.5   Das fünfte E – die Eingebung

Der **Knauf** als Abschluss des Schwertes ist – je nach Betrachtungswinkel – das End- oder Anfangsstück des Werkzeugs und symbolisiert die **Eingebung**. Dieser Bestandteil bleibt oftmals unbeachtet oder wird als unnütze Verzierung heruntergespielt. Beim Griff zum Schwert ist es jedoch genau das Element, das als erstes erfühlt und berührt wird. Der Knauf ist es, der das Gleichgewicht im Einsatz mit dem Schwert unterstützt. Liegt das Werkzeug gut in der Hand? Erst durch Anwesenheit und Beschaffenheit vom Knauf verändert sich das fühlbar. Somit verkörpert der Knauf am Schwert unsere Eingebung, unsere Intuition. Unsere Urinstinkte und unser Unterbewusstsein sind gestaltende Elemente unserer Intuition, die durch Erfahrungen gefestigt werden. Jeder von uns kennt bestimmte Momente der Eingebung: Wir können zwar nicht beschreiben, woher in diesem Augenblick ein bestimmtes Gefühl herrührt, jetzt etwas zu tun oder zu unterlassen. Später finden wir eine logische Kopfbegründung dafür, was lediglich unserer Egoberuhigung dient. Der Mensch möchte immer alles erklären und herleiten. Diese Eingebungsmomente stammen aus unserer Intuition, sie sind sinnvoll und wollen gehört, gesehen oder gefühlt werden. Damit gut umzugehen, es zu üben und diesem unterbewussten Part bewusst einen Raum zu geben, ist vermutlich der schwierigste Teil im Lernprozess mit unserer Macht.

8.2.6   Erst der Fokus, dann die Macht

Ein Sonntagmorgen. Heute frühstücke ich mit meiner Familie – und mit Schwert. Ich erkläre die fünf Komponenten und mein Mann hinterfragt meine fünf „E". In der Diskussion stellt er fest, dass meine Macht gefährdet wäre, wenn auch nur ein einzelnes „E" schwach ist. Bekanntlich ist jede Kette nur so stark wie ihr schwächstes Glied. Mein 15-jähriger Sohn fügt dem Ganzen noch die Frage hinzu, ob ich denn selbst immer gemäß meinem Ethos lebe. Darüber mache ich mir Gedanken und weiß, dass meine zugrunde liegende Ethik sowie mein Wertesystem mein Ethos weitgehend bestimmt. Mit meiner gelebten Ethik bin ich im ersten Moment recht zufrieden. Allerdings weiß ich auch, dass da noch Raum ist für Verbesserungen. Es geht dabei nicht um Perfektionismus, dennoch möchte ich Stück für Stück weiter sämtliche Komponenten stärken, damit sie alle berücksichtigt werden und ich nicht plötzlich machtlos bin. Machtlosigkeit ist das schlimmste Gefühl, das ich mir vorstellen kann. In meinem Wertesystem rangiert die Eigenverantwortung weit oben, sogar an erster Stelle. Diese kann ich nur dann tatsächlich leben, wenn meine Macht das zulässt. Also werde ich alles dafür tun, meine Macht immer präsent zu haben. Mein Sohn stellt einen klugen Vergleich her und sagt: „Das ist dann doch wohl wie im Sport: Wenn ich besser werden will, muss ich trainieren – regelmäßig und ausdauernd." Das ist bei den fünf Teilen des Schwertes genauso.

Zwischen Marmeladenbrötchen und Rührei bringt sich nun auch meine neunjährige Tochter in das Gespräch ein. Sie warnt mich eindringlich: „Mama, mit deinem Schwert in der Hand darfst du auf keinen Fall denken!" Das verstehe ich zunächst nicht und hinterfrage ihre Gedanken. Bis mir klar wird, was sie meint: Mit dem Schwert muss ich sehr vorsichtig umgehen. Wenn ich beim Gebrauch an etwas anderes denke, kann das gefährlich werden. Wenn ich das Schwert im Einsatz habe, brauche ich einen Fokus – sonst kann mein Tun in die falsche Richtung gehen. In dem Fall hätte ich die Macht meines Schwerts vergeudet. Das könnte weitere unschöne Auswirkungen haben, denn mein Schwert wird mit meiner Haltung so nicht einverstanden sein – und beim nächsten Einsatz nicht die komplette Energie zur Verfügung stellen. Das merke ich mir gut.

Das Wochenende liegt hinter mir. Ein neuer Montagmorgen wartet auf mich. Ein Kunde reklamiert, dass die eingekaufte Dienstleistung durch einen meiner Mitarbeiter nur unzulänglich ausgeführt worden sei. „Ich sehe es überhaupt nicht ein, für solche Fehler in der Software zu bezahlen!" In seiner E-Mail klingt er ungehalten, unzufrieden und unversöhnlich. Mein erster Impuls: In mir steigt ein Gefühl der Ungerechtigkeit auf. Mein Mitarbeiter hat sogar noch abends beim Kunden gearbeitet, um die Daten zu reparieren. Er hat eine gute, pragmatische und zeitlich günstige Lösung gefunden. Das Ergebnis ist genau das, was der Kunde wollte. Die Datenfehler haben nicht wir in unserem Unternehmen eingebaut, sie stammen von der Software des großen Herstellers – an diesem Umstand können wir vorerst auch nichts ändern. Ich spüre, wie mein hoher Wert namens Fairness gerade stark erschüttert wird und habe schon den Telefonhörer in der Hand, um den Kunden anzurufen und ihm deutlich meine Meinung zu sagen. Diesen Impuls kann ich dann doch noch stoppen und diese Reaktion vermeiden. Meine Selbstkontrolle setzt ein und ich wähle eben nicht die naheliegende Aktion, sondern denke über meine Optionen nach. Das war nicht immer so, Impulskontrolle und Disziplin gehören nicht zu meinen angeborenen Stärken. Sofort in einer Situation zu reagieren hat sich schon oft als ungut herausgestellt, ich habe mir dadurch so manchen Weg verbaut und so einige zusätzliche Hürden erstellt, die ich anschließend nur mühsam abtragen oder gar nicht mehr wegschleppen konnte. Dort zu stehen, wo ich heute bin, hat für mich mehrere Trainingsanläufe gebraucht. Jetzt bin ich mir der Macht bewusst, etwas nicht oder später – und dann möglicherweise in einer gänzlich veränderten Weise – zu tun. So auch in diesem Fall. Anstatt meinem Impuls zu folgen, habe ich mich komplett in ein kleines Rollenspiel begeben: ich war für einige Minuten mein Kunde und habe alle – wirklich alle – Punkte gefunden, die „mir" an dieser Situation nicht gefallen. Anschließend habe ich mir vorgestellt, wie es sein müsste, damit ich mich so richtig wohl und gut betreut fühle. Nun bin ich ohne Vorwürfe, dafür mit dem Wohlfühl-Traum meines Kunden zurück in meine eigene Rolle geschlüpft. Tatsächlich entstand daraus ein Dienstleistungsangebot für meinen Kunden, das dann eine richtig gute Grundlage für das Telefonat gebildet hat. Das in mir gebildete Standing gegenüber dem Kunden war verständnisvoll oder genauer gesagt tatsächlich liebevoll. Offensichtlich hat dies mein Kunde am Telefon wahrgenommen und wir sind sehr schnell und besonders wertschätzend zu einer positiven Lösung für uns beide gekommen: Ich hatte eine bezahlte Rechnung und vor allem einen glücklichen Kunden.

8.3 Drei Tipps auf dem Weg zur inneren Macht

▶ **Tip 1** Bewusste Änderung des Körpers, um den Impuls zu kontrollieren. Atmen Sie erst einmal aus und schieben Sie im zweiten Schritt innerlich das Gefühl nach rechts – in die Leber. Richten Sie Ihren Blick jetzt nach rechts oben und sagen das für solche Situationen zurecht gelegte Mantra einige Male auf: „Ich bin ruhig und sachlich." Joschka Fischer, so heißt es, hat diese Methode in heftigen Diskussionen und kritischen Interviews regelmäßig angewendet.

▶ **Tip 2** Stellen Sie das aufkommende Gefühl in den Schrank, um es für später aufzubewahren – vielleicht brauchen Sie es ja noch. Rücken Sie sich einen virtuellen Schrank zurecht, der vor Ihrem inneren Auge in Ihrem Sichtfeld rechts oben steht. Dort hinein stellen Sie diese Gefühle, für die Sie jetzt gerade in Ihrer Entscheidungsfähigkeit keinen Sinn haben. Sie würdigen damit das Gefühl, denn Sie unterdrücken es nicht – es bekommt lediglich später „seine" Zeit und Aufmerksamkeit. Wenn es bis dahin verflogen ist – umso besser. Übrigens, ich verrate Ihnen ein Geheimnis: Manchmal – wenn auch eher selten – stelle ich meinen Mann in diesen Schrank …
So trainieren Sie Ihre persönliche Impuls- und Selbstkontrolle.

▶ **Tip 3** Gehen Sie immer wieder bewusst aus Ihrer Komfortzone heraus und testen Sie hin und wieder Ihre Grenzen. Ich verspreche Ihnen: Sie werden jedes Mal Dinge erleben, mit denen Sie im Voraus nicht gerechnet haben. Diese Erfahrungen werden Sie stärken und weiterbringen.

8.4 Die Macht der Herausforderung

Einer meiner höchsten Werte heißt Herausforderung. Dass ich seit Kurzem ein Schwert trage, zählt auch zu dieser Kategorie. In regelmäßigem Turnus brauche ich das Gefühl, das einem nur Mutproben einbringen. Das stärkt mein Selbstvertrauen, bringt mir Spaß und neue Leichtigkeit. Wenn es gerade keinen sportlichen oder beruflichen Wettkampf gibt, suche ich die Herausforderung mit mir selbst. Ein aktuelles Beispiel macht das deutlich: Solange ich mich erinnern kann, sagen die Menschen in meiner Umgebung: „Carola, du kannst nicht singen. Versuche es besser gleich gar nicht." Der nächste Wettkampf zeichnete sich also ab: Ich wollte es hinbekommen, mich als Straßenmusikerin durchzuschlagen.

Gesagt, getan. Ich akquirierte meinen Mann mit seiner Gitarre und übte fleißig in unserem Wohnzimmer vor einer eher schweigenden Horde Stofftiere. Dann zogen wir los. Füssen im Allgäu war unser Ziel und die Aufgabe bestand vorerst darin, zwei Tage durchzuhalten. Zwischen Regen und Nebel suchten wir unseren ersten Standort auf: Am Stadtbrunnen mitten in der schönen Altstadt brachten wir uns für meine erste Gesangseinlage in Stellung. Der Regen wurde immer heftiger, sodass wir uns unter eine Jalousie vor einem Hutladen flüchteten. Sofort trat die Ladenbesitzerin zu uns heraus: „Hier können Sie auf keinen Fall singen. Das dringt alles zu mir hinein. Und meine Schaufenstersicht versperren Sie auch noch." Mit einer solchen Begrüßung hatten wir nicht gerechnet – mein Mut, anstrengend antrainiert im Wohnzimmer vor der fiktiv applaudierenden Schar an Stofftieren, rutschte in den Keller. Doch wenn ich mir etwas vorgenommen habe, setze ich es auch um. Punkt.

Ich öffnete also den Gitarrenkoffer, legte einige Münzen hinein – so wie es wahre Straßenmusiker auch praktizieren. Der Regen ließ nach. Wir sangen unseren ersten Song, dann noch einen und einen weiteren. Dann war es soweit – mein erstes Lied ohne stimmliche Begleitung, mein Solo-Auftritt. Ich hatte mich für „I love Rock'n'Roll" von Joan Jett entschieden – und schaffte es! Ich wartete auf das mir bereits bekannte Gefühl, das sich einstellt, sobald ich eine Herausforderung bestanden habe. Doch die Dopamin-Ausschüttung hielt sich in Grenzen. Was war los – mit meinem Innenleben und mit der gesamten Welt? Sollte dies alles dieses Mal ohne Befriedigung ablaufen?

Wir wechselten unseren Standort und befanden uns nun vor einer kleinen Markthalle nahe einem anderen Brunnen. Ich sortierte mich neu und sagte mir: „Carola, du hast die Mutprobe bereits bestanden, diese Erfahrung kann dir keiner mehr nehmen. Wir haben bereits einige Euro eingespielt, also kann es nicht so schlecht gewesen sein." In diesem Moment hakte ich in meinem Kopf diese Punkte der Reihe nach ab und merkte, dass etwas Wichtiges fehlte: Die gesamte Aktion hatte ich bis zu diesem Zeitpunkt ausschließlich für mich gemacht. Was würde aber passieren, wenn ich für Füssen singe? Ab dieser zweiten Runde wurde nicht mehr nur gespielt, wir haben performt! Die Leidenschaft, die ich plötzlich beim Singen verspürte, verwandelte sich in Energie nach außen und riss unsere Zuhörer mit. Eine Gruppe jugendlicher Italiener tanzte mit uns, Familien sangen Songs mit, aus den Straßencafés gab es Szenenapplaus und eine 80-jährige Dame hielt sich an ihrem Gehwagen mit Tränen in den Augen fest und rockte zu den Liedern von Udo Jürgens.

Am zweiten Tag spielten wir am Nachmittag wieder vor dem Hutladen am Stadtbrunnen und wieder begann es zu regnen. Wieder stellten wir uns unter, wieder kam die Ladenbesitzerin zu uns heraus, wieder sprach sie mich an. Dieses Mal aber schenkte sie mir einen riesigen Regenschirm und sagte: „Ich habe Sie gestern und heute gesehen und gehört – sehr crazy, wie Sie sich entwickelt haben. Danke, dass ich das erleben durfte, wie Sie die Menschen bewegt haben!"

Und damit hat sie mich berührt! In diesem Moment habe ich so deutlich wie noch nie gespürt, was meine Energie und Leidenschaft bewirken kann, sodass ich immer wieder gerne crazy bin.

Bis heute bin ich zwar keine begnadete Sängerin, das war auch nie mein Ziel. Was ich aus dieser Lektion lerne, ist, dass Leidenschaft und Energie machtvolle Werkzeuge sind, um Menschen zu bewegen und zu begeistern. Die Spitze meines Schwerts hat also einen Wirkungstreffer erzielt und mir am Ende doch noch meine Portion Dopamin-Glücksgefühl beschert.

8.5 Loslassen als Bestandteil der Macht

Ich leite momentan mehrere Unternehmen, vor allem im IT-Sektor und dem damit verbundenen Beratungs- und Dienstleistungsbereich. Außerdem bin ich als Speakerin tätig. In jedes Business stecke ich viel Liebe und Aufmerksamkeit – auch wenn es sich unterschiedlich verteilt. Bereits im Jahr 2011 hatte ich eine Eingebung, die zum damaligen Zeitpunkt für mich eher wirr und mit meinem Logos nicht nachzuvollziehen war. Ich träumte während einer Meditation davon, dass ich mich von einem bestimmten Unternehmensbereich verabschieden soll. Gerade auf diesem ursprünglichen Business fußt meine Existenz und die Firma ist das, was umgangssprachlich als lukrative Cash-Cow bezeichnet wird. Es war reine Intuition, diesen Schritt machen zu wollen. Zum damaligen Zeitpunkt konnte ich diesen Entschluss jedoch weder logisch begründen noch für mich greifbar machen, zumal ich an die Verantwortung gegenüber meinen Mitarbeitern und Kunden dachte. Je mehr ich diese Eingebung zu verstehen versuchte, desto mehr Gegenargumente gab es. Mein Umfeld konnte meine Intuition nicht unterstützen. Doch diese Eingebung war präsent, wurde zu einem dauerhaften Begleiter und immer klarer. Ich kam nicht davon los – also nahm ich nach einigen Tagen diese vom Unterbewusstsein bereits getroffene Entscheidung an. In den letzten Jahren habe ich kontinuierlich darauf hingearbeitet, diesen Schritt tatsächlich zu machen. Immer wieder taten sich dabei Unsicherheiten auf. Meine Entschlussfreudigkeit hatte Höhen und erlebte Tiefen. Ich suchte nach guten Argumenten in die eine und auch in die andere Richtung, versuchte unbewusst sogar mein Interesse für das bisherige Tätigkeitsfeld wiederzubeleben. Doch diese Versuche blieben erfolglos. 2015 machte ich weitere wichtige Erfahrungen in Bezug auf meine Intuition. Mehr und mehr lernte ich, ihr zu vertrauen – und das wurde jedes Mal aufs Neue belohnt. Darauf besinne ich mich nun genau …

… und gehe heute mit Schwert ins Büro!

8.6 Über die Autorin

Die Unternehmerin und Autorin **Carola Orszulik** ist Gesellschafterin und Geschäftsführerin mehrerer IT- und Beratungsunternehmen. Zudem als ehemalige Leistungssportlerin geschäftsführender Vorstand eines Bundesligavereins und Gründerin einer Unternehmensgruppe. Sie ist im Mittelstand zuhause und lebt das, was sie sagt, zu 100 % selbst. Absolute Eigenverantwortung ist für Carola Orszulik das Lebensmotto in allen Bereichen. So führt

sie Mitarbeiter, Kunden und Geschäftspartner in völlig unkonventioneller Form zu wirkungsvollen Leistungen und Erfolg mit hohem Wohlfühlfaktor! Macht ist ihr Thema seit
sie denken kann. Machtvolle Denk- und Handlungsweisen sind für sie überall präsent.
Zu ihren Kunden zählen namhafte Unternehmen und Verbände. In Vorträgen begeistert
sie die Teilnehmer mit ihrer energievollen, inspirierenden und klaren Art der Vermittlung
von gelebter Expertenerfahrung. Mit vielen Praxisbeispielen und gewagten Experimenten
schafft sie es auf unterhaltsame Weise neues Denken anzuregen. Damit sich Menschen
und Unternehmen trauen, Leidenschaft, Flexibilität und Besonders-Sein bewusst in ihrem
Leben zuzulassen. Mut. Macht. Bewusstsein.

Katharina Pommer

9.1 Das Prinzip des Außenbordmotors

Stell dir vor, du befindest dich auf einem Schiff. Auf diesem Schiff gibt es ein Steuerrad und einen Motor, der das gesamte Schiff antreibt. Um voranzukommen, braucht es einen funktionierenden Motor und eine Steuerfrau, die über die Führung eines Bootes Bescheid weiß. Beides ist gleichwertig wichtig, um ans Ziel zu gelangen und erfolgreich über das Meer zu schippern. Das macht Sinn, nicht wahr?

Was, wenn ich dir sage, dass 90 % der Frauen großteils durch Konditionierungen gelernt haben, anderen das Steuer ihres Lebens zu überlassen. 90 % der Frauen wissen nicht einmal, dass sie selbst der Kapitän ihres Bootes sein könnten. Selbst Frauen in Führungspositionen bemerken nicht, dass längst nicht mehr sie selbst am Steuerrad sitzen, sondern fremdgesteuert werden. Sie leben in der Illusion, dass sie die Ruder in der Hand hätten und ignorieren das Bauchgefühl, das ihnen klar und deutlich versucht mitzuteilen, dass andere am Steuer sitzen. Die Fremdsteuerung betrifft unbewusst übernommene Glaubenssysteme Dritter, den Einfluss der Medien, der Pharmaindustrie, gesellschaftliche und kulturelle Vorgaben und Strukturen, vor allem in Unternehmen. Traurige Realität ist, dass der Großteil auf diesem Planeten lebenden Frauen weder wissen, dass es einen Motor, ein Steuerrad, geschweige denn ein für sie reserviertes Boot gibt.

Bis dato sieht der Motor zahlreicher Frauen weltweit, wie folgt aus:

1. Ich tue, was von mir erwartet oder gefordert wird,
2. vor allem jedoch: ich tue all das, um zu überleben oder geliebt zu werden,
3. ich stehe meinen Mann und verberge die Weichheit und den Sanftmut meiner Femininität.

K. Pommer (✉)
Birkenring 30, 97488 Markt Stadtlauringen, Deutschland

© Springer Fachmedien Wiesbaden GmbH 2017
P. Buchenau (Hrsg.), *Chefsache Frauen II*, DOI 10.1007/978-3-658-14270-4_9

Warum? Unser Gehirn wurde vor 3,5 Millionen Jahren nicht geschaffen, um uns glücklich und erfüllt sein zu lassen. Es wurde einzig und allein dazu gemacht, uns überleben zu lassen!

Wenn du nun meinst, das ginge nur den Frauen in islamisch geprägten Ländern so, dann möchte ich an dieser Stelle sagen, dass dem nicht so ist. Ich durfte mit mehreren tausend Frauen rund um den Globus arbeiten und habe festgestellt, dass unabhängig von deren kulturellen und konfessionellen Hintergründen, alle eines gemeinsam hatten:

Die meisten leben ein Leben, das anderen gefällt und großteils der eigenen Sicherheit dient, jedoch weit davon entfernt ist, sie erfüllt oder glücklich zu machen.

Sie haben ein Schiff, vielleicht auch einen Motor, der sie antreibt, aber die Steuerfrau sitzt entweder auf der Rückbank oder wurde in die Kabine unter Deck gesperrt, in der Hoffnung nicht entdeckt zu werden. Oder sie kämpfen sich durch das Leben in dem Glauben, es gliche einem Meer, das sich permanent im Sturm befindet, wild um sich wütet und niemals Ruhe findet. Oder sie irren auf hoher See herum und folgen einem Kompass, der ihnen in die Hände gedrückt wurde, aber nicht der ihre ist. Sie sind verirrt und frustriert, weil sie nicht ihrem eigenen Weg, ihrer eigenen Bestimmung, ihrem eigenen Lebenskompass folgen, sondern dem anderer.

Die Gründe dafür sind unterschiedlich. Die meisten von uns praktizieren das so, weil wir es als Kind so gelernt haben und unser Gehirn in Form von „inneren Gesprächen" immer und immer wieder sagt: „Vorsicht, vorne wird es gefährlich, stell dich besser ganz nach hinten, da bist Du in Sicherheit und niemandem im Weg. Halte dich an der Reling fest, wenn es mal ruckelt, oder gehe in die Kajüte. Hier vorne gibt es keine Verwendung für dich. Nimm den Kompass der anderen, das spielt keine Rolle, Hauptsache du überlebst!" Bis vor etwa vierzig Jahren war das kein großes Problem für Frauen. Der Großteil von ihnen war zufrieden mit einem sicheren Leben und fand ihr Glück im Rahmen des vor sich hin trottenden Alltags. Doch in den letzten vierzig Jahren hat sich einiges geändert. Frauen wollen mehr, mehr von sich und dem Leben. Sie wollen weder einem Mann in irgendetwas nachstehen, noch sich selbst in gesellschaftlichen Anforderungen oder kulturellen Prägungen verlieren. In den Siebzigern wurde daher der Versuch eines neuen Rollenbildes gestartet, der emanzipierten Frau. Ein Befreiungsschlag für viele Frauen, doch das ultimative Glück brachte es nicht ein. Aus einem, wie ich denke, einfachem Grund, ein Leben, das einem Kampf und Befreiungsschlag gleicht, strengt auf Dauer einfach zu sehr an und die wunderbare Kraft der Weiblichkeit geht dabei verloren, die letzten Endes dazu beiträgt, dass eine Frau sich genauso wie sie ist, wohl, glücklich und erfüllt fühlt. In den folgenden Kapiteln lernst du, wie du erfolgreich und glücklich sein kannst ohne dafür kämpfen zu müssen oder anderen zu beweisen, dass du wertvoll bist! Denn wenn unser Antrieb im Leben ist, es anderen beweisen zu müssen, dann führen wir ein karges und gestresstes Leben, aber vor allem nicht unser eigenes Leben. Wir geben einem Dritten die Macht unser Leben zu bestimmen, indem wir uns insgeheim bei allem, was wir tun fragen, ob es dem anderen gefallen wird. Das ist ein unerfülltes und nicht lebenswertes Leben, denn so leben wir nicht unsere Bestimmung. Doch warum leben von uns so viele ein Leben, das offensichtlich nicht erfüllt?

9.2 Kindheitsprägungen

Erinnere dich für einen Augenblick an deine Kindheit. Wenn es draußen kalt war, haben deine Eltern vermutlich genau gewusst, welche Art von Kleidung für dich angebracht war. Selbst, wenn dir nicht kalt war, zogen sie dir einen Pulli über oder stopften dich in eine Jacke. Sie meinten es gut mit dir, das bestimmt. Auch ihr Gehirn funktionierte einwandfrei und sagte klar und deutlich: „Zieh dem Kind was Anständiges an und sichere so sein Überleben."

Doch völlig nebenbei wurdest du so darauf konditioniert, dass andere Entscheidungen für dich treffen, genau wissen, was du brauchst und dir gut tut und deine Empfindungen kaum eine Rolle spielen. Infolge ignoriert der Großteil von uns sukzessive die eigenen Wahrnehmungen.

Ich bin Mama von vier Kindern und meine jüngste Tochter liebt es, Kleider zu tragen. Es ist ihr dabei völlig gleichgültig, ob es fünfzehn Grad plus oder minus hat. Ich habe mir angewöhnt ihr nicht mehr zu sagen, dass es zu kalt ist, um mit einem Kleidchen außer Haus zu gehen, sondern ihr zu sagen: „Mein Schatz, für mich ist heute eine Jacke angebracht, gehe bitte kurz nach draußen und spüre nach, ob das für dich auch so ist. Wenn dir warm genug ist, nehmen wir sie nur für den Fall mit, wenn dir später doch kalt wird, ansonsten geh so raus, wie du meinst, dass es passt." Über mehr wird weder gesprochen, noch diskutiert. Meist sieht es dann so aus, dass sie nach vier Metern an der kalten Luft schnell zurück ins Haus läuft, um ihre Jacke anzuziehen. Die wichtige Lektion dahinter ist, dass ich ihr zutraue, eine eigene Wahrnehmung zu haben und ihr beibringe, eigenständig Entscheidungen zu treffen und entsprechend zu handeln. Das können sogar die Jüngsten. Ein weiteres Beispiel ist, dass wir als Kinder, wie ein Schwamm, alles aufsaugen, was uns umgibt. Wir nehmen die Ansichten und Glaubenssätze der Menschen um uns großteils ungefiltert auf und speichern sie als wahr ab. Wenn uns ein Erwachsener sagt, dass das Gras rot ist, glauben wir ihm das. Ebenso, wenn er uns mitteilt, dass das Leben hart, schwer und anstrengend ist, vor allem für Frauen. Die Spannweite der Glaubenssätze ist groß und wird im Unterbewusstsein gespeichert. Wie eine große Festplatte liegt das in uns und steuert weit mehr, als uns bewusst ist. Lernten wir als Kind sinnvolle, positive, bestärkende Glaubenssätze, werden wir uns als Erwachsener weitaus leichter tun, ein erfülltes und erfolgreiches Leben zu führen. Haben wir das Gegenteil erfahren und gelernt, tun wir uns schwerer und müssen uns bewusst neu konditionieren. Das ist mit ausreichend starkem Willen, einem klaren Fokus und dem passenden Know-how möglich und sogar empfehlenswert! Der Weg selbstbestimmt und frei zu handeln ist wohl kein Zuckerschlecken, denn er fordert von uns klare Entscheidungen zu treffen, Selbstvertrauen zu entwickeln und ein Gefühl für die eigenen Bedürfnisse zu entwickeln, aber er ist möglich und sollte angestrebt werden. Denn alles andere wäre ein leidenschaftsloses und unglückliches Leben, fern von allen möglichen Potenzialen. Wer von uns das Glück hatte mit Eltern groß zu werden, die dies förderten, wird sich deutlich leichter damit tun, ein erfülltes und erfolgreiches Leben zu führen, doch die Realität ist, dass das die Wenigsten von uns hatten. Deshalb ist es wichtig, dass wir unser sicherheitsgeprägtes Gehirn neu programmieren und uns dazu konditionieren, neue Regeln und Werte aufzubauen, die uns und unserer persönlichen und beruflichen Entwicklung dienlich sind. Damit das funktioniert, brauchen wir ein paar Einblicke in die menschliche Psyche.

9.3 Die menschlichen Grundbedürfnisse

Jeder Mensch auf diesem Planeten hat eines gemeinsam: Grundbedürfnisse. Ob es sich um eine erfolgreiche Managerin, eine Hausfrau, eine Lehrerin, den Dalai-Lama oder einen Terroristen handelt. Ja tatsächlich, alle haben sie eines gemeinsam: die sechs menschlichen Grundbedürfnisse. Jetzt sagst du vielleicht, ja aber zwischen dem Dalai-Lama und einem Terroristen gibt es so große Unterschiede, eigentlich kann man sie überhaupt nicht vergleichen! Da muss ich dir absolut recht geben! Aber die sechs Grundbedürfnisse haben tatsächlich beide, der Unterschied ist jedoch gravierend und liegt in der Reihenfolge und den Regeln, die die betreffende Person dahinter gestellt hat, um die Bedürfnisse zu erfüllen. Der Dalai-Lama hat zwei völlig andere Bedürfnisse an den ersten beiden Stellen platziert, als der Terrorist und hinten angehängt noch eine Menge anderer Regeln und Werte, sowie Glaubensmuster und Denkweisen, dazu später mehr.

Der Dalai-Lama hat auch zwei völlig andere Grundbedürfnisse ganz oben stehen als einer der aktuellen Präsidentschaftskandidaten der USA. Je nachdem, welche zwei Grundbedürfnisse ein Mensch ganz oben hat, richtet er sein Leben, seine Entscheidungen und seine Aktionen ein. Die beiden ersten Grundbedürfnisse sorgen weitgehend dafür, dass wir all unsere Entscheidungen danach ausrichten. Die sechs Grundbedürfnisse sehen wie folgt aus:

1. Das Bedürfnis nach Sicherheit
Jeder Mensch hat das Grundbedürfnis zu wissen, dass seine Existenz gesichert ist, dass er ein Dach über dem Kopf hat, genug zu Essen da ist und ausreichend Kleidung, um vor der Witterung geschützt zu sein. Außerdem müssen wir sicher gehen, geliebt zu werden, um nicht zu sterben. Stell dir vor, jemand würde sein Baby einfach alleine draußen in der Wildnis lassen, das Kind hätte von sich aus absolut keine Überlebenschance! Das garantiert nur, dass es von jemandem genug geliebt wird, um ausreichend versorgt zu werden.

2. Das Bedürfnis nach Abwechslung
Wir Menschen brauchen Abwechslung und Veränderung. Hast du schon einmal ein Baby erlebt, das partout nicht mehr mit der lahmen Rassel spielen möchte, die du ihm seit Wochen immer und immer wieder gereicht hast? Selbst die allerkleinsten Erdenbewohner möchten Abwechslung erleben. Denn, wenn wir ausschließlich in einem kargen, weißen Raum leben würden, würden wir verkümmern.

3. Das Bedürfnis nach Aufmerksamkeit und dem Gefühl gebraucht zu werden

Menschen müssen das Gefühl haben wichtig zu sein, einen Platz in der Welt zu haben und von anderen gebraucht zu werden. Deshalb funktioniert so etwas wie Hierarchie, Adelstitel und Rangordnung.

4. Das Bedürfnis nach Liebe und Verbindung zu und mit anderen Menschen

Der Mensch will zu einem Rudel, einem Stamm, einer Gruppe, einem Kulturkreis oder einfach zu einem anderen Menschen gehören. Ein Grund, warum es Partnerschaften, Familien, Vereine, Institutionen, Kirchen und Gruppen gibt. Das Gefühl verbunden und geliebt zu sein, ist ein wichtiges Grundbedürfnis, dabei wird jedoch der Sinn meist nicht hinterfragt, wichtig ist nur, dass es Verbindung und Liebe gibt. Auch wenn es offensichtlich eine fehlgeleitete Verbindung ist, wenn es um Grundbedürfnisse geht, sind viele von uns leider nicht allzu kritisch.

Dies sind die vier existenziellen Grundbedürfnisse. Jeder Mensch auf der Welt hat sie. Hinzukamen im Laufe der Evolution und Entstehung des Neo Cortex (ein neuer Hirnbereich, der uns Bewusstsein gab) noch zwei weitere Bedürfnisse, die als spirituelle Grundbedürfnisse bezeichnet werden.

5. Das Bedürfnis nach Wachstum

Wir wollen uns weiterentwickeln, wachsen und streben nach mehr.

6. Das Bedürfnis einen Beitrag zu leisten

Wir Menschen wollen, dass unser Leben einen Sinn hat.

Die Bedürfnisse 5 und 6 treten großteils erst im späteren Alter ein. Und irgendwie entstand der gesamte Hirnbereich auch erst vor 50.000 Jahren, die Menschheit kam also lange Zeit ohne diese Grundbedürfnisse klar und beschränkte sich auf den instinktgesteuerten Bereich des Reptiliengehirns.

Meist kommen die beiden letzten Bedürfnisse auch erst dann zum Tragen, wenn die ersten vier Bedürfnisse abgesichert sind. Also das Auto vor dem eigenen Haus parkt, man geheiratet hat, eine Familie gegründet oder im Job gut verankert ist. Menschen kommen erst dann in die sogenannten „Sinneskrisen", wenn sie einen gut bezahlten Job (Anerkennung und Sicherheit), ein schönes Haus (Sicherheit) und eine Familie (Liebe und Verbindung) gegründet haben. Sobald die ersten vier Grundbedürfnisse befriedigt sind, denken sie darüber nach, ob das, was sie tun, auch Sinn macht! Und schwups, da haben wir sie: die klassischen Aussteiger! Menschen, die scheinbar von heute auf morgen völlig unerklärlich für die breite, unwissende Masse, ihre Jobs kündigen, auf Weltreise gehen oder sich mit Selbsterfahrungsbüchern eindecken. Deshalb gibt es so etwas wie Midlife-Krisen, Burnout oder sonstige Lebenskrisen! Der Grund dafür liegt in der Verschiebung der Bedürfnisse!

Jeder, der plötzlich sein Leben verändert oder sich unerfüllt fühlt, sehnt sich nach der Erfüllung der zwei letzten Grundbedürfnisse. Dieses natürliche Verlangen fordert den Menschen dazu auf, sich qualitativ hochwertige Fragen zu stellen:

- Was ist meine Bestimmung?
- Was sind die Talente und Fähigkeiten, die mir in die Wiege gelegt wurden?
- Was lässt mein Herz vor Freude hüpfen?
- Was würde ich tun, ohne Geld dafür zu bekommen, einfach weil es mein Herz erfüllt, mir Freude macht und ich mich durch das Schaffen erfüllt und glücklich fühle?
- Wie kann ich das Leben anderer reicher und erfüllter machen, nicht nur das meine?

Der Großteil der Menschen weiß davon nichts und schüttelt nur den Kopf, wenn einer plötzlich seine Familie verlässt, um in ein Ashram zu gehen, oder seinen Job kündigt, um Coach zu werden und plötzlich nicht mehr Fußball, sondern die Selbsthilfeabteilung im Buchladen bevorzugt. Meist fühlen sich Frauen in solchen Momenten irritiert, verloren, traurig, wütend und depressiv. Sie haben das Gefühl, ihr altes Leben würde urplötzlich nicht mehr existieren können und fallen gefühlsmäßig in ein tiefes Loch.

Weiß man aber um die Grundbedürfnisse Bescheid, versteht man nicht nur sich selbst besser, sondern auch andere Menschen! Man kann sich selbst aus Sinneskrisen so einfach befreien, indem man dieses fundamentale Wissen hat und erkennt, dass es im Leben nicht um Verzicht, sondern um ein sowohl als auch geht. Mit diesem Wissen ist es möglich, eine Abkürzung zur eigenen Erfüllung zu gehen!

9.3.1   Aber wie funktioniert das jetzt genau mit den Grundbedürfnissen?

Eines müssen wir wissen, ein Mensch, der in erster Linie sämtliche Entscheidungen danach ausrichtet, Abwechslung zu erhalten, führt ein anderes Leben, als jemand der in erster Linie nach Sicherheit verlangt.

Nehmen wir ein Liebespaar als Beispiel zur Hand

Gehen wir davon aus, dass Peter, ein erfolgreicher Manager mittleren Alters ist und sich in seine Sekretärin Franziska verliebt hat. Franziska liebt es für andere zu sorgen und sucht bei allem, was sie macht, nach Liebe und Verbindung. Peter ist in erster Linie nur eines wichtig: er will Aufmerksamkeit. Er will das Gefühl haben, gebraucht zu werden, wichtig zu sein und im wahrsten Sinne des Wortes „der Held für alle zu sein". Beide sind verliebt, möchten eine Beziehung, doch stellen nach einiger Zeit erstaunt fest, es klappt nicht. Die Beziehung läuft nicht so, wie sie sich das vorgestellt haben. Franziska strebt in erster Linie nach Liebe und Verbindung, das heißt sie tut alles, um geliebt zu werden. Peter hingegen tut alles, um anerkannt zu werden. Seine Antriebsfeder ist selbst besser da zu stehen. Ihn interessiert an erster Stelle sein eigenes Wohl. Natürlich will er auch, dass es Franziska gut geht, aber in erster Linie nur deshalb, weil er an ihrer guten Laune partizipieren kann, außerdem sieht sie gut aus und Freunde beneiden ihn um seine hübsche Freundin. Er sieht, mit dem Bedürfnis nach Aufmerksamkeit an erster Stelle nicht, dass es Franziska schlecht geht, wenn er sich nicht bei ihr bedankt, stets im Büro sitzt, um in der Erfolgsleiter noch weiter nach oben zu klettern und keinen Abend Zeit hat, sie schön zum Essen auszuführen. Er sieht nicht, wie sehr es sie verletzt, wenn er einen Tag nach der Geburt des gemeinsamen Kindes, das nach zwei Jahren Beziehung unerwartet in deren Leben trat, die wichtige Dienstreise antritt, die ihm eine bessere Stellung in der Firma sichert, anstatt mit seiner neuen Familie im Bett zu kuscheln und seine Frau zu versorgen. Er sieht nicht, wie sehr es sie verletzt, wenn er neben ihr flirtet, weil er sich dadurch anerkannt fühlt und stolz ist, dass er Aufmerksamkeit und Lob von anderen Frauen erhält, weil seine eigene Frau mit dem Kind beschäftigt ist. Er versteht auch ihre Zweifel nicht. Er versteht nicht, dass Franziska nach der Geburt für mehrere Jahre das Kind versorgt, ihre Karriere einfach aussetzt und ihr das nicht „zu wenig" ist. Er versteht nicht, dass Franziska Jeans und T-Shirt bevorzugt und nicht mehr täglich im Kostüm außer Haus geht – wie früher. Ihm ist es unbegreiflich, dass Franziska ihren Sohn weiter lobt, obwohl er etwas nicht schafft und mehr Leistung bringen könnte. Er begreift nicht, dass sie ihn in den Arm nimmt und ihm sagt: „Beim nächsten Mal gelingt es dir, Liebling." Seine Antwort lautet: „Egal wie alt er ist, er muss sich im Leben durchbeißen. Es ist wichtig, der erste zu sein, es ist wichtig anerkannt zu sein und es im Leben zu etwas bringen. Es ist wichtig, der Beste zu sein und von jedem anerkannt zu werden. Als Memme kommt er nicht durch!"

Die beiden haben zwei völlig unterschiedliche Bedürfnisse als Priorität gesetzt, die sie im Leben antreiben. Zwei Bedürfnisse, die unmöglich miteinander harmonieren können. In dieser Ehe wird solange Schmerz und Unverständnis dominieren, weil die ersten Grundbedürfnisse miteinander kollidieren, bis Peter eine Veränderung vornimmt und erkennt, dass das Bedürfnis nach Anerkennung an erster Stelle ihn zwar beruflich nach oben bringt, jedoch von seiner Familie entfernt und er eine unglückliche Beziehung oder Scheidung riskiert. Wenn es ihm gelingen würde, das Bedürfnis nach Anerkennung gegen das Bedürfnis Beitrag zu leisten auszutauschen, wäre er sowohl beruflich, als auch privat bedeutend erfolgreicher!

Ein anderes Bespiel

Susanne hat an erster Stelle das Bedürfnis nach Sicherheit, ihr Mann Tom die Abwechslung. Tom liebt daher Abenteuerurlaube in Rio, Susanne bevorzugt zu Hause im eigenen Land einen Wanderurlaub zu machen. Wie hoch ist die Chance, dass die beiden dauerhaft glücklich miteinander sein werden? Gleich null, es sei denn, sie gehen aufeinander ein und finden Kompromisse, sodass sie beide ihre Grundbedürfnisse befriedigen können.

Essenziell ist zu wissen, dass jeder Mensch von unterschiedlicher Reihenfolge an Bedürfnissen angetrieben wird und dass Menschen aufgrund dessen auch unterschiedliche Entscheidungen in ihrem Leben treffen. In der Kindererziehung ist das ähnlich. Da gibt es eine Familie mit drei Kindern und alle drei sind so unterschiedlich wie Tag und Nacht. Der eine ein Abenteurer, der keine Gefahr auslässt und auch keine Notaufnahme. Der andere versteckt sich schon, wenn er dazu aufgefordert wird, in eine Regenpfütze zu springen.

Als Eltern taucht kurz die Frage auf: Kann das wirklich sein, dass die zwei Geschwister sind?! Ja klar, sie sind nur beide völlig anderes strukturiert in ihrem Wesen und ihrer Psyche! Auch in Firmenstrukturen sind diese unterschiedlichen Typen ersichtlich. Wenn wir aber darum Bescheid wissen, können wir mit diesen unterschiedlichen Bedürfnistypen ganz anders umgehen, sie besser verstehen und daraus resultierend auch ganz andere Ergebnisse aus ihnen herauslocken!

Interessant ist, dass der Großteil der Frauen in erster Linie das Bedürfnis nach Sicherheit hat. Befragungen von tausend Frauen zeigen, dass die meisten von ihnen Sicherheit ganz oben stehen haben oder zumindest an zweiter Stelle. Was dazu führt, dass es ihnen extrem wichtig ist, ein sicheres Einkommen und eine gesicherte Existenz zu haben. Den meisten Frauen, die in einer Beziehung sind, ist es jedoch auch wichtig, zu wissen, dass der Mann an ihrer Seite, in jeder Lebenssituation bedingungslos zu ihnen steht, bei ihnen bleibt und sie und die Familie ausreichend beschützen und versorgen kann. Dies ist ein menschliches Grundbedürfnis und läuft in erster Linie völlig unbewusst ab! Das sage ich deshalb, weil besonders eigenständige oder auch maskuline Frauen vermutlich den Kopf schütteln und sagen: „Nö, ich brauch das nicht!" Diese Frau wird hart arbeiten, alles managen und sichergehen, dass sie dies auch immer alleine tun kann. Sie wird ihre Karriere vorantreiben, ohne Pause und niemals, aber auch niemals zugeben, dass sie sich Entlastung wünschen würde. Doch selbst sehr emanzipierten Frauen ist es in ihrem Innersten wichtig zu wissen, dass dafür gesorgt wird, ein Dach über dem Kopf zu haben, vor „wilden Tieren" (heutzutage boshafte Menschen) geschützt zu werden oder ausreichend Nahrung zu haben. Dies hat das Gehirn vor 3,5 Millionen Jahren so angelegt. Emanzipierte Frauen erwarten dies allerdings nicht mehr von Männern, sondern von sich selbst. Die Ursachen dafür sind unterschiedlich, doch meist liegt eine Enttäuschung vor, die irgendwann im Leben der Frau stattfand und sie deshalb beschlossen hat, dass es sicherer ist, für sich selbst zu sorgen, als abhängig von einem anderen zu sein. Dies wiederum kollidiert mit dem anderen menschlichen Grundbedürfnis nach Verbindung und Liebe, deshalb ist die Variante der voll emanzipierten, unabhängigen oder alleinstehenden Frau auf Dauer für viele eher unbefriedigend und kaum erfüllend.

Fatal ist, wenn die Frau an zweiter Stelle das Bedürfnis nach Anerkennung hat. Dies hat zur Folge, dass sie alles was sie tut, aus einem Grund macht, um Aufmerksamkeit zu erhalten und sicher gehen zu können, die wichtigste und wertvollste Frau oder Mitarbeiterin zu sein. Die Kombination von Sicherheit und Aufmerksamkeit zählt zu den „gefährlichsten" der Welt, weil diese Menschen nur darauf abzielen, bei allem, was sie tun, sicher gehen zu können, die Nummer eins zu sein. Sie sind selten wahrhaftig und aufrichtig für andere da, sondern meist nur für sich selbst. Untersuchungen zeigen, dass mittlerweile jeder sechste Mensch davon betroffen ist, man bezeichnet diese auch als Narzissten.

Kennst du Frauen, die unglaublich stark und dominant wirken, die anderen meist mit einem unangenehmen und abwertenden Unterton begegnen und in deren Nähe man sich seltsam klein fühlt? Willkommen im Leben einer Größennarzisstin! Sie wird stets dafür sorgen, andere klein zu reden, um sich selbst besser zu fühlen. Sie gibt nicht des Gebens willen, sondern um zu bekommen. Diese Frauen sind sehr berechnend und mit Vorsicht zu genießen. Denn dieser Typus Frau würde alles tun, um von anderen anerkannt zu werden. Dieser Typus Frau sucht sich Männer, die erfolgreich und anerkannt sind, in erster Linie nicht der Liebe wegen, sondern der Aufmerksamkeit wegen, die sie deshalb meint zu erhalten. Dieser Typus Frau verbringt Stunden vor dem Kleiderschrank, Schuhschrank, Kosmetiktaschen und Shops, um perfekt gestylt raus zu gehen und Anerkennung zu erhalten. Sie sind meist sehr erfolgreich und gelten in Führungsebenen als „vereinnahmend, durchaus beliebt, aber berechnend". Diesen Menschen, auch Männern, geht es in erster Linie darum, anderen zu gefallen. Sie wollen im Grunde nur eines, geliebt und wertgeschätzt werden. Im Grunde haben sie ein gutes Herz, aber in sich fühlen sie sich so klein und wertlos, dass sie im Außen stets ihre Größe beweisen müssen. Deshalb sind ihnen Ansehen, Titel und materielle Güter vordergründlich wichtiger als zwischenmenschliche Beziehungen. Das sind genau die Kandidat/-innen, die trotz leeren Kontos in der Garage einen neuen BMW parken, immer in den besten Lokalen speisen und die teuerste Kleidung tragen. Nach außen errichten sie eine Fassade, die ihnen Anerkennung garantiert, sodass sie sich wertvoll und anerkannt fühlen, innen sieht es jedoch ganz anders aus. Klein und unsicher. Das ist die bittere Wahrheit. Sie stellen sich und andere gerne zur Schau und lassen Menschen, die nicht in ihr Bild passen, wie eine heiße Kartoffel fallen oder, wenn es sich um die eigenen Kinder oder die Partner/-in handelt, tun sie alles dafür, dass diese „in die gesellschaftlich anerkannte Norm passen". Was nicht passt, wird passend gemacht. Egal, ob es sich dabei um eine Sache, ein Ereignis, oder einen Menschen handelt. Stell dir vor, jeder Mensch wäre ein Puzzleteil, mit einem vorbestimmten Platz. Der Großteil von uns hat gelernt, sich passend zu machen und drückte sich als Puzzleteil an irgendeinen Platz. Umgeben von anderen passend gemachten Puzzleteilen, lebt man so vor sich hin, es zwickt an allen Stellen, aber, irgendwie hat man sich daran gewöhnt. Dieses „passend machen" haben Narzissten, aber auch der Großteil aller anderen Menschen in ihrer Kindheit und in ihrem späteren Leben erfahren. Mit dem Unterschied, dass Narzissten dieses Prinzip ganz offensichtlich auf ihre Mitmenschen übertragen und alle anderen für sich insgeheim ausleben, indem sie versuchen, andere Menschen zu kontrollieren.

Wie geht man mit solchen Menschen um, vor allem, wenn es sich um eine/n Kolleg/-in handelt? Am besten man kritisiert oder kränkt diese Menschen nicht, lobt sie und versichert ihnen, alles dafür zu tun, damit sie gut dastehen. Das kann auf Dauer anstrengend werden, aber einen Narzissten zu kränken ist bei Weitem anstrengender! Wichtig ist, diesen Menschen als klares Gegenüber entgegenzutreten. Denn haben sie einmal erkannt, dass man ihnen respektvoll die Stirn bieten kann und ihnen nicht in „die Quere" kommt, hat man großteils Ruhe und kommt in die angenehmen Nebenwirkungen des Narzissmus. Denn sie haben oft viele anerkannte Freunde, die sie einem vorstellen, nehmen einen zu ereignisreichen Ausflügen mit oder laden in teure Restaurants ein. Ein Narzisst kann also durchaus amüsant sein, sofern man weiß, wie man mit ihm/ihr umgehen muss!

Wie du siehst, ist es durchaus hilfreich zu wissen und zu begreifen, was uns Menschen auf unterschiedliche Weise antreibt, damit wir uns selbst besser verstehen und natürlich auch andere. Wenn wir erfolgreich und erfüllt sein wollen, müssen wir uns mit unserer und der Psyche der Menschen befassen. Die Welt hat sich geändert. Social Media zeigt, wie viel Einfluss die Meinung Dritter auf den eigenen Status haben kann und welch rasante Auswirkung auf die eigene Karriere. Deshalb ist es wichtig zu lernen, wie man sich selbst zeigt, präsentiert und für anderen einen Nutzen darstellen kann, der einen selbst und die Welt bereichert. Die einzige Frage, die zum Glück führt, ist:

> ▶ **Tip** Wie kann ich für mich selbst und andere eine Bereicherung sein und mein eigenes und das Leben anderer reicher und lebenswerter gestalten?

Das ist möglich, sobald wir uns selbst so annehmen können, ohne der Kernangst „nicht genug zu sein" und deshalb „nicht geliebt zu werden" (dazu später mehr). So werden wir ein authentisches und bedeutend erfolgreicheres und erfüllteres Leben führen, als jemals zuvor.

Die Frage darf man jedoch nicht falsch verstehen. Menschen, die nach Liebe und Verbindung und Sicherheit streben, zeigen ein völlig anderes Verhaltensmuster. Eine Ursache für die neue Volkskrankheit Burnout ist, dass es sich dabei meist um Menschen handelt, die sich nach Sicherheit und Liebe und Verbindung sehnen. Sie tun alles, um sicher zu sein, geliebt zu werden. Alles. Sie geben deshalb so viel, um ihre Bedürfnisse zu befriedigen, dass sie sich selbst völlig aufgeben. Sie geben ihr eigenes Selbst auf, nur um andere glücklich zu machen und infolge die Erwartung hegen im Gegenzug dafür, etwas Liebe zu erhalten. Sie spüren nicht einmal mehr, wenn sie ausgelaugt und mit den Nerven am Ende sind. Burnout ist die Folge des ungebändigten Hungers nach Liebe und Aufmerksamkeit. In meine Praxis kommen viele Frauen, die diese Diagnose erhalten haben, weil ihr Hunger nach Liebe und Sicherheit nicht gestillt wurde. Sie empfinden eine Leere, wenn der Beruf nicht die gewünschte Erfüllung bringt und suchen nach allen möglichen Dingen, um diese wieder zu stopfen.

Herauszufinden, welche beiden Grundbedürfnisse du hast, hilft dir, wie bereits gesagt, enorm dabei, die Beziehung zu dir und anderen zu verbessern. Du kannst deine Grundbedürfnisse natürlich jederzeit abändern, durch eine bewusste Entscheidung, dein Leben zu verändern. Du findest deine Grundbedürfnisrangordnung heraus, indem du dir ein paar Entscheidungen in deinem Leben ansiehst und dich fragst:

- Nach welchen Grundbedürfnissen habe ich diese Entscheidung getroffen?
- Was war mir beim Treffen dieser Entscheidung wichtig?
- Wenn du schon lange kündigen willst, es aber nicht getan hast, sei ehrlich mit dir selbst und frage dich: Welche Grundbedürfnisse befriedige ich in meiner aktuellen Situation?

9.3.2 Die Regeln hinter den Grundbedürfnissen

Doch damit nicht genug, denn als Anhängsel an diese Bedürfnisse haben wir noch zahlreiche Regeln. Regeln müssen nicht zwangsläufig die gesellschaftlichen Regeln betreffen, es gibt darüber hinaus zahlreiche persönliche und individuelle Regeln. Meist haben wir diese unbewusst von Eltern, Autoritätspersonen oder Strukturen übernommen, ohne sie je bewusst zu reflektieren. Es ist von großer Wichtigkeit sich damit auseinanderzusetzen, welchen unbewussten Regeln man folgt, damit wir unbewusste Blockaden aufdecken und somit bessere Erfolge und Leistungen erzielen können und letzten Endes auch mehr Glück empfinden.

Deine Regeln findest du heraus, indem du dich fragst:

- Was muss passieren, damit ich mich geliebt fühle?
- Was muss passieren, damit ich mich anerkannt und wertgeschätzt fühle?
- Was muss passieren, damit ich mich sicher fühle?
- Was muss passieren, damit ich Abwechslung empfinde?
- Was muss passieren, damit ich das Gefühl habe, mein Leben hat einen Sinn?
- Was muss passieren, damit ich das Gefühl habe, zu wachsen?

Nimm dir ausreichend Zeit, um die Fragen zu beantworten! Als ich diese Übung zum ersten Mal machte, saß ich mehrere Stunden daran und konnte kaum glauben, was für unsinnige Regeln ich in mir aufgebaut hatte. Diese Übung hat mir unendlich dabei geholfen, mein Leben positiv zu verändern. Sobald ich meine Regeln erkannte, konnte ich bewusst eingreifen, sie vereinfachen und auf positive und Gewinn bringende Weise verändern. Durch diese Änderung schaffte ich es, ein Vermögen im sechsstelligen Bereich aufzubauen, eine Diagnose zu überstehen, die laut Ärzten das Ende des Lebens bedeutet und mich erfüllt und bedingungslos meiner Bestimmung zu widmen, das Leben anderer zu bereichern, indem ich ihnen bewusst mache, dass sie wertvoll und kostbar sind, genauso, wie sie sind.

Frauen und Mütter, die an Burnout oder Depressionen, Übergewicht oder Perfektionismus leiden, haben meist sehr komplizierte und strenge Regeln dafür aufgestellt, Erfolg und Glück zu empfinden, die unmöglich zu erfüllen sind. Die traurige Wahrheit ist, dass Frauen infolge oft nicht nur psychisch, sondern auch physische Erkrankungen entwickeln. Frauen, die sich das Leben nehmen, glauben, ihre Regeln würden nie, nie, nie erfüllt werden. So große Auswirkungen haben unsere Regeln auf unser Leben.

Ein Beispiel

Karla, eine junge Frau in Führungsposition, hat die innere Regel aufgestellt, sich erst dann geliebt zu fühlen, wenn ihr Mann mindestens acht Mal pro Tag „Ich liebe dich" sagt. Nun ist er ein sehr liebevoller Mann, der Karla über alles liebt, doch teilt er ihr dies „nur" ein bis zweimal täglich mit. Ihre unbewusste Regel sorgte dafür, dass Karla sich in Meetings kaum noch konzentrieren konnte. Ständig starrte sie auf ihr Telefon und lugte in ihren Facebook-Account, ob ihr Mann vielleicht dort eine Nachricht für sie hinterlassen hatte. Wie hoch ist die Wahrscheinlichkeit, dass Karla sich geliebt fühlt und sich aufgrund ihrer Regel auf ihren Job konzentrieren kann? Gleich null. Klara kam in meine Praxis, weil sie sich scheiden lassen wollte und bereits massive Probleme in ihrem Job hatte. Sie hatte die Begründung: Mein Mann liebt mich nicht und deshalb bin ich zappelig, unruhig und kann mich kaum noch auf etwas konzentrieren. Dies war ihre Art ihren eigenen Mangel auszudrücken und dafür die Verantwortung abzugeben. Die Realität sah nach einer Sitzung mit ihrem Mann, anders aus. Er liebte sie und konnte sich ihr Verhalten gar nicht erklären. Mit Hilfe der zuvor genannten Fragen, konnte Karla ihre Regeln bewusst definieren und diese auf Sinnhaftigkeit überprüfen. Sie stellte fest, dass es unsinnig war, daran festzuhalten, ihr Mann müsse ihr acht Mal pro Tag seine Liebe versichern. Karla führt seither eine glücklichere Ehe und sie ist bedeutend konzentrierter in ihrem Job und konnte ihn deshalb auch behalten.

Manches Mal kann es so einfach sein, Lösungen für Probleme zu finden!

Ein anderes Beispiel für „Glücklich sein"

Ich hatte das Vergnügen eine 70-jährige Multimillionärin, die seit 40 Jahren verheiratet ist, acht Kinder hat und nach wie vor Marathon läuft, zu treffen und ihr ein paar Fragen zu stellen. Ich fragte sie: „Sind Sie glücklich?" Sie sagte: „Nein." Ich traute meinen Ohren nicht, die Kinnlade berührte den Boden, also fragte ich noch einmal: „Sind Sie glücklich?" Sie sagte erneut: „Nein."

Ich hielt einen Moment inne und fragte: „Was muss passieren, damit Sie sich glücklich fühlen?"

Sie antwortete Folgendes: (und gab ihre Regeln für Glück bekannt)

1. „Ich darf nie frustriert mit meinen Kindern sein."

Jetzt frage ich dich, vielleicht bist du bereits eine Mama, wie hoch ist die Wahrscheinlichkeit mit acht Kindern nie frustriert zu sein? Himmel Herr, acht Kinder! Nie frustriert sein – unmöglich!

2. „Ich muss den Ironman schaffen. Nicht nur den Marathon."

Jetzt frage ich dich: „Wie wahrscheinlich ist es, dass wir mit 70 Jahren noch einen Marathon laufen, geschweige denn einen Ironman?" „Holla die Waldfee," dachte ich so bei mir, „die hat ja ordentliche Ansprüche an sich, bin mal gespannt wie es weiter geht." Und ja, es ging weiter!

3. Kein Scherz, sie sagte: „Ich muss mindestens 4 Mio. im Jahr verdienen, zurzeit läuft es schlecht, ich verdiene nur 3,8 Mio. pro Jahr." Auf die Frage, warum sie das alles tun muss, sagte sie: „Damit alle sehen, wie gut ich bin."

Wie hoch ist die Wahrscheinlichkeit, dass sich diese Frau, die scheinbar alles hat, glücklich fühlt? Gleich Null! Warum? Weil ihre Regeln, die sie sich selbst irgendwann in ihrem Leben auferlegt hat, dafür sorgen, dass sie nicht glücklich wird. Manche machen es sich kompliziert, denkst du wahrscheinlich. Doch warum? Genau an diesem Punkt kommen wir zurück zu den menschlichen Grundbedürfnissen. Was, meinst du, sind ihre Bedürfnisse? Sicherheit und Anerkennung. Sie ist so sehr bestrebt danach ein gutes Außenbild darzustellen, dass sie all ihr Glück nicht mehr sehen kann und weit entfernt davon ist, es wertzuschätzen. All ihr äußerlicher Erfolg ist dadurch nichts wert, denn sie fühlt sich unglücklich und unerfüllt und scheitert an ihren Regeln. Wenn wir ein Leben im Außen führen, verlieren wir uns selbst. Wenn wir uns stets bemühen, vor anderen gut dazustehen, erkennen wir die zahlreichen Segnungen nicht mehr in unserem Leben und verlieren die kostbare Gnade eines glücklichen und erfüllten Lebens. Dies führt dazu, dass zahlreiche Frauen in einer Perfektionsfalle feststecken und sich unglücklich fühlen. Die Angst, nicht genug zu sein, ist das wahre Hamsterrad, in dem sich der Großteil der Menschheit befindet. Den vielfachen Irrtum, das zahlreich erwähnte Hamsterrad wäre ein Job im Angestelltenverhältnis, möchte ich hiermit stark anzweifeln. Ich kenne viele Frauen, die sehr reflektiert, bewusst und glücklich ihrem Angestelltenjob nachgehen und genauso viele unglückliche Unternehmerinnen oder Selbstständige. Unglück oder Misserfolg resultiert aus dem Mangel an Selbstvertrauen, Dankbarkeit und Reflexion. Sobald wir uns jedoch unserer Regeln und Bedürfnisse klarwerden, können wir alles verändern!

Ein anderes Beispiel

Als ich sechs Wochen während meiner dritten Schwangerschaft in der Klinik lag und die Ärzte mir sagten, mein Kind würde dies nicht überleben und ich würde nach dieser Schwangerschaft im Rollstuhl landen, lag eine Frau mit mir im Zimmer, die über 80 Jahre alt war. Sie hatte eine schwere OP hinter sich und Schläuche hingen überall aus ihrem Körper. Da wir das Zimmer teilten, hörte ich während der Visite die Prognosen der Ärzte, die ihr mitteilten, dass sie vermutlich nicht mehr lange zu leben hätte. Ihr Mann kam sie infolge jeden Tag für mehrere Stunden besuchen, sowie ihre beiden Töchter mit ihren Enkelkindern. Mir fiel dabei auf, dass diese Frau immer lächelte. Also fragte ich sie: „Sind Sie glücklich?"

Sie antwortete „Ja!" Ich fragte sie, wie das komme und sie antwortete Folgendes: (Sie gab ihre Regeln für Glück bekannt):

„Jeden Tag, an dem ich aufwache und über, anstatt unter der Erde bin, bin ich glücklich."

WOW! Was für eine inspirierende Aussage! Diese „einfache" Regel sorgte dafür, dass sie während ihrer letzten Lebenstage glücklich und erfüllt war. Nicht nur das, sie inspirierte mich.

Genauso lebt es sich nicht nur einfacher, sondern vor allem glücklicher! Ihre Bedürfnisse waren ganz klar: Liebe und Verbindung und Beitrag leisten. Denn sie war immer und allzeit aufrichtig und authentisch höflich und aufmerksam, nicht aus einem Hunger nach Anerkennung heraus, sondern aus einer ehrlichen Anteilnahme am Wohle anderer Menschen, ungeachtet ihres eigenen Wohlbefindens. Ich entschied mich damals all mein

Wissen in die Praxis umzusetzen, was das einzig sinnvolle ist. Wissen nicht nur zu kennen, sondern auch zu können, ist das einzig wahre Wissen. Also teilte ich den Ärzten mit: „Ich danke Ihnen für Ihre Sicht der Dinge. Meine ist jedoch eine andere. Ich werde ein gesundes Kind zur Welt bringen und zwar in einem gesunden Körper." Nach einer Liegepause von sechs Monaten, in der ich nicht einmal aufstehen durfte, um die Toilette aufzusuchen und einer Nahtoderfahrung, brachte ich meine gesunde Tochter mit Hausgeburt zur Welt. Meine Muskeln hatte ich alle aufrechterhalten, indem ich täglich mindestens zwei Stunden nur in Gedanken joggen ging. Obwohl sich mein physischer Körper in einem Bett befand, war ich doch an den schönsten Stränden der Welt. Denn ich überlistete mein Gehirn und meinen Körper einzig und alleine mit der Kraft meiner Gedanken, der von mir entwickelten Methode des „The Process" und neuer Regeln, die ich so einfach wie möglich hielt. Ich hatte, trotz der Umstände, eine der schönsten und glückseligsten Zeiten in meinem Leben erlebt.

Nun frage ich dich: Wie hoch ist die Wahrscheinlichkeit, dass ein Mensch mit der richtigen Einstellung und den richtigen Regeln Glück im Unglück erlebt?

Frage dich nun bitte selbst:

- Nach welchen zwei Bedürfnissen strebe ich in meinem Leben?
- Nach welchen beiden Bedürfnissen treffe ich sämtliche Entscheidungen?
- Welche Regeln habe ich diesbezüglich?
- Könnte es sein, dass ich ein Leben im OK-Bereich führe, weil meine Regeln zu kompliziert sind?
- Könnte es sein, dass ich ein Leben im OK-Bereich führe, weil ich zu sehr auf Sicherheit baue, als auf Wachstum?

Beschließt du, beispielsweise, dass du nach Sicherheit und Liebe und Verbindung strebst, frage dich: Was muss passieren, damit ich mich sicher und geliebt fühle? Nimm dir dafür ruhig einen Augenblick Zeit.

Sobald uns etwas bewusst ist und wir es ändern wollen, dann sind wir schon 90 % des Weges gegangen, den Rest übernimmt Gott oder die Kraft, die alles lenkt, für dich. Die Kraft, die auch dafür sorgt, dass deine Haare wachsen, dein Herz schlägt und du jede Sekunde atmest, ohne darüber nachzudenken.

Diese kleine Übung hilft dir, ein glücklicheres Leben zu führen. Trau dich ruhig!

Woher die Regeln kommen, interessiert uns im Moment noch weniger. Großteils stammen sie aus Erfahrungen in der Kindheit. Als Kind haben wir die Eigenschaft eines Filters. Wir filtern alle Informationen und vor allem auch Glaubenssätze, als wahr, wenn sie von einem Menschen kommen, den wir

1. lieben,
2. respektieren,
3. Angst vor ihm haben.

Sagt uns unsere Mutter mit zwei Jahren, dass der Himmel grün, nicht blau ist, glauben wir das und speichern es in unserem Filter als wahre Tatsache ab. Teilt uns ein Lehrer, den wir fürchten, im Alter von sieben Jahren mit, wir würden es im Leben zu nichts bringen, und diese Aussage hat dazu geführt, dass die ganze Klasse lacht und wir uns beschämt und klein fühlen, speichern wir auch diese falsche Aussage als Tatsache ab. Es sei denn, wir hatten danach ein Gespräch mit einem vernünftigen Erwachsenen, der uns klar und deutlich sagte, dass das völliger Unfug ist.

Oder wir haben das Geschenk eines sehr selbstbewussten Geistes erhalten, der auf das Gesagte sowieso pfeift und weiter seines Weges geht. Doch der Großteil von uns, speichert solche Situationen als unangenehm und wahr ab, vor allem, weil die Aussage mit einer starken Emotion gekoppelt war. Das System funktioniert ganz einfach. Je älter wir werden, desto mehr Menschen lernen uns kennen und desto mehr Erfahrungen sammeln wir mit ihnen. So kann es vorkommen, dass der Siebenjährige die Erfahrung macht, Erfolge zu erzielen, beispielsweise im Sport und dadurch positive Emotionen mit Sport koppelt. Je mehr Erfahrung er hat, desto mehr kommt er zu der Überzeugung: „Ich bringe es im Leben vielleicht zu nichts, aber im Sport bin ich eine Wucht." Diese Überzeugung speichert sich unbewusst ab. Mit 40 Jahren ist er womöglich super erfolgreich im Sport, aber er fühlt sich im Innersten wie ein Versager, der es zu nichts bringt. Dies ist eine Erklärung dafür, warum zahlreiche Prominente und erfolgreiche Menschen unerfüllt und unglücklich wirken. Ihre Regeln, Bedürfnisse und Glaubenssätze sind so kompliziert, dass sie Glück unmöglich machen. Robin Williams war ein fantastischer Schauspieler, der rund um den Globus geliebt wurde, er war erfolgreich und beliebt, dennoch nahm er sich das Leben. Mit dem Hintergrundwissen, das du nun hast, werden solche Ereignisse nachvollziehbarer.

Das ist nur eines von vielen Beispielen, wie sich unbewusste Glaubenssätze und Regeln auswirken können. Wichtig zu wissen ist jedoch, dass wir nur das abspeichern, was wir mit einer starken Emotion koppeln. Positiv, wie negativ. Wenn wir an unsere Kindheit denken, verbinden wir damit ein Gefühl. Wir kennen oftmals die Details nicht, aber wir erinnern uns an: „Das fühlte sich geborgen und schön an." Oder „Meine Kindheit war kühl und beängstigend." Da dies die Grundemotionen waren, die uns in Erinnerung blieben und somit unser gesamtes weiteres Leben prägen. Mittlerweile weiß der Großteil, dass die Kindheit sich massiv auf unser Erwachsenendasein auswirkt. Dabei halte ich als Therapeutin und Coach wenig davon, immer und immer wieder an alten Geschichten haften zu bleiben. Aus meiner Sicht bewirkt diese Art von Therapie nur, dass wir uns in eine Spirale des Leides verwickeln und noch schwerer heraus kommen. Ich empfehle die wichtigsten Schlüsselmomente der Kindheit in einer Art Kurzfilm anzusehen und aus Sicht des Erwachsenen-Ichs in die alte Situation einzutreten und das Kind von damals aus dem Leid „herausholen". Wenn unser inneres Kind weiß, dass es von nun an einen Erwachsenen, dich, an seiner Seite hat, der es beschützt, liebt und nährt, lebt es nicht mehr im Mangel und kann sich somit entspannen und weiterentwickeln. Erst dann können wir unser Leben voll und ganz genießen und Erfolg und Erfüllung erleben! Nur dann sind wir in der Lage uns über unser 3,5 Millionen altes Reptilienhirn hinwegzusetzen und den Neocortex ans Steuer zu lassen.

9.4 Wie du erfolgreich sein kannst – was treibt dich im Leben an?

Wichtig ist ebenso, herauszufinden, was genau dich im Leben antreibt. Das Bewusstsein darüber plus die bewusste Entscheidung die Reihenfolge der Bedürfnisse und die ein oder andere Regel abzuändern reicht aus, um glücklicher zu werden. Das hat absolut nichts mit Esoterik zu tun, sondern zeigt sich in zahlreichen Erkenntnissen der Wissenschaft und Psychologie. Wenn du dir bewusst machst, was genau dich antreibt und warum du in bestimmten Situationen gestresst, entnervt oder ängstlich reagierst, wirst du erkennen, dass es sich meist um unbewusste Verhaltensmuster aus der Kindheit handelt, die sich unkontrolliert im Erwachsenenalter zeigen und dein Leben fest im Griff haben. Ich halte es deshalb für enorm wichtig, dass sich jede verantwortungsbewusste Frau mit sich selbst und ihrer Persönlichkeit befasst. Und dies bitte nicht nur an der Oberfläche, sondern in den tiefen Schichten der Seele. Entgegen zahlreicher Meinungen braucht dies nicht zwingend viel Zeit. Ich habe eine sanfte und äußerst effektive Methode entwickelt, mit der es gelingt, nur innerhalb einer Stunde die tiefen Schichten der Seele zu durchdringen und komplexe Blockaden endgültig aufzulösen, dabei braucht es kaum Mithilfe des Klienten. Sobald wir von etwaigen Schuldgefühlen und dem Perfektionswahn in die Verantwortung gehen, werden wir uns als Frau auch in höheren Führungspositionen entspannen können und erwachsen auf die alltäglichen Probleme reagieren können. Es gibt nichts schlimmeres, als eine Frau, die so sehr in ihrem inneren und unerlösten Kind gefangen ist, das sich nach Liebe, Anerkennung und Zuneigung sehnt, dass sie als erwachsene Frau noch immer wie ein kleines, hilfsbedürftiges Kind durchs Leben geht und Halt sucht. Selbst Frauen, die im Beruf durchaus erfolgreich sind, sind im privaten Leben oder in nahen Beziehungen so verunsichert, dass man meint, es würden zwei unterschiedliche Persönlichkeiten vor einem stehen. Genauso ist es auch und so ist es nicht möglich glücklich, erfüllt und erfolgreich zu sein!

Wir können nur dann wirklich glücklich sein, wenn das Kind in uns seine Grundbedürfnisse genährt hat. Dafür können wir nur als Erwachsene sorgen!

Frage dich: Wer in mir sehnt sich nach der Erfüllung meiner Visionen und Träume?

Ist es der kindliche nicht erlöste Teil in mir, der sich danach sehnt, dadurch Liebe und Anerkennung zu erfahren oder ist es der erwachsene und erlöste Teil in mir, der seinem Leben durch die Erfüllung der Träume und Visionen einen Sinn geben möchte und für andere einen Beitrag leisten will?

Wir müssen erkennen, dass zu wahrer Erfüllung nur Letzteres führen kann. Erfolg zeigt sich nicht etwa durch die erreichte Zahl auf dem Konto oder die Zertifikate an der Wand, sondern am Grad der damit verbundenen Erfüllung und eines anhaltenden Glücksempfindens.

9.4.1 Das Ringen um Liebe und Anerkennung

Nachdem wir alles dafür tun, um geliebt und nicht abgelehnt zu werden, sehen wir uns nun die Auswirkungen dieser emotionalen Kernängste genauer an. Das ist wichtig, um zu verstehen, warum wir uns verbiegen, perfekt sein wollen und uns selbst so wenig vertrauen. Selbst Frauen, die nach Außen selbstbewusst und stark wirken, haben, sobald man hinter die Fassade blickt, einen verletzten und unsicheren Kern, den sie zu verbergen versuchen. Diese Fassade kann auf die Dauer sehr anstrengend werden und führt zu massiven seelischen Belastungen. Darüber hinaus gelingt es diesen Frauen kaum, eine dauerhaft erfüllte Beziehung aufzubauen. Was oftmals zu einem Gefühl der Einsamkeit führt, obwohl sie unter Menschen sind und gesellschaftlichen Verpflichtungen nachgehen, fühlen sich diese Frauen innerlich leer. Sie lebt in einer Art Handelswelt. Sie gibt nur so viel von sich preis, wie es ihr die Sicherheit gibt, Anerkennung und Liebe zu ernten, alles andere, alle Fehler, Schattenseiten und menschliche Aspekte verbirgt sie. Was steckt noch dahinter? Was treibt Menschen an, Beziehungen zu führen?

9.4.2 Die vier Stufen der Liebe

Es gibt vier Stufen der Liebe, auf der sich die Menschheit befindet.

Je nach Herkunft, Erziehung, Glaubensmustern oder Glaubensprogrammen stellt sich jeder von uns auf eine davon. Manches Mal wechseln wir diese, aber im Kern gibt es eine Stufe, auf der wir uns großteils befinden und „zu Hause" sind und diese wirkt sich auf jede Art der Beziehung zu anderen Menschen aus, auch auf die Art, wie wir Geschäfte betreiben, unsere Visionen und Träume definieren und Erfolg als Mensch empfinden.

Die 1. Stufe ist die sogenannte Babyliebe
Auf dieser Stufe lautet die Devise: Ich konzentriere mich auf mich. Für Kinder und Babys ist diese Stufe absolut lebensnotwendig. Es sagt: „Ich will Liebe, weil es mein Geburtsrecht ist, dass sich jemand anderes um mich kümmert!" und fordert diese auch lautstark ein. Es ist die in den letzten Kapiteln erwähnte Liebe, die einem Neugeborenen und Kindern vollkommen zusteht. „Ich will und nehme mir, was mir gegeben wird, ohne zurückzugeben." Menschen, die sich auf dieser Stufe auch im Erwachsenenalter befinden, werden als Egomanen oder Narzissten bezeichnet. Ihr inneres Kind ist noch immer in dem Modus steckengeblieben, indem es bedingungslose Liebe für sich einfordert. Warum? Weil es sie nie erhalten hat. Es scheint, als würden diese Menschen alles dafür tun, um endlich akzeptiert, geliebt und anerkannt zu werden. Für sie spielt nur eines eine Rolle, die Befriedigung der eigenen Bedürfnisse. Ihr oberstes Grundbedürfnis lautet: Aufmerksamkeit. Sie wollen sichergehen, dass sie gebraucht werden, einzigartig sind und besser als alle anderen. Diesen Anspruch erheben sie an jeden Menschen, der sich in ihrem Umfeld aufhält. Manche werden zu sogenannten Größennarzissten und stellen sich selbst jederzeit als absolut perfekt und übermenschlich dar, degradieren andere, um sich selbst groß

zu fühlen und spielen ihre eigene Unzulänglichkeit herab. Man findet sie oftmals in Führungsetagen, sie beherrschen andere, degradieren und kommandieren und sind dabei nur auf ihr eigenes Wohl bedacht.

Andere werden zu Mindernarzissten, fühlen sich selbst klein und opfern ihr gesamtes Dasein, um anderen zu dienen. Oftmals findet man diesen Typus als Sekretärin eines Größennarzissten. Sie sind wunderbare Assistentinnen, weil sie stets dafür sorgen, es allen anderen recht zu machen, nur um Liebe zu erhalten. Nur durch deren Lob fühlen sie sich wertvoll. Die Ursache ist immer die Gleiche. Das innere Kind ist unerlöst und im tiefen Schmerz, weil es um Liebe kämpfen muss und diese nie erhalten hat. Mindernarzissten passen in ihrem Schema in die nächste Stufe.

Die 2. Stufe bezeichnen wir als die Austauschliebe
Sie sieht wie folgt aus: Ich gebe dir meine Liebe und dafür gibst du mir deine Liebe. Ich tue auch nur dann etwas für dich, wenn dabei etwas für mich herausspringt. Einfach so etwas zu geben, kommt eher selten vor. Wenn ich nett bin, dann nur, wenn du dieses oder jenes machst oder ich mir erhoffe, im Gegenzug etwas dafür zu erhalten. Menschen, die sich auf dieser Stufe befinden, haben meist das Bedürfnis der Sicherheit an oberster Stelle, gefolgt von Liebe und Verbindung. Sie wollen sichergehen, dass sie keinen Nachteil haben und „tauschen" ihre Liebe gegen Sicherheit. Diese Menschen haben Liebe in ihrer Kindheit als Handel erlebt. Meist erhielten sie nur dann Zuwendung der Eltern oder Bezugspersonen, wenn sie etwas dafür getan haben. Sie machten die Erfahrung, dass sie Lob erhielten, wenn sie die Wünsche anderer erfüllten. Oder sie wurden ignoriert, was die höchste Strafe für ein Kind ist, und erhielten erst dann wieder Liebe, wenn sie „artig" waren. Wie werden Frauen heutzutage bezeichnet, die Liebe gegen Geld tauschen? Richtig. Prostituierte. Sie tauschen Liebe, um Geld zu erhalten. Deshalb könnte man diese Stufe auch als „Hurenebene" bezeichnen. Das Interessante ist, dass der Großteil von uns sich auf dieser Ebene befindet. „Schatz, ich bringe gerne den Müll raus und gucke mit dir Pretty Woman, wenn du mit mir morgen zum Fußball gehst." Wir tun Dinge, sind sie auch noch so klein, um im Gegenzug etwas vom anderen zu erhalten. Diese Art des Handels ist höchst unbefriedigend und viele Angestellte oder Mitarbeiter/-innen erhalten nach vielen Jahren im Job die Diagnose Burnout. Sie sind müde geworden, stets zu geben und im Austausch dafür darauf zu warten, etwas zu bekommen. Ein Mensch, der gibt, einfach des Gebens Willen brennt nicht aus! Ein Mensch, der gibt, weil er sich im Gegenzug etwas dafür erhofft, wird eines Tages so müde aufwachen, dass er zu schwach ist aufzustehen, oder er wird verbittert und Menschen meiden oder verurteilen. Whitney Houston war eine grandiose, wunderschöne Frau und Sängerin und Paradebeispiel für jemanden, der sich auf Stufe zwei der Liebe befand. Sie gab alles, um geliebt zu werden, sie duldete Schläge und Erniedrigungen ihres Ehemannes und scheiterte letzten Endes kläglich daran.

Viele von uns wurden darauf konditioniert zu geben, um zu bekommen, und die einzige Möglichkeit, sich daraus zu befreien, ist, dass wir uns selbst neu konditionieren, wie einen Muskel durch gezieltes Training neu aufbauen und zugleich unserem inneren Kind die wahre Liebe beibringen, die es ab sofort von uns selbst erhält, die bedingungslose Liebe.

Wir müssen dafür sorgen, uns selbst zu vermitteln, dass wir, genauso wie wir sind, richtig und wertvoll sind und uns letzten Endes die bedingungslose Liebe schenken, nach der wir uns sehnen. Niemand und nichts kann uns dies sonst geben.

Auf der 3. Ebene geht es nicht mehr um uns selbst, sondern um den anderen

Menschen, die sich dauerhaft auf dieser Stufe befinden, haben die Bedürfnisse Beitrag leisten und Liebe und Verbindung, oder Wachstum ganz oben stehen. Auf dieser Stufe tun wir Dinge für den anderen, um ihm etwas Gutes zu tun. Wir wollen weder etwas dafür haben, noch zahlen wir auf ein unsichtbares Beziehungskonto ein. Diese „Spielerei" existiert hier nicht. Auch nicht unbewusst! Unser innerer Liebestopf ist so reich gefüllt, dass wir genug haben, davon anderen abzugeben und wir wissen, dass der Liebestopf auch niemals leer sein wird. Ich kenne viele Frauen, die sagen: „Ich habe alles für meinen Job oder meinen Mann getan, ich habe mich aufgegeben für sie, aber nie etwas dafür zurückbekommen." Sie dachten zwar, sie würden alles völlig selbstlos für den anderen tun, stellten dann jedoch fest, dass sie einen kleinen Haken hinter jede Aktion setzten. Natürlich völlig unbewusst, da war ein unerlöstes Kind am Steuer, das für all seine Taten doch noch gelobt werden wollte. Sie gaben, um zu empfangen, ansonsten würden sie sich nicht darüber beschweren. Davon ist jedoch auf Stufe drei nicht die Rede. Auf Stufe drei geben wir, einfach des Gebens willen.

Das wir als Resultat darauf auf natürliche Weise empfangen, ist vielen (noch) nicht bewusst. In zahlreichen spirituellen Schriften ist davon die Rede, nur wird der Hintergrund nicht ausreichend erklärt. Wenn wir uns auf Stufe drei befinden, so geben wir selbstlos und erhalten, ohne etwas zu verlangen, alles was wir uns wirklich wünschen und uns und anderen dienlich ist, weil wir wissen, dass Liebe, Fülle, Glück und Erfolg endlos sind und immer als natürliche Ressource aus uns selbst herausgeschöpft werden können. Dies funktioniert nur, wenn unser inneres Kind das auch begriffen hat. Ein konkretes Beispiel dafür ist Folgendes: „Schatz, ich trag den Müll raus!" Einfach so? „Natürlich, einfach so." Wie reagieren wir als Frau auf einen ehrlich gemeinten Satz, wie diesen?

Vermutlich mit völliger Offenheit, Kuscheln, Wertschätzung, Respekt und Liebe. (Wenn du merkst, dass du misstrauisch reagieren würdest, dann ist das ein Zeichen dafür, dass dein inneres Kind aufgrund vorausgegangener Verletzungen sein Herz für bedingungslose, wahre und aufrichtige Liebe verschlossen hat. Dann empfehle ich dir, die zuvor genannte Übung zu wiederholen, oder mein Audioprogramm für das innere Kind herunterzuladen.)

Wenn dieser Mann dich am nächsten Tag fragt, ob du mit ihm zum Fußball gehst, wirst du, selbst als Fußballmuffel, ehrlich antworten: „Gerne, Schatz." Es macht dir nichts aus, weil du es gerne machst. Du machst es, weil du gerne gibst. Im Berufsleben funktioniert dies wunderbar! Denke an eine Situation, in der du etwas für einen Kollegen, oder deinen Chef/Chefin getan hast, ohne dafür etwas zu erwarten. Wie erfüllend war dieses Gefühl und zeigte sich der andere infolge nicht von sich aus dankbar und wertschätzend?

Beobachte dich selbst. Sei an dieser Stelle bitte völlig aufrichtig mit dir. Denn nur, wenn wir aufrichtig sind, können wir alte und lähmende Muster brechen, die uns daran hindern, wahre Liebe und Wertschätzung zu erfahren. Auch, wenn wir uns einreden, wir würden alles geben, um den anderen glücklich zu machen, was vermutlich auch stimmt, aber prüfe deine wahren Motivationen. Ich bin immer schon selbstständig und erkannte vor vielen Jahren an einem Plateau, dem Ort, an dem ich festzustecken schien, dass ich mit meinen Kunden definitiv auf Stufe zwei gelandet war. Denn ich wollte perfekt sein, um endlich geliebt zu werden und fragte mich unbewusst ständig, was ich wohl dafür bekommen würde, wenn ich dieses oder jenes tue. Ich bemerkte, dass ich viele Zertifikate machte, nur um dafür noch anerkannter zu werden und musste mir eingestehen, dass ich mit dieser unreflektierten Einstellung nur frustriert und alles andere als erfolgreich werden würde. Deshalb beschloss ich eine radikale Veränderung meiner Erwartungen und Bedürfnisse vorzunehmen. Die Ergebnisse waren fantastisch. Nicht nur, dass es mir verhalf, ein besserer Mensch zu werden, mich wohler und erfüllter zu fühlen und authentische Beziehungen zu meinen Klienten aufzubauen, was dazu führte, dass ich erfolgreicher wurde, sondern auch, dass ich einen tieferen Bezug zu mir selbst herstellen konnte und mich immer mehr selbst wertschätzte und liebte. Was für eine Befreiung! Wenn du beruflich oder privat feststeckst, kann es sehr hilfreich sein, dir einen Augenblick Zeit zu nehmen, um die Ebene aufzudecken, auf der du dich befindest.

Frage dich, sobald du etwas für jemand anders tust:

Willst du im Gegenzug auch etwas von deinem Partner oder deinen Kindern, Freunden, Arbeitskollegen, Kunden? Wenn ja, was genau erwartest du?

Du musst wissen, dass Erwartungen ein Garant für Unglück sind.

▶ **Geheimtip** Wenn wir unsere Erwartungen gegen Dankbarkeit austauschen, fühlen wir uns, was auch immer geschieht, geliebt, glücklich und wertgeschätzt und sind deshalb garantiert erfolgreich.

Wenn wir uns auf Stufe drei befinden, geben wir, weil es unserer Natur entspricht zu geben, und werden dafür mehr empfangen, als unsere Träume sich vorstellen. Sobald wir bemerken, dass jemand uns etwas gibt, ohne zu verlangen, spüren wir das und möchten aus einem natürlichen Antrieb heraus diesem Menschen auch etwas Gutes tun. Das ist ein natürliches Gesetz, das viele von uns völlig vergessen haben.

Zu guter Letzt gibt es noch die 4. Stufe, ich nenne sie gerne „Dalai Lamastufe"

Auf dieser Ebene lieben wir, zum Unterschied zur dritten Stufe, selbst unsere Feinde und wollen auch ihnen aufrichtig und ehrlich Gutes und nichts Schlechtes tun. Es gibt Menschen, die dies ehrlich und wahrhaftig leben. Ich spreche nicht von den Esozwergen, die seit einigen Jahren aus den Tiefen der Wälder hervorkommen und die Welt mit ihren selbstgefälligen Worten verbessern wollen. Menschen, die missionieren, dabei aber verurteilen und bewerten, es selbst aber nie zugeben würden, dass sie eher auf Stufe eins oder zwei leben, sind so weit von dieser vierten Stufe entfernt, wie der Mars von der Erde. Ich spreche von all jenen Menschen, die in Kriegsgebiete reisen, um Frieden zu geben, ohne zu verurteilen oder zu bewerten. Ich spreche von all den Erzieher/-innen, Lehrer/-innen,

Ärzt/-innen, Eltern, die offen für jeden sind, ohne jemals ihr Gegenüber zu verurteilen oder zu bewerten, auch nicht hinter deren Rücken, oder insgeheim, wenn sie mit sich und ihren Gedanken alleine sind. Die Mutter Teresas und Dalai-Lamas auf unseren Straßen, die selbstlos geben und dabei glücklich sind. All jene, die sogar ihre Feinde lieben.

9.5 Was bedeutet Erfolg?

Ich erinnere mich gut an eine bekannte und erfolgreiche Unternehmerin und selbst ernannte Heilerin, die auf ihrer Social-Media-Seite jahrelang Liebe und Frieden propagierte, dann jedoch einer Kampagne, die für Frauen mit Brustkrebs sammelte, verbot, auf ihrer Seite zu werben, weil „diese negative Energie" Krankheiten anzieht. Ich dachte an dieser Stelle an Jesus, der zu den Pestkranken ging und ihnen Liebe schenkte und Heilung ermöglichte, weil er sie nicht verurteilte und keine Angst vor der Illusion der Krankheit hatte. Ich dachte an Mutter Teresa, eine aufrichtige und wunderbare Frau, die selbstlos die Kranken von den Straßen Indiens sammelte und dafür sorgte, dass sie trotz des manches Mal barbarischen Kastensystems, medizinische Hilfe erhielten. Du merkst, ich appelliere an den gesunden Menschenverstand zu lernen, zwischen aufrichtigen Worten und falschem Geschwätz zu unterscheiden. Ich glaube, das ist in Zeiten wie diesen mehr als wichtig. Was meine ich mit Zeiten wie diesen? Überall gibt es Nachrichtenquellen, Gruppen, Social Media, Ratgeber, Zeitschriften, Bücher und Coaches wachsen aus dem Erdboden wie Bambussprossen, alle propagieren sie dasselbe: Liebe ist das einzige, das uns rettet. Erfolg ist erstrebenswert. Das ist wahr. Aber Liebe ist ein so großes Wort und wird so oft völlig fehlinterpretiert. Und wer definiert überhaupt Erfolg?

Welch einen Unterschied würde es machen, wenn wir mit einem guten und offenen Herzen und wachem Verstand auf andere zugehen und sehen, wann diese Hilfe brauchen und einfach geben, um deren Leben besser zu machen. Menschen, die dauerhaft und über Jahre erfolgreich und erfüllt sind, stellten sich eines Tages die Frage:

Was kann ich tun, um das Leben anderer leichter und schöner zu machen?

Das ist die ultimative Frage!

Wenn es uns gelingt, das Leben anderer reicher und leichter zumachen, mit unseren Dienstleistungen, unseren Produkten und unserem Dasein, dann werden wir garantiert erfolgreich sein! Wenn noch dazu kommt, dass wir keine Erwartungen an andere knüpfen, sondern dankbar sind für alles und jeden, werden wir erfüllt und glücklich durchs Leben gehen.

Es reicht, Erfolg selbst zu definieren und sich gut zu fühlen, so wie wir sind. Wir sollten uns nicht von den Falschen vorgeben lassen, was Erfolg wirklich bedeutet.

Es reicht, ein Mensch zu sein, der glücklich ist, weil er am Leben ist und genau deshalb das Beste von sich und dem Leben erwartet, weil es das Größte aller Geschenke ist. Jeder von uns ist bereits vor der Geburt ein Sieger! Immerhin hat es dieses eine, unter Millionen, kleine Spermium geschafft, die Eizelle deiner Mama zu befruchten und aus einem mikroskopisch kleinen Zellhaufen bist du herangewachsen. Nun sitzt du hier und liest diesen

Artikel, ich würde sagen, die Evolution hat es geschafft, denn es wurde alles getan, dass du bis heute sicher wachsen konntest. Was soll da bitte noch schiefgehen? All die Regeln, die vorschreiben, wann man erfolgreich und glücklich ist, sind es, die uns daran hindern, die Kostbarkeit und Einzigartigkeit des Lebens wertzuschätzen, das uns gegeben wurde. Wir verleugnen dadurch unser Potenzial und die Kraft, die dafür sorgt, dass unser Herz schlägt, unsere Nägel und Haare wachsen, ohne dass wir jemals etwas dafür tun müssen. Wir müssen für diese Kraft nichts Besonderes leisten, sie sorgt für uns, einfach so, weil wir am Leben sind. Ich persönlich bezeichne diese Kraft als Gott. Gott ist für mich die Kraft, die alles wachsen lässt, die Liebe, die alles entstehen lässt, das Leben selbst. Jeder Mensch, der etwas erschafft, das von der Leidenschaft und Liebe, die in ihm liegt, angetrieben wurde, wurde meines Erachtens von Gott inspiriert. Ich bin davon überzeugt, dass all jenes, das von dieser Kraft inspiriert wurde, nicht nur zum Erfolg führt, sondern auch zur Erfüllung. Vorausgesetzt, wir haben unsere Regeln einfach gestaltet, unsere Bedürfnisse klar definiert, unsere Glaubenssätze nach unseren eigenen Prinzipien und Werten ausgerechnet und wissen, dass alles, was im Leben passiert, für und nicht gegen uns ist. Der Gott, der von verängstigten Menschen erschaffen wurde, ist das Abbild der Angst und hat nichts mit der Realität zu tun. Alles entsteht aus dem Glauben der Menschen. Aus diesem Grunde erschaffen Menschen alles. Ihren Erfolg. Ihr Glück oder Unglück. Ihr Selbst und ihr Bild von Gott. Wenn wir Produkte erschaffen, die im Geiste der Liebe, also im Geiste Gottes, entsprungen sind, dann kann das nur Erfolg und Glückseligkeit bringen. Sieh dir Mutter Teresa, Mahatma Gandhi, Nelson Mandela, Waris Dirie und viele mehr an. Das sind Menschen, die von der Liebe inspiriert und der Leidenschaft angetrieben wurden, das Leben tausender Menschen besser zu machen.

Wenn das dem Großteil der Menschen gelingen würde, würde es auf der Erde anders aussehen. Deshalb ist es wichtig, dass wir lernen zu unterscheiden, an wen wir uns wenden oder auf wen wir hören. Ich gehe davon aus, dass jeder von uns gerne in der Nähe eines Menschen ist, der ihn weder verurteilt noch zurechtweist oder schmälert. Menschen, die sich auf der vierten Stufe der Liebe befinden, tun dies niemals und werden deshalb auch von anderen respektiert und wertgeschätzt. Ihr Wesen und ihre Ausstrahlung sind gütig, würdevoll und absolute reine Liebe.

Um fair zu bleiben, muss man jedoch sagen, dass sich ein erwachsener Mensch erfahrungsgemäß je nach Situation wechselhaft auf einer der vier Stufen befindet. Die entscheidende Frage ist jedoch: Wo befindet sich der Mensch dauerhaft? Wo ist der Mensch „zu Hause". Das ist ausschlaggebend für sein Verhalten. Wir können uns jetzt dazu entscheiden, auf eine andere Stufe zu gehen und dort unser Leben zu verbringen. Genau das wird einen entscheidenden Unterschied sowohl in unserer Karriere, als auch in unserem Privatleben ausmachen.

Doch wie kamen wir auf die Stufe, auf der wir uns befinden?

Sämtliche Handlungen eines Kindes sind darauf ausgerichtet, Liebe zu erfahren. Lebt ein Kind mit Eltern zusammen, die sich auf, sagen wir Stufe eins und zwei befinden, dann lernt das Kind, „Ich bin weniger wert, als andere und muss, um Liebe zu erhalten, für den anderen immer auch etwas tun oder jemand bestimmtes sein". Wird dies dem Kind von seinen Eltern verbal kommuniziert, prägen sich diese Glaubenssätze wie in Beton gemeißelt in das Unterbewusstsein des Kindes ein. Vor allem während der ersten sieben Lebensjahre. Sie prägen infolge das gesamte Erwachsenenleben, sofern man sich nie damit beschäftigt. Denn diese emotionalen Regeln lassen sich aus dem Unterbewusstsein wieder heraus programmieren. Sobald sie dem Erwachsenen bewusst werden und dieser bereit ist, sie zu ändern. In der Regel wehren und sträuben sich viele von uns sich einzugestehen, dass da etwas nicht ganz so „rund" läuft, und leben ein Leben, neben der Spur. Sie verdrängen und vertuschen und sorgen durch Perfektion dafür, dass niemals jemand herausfindet, was sich hinter verschlossenen Türen abspielt. Je nach Verletzungen und Prägungen in der Kindheit und nach Willigkeit zur Veränderung dauert diese Neuprogrammierung bei manchen von uns nur einen Augenblick, bei anderen ein halbes Leben.

Meine persönliche Erfahrung in der Arbeit mit mehreren tausend Menschen rund um den Globus, zeigt jedoch, dass sich mit der von mir entwickelten „THE PROCESS"-Methode, noch so tiefsitzende Programme und Muster innerhalb weniger Minuten verändern lassen!

Jeder emotionale Anker, den wir uns setzen, kann durch einen anderen emotionalen Anker auch wieder aufgehoben werden. Tiefsitzende Emotionen aus der eigenen Kindheit, die uns womöglich bisher dazu führten, uns selbst minderer zu betrachten als wir sind, können damit ein für alle Mal verändert werden. Warum erwähne ich das hier? Ich bin von ganzem Herzen davon überzeugt, dass wir Frauen erst dann voll und ganz für uns selbst, die Menschen, die wir lieben und unsere Berufung da sein können, wenn wir uns zumindest auf Stufe drei befinden und dies gelingt nur dann, wenn wir unsere inneren Glaubensmuster und Programme aus der Kindheit auflösen, die dazu führen, dass wir uns klein, unzulänglich, unperfekt, ohnmächtig oder hilflos fühlen. Nur, wenn wir als Frau ganz in unserer Mitte sind, können wir auch für andere ein sinnvolles Vorbild sein und nicht nur Kunden anziehen, sondern vielmehr Fans erschaffen.

Der Mensch braucht Vorbilder. Im Idealfall ist ein Vorbild jemand, der sich mutig seinem Schatten stellen kann und sich nicht verstecken muss, nur um „perfekt" zu sein. Er ist ein ungerechter Mensch, der genau das liebt und nicht verstecken muss. Es hat viel mit Verantwortung zu tun, endlich damit aufhören zu können, Masken tragen zu müssen, Rollen zu spielen und das Leben und die eigene Unfehlbarkeit kontrollieren zu können. Einer Frau, der es gelingt, sich ihrer Schattenseiten anzunehmen, sich selbst als Mensch wahrzunehmen, der Fehler macht und sich dennoch zu lieben, oder zumindest gern zu haben, hat meinen tiefen Respekt verdient. Kinder, die mit Müttern groß werden, die Verantwortung für ihre Emotionen, Gefühle und Erfahrungen übernehmen, haben eine weitaus höhere und einfachere Chance, erfüllte und glückliche Erwachsene zu werden, als jene, die von Schuld geplagten Menschen großgezogen werden.

Als ich damals THE PROCESS verfasste, war ich an einem emotionalen Tiefpunkt angelangt, der mir letzten Endes aber dabei half, die verborgenen Kraftressourcen in mir freizusetzen, die mich in eine Art Ekstase versetzten und mich auf eine neue Emotionsebene brachten. Die Befreiung meines inneren, ungeliebten und hilfsbedürftigen Kindes war das Beste, was mir je passiert ist. Die Ebene der Vorfreude, der Begeisterung, der

Leidenschaft und Liebe für mich selbst und das Leben befreite mich von Schmerz und Angst. Für alles, was ich in meinem Leben erleben und erfahren wollte und für alles, was ich meinen Kindern bieten wollte, war ich nun mehr denn je bereit. Diese Leidenschaft war eine stärkere Emotion, als die zuvor gefühlte Verzweiflung und half mir dabei, tiefen Schmerz zu heilen und meine Verhaltensweise von Grund auf zu ändern. Ich konnte damit vieles überwinden und gestärkt, aber dennoch offen, herausgehen. Eine Krebsdiagnose, eine Liegepause von sechs Monaten, eine Scheidung, eine Schwangerschaft mit 18 Jahren, ohne Schulausbildung, all das gelang mir positiv zu erleben, weil ich erfolgreich THE PROCESS anwandte. Nun, viele Jahre später rufen mich auch sehr erfolgreiche und prominente Frauen aus aller Welt an, sobald sie in einer Krisensituation sind und fragen nach THE PROCESS, um Herausforderungen erfolgreich zu überwinden. Ich bin für all meine erlebten Schicksalsschläge dankbar, da sie mir dazu verhalfen, diese wundervolle Methode zu entwickeln, die mittlerweile so vielen Frauen geholfen hat.

Ich nächsten Kapitel stelle ich dir vor, wie auch du das schaffen kannst. Manches Mal kann uns ein Burnout, eine Erkrankung, eine gescheiterte Beziehung, eine Kündigung oder ein anderes Lebensthema wachrütteln. Ich möchte dir durch den Artikel dabei helfen, dass du selbst wählen kannst, wann und wodurch du dein Leben verbessern oder verändern kannst und keinen Schicksalsschlag brauchst, um dich selbst neu zu erfahren! Deshalb bleibe offen und schau, wie du dich mit dem Gelesenen fühlst. Reflektiere dich selbst und hab den Mut, tiefer zu gehen und die Schichten der Oberflächlichkeit, die dich in missliche Lagen bringt, zu verlassen.

Und auch, wenn du dich innerlich wehrst, erkenne, dass das ein inneres Kindesdrama sein kann, das bisher die Strategie der Schmerzvermeidung für sich führen musste, weil das Hinsehen einfach viel zu schmerzhaft gewesen wäre. Hab nun den Mut, dich den Themen zu stellen und befreie dadurch deine Kraft und dein Potenzial! Wenn du merkst, dass sich Teile (meist das innere Kind) in dir arg wehren, vor allem wenn du gleich im Anschluss einiges erarbeiten musst, dann nimm sie kurz an die Hand und sage: „Du armes Mäuschen, hast so viel erlebt, dass du nun denkst, es gliche einem Zahnarztbesuch mit Wurzelbehandlung, diese Arbeit weiter zu machen. Schatz, schau, ich bin bei dir, du musst das nicht alleine machen, ich nehme dich auf meinen Schoß und bleib bei dir! Hab bitte keine Angst, ich bin da." Bereit? Also los geht's!

9.6 THE PROCESS – zur Selbsterkenntnis

Stelle dir zunächst die ehrliche Frage: Auf welcher Stufe der Liebe befinde ich mich?

Welche Auswirkungen hat das auf mein Leben? Sei dabei bitte sehr ehrlich und baue genug Schmerz auf!

Auf welcher Stufe befanden sich meine Eltern? Welche Auswirkungen hatte das auf mich?

Auch wenn ich beide Elternteile liebe, gibt es einen, nach dessen Liebe ich mich mehr sehnte. Wer war das als Kind? Mama oder Papa?

Wer musste ich sein, um von Mama oder Papa (je nachdem, wen du eingetragen hast) geliebt zu werden?

Wer musste ich sein, wie musste ich mich verhalten, um von Mama oder Papa anerkannt zu werden?

Welche Auswirkungen hatte dies auf mein Regelsystem und mein Selbstvertrauen?

Wer durfte ich für sie oder ihn nicht sein? Wann entzogen sie mir die Liebe und Anerkennung? Wie durfte ich mich nicht verhalten?

Welche Auswirkungen hatte das auf mein Verhalten? Wie wirkt sich das heute noch auf mein Leben aus?

Gibt es einen Teil in mir, der sich noch immer wie ein kleines und ungeliebtes Kind fühlt? Was könnte dieses Kind brauchen?

Falls du in einer Beziehung bist, frage dich auch:

Auf welcher Stufe befinde ich mich in der Partnerschaft und wo mein Partner?

Wann fühle ich mich von meinem Partner, von Männern, geliebt?

Wer in mir sehnt sich danach, geliebt zu werden?

Wer in mir sehnt sich danach, erfolgreich zu sein?

Diese Übung kann sehr schmerzhaft werden, vor allem, wenn uns bewusst wird, wo wir oder die anderen sich befinden und welche Konsequenzen das mit sich brachte. Sie kann uns aber auch befreien und enorm wachsen lassen! Vor allem, wenn wir herausfinden, dass wir nur dann das Gefühl hatten, geliebt zu werden, wenn wir besonders gute Leistungen erbrachten. In meinem Fall war das so und in den Fällen der meisten Frauen, die zu mir kommen, auch. Selbst die erfolgreichsten unter ihnen hatten dieselben Ursprungsthemen. „Ich fühlte mich von meinem Papa nur dann geliebt, wenn ich besonders gut in der Schule war, immer gut aussah, besonders lieb, brav und nett war und wenig Ärger machte. Ein Teil in mir, das innere Kind, entwickelte sich deshalb zu einem Menschen mit den zuvor erwähnten Regeln. Ein Mensch, der nie Fehler machen wollte und immer perfekt sein wollte. Ich übertrug unbewusst das Verhalten meinem Vater gegenüber, auf alle anderen Lebensbereiche und Menschen in meinem Leben und dachte, ich müsste immer und jederzeit, artig, erfolgreich, lieb und angepasst sein."

Mit fatalen Folgen! Man fühlt sich ständig unter Druck gesetzt, nicht genug, ungeliebt und gibt, um zu bekommen. Daraufhin werden die meisten ziemlich krank oder innerlich sehr unglücklich. Denn irgendwann reagiert nicht nur unser emotionaler Körper, sondern auch der physische Körper auf unsere unbewussten Programme und sendet somit Hilferufe an uns. Je nachdem, ob wir nun endlich bereit sind zuzuhören, beruhigt sich der Körper, oder muss schlimmere Krankheiten entwickeln, um sich endlich von dem Schmerz befreien zu können. Als ich persönlich eine heftige Krebsvorstufe erreichte, zog ich ganz schnell die Handbremse und sorgte für mein inneres Kind.

Stellst du nun womöglich fest, dass du mit einem Menschen zusammen lebst oder zusammen arbeitest, der sich dauerhaft auf Stufe eins befindet, dann schockiert das im ersten Moment. Doch es gibt eine Lösung. Versuche drei Monate lang in Gegenwart deines Partners/Kollegen ausschließlich auf Stufe drei zu leben. Erfülle seine Bedürfnisse, die du zuvor durch Beobachtungen oder Befragen, herausgefunden hast und tu dies wenn irgend möglich aus einem liebevollen Standpunkt heraus. Ohne dafür etwas im Gegenzug zu erwarten. Selbst, wenn dir bewusst wird, dass dein Partner/Kollege nicht nur auf Stufe eins lebt, sondern auch Aufmerksamkeit eines seiner ersten Grundbedürfnisse ist. Vielleicht gelingt es dir, deinen Partner/Kollegen voller Mitgefühl zu betrachten. Denn ich bin sicher, ein Mensch, der so in Beziehung leben muss, hat von seinen Eltern oder der Welt erfahren, dass er nur geliebt wird, wenn er Leistung bringt oder für sich selbst kämpft. Menschen, die solch ein Lebenskonzept haben, mussten in ihrer Vergangenheit meist stark darum kämpfen, geliebt und anerkannt zu werden. Wenn er nun Liebe ohne Kampf oder Tausch erfährt, könnte das in ihm etwas Wundervolles bewirken und das innere Kind deines Partners/Kollegen könnte das „Zimmer" verlassen. Ich habe schon Paare erlebt, bei denen dies passiert ist und schließe diese Möglichkeit nicht aus. Um einem langfristig ungesunden Muster vorzubeugen, beschränken wir die Zeit auf drei Monate und sehen, was passiert. Manche Partner verändern sich nachhaltig oder zeigen sich bereit, eine Therapie für sich selbst und auch mit dir gemeinsam zu machen, dann ist es absolut sinnvoll, an der Partnerschaft gemeinsam zu arbeiten. Andere werden jedoch immer mürrischer oder ändern gar nichts. In diesem Fall kannst und darfst du sagen: „Ich liebe dich und du hast mir vieles beigebracht. Aber ich merke, dass meine Art, die Welt zu betrachten, nicht zu der deinen passt und ich muss deshalb gehen. Alles Gute und leb wohl!" Ein Kollege kann sein Verhalten dir gegenüber ändern und rücksichtsvoller werden, weil er spürt, dass du auf ihn eingehst, ohne dafür im Gegenzug etwas zu erhalten. Manche verändern ihr Verhalten jedoch nie, dann solltest du dir ernsthaft die Frage stellen, ob du in so einem Umfeld wirklich arbeiten möchtest? Ob solche Kolleg/-innen das Beste in dir wecken, du dich entfalten und weiterentwickeln kannst? Wir werden zwangsläufig zu dem Durchschnitt all jener, mit denen wir unsere Zeit verbringen, deshalb achte gut darauf, mit wem du dich umgibst und ziehe, wenn nötig, Konsequenzen!

Viele Frauen trauen sich nicht, eine Beziehung oder einen Job zu verlassen, weil sie meinen, sie hätten sonst versagt. Lass dir sagen, dass du das Recht auf Glück hast! Wenn du alles getan hast, um die Ehe/Beziehung zum Kollegen/Chef/Unternehmen zu retten, dann kann die Rettung auch sein, dass du für dich sorgst und sagst: „Die Form dieser Beziehung wird sich ab nun ändern. Wir werden von der Partnerschaft in eine neue Beziehungsebene eintreten und das Beste daraus machen!" Das darfst du! Du hast das Recht, glücklich in einer Beziehung/Beruf zu sein und musst weder wegen der Kinder, noch des Geldes wegen bei einem Mann/Job bleiben, den du nicht liebst oder der dich nicht tief in deinem Herzen erfüllt und bereichert. Ich glaube nicht, dass zu einer Beziehung immer zwei Menschen gehören. Ich weiß aus Erfahrung, dass es durchaus Beziehungen gibt, die sehr einseitig verlaufen und dann ist es deine Aufgabe, dem ein Ende zu setzen. Natürlich sagt es auch etwas über dich selbst aus, wenn du die Nähe solcher Menschen suchst, aber bitte nicht in Selbstverurteilung abrutschen, sondern einfach in der Beobachtung bleiben. Vielleicht hast du ein inneres Kind, das meint, es müsste froh sein, überhaupt von jemandem auserwählt zu sein und müsste deshalb alles ertragen. Dann hilft es, dem inneren Kind klar zu machen, dass es durchaus wählen darf, jetzt groß ist und nicht mehr hilflos bei den Eltern bleiben muss. Jetzt ist es erwachsen und darf selbst entscheiden, mit wem sie lebt. Als Kind war es ausgeliefert und musste mit den Eltern leben, doch jetzt ist das anders! Es darf gehen und es wird überleben.

Wichtig ist auch, sich bewusst zu machen, dass jemand, der von allen geliebt werden möchte, niemals erfolgreich sein kann. Wenn wir erfolgreich sein wollen, müssen wir mit Ablehnung umgehen können und mit der Tatsache leben, dass uns nicht jeder mag.

Das Ende eines Jobs bedeutet nicht, dass das Ende des Berufslebens bevorsteht. Selbst wenn du infolge einer Trennung im allerschlimmsten Fall von Hartz IV leben musst, wirst du überleben und nicht sterben müssen. Das muss dein Gehirn wissen! Auch wenn Hartz IV keine Option ist, für dein Gehirn ist dies wichtig zu wissen, dass du nicht sterben wirst, wenn du kündigst! Der Erwachsene in uns wird einen Weg finden, wie er wieder fröhlich sein kann und genug Geld verdient, diesmal mit etwas, dass ihn bereichert! Wenn du dabei Unterstützung brauchst, besuche eines meiner Seminare oder melde dich zu einem persönlichen Coaching an. Als Leser/-innen dieses Artikels bekommst du von mir einen Gutschein über 50 % für ein Coaching oder ein Seminar!

9.7   Welchen Standard setzt du für dein Leben?

Das ist die Frage. Partnerschaften, Berufe, Firmen oder Beziehungen sind ein großes Geschenk. Denn sie zeigen, wo du dich befindest. Sie zeigen dir, woran du glaubst, wie du dich dir selbst und anderen gegenüber fühlst und somit können sie dir helfen, deine eigenen Programme neu zu definieren. Wenn du unglücklich bist, dann arbeite mit dieser Methode, sie wird dich für immer befreien. Setze einen neuen Standard in deinem Leben! Triff neue Entscheidungen, indem du dir deine Bedürfnisse bewusst machst.

Vielleicht entdeckst du zum ersten Mal in deinem Leben den Teil in dir, der für sich sprechen möchte, sich selbst wertschätzt und mag, und dies nun endlich auch vom Leben für sich selbst einfordert. Wenn Frauen die Gegenwart eines Partners suchen, der sehr ichbezogen ist, dann tragen sie wie gesagt, meist ein Kind in sich, das nicht daran glaubt, etwas Besseres zu verdienen, oder einen Teil, der gelernt hat, weniger Wert zu sein, als die anderen und sich deshalb als Opfer durchs Leben schleicht.

Anstatt als kraftvolle Schöpferin, die sich selbst mag, so wie sie ist, sich wertschätzt und nur das Beste für sich selbst möchte.

Ich bin nicht der Ansicht, dass jede Ehe unbedingt gerettet werden muss, schon gar nicht „wegen der Kinder". Ich bin eher der Ansicht, dass jede Seele und jedes Herz gerettet werden sollte. Und manches Mal geht die Beziehung auf eine neue, andere Stufe, die Trennung als Paar und Begegnung auf Elternebene bedeutet. Ich glaube partout nicht daran, dass es „egal ist, wen du heiratest, solange du dich selbst liebst". Gerade, wenn du dich selbst liebst, ist es nicht mehr egal. Denn dann möchtest du in einer Beziehung leben, die Sinn hat und macht, aus Liebe, Geborgenheit, Wertschätzung, Würde, Respekt, Dankbarkeit und Leidenschaft. Das Resultat wahrer Selbstliebe ist, dass du dich so sehr liebst, dass es dir eben nicht mehr egal ist, mit wem du dein kostbares Leben teilst. Es ist dir auch nicht mehr egal, in welchem Job du deine kostbare Zeit verbringst.

Frage dich: Was will ich stattdessen? Welche Art von Beziehung/Job möchte ich wirklich führen? Wie sollte der Mensch/Job sein, der das Beste in mir weckt? Und vor allem, stell dir die Frage:

Wer muss ich sein, um diesen Menschen/Job an meiner Seite vorzufinden?

Wenn du feststellst, dass das Ergebnis deiner Arbeit bedeutet, dass du dein Verhalten abändern solltest, dann möchte ich dich dazu ermutigen, dies zu tun. In einer festgefahrenen Situation hilft nur eines: ausbrechen. Vor allem aus den eigenen Mustern und Glaubenssystemen, die einen daran hindern, glücklich zu sein. Dabei ist es wichtig, dass du weißt, dass du nichts falsch gemacht hast, ebenso wenig der andere. Jeder tut und gibt was er kann, seinen Ressourcen und Möglichkeiten entsprechend, reicht dies nicht mehr, dann muss man an sich selbst nichts verändern, nur an dem Verhalten, das ist ein großer Unterschied.

Und am besten so, dass man niemanden dabei verletzt, schon gar nicht sich selbst. In Ruhe, Besonnenheit und mit viel Bewusstsein zu agieren, trägt dazu bei, dass du am Ende glücklicher bist, als je zuvor. Entscheidungen werden dann in Stein gemeißelt und umgesetzt, wenn du ausreichend Schmerz in dir aufgebaut hast. Sobald du dir bewusst machst, was es dich kostet, noch länger in ungesunden Situationen zu verharren, wirst du Veränderungen herbeiführen können. Deshalb lass dich darauf ein, dir die Frage zu stellen:

▶   Was kostet es mich, wenn ich noch länger so lebe, wie ich lebe?

Ich plädiere allerdings dafür, dass du nicht sofort, nachdem du diesen Artikel gelesen hast, Veränderungen in deinem Leben anzettelst. Nachhaltig sind die Tipps, die du von anderen lernst, nur dann, wenn du sie auch langfristig erfüllen kannst. Deshalb schaue dir alles in Ruhe an und übereile nichts! Beobachte dich selbst, die anderen und versuche dies möglichst wertfrei zu tun. Versinke weder in Schuldgefühlen noch in Panik! Mir ging es allzu oft beim Lesen eines Buches so, dass ich mir dachte: „Um Himmels willen! Darin steht ja, dass ich alles falsch mache, das muss ich sofort ändern!" Dann nervte ich mich selbst und andere, indem ich innerhalb weniger Stunden alles ändern wollte, was in dem Buch empfohlen war, in der Hoffnung, mein Leben wieder in bessere Bahnen bringen zu können. Erst nach einigen Jahren und viel Erfahrung erkannte ich, dass es oftmals die kleinen Dinge im Leben sind, die am nachhaltigsten sind und dass Bücher, die mir das Gefühl gaben, eine völlige Versagerin zu sein, nichts für mich sind. Ich erkannte auch, dass schnelle und unbedachte Veränderungen meist nicht lange andauern und ein Schlachtfeld hinterlassen. Deshalb bitte ich dich, inne zu halten, dich zu entspannen und innerlich zu beobachten, was du wirklich und nachhaltig in deinem Leben und in deinen Beziehungen ändern möchtest. Triff Entscheidungen nur dann, wenn du in einem grandiosen Zustand bist. Denn nur, wenn es dir richtig gut geht, du in deiner Mitte und erfüllt bist, wirst du auch erfolgreich sein können in deinen Vorhaben. Während einer The-Process-Sitzung schaffen wir den Raum, Altes endgültig hinter dir zu lassen und ein neues Ich, eine neue Zukunft, ein neues Leben zu definieren, weil ich dir Übungen zeige, die dich unmittelbar in einen grandiosen Zustand bringen, indem dein Potenzial entfaltet wird und du daraus resultierend eine neue Zukunft für dich erschaffst. Es sind herausragende Dinge möglich, wenn es uns selbst gelingt, uns so zu konditionieren, dass wir uns ausgezeichnet mit uns fühlen und nur dann sollten wir Entscheidungen treffen. Triff niemals, niemals eine Entscheidung, wenn du dich in einem emotional schlechten Zustand befindest, das kann fatale Auswirkungen auf dich, deine Karriere und dein Leben haben! Es hat sich gezeigt, dass folgende Übung wunderbar dabei hilft, dich zu zentrieren und bessere Entscheidungen treffen zu können. Schließe dazu deine Augen und berühre mit beiden Händen dein Herz. Atme tief in dein Herz hinein und denke an Ereignisse und Menschen, für die du dankbar bist. Mach das mindestens drei Minuten lang, jeden Tag zwei Mal und du wirst dich neugeboren fühlen! Wenn wir unseren Fokus auf Dankbarkeit richten, verändern wir unser Leben.

Aber nicht nur das, es macht uns auch etwas anderes bewusst: Wenn wir dauerhaft mit Menschen zusammen sind, die sich auf Stufe eins befinden, dann geben wir uns zwangsläufig irgendwann einmal selbst auf.

Wir machen uns abhängig und leben ein Leben für jemanden, der meint, er dürfe sich verhalten wie ein kleines Baby, ohne jemals auf den Gedanken zu kommen, dass er sich und sein Verhalten ändern sollte. Du bist nicht da, um dein Leben zu opfern oder aufzugeben. Weder für deinen Partner, noch für das Unternehmen, in dem du arbeitest oder deinen Beruf. Manches Mal glauben Frauen noch immer insgeheim, sie hätten nicht das Recht, ihr eigenes Leben zu leben, zu sagen, dass etwas nicht stimmt oder ihre eignen Wege zu gehen. Sie meinen, es würde mehr Schaden bringen, zu gehen als zu bleiben.

Die reine pure Kraft der Liebe, des Lebens, deines Potenzials drängt dich sanft dazu, ein Leben in Freiheit, Würde, Liebe und Freude zu führen.

Beispiel

Ich lernte einmal einen bemerkenswerten Mann kennen, der erst nach der Scheidung seiner Frau, viele Jahre später erkannte, welche Auswirkungen sein Verhalten auf seine Frau hatte: „Früher, da war mir nur mein Beruf wichtig. Ich hatte eine wunderbare Frau. Eine sehr gute Frau. Sie war Lehrerin, hat sich um die Kinder und den Haushalt gekümmert und sich nie beschwert. Aber ich habe ihr das nie gesagt. Ich habe sie als selbstverständlich hingenommen und sie niemals wieder neu erobert. Ich habe vergessen ihr zu sagen, wie viel sie mir bedeutet, welch großartiges Geschenk sie für mich ist. Ich habe irgendwann sogar damit begonnen, mich an ihren Eigenheiten und Fehlern zu stoßen. Eines Tages dachte ich mehr an ihre Fehler, als an ihre Schönheiten und so geschah es, dass ich mich von ihr entfernte, anstatt das zu tun, was ein Mann tun sollte. Ich hätte sie lieben sollen und jeden Tag wertschätzen, ich hätte an ihre Begabungen und Schönheiten denken sollen, nicht an ihre Macken. Ich glaube, eine Frau entfaltet erst dann ihre gesamte Schönheit, wenn sie in einem Umfeld ist, in dem sie wertgeschätzt und bedingungslos geliebt wird. Jetzt liebe ich ihre Macken und erkenne sie als ‚Special Effects'. Aber es ist zu spät. Sie hat mich verlassen und das war auch gut so. Denn dadurch wurde ich zu einem besseren Menschen. Denn eines Tages ging sie und verliebte sich in einen Mann, der ihr all das gab, was sie verdiente. Ich bin ihr nicht böse, im Gegenteil, ich wertschätze sie mehr als je zuvor, denn sie setzte damit ein Zeichen. Nicht nur für sich oder für mich, sondern auch für ihre Kinder. Sie sagte dadurch, niemand geht so mit mir um, ich achte auf mich und suche mir jemanden, der mein Wesen wahrhaftig wertschätzen kann. Sie hatte Recht. Sie brachte sich irgendwie vor mir in Sicherheit. Denn ich vergaß, wie wertvoll sie war. Nur ich selbst war mir wichtig. Mein Erfolg, meine Karriere, das was andere über mich sagten. Ich redete mir zwar ein, ich tue all dies für die Familie, aber das war nicht wahr. Ich tat es hauptsächlich für mich, für mein Ego. Ich wollte ein ‚großer Mann' sein und machte mich ganz klein. Ich schätze meine erste Frau sehr, denn sie hat das einzig richtige gemacht. Sie zeigte, wie wertvoll sie ist."

Manches Mal verlaufen wir uns im Außen und erkennen die Schönheit nicht, die uns das Leben bereits beschert hat. Der Reichtum ist meist nicht da zu finden, wo wir ihn vermuten. All die Dinge, die du anfassen kannst, sind nicht wirklich die Dinge, die du möchtest oder die dich glücklich machen. Du denkst, du willst unbedingt den Audio A4? Die Wahrheit ist, du willst diesen Audi, weil er dir ein bestimmtes Gefühl vermittelt. Du sehnst dich nach diesem Gefühl so sehr, dass du meinst, du findest es nur durch materielle Dinge. Dann stellst du nach ein paar Wochen im Audi A4 fest, dass er dir doch nicht gibt, wonach du dich gesehnt hast und fühlst dich leer. Infolge begibst du dich auf die Suche nach weiteren materiellen Errungenschaften. Warum gibt es so viele so reiche Menschen, die nicht glücklich sind? Weil sie stets im Außen nach ihrem Glück, der Liebe und Anerkennung suchten und ihrer wahren Bestimmung nicht folgen. Die wenigen, die es geschafft haben, reich und erfüllt zu sein sind die, die begriffen haben, worum es im Leben wirklich geht. Als ich vor zehn Jahren mit nur drei Euro und zwei Kindern an der Hand im Einkaufladen stand und mir die Frage stellte: „Was ist wichtiger, Butter, Milch oder Brot?" wusste ich, dass ich etwas verändern musste. Ich sehnte mich nach dem Gefühl der Freiheit, das Geld mir und meinen Kindern geben würde und tat alles dafür, mir in Zukunft qualitativ hochwertigere Fragen stellen zu können. Als ich Jahre später ein sechsstelliges Vermögen aufgebaut hatte, lernte ich dankenswerter Weise von den erfolgreichen und erfüllten Menschen, die nicht aufgrund des Kontostandes glücklich waren, sondern aufgrund ihrer Lebensqualität und Beziehungen. Wenn du nach Reichtum strebst, beschränke dich nicht nur auf finanziellen Reichtum, denn Geld ohne Erfüllung bringt keine Fülle. Geld verstärkt wer du bist. Wenn du ein Nehmer bist, wirst du durch dein Geld nur noch mehr nehmen, wenn du ein Geber bist, wirst du durch dein Geld noch mehr geben. Deshalb baue parallel zu deinem Streben nach mehr äußerem Reichtum auch ein Streben nach mehr innerem Reichtum auf.

> **GELD teilt dir nichts weiter mit als:**
> Göttliche
> Energie
> liebt
> Dich

Diese göttliche Energie will durch dich hindurch einen Ausdruck finden. Je mehr du ihr erlaubst das zu tun, umso reicher und erfüllter wird dein eigenes Leben und das Leben aller sein, die du berührst.

Der wahre Reichtum ist in den Menschen selbst zu finden. Sie tragen die größten Schätze in sich, viel mehr, als alle Banken dieser Erde.

All das wonach du dich sehnst, liegt direkt in dir verborgen und deine einzige Aufgabe ist, diese verborgenen Schätze auszugraben und mit anderen zu teilen. Genau dadurch wirst du reich werden. Du bist es schon. Ändere deinen Hunger nach Anerkennung in den Hunger, anderen das Beste von dir zu geben und du wirst nicht nur reich an Geld sein, sondern auch reich an Liebe, Wertschätzung und Dankbarkeit und genau das verhilft dir dazu, wirklich glücklich zu sein.

▶ **Tip** Wenn du dich reich an der göttlichen Energie der Liebe fühlst, wird Geld von selbst, ohne jegliche Anstrengung zu dir fließen.

Wenn du einen Mangel an Geld erfährst, dann trägst du vermutlich auch die Illusion des Mangels an göttlicher Energie, die dich liebt, in dir. Genau deshalb ist es so wichtig, dass du umsetzt, was du hier liest und lernst. Denn nur, wenn du dich erfüllt fühlst, wirst du auch deine Konten füllen können.

Wenn jetzt nicht gerade die Kinder oder der Chef nach dir rufen, das Telefon klingelt, du dringend pieseln musst oder deine Schwiegermutter gleich vorbeischneit, nimm dir kurz Zeit und spüre nach, wie sich die folgenden zwei Sätze, Regeln, für dich anfühlen:

Ich fühle mich gut, jedes Mal wenn ich mich selbst im Spiegel betrachte.

Ich fühle mich dankbar und glücklich jedes Mal, wenn ich aufwache und atme.

Ich erlaube mir die göttliche Kraft der Liebe voll und ganz in Empfang zu nehmen.

Wenn es sich gut anfühlt, dann ist das durchaus positiv. Durch The Process lassen sich diese Sätze auch in dir programmieren, sodass dein Unterbewusstsein positiv darauf reagiert und offen für diese Erfahrungen ist.

Ich garantiere dir, dein Leben wird sich infolge anders anfühlen! Wenn du feststellst, dass sich etwas in dir sträubt, mach dir bewusst, dass dein inneres Kind noch mehr Zuwendung von dir braucht und führe noch weitere Gespräche mit ihm. Solange, bis du die zuvor genannten Sätze mit einem ruhigen Gefühl aussprechen kannst. Wenn du dabei Unterstützung brauchst, besuche meine Webseite: www.katharinapommer.de, darauf findest du zahlreiche kostenlose Programme oder du buchst einen Process, um noch schneller und effektiver weiter zu kommen.

Vielleicht denkst du, das war jetzt aber einfach, vielleicht zu einfach? Viele von uns sind darauf konditioniert, dass wahre Errungenschaften, schwer zu erreichen sind. Dies ist nichts weiter, als ein Glaubenssatz, der uns davon abhält, spielerisch und ohne Vorurteile neue Programme in uns anzulegen. Für die meisten war die Schule schwer und wenig angenehm. Deshalb haben wir das Programm in uns angelegt, dass lernen und sich weiterentwickeln, etwas mit viel Anstrengung und Schmerz zu tun hat und sind skeptisch, sobald etwas „leicht" gehen soll. Letzten Endes spielt nur das eine Rolle, woran wir glauben. Schon in der Bibel steht: Dein Glaube versetzt Berge. Wenn wir also daran glauben, dass wir mühelos und leicht erreichen, was wir uns vornehmen, dann wird es auch so sein. Studien zeigen, dass Probanden jene Ergebnisse erzielten, die ihnen zuvor glaubhaft vermittelt wurden. Wenn wir aber glauben, dass es schwer ist, ein glückliches und erfolgreiches Leben zu führen, vor allem als Frau und Mutter, dann wird es einer selbsterfüllenden Prophezeiung gleichen und wir werden immer wieder Menschen und Situationen in unser Leben ziehen, die diesen Glaubenssatz verstärken.

Der Glaube der Menschen steuert alles. Wirklich alles! Eine Mutter, die ihr einjähriges Kind aussetzt, weil sie glaubt. es sei verhext, oder eine Frau, namens Oprah Winfrey, die eine sehr schwere Kindheit hatte, jedoch weltweit extrem anerkannt und beliebt ist, weil sie trotz aller Widerstände ihrem Herzen folgen konnte. Alles dreht sich um den Glauben der Menschen.

▶   **Tip** Die Frage ist, ist dein Glaube für oder gegen dich?

9.8   Wie du alles bekommst, was du dir wünschst!

Es reicht tatsächlich, wenn du dir dessen bewusst bist und entsprechend neu handelst. Du musst nicht mehr tun, als dir die Zeit zu nehmen, deine neuen Bedürfnisse aufzuschreiben und die neuen Regeln zu formulieren. Mache dir bewusst, woran du glaubst und überprüfe den Sinn deines Glaubens! Das wird Berge in deinem Leben versetzen, glaube mir!

Wenn wir etwas wollen, dann hilft nur eines, wir müssen täglich daran arbeiten, unsere Träume und Visionen in die Realität umzusetzen. Es hilft, wenn du dir ein Ziel setzt und sagst:

Am Tag xy im Jahre yx werde ich folgendes Ziel erreicht haben: _____

Ich tue alles dafür, meinen Geist, meinen Körper, meine Seele so zu programmieren, dass ich dieses Ziel mühelos erreiche. Ich bin mir sicher, dass ich es schaffe und arbeite täglich konkret mit folgenden Aspekten daran: _____.

Es ist meine oberste Priorität, dieses Ziel zu erreichen und ich werde mich dabei gut fühlen. Ich bin bereit, über meine Grenzen und alten Regeln hinweg zu schreiten. Selbst, wenn ich nicht mehr weiter weiß oder meine, es gäbe Wichtigeres zu tun, werde ich das Versprechen mir selbst gegenüber einhalten und an der Erfüllung meines Zieles arbeiten. Ich öffne mich für die Energie der Liebe, der Erfüllung und des Erfolges jeden Tag mehr und mit jedem Tag werde ich dadurch erfüllter und reicher.

Wiederhole diese Sätze laut jeden Tag zwei Mal und mach dabei die zuvor erwähnte Übung: Berühre dein Herz, mit beiden Händen, schließe deine Augen und atme tief in dein Herz hinein. Stell dir dabei drei Menschen oder Situationen vor, für die du dankbar bist. Steigere das Gefühl der Dankbarkeit so lange bis du es nicht nur in deinem Herzen fühlst, sondern auch in deinem ganzen Körper. Stell dir danach vor, wie du deine Ziele erreicht hast, wie es sich anfühlt, genau die zu sein, die du sein möchtest und atme dabei weiter in dein Herz!

Das ist fürs Erste alles. Dein Bewusstsein und dein neuer Fokus werden dafür sorgen, dass dein Leben eine neue Richtung annimmt. Denn durch die neuen Regeln wirst du dich besser fühlen. Und dadurch, dass du dich besser fühlst, nimmst du den Alltag und die Menschen darin anders wahr. Ist es nicht so, dass wir, sobald wir wissen, dass uns ein Tag voller Freude erwartet, der eigene Geburtstag oder Urlaub, automatisch besser gelaunt sind und Missgeschicke besser annehmen, als an Tagen, an denen uns ein Zahnarztbesuch und das Reinigen der Biomülltonne erwartet?

Warum? Mit dem einen Erlebnis verbinden wir positive Emotionen, mit dem anderen eher negative. Was jedoch erstaunlich ist, sobald du neue Regeln in dir wach rufst, wirst du feststellen, dass: „Jedes Mal, wenn ich die Augen aufmache und über der Erde und nicht unter ihr bin, bin ich glücklich" und das kotzende Kind, der Zahnarzt und auch der Biomüll ganz anders von dir wahrgenommen werden, etwas leichter und freier. Weil du dir sagst: „Nun, besser ein kotzendes Kind oder eine Wurzelbehandlung, als tot unter der Erde zu liegen ..." Alles eine Sache der Betrachtungsweise, nicht wahr?

Ich wünsche dir von Herzen alles Liebe und nur das Beste, auf dass deine Visionen und Träume wahr werden und du niemals an ihrer Wichtigkeit zweifelst!

Ich freue mich, wenn wir uns eines Tages persönlich begegnen!

9.9   Über die Autorin

Katharina Pommer kommt ursprünglich aus Wien und lebt mit ihrem Mann und ihren vier Kindern in Bayern. Mit ihren Seminaren, Vorträgen und Büchern hilft sie vor allem Frauen dabei, ein glückliches, erfülltes und erfolgreiches Leben zu führen. Als Therapeutin mit über zehn Jahren Erfahrung hat sie die effektive THE PROCESS Methode entwickelt, mit der sie weltweit bereits mehreren tausend Menschen geholfen hat.

Durch ihre humorvolle, kompetente und tiefsinnige Art gelingt es ihr in kürzester Zeit Menschen von tiefsitzenden Ängsten und Blockaden zu befreien. Ihren Rat suchen mittlerweile auch Spitzensportler und Prominente.

Mehr Informationen über ihre Arbeit und Angebote finden Sie unter: www.katharinapommer.de

Ob in Wort, Schrift oder Bild: Ein Plädoyer für mehr Sichtbarkeit durch Eigen-PR

Simone Richter

> Der schlimmste Fehler von Frauen ist ihr Mangel an Größenwahn (Irmtraud Morgner).

Erst kürzlich habe ich mein Poesiealbum wiederentdeckt. Meine Mutter hatte es in einem Bücherregal über viele Jahre aufgehoben. Das kleine Büchlein mit der blauen Borte in Herzform auf dem Cover, eingebunden in einen Stoff aus Blütenranken. Im Innern viele Erinnerungen an ehemalige Schulfreundinnen und auch den einen oder anderen Mitschüler aus der Elementarstufe, gute Wegweiser von Lehrern und Vereinstrainern, ein Grußwort meiner Blockflötenmentorin ebenso wie allerlei lyrische Ergüsse der gesamten Verwandtschaft. Eines fiel mir dabei besonders ins Auge: Die Art und Weise, wie ein junges Mädchen auf ihre gesellschaftliche Rolle und ihr zukünftiges Leben vorbereitet wird – in hübschen Versen und klugen Ratschlägen verpackt. „Bescheidenheit ist eine Tugend" ist in meinem Poesiealbum zu lesen. „Reden ist Silber, Schweigen ist Gold" steht da zwischen glitzernden Pony-Stickern. „Dem kleinen Veilchen gleich, das im Verborgenen blüht. Sei immer fromm und gut, auch wenn dich niemand sieht" ist in einen Rahmen aus Regenbogenfarben gefasst. „Sei wie das Veilchen im Moose, bescheiden, sittsam und rein – nicht wie die stolze Rose, die immer bewundert will sein" – verziert mit Klebebildchen, auf denen niedliche kleine Mädchen große Hüte und mit Obst gefüllte Körbe tragen. Allerlei Kalenderweisheiten und Volkssprüche haben eine zentrale Botschaft: Als Mädchen und erst recht als spätere Frau steht es dir gut, zurückhaltend und möglichst unauffällig zu sein, still und brav anderen den Vortritt zu lassen, sich demütig, genügsam und möglichst anspruchslos zu gebärden. Wer seinem Glück nicht im Wege stehen will, sollte artig und anständig durchs Leben gehen – und vor allem unsichtbar.

Ein verheerender Anspruch, der gegenüber vielen Generationen heranwachsender Frauen, und das sogar über Jahrzehnte hinweg, aufrechterhalten wurde – und mitunter

S. Richter (✉)
TITANIA - Text. PR. Geist.
Postwiesenstraße 5A, 70327 Stuttgart, Deutschland
E-Mail: richter@titania-pr.de

© Springer Fachmedien Wiesbaden GmbH 2017
P. Buchenau (Hrsg.), *Chefsache Frauen II*, DOI 10.1007/978-3-658-14270-4_10

noch immer wird. Auch wenn in den Kinderzimmern heutzutage eher Pokémon-Karten getauscht werden und gelbe Minions die Regale bevölkern, haben die Poesiealben vielerorts ihre Aufgabe erfüllt. Frauen sind in vielen Bereichen noch immer unsichtbar, halten sich in Positionen und öffentlichen Ämtern eher zurück und lassen den Herren großzügig den Vortritt. Es ist viel passiert – die Leistungen und Errungenschaften vieler Frauen in den letzten Jahrzehnten sind keineswegs zu schmälern. Und doch lässt es sich nicht leugnen, dass Frauen an der Front – ob in politischer, wirtschaftlicher oder gesellschaftlicher Konnotation – nach wie vor eher rar sind. Neulich berichtete mir eine gute Freundin von der Abiturientenfeier ihres Sohnes. Die Schülerinnen hatten bei Weitem den besten Notendurchschnitt, erzielten Auszeichnungen für ihre Leistungen, hatten sich in der gesamten Schulzeit mehrfach und deutlich hervorgetan durch Intelligenz, Sozialkompetenz und Handlungsvermögen. Als es dann allerdings darum ging, wer am großen Galaabend die Abschlussrede für den Jahrgang hält, hielten sich die jungen Damen bescheiden zurück – während die Schüler ihre Chance ergriffen, um sich ins Rampenlicht zu stellen und endlich einmal vor großem Publikum zu profilieren. Als dann die Tochter meiner Freundin ihr Abitur absolviert hatte, war sie daher unermesslich stolz, als sich ihr erwachsenes Mädchen sehr wohl ihren rechtmäßigen Platz auf der Bühne nahm und dieses Mal die Abschlussrede endlich einmal von einer jungen Frau gehalten wurde – mit großem Applaus und stehenden Ovationen als Ergebnis.

Eine Seltenheit – nach wie vor. Diese Erfahrung mache ich auch in meinem Berufsalltag, in verschiedensten Business-Konstellationen und vor allem bei den Seminaren, die ich zwischenzeitlich vor vielen Frauen aller Generationen und Branchen gehalten habe. Selbstsicheres Kommunizieren ist für die meisten meiner Teilnehmerinnen ein Buch mit sieben Siegeln – dabei sitzen vor mir immer engagierte und gebildete Frauen, die sich mit ihrer Profession, ihrem Charakter und ihrem authentischen Auftreten keineswegs verstecken müssten. Im Gegenteil – ich habe sie alle als echte Bereicherung wahrgenommen, als großes Potenzial für jedes Unternehmen und jede Institution, als treibender Motor in Teams und Systemen. (Hinweis: Wenn in diesem Beitrag von Frauen und Männern die Rede ist, dann geht es dabei um Stereotype. Selbstverständlich gibt es viele Frauen und Männer, die sich anders verhalten und von den beschriebenen Mustern abweichen oder nicht in das standardisierte Schema passen. Um sich dem Thema zu nähern, einen Kontext zu schaffen und auch Optimierungswege aufzuzeigen, ist dennoch die Verwendung der Stereotypen notwendig.)

10.1 Mädchen und Frauen – lieber in der zweiten Reihe

„Mädchen haben bessere Noten, Mädchen machen häufiger Abitur." „Mädchen lernen besser, Jungen steigen auf." In der Tagespresse sind solche und ähnliche Schlagzeilen immer wieder zu lesen. Die berühmte Pisa-Studie fand sogar heraus, dass sich Mädchen mehr anstrengen, was zu entsprechenden positiven Ergebnissen führt (Kramer 2016).

Frauen verlassen heutzutage also nicht nur mit besseren Noten die Schulen und Universitäten, sind gut ausgebildet und für wichtige Führungs- und Entscheidungspositionen in den Unternehmen ideal passend, sondern sind auch empathisch, eloquent und versiert. Und doch sind Frauen immer noch – trotz großem Ehrgeiz und Ambitionen – in den Top-Positionen vielfach unterrepräsentiert, während ihnen die Männer stets eine Nasenspitze voran zu sein scheinen. Und das nicht unbedingt aufgrund von Intelligenz, Qualifikation oder Fachwissen. Sondern vielmehr, weil sich Männer in einem männlich dominierten Umfeld (und das trifft nach wie vor für die Businesswelt zu) sehr gut wissen, wie sie sich zur Schau stellen, ihr Können präsentieren und ihre Wünsche (zum Beispiel den nächsten Schritt auf der Karriereleiter nach oben) richtig artikulieren. Die fachliche Kompetenz ist dabei eher zweitrangig – wichtiger ist, sich Respekt und Gehör zu verschaffen, um dann die eigenen Ideen durchzusetzen, Entscheider von der eigenen Person zu überzeugen oder die begehrte Projektleitung zu bekommen, selbst wenn die Kollegin dafür aus rein sachlichen Aspekten viel geeigneter wäre.

Was also können Frauen tun, um Karriere zu machen, ihre Ideen durchzusetzen, mehr Kunden zu gewinnen, andere von sich zu überzeugen, ein vernünftiges Gehalt zu bekommen, ihre Wirkungsbereiche auszudehnen oder damit ihnen mehr Verantwortung zugestanden wird? Der Schlüsselbegriff lautet Selbst-PR. Public Relation für die eigene Person. Außendarstellung dessen, was ich kann und möchte. Öffentlichkeitsarbeit in eigener Sache.

Sichtbarkeit ist mein zentrales Thema. Ich berate und begleite Unternehmen in ihrer Außenwirksamkeit und kümmere mich darum, Produkte und Dienstleistungen in der Öffentlichkeit und für Zielgruppen sichtbar zu machen. Und Menschen. Dabei stoße ich immer wieder auf Hidden Champions, die sich zwar die eine oder andere Marketingmaßnahme gönnen, sich mit der Public Relations hingegen eher schwertun. Unternehmen, die ihre Nischenmärkte erfolgreich erobert haben und herausragend gute Geschäfte auch auf internationalem Parkett betreiben, wollen ihr Leistungsspektrum in der Öffentlichkeit ungern breittreten. Sie halten sich lieber bedeckt, was Innovationen und Entwicklungen, Strategien oder Personal betrifft. Ganz ähnlich verhalten sich viele Frauen im Business-Kontext. Mit dem Unterschied, dass Markttreiber und Branchenpioniere durch ihre bescheidene PR gegenüber neugierigen Mitbewerbern ihr Know-how schützen und die Mannschaft, bestehend aus begehrten Fachkräften, zusammenhalten. Und die Frauen? Sie halten sich an die Sprüche aus ihren Poesiealben – was nicht nur schlichtweg unnötig ist, sondern vor allem zu Stillstand auf der Karriereleiter, zu Unzufriedenheit im Arbeitsalltag, zu fehlenden Kunden und nur beschwerlich erlangten Aufträgen in der Selbstständigkeit führt.

Wer unsichtbar ist, wird weder gefordert noch gefördert. Wer unsichtbar ist, bekommt weder Chancen noch Aufstiegsmöglichkeiten. Wer unsichtbar ist, wird weder von potenziellen Kunden noch Geschäftspartnern wahrgenommen. Wer unsichtbar ist, kann nicht beraten, produzieren oder verkaufen. Wer unsichtbar ist, wird weder eine Marktposition noch eine Durchschlagskraft gegenüber Mitbewerbern besitzen. Wer unsichtbar ist, kann keinerlei vertrauensbasierte Beziehungen schaffen oder Verbündete gewinnen. Wer unsichtbar ist, der ist bequem für alle anderen.

Sichtbarkeit ist ein Karrierefaktor, ein Vertriebsinstrument, ein Erfolgsgarant. Und doch fällt es vielen Frauen schwer, sich nicht nur auf die Bühne zu stellen, sondern dort auch noch mitten ins pralle Scheinwerferlicht. Unabhängig von Branche und Kunden: Business bedeutet Bühne und wer hier ohne Sichtbarkeit agiert, muss sich nicht über fehlende Bekanntheit, Aufmerksamkeit, Anfragen oder Aufträge wundern. Wer unsichtbar ist, existiert schlichtweg nicht.

10.2   Über den hohen Stellenwert der Selbst-PR

Um sich abzuheben aus der Masse müssen Frauen also sichtbarer werden. Hohe Einsatzbereitschaft und großes Engagement allein genügen eben nicht, um erfolgreich zu sein. Es gilt, sich Gehör zu verschaffen. Das passiert in unserer männlich dominierten Arbeitswelt nicht in erster Linie durch fachlichen Input, sondern durch Posen. Ich erinnere mich an zahlreiche Meetings und Arbeitskonferenzen, in denen die überwiegend männlichen Entscheider, Meinungsführer und Mitarbeiter zusammenkommen. In den ersten Minuten geht es keineswegs um das Tagesthema, das Produkt, die Markenstrategie oder die Umsatzzahlen. Stattdessen wird getrommelt und dominant präsentiert – nämlich die eigene Person. Wer weiß, dass Männer erst einmal ihre Rangordnung klären, bevor sie arbeitsfähig sind, kann diese Situation besser verorten – und mitmischen. Sich bemerkbar machen, auffallen und wahrgenommen werden – so funktioniert die statusorientierte Kommunikation im Geschäftsleben. Wer nichts sagt, der hat nichts zu sagen (Knaths 2008).

Frauen tun sich oft schwer damit, über ihren normalen Arbeitsalltag und die Erfolge zu berichten. Sie thematisieren eher Schwierigkeiten – mit Blick auf mögliche Lösungswege. Männer hingegen schaffen es, auch Kleinigkeiten als große Taten darzustellen. Ein Lob vom Kunden, ein gutes Telefonat mit einem Geschäftspartner, ein reibungsloser Projektstart, ein Besuch außer Haus – alles wird von den Kollegen als wunderbar, sensationell und herausragend beschrieben. Klotzen statt kleckern ist hier das Motto. Woher soll ein Außenstehender denn wissen, was Ihr Können und Ihre Leistung ist, was Sie ins Rollen gebracht, vorwärtsbewegt oder erreicht haben, wenn Sie es nicht erzählen? Gehen Sie davon aus, dass Ihr Gegenüber immer schon eine bestimmte Kompetenzvermutung hat, was Ihre Person betrifft. Diese können Sie bestätigen, untermauern oder in eine andere Richtung lenken, indem Sie von Ihren Vorhaben und Zielen, Ihren Etappensiegen und Erfahrungen berichterstatten. Sie haben jedes Recht, sich dafür Ihren Raum zu nehmen. Warum denn auch nicht: Sie sind gut ausgebildet und haben eine bestimmte Stellung inne, Sie besitzen einen Fundus an Wissen und haben eine Meinung – dann tun Sie diese bitte auch kund. Frauen halten es oft für irrelevant, Kleinigkeiten zu thematisieren – Männer nicht.

Das gilt übrigens nicht nur für Inhaltliches, sondern auch die Art, wie etwas vorgetragen wird. Beobachten Sie einmal die Männer in Ihrem direkten beruflichen und sozialen Umfeld: Mit ihrer Körpersprache unterstreichen sie ihre Sichtbarkeit und Präsenz. Männer betreten in der Regel keineswegs leise und unscheinbar einen Raum, manche übertreiben es mit ihrem Platzhirschgehabe regelrecht. Am Konferenztisch nicht anders: Ausladende Gesten, breite Sitzposition mit Armen und Beinen, eine gewisse Lautstärke, ein fester Blick. Das alles zeugt davon, dass hier jemand weiß, wie er sich in den Mittelpunkt stellt – und wenn auch nur für einen Moment. Also wundern Sie sich zukünftig nicht darüber, wenn dem offenbar arrogantesten Redner in der Runde die größte Kompetenz zugewiesen wird – selbst wenn das mit der Realität nicht deckungsgleich ist. Es hat schlichtweg etwas mit der Außendarstellung zu tun.

Vielfach heißt es, Frauen müssten besser sein als Männer, um einen gewissen Status zu erlangen. Dabei beißt sich die Katze hier in den Schwanz – denn Leistung allein reicht nicht aus, um Anerkennung, Positionen oder Aufträge zu bekommen. Frauen leisten viel und gerne auch noch mehr – in der Absicht und voller guter Hoffnung, dadurch aufzusteigen oder erfolgreicher zu sein. Wenn dieses Ergebnis ausbleibt, sind sie erst frustriert und dann verwundert. Um sich danach noch mehr anzustrengen – ohne eine echte Änderung der Gesamtsituation. Besser werden bedeutet vor allem, die Fähigkeit zu entwickeln, sich besser durchzusetzen und besser sichtbar zu sein mit dem was man macht und kann. Wer gute Leistung abliefert, der muss dies auch bekannt geben. Henry Ford hat einmal gesagt: „Wenn Sie einen Dollar in Ihr Unternehmen stecken wollen, so müssen Sie einen weiteren bereithalten, um das bekannt zu machen." Das gilt gleichermaßen für Ihre Person. Teilen Sie daher Ihre Energie und Ihre zeitlichen Ressourcen so ein, dass Sie sich eben nicht nur fachlich einbringen und Leistung bringen, sondern dass Sie auch noch Muse und Kraft genug haben, um das mitzuteilen – und am besten so weit und laut wie nur möglich.

„Bescheidenheit ist eine Zier, doch weiter kommt man ohne ihr." Auch wenn ich diesen Spruch von Wilhelm Busch nicht in meinem Poesiealbum finden kann, so hat er doch Gültigkeit in der Unternehmenswelt. Gerade wenn es um neue Positionen und den Aufstieg in einem Unternehmen geht oder auch um die Eroberung neuer Branchen und Kundensegmente, ist es alles andere als ratsam, im stillen Kämmerlein fleißig vor sich hin zu arbeiten und darauf zu hoffen, dass dadurch der Erfolg eines Tages an die Türe klopft. Abgesehen von der hervorragenden Leistung müssen Sie artikulieren und kommunizieren, dass Sie eben eine Beförderung wollen oder Interesse an einem Unternehmen als zukünftigen Geschäftspartner oder Kunden haben. Profilieren Sie sich nicht allein durch das, was Sie tun, sondern vor allem auch dadurch, dass Sie das nach außen hin mitteilen.

„Wenn du willst, dass etwas erledigt wird, sag es einer Frau. Wenn du willst, dass über etwas geredet wird, sag es einem Mann." Diese Weisheit stammt von Margaret Thatcher, ehemals britische Premierministerin. Wir alle kennen das geflügelte Wort vom fleißigen Lieschen – tatsächlich sind Frauen nicht nur aufgeweckt und zielstrebig, sie zeigen auch hohe Einsatzbereitschaft, scheuen weder harte Arbeit noch Überstunden. Aber tun sie sich damit auch hervor? Wohl kaum. Dabei ist es so einfach!

In diesem Monat besuchte ich eine große Bundeskonferenz. Dort traf ich eine Geschäftspartnerin und Freundin aus dem Kreis der Wirtschaftsjunioren. Sie führt eine Markenagentur und berichtete von einem Vortrag mit Podiumsdiskussion, in dem es um flexible Arbeitsplatzmodelle ging: Die Herren, die verschiedene Unternehmen und auch die

Kreativbranche repräsentierten, zeigten sich auf der Bühne und vor dem Mikrofon, tauschten sich aus und gaben nicht nur ihre Impulse in den Saal, sondern machten in diesem Rahmen auch gleich gute Öffentlichkeitsarbeit für sich selbst. „Ich merke dann immer, wie es in mir kribbelt", erzählte mir die junge Unternehmerin. Also löste sie sich aus dem Auditorium, ging in der abschließenden Fragerunde nach vorne, schnappte sich das Mikrofon und hielt in der riesigen Aula einen kurzen eigenen Impulsvortrag darüber, dass sie als Führungskraft eine völlig andere Sichtweise habe. „Ich habe dann erst einmal Tacheles geredet, da nämlich alle Referenten nur Theoretiker waren, während ich in meiner Firma das Modell der flexiblen Arbeitsplatzgestaltung schon seit Jahren praktiziere. Ich habe ihnen Beispiele aus der Praxis vorgeführt und eine völlig neue Perspektive aufgezeigt." Am Ende habe der Moderator für diesen unerwarteten Impuls sich nicht nur erstaunt, sondern mehrfach dankbar gezeigt. Und meine Freundin wunderte sich hinterher über ihre eigene Courage, die sie vor großem Publikum an den Tag gelegt hatte. Garantiert wird den Teilnehmern dieser Auftritt am ehesten in Erinnerung geblieben sein von dem mehrtägigen Kongress. Sie hat die Aufmerksamkeit auf sich gelenkt, um sich nicht nur fachlich in das Thema einzubringen, sondern dabei ihre Persönlichkeit als Unternehmerin, ihre Art der Führung und ihr innovatives Modell ihrer Firma zu präsentieren. Besser kann man kaum von sich reden machen.

10.3 Auf das Mindsetting kommt es an

So eine Unternehmung erfordert Selbstbewusstsein und Selbstwertgefühl. Und eine kleine Dosis Mut. „Viele Frauen können wie Löwinnen für die Rechte anderer kämpfen, aber wenn es um sie selbst geht, fällt es ihnen schwer", sagt Marion Knaths. Anstatt die Erwartungshaltung zu erfüllen, bescheiden und still zu sein, geht es um den selbstbewussten Auftritt – und die eigene Sichtbarkeit. Für sich selbst einstehen, die eigenen Interessen vertreten – und auch artikulieren, das ist ein köstlich schmeckendes Erfolgsrezept. Die Sichtbarkeit macht übrigens keinen Nine-to-Five-Job: Wer nach einem anstrengenden Messetag oder auf einer Tagung sich lieber ins Hotel zurückzieht, um dort noch einige E-Mails zu beantworten oder mitgereiste Arbeit zu erledigen, macht einen schwerwiegenden Fehler. Frauen sollten sich hier durchaus ein Beispiel an den Männern nehmen, die gerne noch miteinander ein Feierabendbier oder einen Absacker in der Hotelbar nehmen. Was passiert da? In ungezwungener Atmosphäre entstehen Gespräche, Freundschaften – und werden gute Geschäfte gemacht. Der Small Talk ist nur das Warm-up dafür, um über sich zu erzählen, die eigenen Kompetenzen einfließen zu lassen und die Neugierde des anderen für eines der herausragend absolvierten Projekte zu wecken. Anstatt am nächsten Morgen ausgeschlafen und frisch beim nächsten Tagesordnungspunkt zu erscheinen, sollten die unkonventionellen Gesprächsplattformen nicht außer Acht gelassen werden. Auf diese Weise kann man auch bislang unbekannte Menschen in ungezwungener Atmosphäre ansprechen und für sich gewinnen.

Dieser Selbstbehauptung im Business geht ein bestimmtes Mindsetting voraus. Denn erst wenn die innere Haltung stimmt, kann ich nach außen auch selbstsicher und selbstbewusst auftreten. „Das Äußere drückt das Innere aus." Nach diesem Grundsatz agieren beispielsweise auch die Maori, die Ureinwohner von Neuseeland. Sie haben einen traditionellen Tanz, den sogenannten Haka. Dabei nehmen die einzelnen Teilnehmer der Gruppe verschiedene Haltungen und Positionen ein, die sie mit bewusster Mimik und Gesten noch unterstreichen. Die Hände fest in die Hüfte gestemmt, die Beine breit aufgestellt und die Füße in den Boden gerammt, klatschen und trommeln sie auf und mit den eigenen Gliedmaßen und strecken dabei die Zunge heraus, schneiden grässliche Grimassen und rufen lautstarke Worte. „Prepare your feet. Stamp with fury and gusto. It is death. It is life. Behold the hairy man, who reined in the sun and so it shines, arise. Rise up to the heights of the shining sun." Ein einzelner gibt die Verse lautstark vor, die anderen rufen sie hinterher. Dieser Tanz der Maori wird heutzutage im Stadion zelebriert, wenn die neuseeländische Rugby-Mannschaft zum Spiel antritt. Das Team schüchtert mit dieser Körpersprache, den Geräuschen und Lauten nicht nur den Gegner ein, sondern bereitet sich mental auch selbst auf den Kampf und die eigene Rolle vor. Wer sich dieses Ritual einmal anschaut, wird schnell feststellen, welche Kraft jeder einzelne dabei für sich entwickelt und welche Gruppendynamik sich dadurch aufbaut. Dass der Sieg zum Greifen nahe ist, wird sichtbar und spürbar (siehe auch YouTube).

Von diesem Selbstbewusstsein kann so manche Frau im Business etwas gebrauchen. Ich möchte Sie nun keineswegs dazu anhalten, mit herausgestreckter Zunge und Stirnrunzeln in der nächsten Konferenz oder beim Kundentermin ein Kampfritual zu zelebrieren. Um jedoch mit etwas mehr an Selbstwertgefühl im Außen aufzutreten, dürfen Sie dieses Bild durchaus im Hinterkopf behalten. Wenn es um Selbstbewusstsein geht, dann ist dabei das Erkennen der eigenen Persönlichkeit zentral. Wer oder was bin ich? Definieren Sie einmal, was Sie ausmacht – und was Sie anders machen als andere. Auch wenn es Ihnen im ersten Moment schwerfällt, sich selbst zu loben – versuchen Sie einmal den positiven Blick auf sich selbst. Was haben Sie schon alles bewältigt und geschafft? So vielen Anforderungen werden Sie täglich gerecht. Mit so vielen Aufgaben werden Sie immer wieder konfrontiert. Gestehen Sie es sich ruhig einmal ein, dass Sie so manches nicht nur vorausschauend eingeschätzt, sondern auch gut gemeistert haben. Das gibt Ihnen auch für die Zukunft Gewissheit und Sicherheit. Vertrauen Sie sich selbst!

Wie gut kennen Sie sich selbst – und wie sicher sind Sie sich damit? Um Ihren USP (Unique Selling Proposition), also Ihr Alleinstellungsmerkmal zu definieren, stellen und beantworten Sie sich folgende Fragen:

- Wie werde ich von außen gesehen?
- Wie will ich mich nach außen darstellen?
- Was sind meine besonderen Kennzeichen?
- Was macht mich aus?
- Was habe ich zu bieten – an Produkten und Dienstleistungen?
- Was mache ich anders als andere?
- Mit was will ich in Verbindung gebracht werden?
- Was macht mich einzigartig, ungewöhnlich, begehrenswert?

Um Ihr Selbstbewusstsein zu optimieren, können Sie die Macht der Bilder nutzen: Jede Vorstellung hat das Bestreben, sich selbst zu verwirklichen. Die Kraft unserer Gedanken ist nicht zu unterschätzen. Wenn Wille und Vorstellung nebeneinanderstehen, wird es immer die Vorstellung sein, mit der wir schneller und mächtiger vorankommen. Also stellen Sie sich vor, wie Sie im Idealfall sein wollen, malen Sie es sich vor Ihrem inneren Auge aus. Mutig, selbstbewusst, eloquent – das alles ist machbar, Sie müssen es sich nur vorstellen. Dabei sollten Sie ein gutes Gefühl haben, denn nur wenn die Vorstellung positiv belegt ist, wird jede Anstrengung auch dazu beitragen, dieser Vorstellung immer näher zu kommen und sie letztendlich zu realisieren. Wenn Ihr Mindsetting es vorgibt, können Sie selbstbewusst auftreten und Ihre Eigen-PR voranbringen.

Manche Frauen haben schon an dieser Stelle die ersten Schwierigkeiten. Sie haben es nie gelernt, ihre Besonderheiten wahrzunehmen, geschweige denn zu formulieren. Jetzt ist keine Zeit mehr für falsche Bescheidenheit! Sie wollen souveräner und selbstsicherer wahrgenommen werden? Ihre Wirkung entsteht von innen, durch Klarheit und Selbstbewusstsein. Das verlangt eine intensive Beschäftigung mit sich selbst und ein gezieltes Hinterfragen der bisherigen Denkmuster, mitunter sogar eine Wandlung der eigenen Glaubenssätze. Diese Selbsterkenntnis ist ein Prozess – und kein einfacher. Am Ende werden Sie wissen, wer Sie selbst sind und was Sie mit Ihrem spezifischen Persönlichkeitsprofil erreichen können. Dann kann Ihre Selbst-PR mit Vollgas starten.

10.4   Kommt ein Mann in eine Bar ...

Ich erinnere mich gut an einige meiner letzten Dates: Zwei Unbekannte treffen aufeinander, man bestellt einen Gin Tonic und einen Moscow Mule, das Kennenlernen beginnt. Ein paar Daten und Fakten werden ausgetauscht. Und dann? Männer tun sich leicht damit, über ihren Beruf und ihren letzten Urlaub, ihre Ziele und Vorstellungen, ihren Freundeskreis und die vielen Hobbys als bisheriger Single zu berichten – im Worst Case über die letzte Beziehung, ein paar Drinks später sogar über Schlafzimmerpraktiken. Irgendwann habe ich mir den Spaß gemacht, die Zeit zu stoppen, bis mein Gegenüber beim Rendezvous das erste Mal danach fragte, was ich so mache, möchte oder sogar denke. In der Regel dauerte es ziemlich lang, bis der Herr auch mir etwas an Raum und Zeit zur Verfügung stellte, um über mich zu erzählen. Es gab Dates, bei denen diese Fragestellungen komplett ausblieben – und nicht wenige. Die Herren der Schöpfung hatten keine Schwierigkeit damit, den gesamten Abend mit dem Fokus auf die eigene Person zu verbringen. Und nur ein Tipp am Rande: Wenn Sie einen finden, der sich auch für Sie interessiert, dann heiraten Sie den!

Der verbale und nonverbale Balztanz der Männer hat ein bestimmtes Ziel, nämlich die Eroberung eines Weibchens. Dieses Verhalten unterscheidet sich kaum im Business – wenn es um die Erlangung einer Position, eines Auftrags oder einer Beförderung geht. Seine eigenen Potenziale erkennen und zeigen, die eigenen Erfolge souverän in Szene setzen – das gilt auch im Arbeitsleben.

Merken Sie sich: Wer unsichtbar ist, ist unbekannt. Wer unbekannt ist, wird nicht gesucht. Wer unbekannt ist und nicht gesucht wird, kann nicht gefunden werden. Wer nicht gefunden werden kann, kann auch nicht gebucht werden. Wer sich nicht inszeniert, geht unter. Zeigen Sie sich – es ist der richtige Zeitpunkt. Zögern Sie nicht, auch wenn Sie bisher keine Eigen-PR betrieben haben oder sich dafür noch nicht bereit fühlen. Sie müssen noch nicht perfekt aufgestellt sein, um in die Außendarstellung zu gehen. Lassen Sie sich darauf ein und entwickeln Sie Spaß daran.

Denken Sie an das Verhalten der Männer bei einem Kennenlernen an der Bar oder bei einem Rendezvous im Restaurant: Den Damen wird zugemutet, jede Menge an Selbstdarstellung zu ertragen. Also muten Sie nun auch Ihren Kunden und Geschäftspartnern etwas zu – nämlich Ihr Wissen, Ihre Werte und Ihr Können. Fehlendes oder minimales unternehmerisches Selbstbewusstsein ist fehl am Platz. Zweifeln Sie nicht an Ihrer Kompetenz und erst recht nicht an der Berechtigung, dass Sie in der Öffentlichkeit auftreten. Auch wenn sich viele andere in der Branche tummeln, überlassen Sie denen nicht das Feld. Auch wenn andere mehr Erfahrung haben, sich seit Jahren einen Namen gemacht, ein Publikum aufgebaut und gute Pressekontakte haben – auch Sie sind eine Expertin. Scheuen Sie sich also nicht davor, konsequent Ihre PR zu betreiben – erst recht in der Zeitspanne zwischen Aufträgen oder Projekten. Denken Sie auch einmal aus der Perspektive des Kunden: Auf der Suche nach einem Profi ist dessen Sichtbarkeit mehr als wünschenswert. Welcher Anbieter ist leicht zu finden, wen nimmt man wahr, wer wurde empfohlen? Ein Auftraggeber entscheidet sich für denjenigen, der begeistert, der seine Referenzen zeigt, bei dem man mehr über das Portfolio und die Lösungswege erfährt.

Dabei geht es nicht darum, besser als andere (oder sogar besser als Männer) zu sein, sondern einfach darum, man selbst zu sein. Wer in seiner Außendarstellung die eigenen Skills und sein persönliches Profil optimal rüberbringen kann, hat die Nase vorn. Wie im wahren Leben gilt auch bei der Selbst-PR der erste Eindruck, durch den die eigenen Fähigkeiten gut positioniert werden. Zeigen Sie, wer Sie wirklich sind und was in Ihnen steckt. Tun Sie das mit Wahrhaftigkeit und Authentizität – legen Sie sich also keine Facetten auf, die andere vermutlich von Ihnen erwarten. Bleiben Sie bei sich – mit Ihrer Intuition, Souveränität und Ihrem Charisma. Auch wenn Ihnen der Gedanke immer noch fremd erscheint: Sie haben viel zu geben und noch mehr zu sagen.

10.5   So werden Sie sichtbar – mit oder ohne Piratenschiff

In dem berühmten Film „Pirates of the Caribbean" gibt es eine elementare Szene: Die Hauptperson Captain Jack Sparrow wurde gerade an einem Hafen von Soldaten festgesetzt. Wieder einmal steht er ohne Schiff und ohne Mannschaft da. Die Uniformierten begutachten seine Sachen – nichts weiter als ein Kompass, der nicht nach Norden zeigt und ein stumpfes Schwert. Der Commander nähert sich dem Piraten und sagt abschätzig zu ihm: „Sie sind ohne Zweifel der schlechteste Pirat, von dem ich je gehört habe" („You are without doubt the worst pirate I've ever heard of."). Und Jack Sparrow entgegnet ihm: „Aber: Ihr habt von mir gehört!" („But you have heard of me.")

Sie wollen gar nicht als Piratenbraut wahrgenommen werden? Das macht nichts. Denn Eigen-PR ist ein wichtiges Werkzeug für jede Unternehmerin, Gründerin und Selbstständige. Doch nicht nur sie sollten sich mit einem Personal Brand positionieren, auch Führungskräfte und Intrapreneure profitieren davon. Und auch Angestellte müssen inzwischen diese Disziplin beherrschen, sei es für die Corporate Workforce oder den Headhunter. Wer sich zeigt – ob Manager, CEO oder Entrepreneur – ruft sich regelmäßig bei denen ins Gedächtnis, mit denen man Business machen oder von denen man sich empfehlen lassen kann. Eigen-PR ist gefragter denn je: Wer Karriere machen oder auf Erfolgskurs gehen will, muss die Regeln beherrschen. Einer Studie zufolge werden Jobs zu 60 % über Beziehungen vermittelt. In nur zehn Prozent war Leistung der Schlüssel zum neuen Arbeitsplatz – und in immerhin 30 % führte laut Untersuchung ein überzeugender Auftritt zum Erfolg (Weneit 2011).

Wer es also schafft, seine Selbst-PR wirkungsvoll und authentisch zu gestalten, der kann die Aufmerksamkeit auf sich lenken – erst recht von Multiplikatoren und Menschen, die für die eigene Karriere wichtig sind. Wer sich um seinen Personal Brand kümmert, sich selbst als Marke definiert und etabliert, wird auch nachgefragt. Wer in der Öffentlichkeit eine gewisse Reichweite und Bekanntheit erlangt, der genießt Vertrauen. Zeigen Sie also Ihren zukünftigen Kunden, dass es Sie und Ihr Portfolio gibt, dass Sie bedeutend sind – und bekannt genug, sodass über Sie gesprochen und berichterstattet wird. Wichtig dabei ist, dass Selbst-PR niemals ein Sprint ist, sondern immer einem Marathonlauf ähnelt: Einmalige Aktivitäten reichen nicht aus, um Sichtbarkeit zu erlangen. Zeigen Sie sich also kontinuierlich und immer wieder mit interessanten Inhalten, veranschaulichen Sie Ihre Ideen, geben Sie einen Projektstatus durch und vor allem: Feiern Sie in den Medien Ihre Erfolge. Es genügt nicht, dass Sie gute Leistungen bringen. Ob Sie neue Kunden gewinnen oder Karriere machen wollen: Sorgen Sie dafür, wahrgenommen zu werden. Machen Sie auf sich aufmerksam – und ergattern Sie den begehrten Auftrag oder die ersehnte Beförderung.

Über Sichtbarkeit werden also Image und der Bekanntheitsgrad transportiert, Wahrnehmung, Aufmerksamkeit und Präsenz erzeugt. Sie ermöglicht eine eindeutige Positionierung im Wettbewerb, die Schaffung von Wiedererkennungswerten und den langfristigen Eindruck am Markt. Wer sich nach außen zeigt, rückt sich in den Blickwinkel der Kunden, bildet, pflegt und bewahrt die Beziehung zu seinen Zielgruppen und nutzt die Möglichkeiten, um die eigenen Fähigkeiten und Kompetenzen vorzuführen. Die Außendarstellung fundiert eine Marke (und auch Unternehmerpersönlichkeiten sind eine solche!) und flankiert letztendlich die Umsatzsteigerung. Wer mit PR arbeitet, kann Anerkennung generieren und das eigene Ansehen oder das des Unternehmens untermauern. Denn wer sich zeigt und etwas zu sagen hat, vermittelt seine Standpunkte und Kompetenzen, gibt Orientierung und erntet letztendlich darüber Goodwill. Carl Hundhausen (1937) hat es auf den Punkt gebracht: „Public Relations ist die Kunst, durch das gesprochene oder gedruckte Wort, durch Handlungen oder durch sichtbare Symbole für die eigene Firma, deren Produkt oder Dienstleistung eine günstige öffentliche Meinung zu schaffen."

Sich zu zeigen, mit dem, was man kann und macht, plant und tut, hat im Business höchste Relevanz. Andernfalls überlässt man den anderen das Feld, den Erfolg – und den Gewinn. Frauen wollen in der Regel weder Schwätzer noch Marktschreier sein. Vermutlich tun sie sich daher so schwer damit, ihre Leistungen und Kompetenzen immer wieder in aller Breite und Vielfalt auf das berühmte Tapet zu bringen. Ein durchdachter Auftritt ist daher wichtiger denn je. Sie haben immer die Möglichkeit, ehrlich zu informieren und dabei wohl dosiert zu unterhalten. Ihre Selbst-PR kann durchaus einen persönlichen, wertschätzenden Stil haben.

10.6   Zeigen Sie sich – in Wort, Schrift und Bild

Unsichtbar zu sein schadet Ihnen im Business. Dabei haben Sie doch etwas zu sagen. Also sprechen Sie über Ihr Thema! Dann werden Sie gehört, wahrgenommen – und gekauft! Sokrates hatte seinen Wirkungsmittelpunkt auf dem belebten Marktplatz von Athen: „So tat gerade er stets alles in voller Öffentlichkeit. Am frühen Morgen ging er nämlich nach den Säulenhallen und Turnschulen, und wenn der Markt sich füllte, war er dort zu sehen, und auch den Rest des Tages war er immer dort, wo er mit den meisten Menschen zusammen sein konnte. Und er sprach meistens, und wer nur wollte, konnte ihm zuhören" (Kaufmann 2000). Stellen Sie sich der Öffentlichkeit vor und sorgen Sie für einen guten Eindruck. Wer darauf verzichtet, überlässt das Feld seinen Mitbewerbern. Die Außendarstellung, die Sichtbarkeit und die Public Relations sind also ein echter Wettbewerbsvorteil. Wenn Sie sich davor scheuen, holen Sie sich Unterstützung durch einen PR-Berater – am besten jemand, der selbst eine herausragende Selbst-PR betreibt. Einen Profi, der keinen Standard anbietet, sondern passgenaue PR-Bausteine für Sie ausarbeitet und Sie individuell begleitet und betreut.

Sprechen Sie über Ihre beruflichen Kompetenzen und Erfolge – und tun Sie das öffentlich. Vorträge, Seminare und Workshops sind eine hervorragende Möglichkeit für die Außendarstellung. Nutzen Sie jede sich ergebende Möglichkeit, um als Impulsgeber aufzutreten. Nehmen Sie Einladungen an – und falls bisher niemand auf Sie zugekommen ist, halten Sie selbst die Augen offen: Täglich flattern Ihnen Veranstaltungshinweise ins Haus. Sichten Sie diese gezielt und überlegen Sie, wo Sie mit Ihrer Expertise und Profession optimal passen. In der Regel planen die Organisatoren einer Reihe bereits nach dem Event für das kommende Jahr – nehmen Sie Kontakt auf und bieten Sie sich als Referent oder Redner an. Zeigen Sie Ihre Kompetenz auf Veranstaltungen, Messen und Tagungen. Bieten Sie Ihren Input in Form eines Impulsvortrags oder einer Key Note an. Zeigen Sie sich als Expertin auf Ihrem Gebiet, die bei einer Podiumsdiskussion gerne ihren Beitrag abliefert.

Welches sind Ihre relevanten Themen? Entwickeln Sie Strukturen, mit denen Sie Ihre Themen effizient kommunizieren – jeweils passend zur Zielgruppe. Setzen Sie Zeichen – auch mit Ihren Projekten. Und denken Sie dabei über Kooperationen nach: Mit wem oder mit welcher Organisation können Sie zusammenarbeiten, um Ihre Zielgruppen zu erreichen? Setzen Sie Trends, indem Sie sich zeigen.

Nutzen Sie jede Gelegenheit zum Networking – kommen Sie ins Gespräch und üben Sie einen „Elevator Pitch", mit dem Sie in kürzester Zeit für sich neugierig machen. Knüpfen Sie Kontakte und etablieren Sie Beziehungen – ein gutes Netzwerk ist heute wichtiger denn je. Dazu gehört auch, Ihre Bestandskunden regelmäßig anzuschreiben – nicht nur mit einer Weihnachtskarte. Machen Sie auf sich aufmerksam, indem Sie persönlich informieren, Neuerungen vorstellen, Erfolge vorweisen.

Ein kontinuierlicher Informationsfluss ist vor allem in den Medien wichtig. Generieren Sie daher immer wieder Themen und Texte, die Sie anbieten. Identifizieren Sie die relevanten Kanäle und Medien, mit denen Sie Ihre Zielgruppen erreichen. Bauen Sie sich einen passgenauen Medienverteiler, so vermeiden Sie Streuverluste. Sorgen Sie dafür, dass Sie die Redakteure zielgerichtet erreichen, die an den Themen auch Interesse haben. Pflegen Sie diese Kontakte – Media Relations sind ein echter Erfolgsmotor. Publikationen, Fachartikel und Interviews sind eine willkommene Möglichkeit, um präsent zu werden und zu bleiben. Die Plattformen sind vielfältig, um auf Ihre Expertise hinzuweisen. Achten Sie dabei auf gewisse Formalia wie eine professionelle Pressemitteilung, die journalistisch anstatt werblich formuliert ist, zum Abgabetermin im passenden Umfang eingereicht wird und den jeweiligen redaktionellen Rahmenbedingungen entspricht.

Go online. Ihre Webseite ist Ihre Visitenkarte. Zur digitalen Außendarstellung können Sie zudem einen Newsletter nutzen. Demonstrieren Sie Ihr Fachwissen und gehen Sie authentisch auf Kundenbedürfnisse ein, beispielsweise mit aktiven Tipps. Zeigen Sie sich in den sozialen Netzwerken über Facebook und vor allem die Business-Plattformen XING und LinkedIn. Schreiben Sie einen Blog und präsentieren Sie hier Ihre Expertise in wiederkehrendem Turnus. Schaffen Sie Einblicke und zeigen Sie Transparenz über Ihre Aktivitäten, Motivationen, Gefühle und Werte. Ihnen steht ein wahres Feuerwerk an Instrumenten und Kanälen zur Verfügung. Nutzen Sie diese für die Selbst-PR. Wenn Sie Prozesse begleiten, Kunden und Projekte betreuen oder Ergebnisse erzielen: Es ist immer eine Newsmeldung wert. Twittern Sie, setzen Sie Statusmeldungen ab, experimentieren Sie mit Inhalten und deren Visualisierung.

Wann schreiben Sie Ihr erstes Buch? Oder Ihr zweites und drittes? In vielen Branchen gehört eine Buchveröffentlichung längst zum Standard, um auf dem Markt sichtbar zu sein und das eigene Profil zu schärfen. Also schreiben Sie, veröffentlichen Sie und verknüpfen Sie Ihren Namen mit Ihren Themen. Wenn Ihnen das Schreiben schwerfällt oder Sie sich vor den Materialbergen scheuen, Unterstützung bei der Kapitelstrukturierung und Verlagssuche haben oder schlichtweg das Alltagsgeschäft fortführen möchten, während Ihr Buch entsteht, dann holen Sie sich einen Ghostwriter an Ihre Seite.

Schaffen Sie einen höheren Erlebniswert und eine gute Informationstiefe: Bilder und Filme sind ein wichtiges Mittel der Selbst-PR. Auch Audiostreams und Videoclips spielen eine immer größere Rolle in der Außenkommunikation. Nutzen Sie die abwechslungsreichen und wirkungsvollen Tools. Richtig gutes Bildmaterial von einem professionellen Fotografen ist wertvoll, so wird Ihr Inhalt visualisiert. Bereiten Sie Ihre PR-Inhalte auch multimedial auf – so können Sie einen Aufwand auch gleich mehrfach verwenden und verwerten. Platzieren Sie Ihre Mitteilungen, Fachartikel und Interviews auch bei passenden Onlineportalen.

10.7   Fazit: Ich bin ich

Atemlos, durchgedreht, seriös,
Nie zu spät, bin benommen,
Völlig klar, ungeliebt, sonderbar
Ich bin bunt, ich bin grau
Ich bin Tag, ich bin Nacht
Ich bin das was du hasst
Und das was du magst
Ich bin ich
Ich bin ich auf meine Weise
Ich bin ich
Manchmal laut und manchmal leise
  (Ausschnitte Liedtext: Glasperlenspiel – Ich bin ich)

10.8   Über die Autorin

Wortakrobat. Wortwandler. Wortschöpfer. Wortgewalt. Als Germanistin und promovierte Kommunikationswissenschaftlerin, erfahrene Senior PR-Beraterin und ehemalige Redakteurin der Stuttgarter Zeitung bewegt sich Dr. Simone Richter in verschiedenen Bereichen. Sie kennt das Feld der zeitgemäßen Unternehmenskommunikation und das der Presse- und Öffentlichkeitsarbeit aus verschiedenen Perspektiven. Als Ghostwriterin für Fach- und Sachbücher begleitet sie vor allem Speaker, Trainer und Experts auf dem Weg zur eigenen Buchpublikation – von der Texterstellung über das Lektorat bis hin zur Verlagssuche. Sie rundet als Redenschreiberin und Kommunikationstrainerin ihr Profil ab. Als Präsidentin der Wirtschaftsjunioren Esslingen (2015) und Mitglied im Landesvorstand der Wirtschaftsjunioren Baden-Württemberg (Stabsstelle Presse 2016) engagiert sie sich ehrenamtlich im Netzwerk junger Unternehmer. Sie kennt die Bedürfnisse von Mittelstand und Industrie, begleitet und betreut Unternehmen, Institutionen und Persönlichkeiten aus verschiedenen Branchen. Ihr Unternehmen TITANIA legt den Schwerpunkt auf die drei Bereiche Text, PR und Geist. Die Macht und Kraft des Wortes steht dabei im Mittelpunkt. Denn 26 Buchstaben – in der richtigen Kombination – können prägen, verändern, bewegen. Die Sprache ist wie ein Fingerabdruck – egal ob im Werbetext, der Pressemitteilung oder im Kundenmagazin. Professionelle Propaganda im 21. Jahrhundert? Public Relation ist immer ein inhaltliches Gesamtkonstrukt, das strategisch auf langfristige Erfolge setzt. Sichtbarkeit – Aufmerksamkeit – Außenwirkung: Alles braucht die Verbindung von

Sachverstand und Emotion. Ob im klassischen Print oder im Web 2.0: Alles geschieht mit Weitblick und Köpfchen.

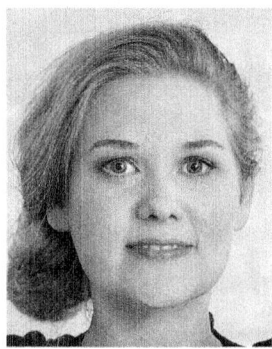

Literatur

Hundhausen, C. (1937). Public Relations. Ein Reklamekongress für Werbefachleute der Banken in USA. *Die Deutsche Werbung*, (19), 1054.

Kaufmann, E.-M. (2000). *Xenophon: Memorabilia I, zitiert nach Eva-Maria Kaufmann*. München: Sokrates.

Knaths, M. (2008). *Spiele mit der Macht: Wie Frauen sich durchsetzen*. München: Piper.

Kramer, B. (2016). Sind Jungen die neuen Verlierer? www.spiegel.de/lebenundlernen/schule/schlechtere-noten-als-maedchen-sind-jungen-schulverlierer-a-1059134.html. Zugegriffen: 20. Sept. 2016.

Weneit, S. (2011). Die Marke Ich. http://www.tagesspiegel.de/wirtschaft/die-marke-ich/3795640.html. Zugegriffen: 20. Sept. 2016.

YouTube: Original maori haka dance – https://www.youtube.com/watch?v=BI851yJUQQw und New Zealands Hacker – https://www.youtube.com/watch?v=N1o-bHXE8FI. Zugegriffen: 17. Okt. 2016.

Der Weg zum wahren Wohlstand

Was ich meiner Tochter erzählen würde

Thiphaphone Sananikone

Danksagung

Ich danke meinen Eltern dafür, dass sie mutig genug waren, alles aufzugeben, damit wir Kinder ein besseres Leben haben, ein Leben ohne Gefahr. Meinem Ehemann Michael, den ich früh kennengelernt habe und der mich in all den Jahren durch Höhen und Tiefen begleitet hat. Meiner geliebten Tochter Lisa, die mir eine unendliche Freude mit ihrem Wesen schenkt, sodass ich weiß, dass sie alles erreichen kann, was sie sich vornimmt.

Danken möchte ich ebenfalls den ehrenamtlichen Flüchtlingshelfern, die ihre Zeit geopfert und uns geholfen haben, uns in Deutschland zurechtzufinden, uns hier einzuleben und zu integrieren.

Danken möchte ich auch meiner liebevollen Lektorin, Jacqueline Vera Mihm, die mit Argusaugen meinen Text korrigiert hat, der bezaubernden Marina Friess, die mich dazu ermutigt hat, diesen Buchbeitrag zu schreiben. Abschließend bedanke ich mich noch bei Peter Buchenau, der dafür gesorgt hat, dass dieses Buch aufgelegt wird.

Ich war reich …

Wertvolle, schwere Seidenstoffe, Bedienstete und ein Leben in Hülle und Fülle: Meine Kindheit in Laos war ein Leben in purem Luxus. Geldsorgen? Ein absolutes Fremdwort. Unermesslich viel Geld zu haben und dieses tagtäglich auszugeben, war für mich die normalste Sache der Welt. Meine Familie gehörte zur laotischen Oberschicht und sie konnte sich leisten, was immer sie wollte. Im englischen Wikipedia bezeichnet man meine Familie als die laotischen Rockefellers oder Kennedys. Hausangestellte und ein Chauffeur, der zu jeder Tages- und Nachtzeit abrufbereit war, waren für mich ebenso selbstverständlich wie maßgeschneiderte Kleider. In den 70er-Jahren war der Besitz eines Autos für viele in Laos aus finanziellen Gründen undenkbar. Meine Eltern fuhren je nach Lust und Laune

T. Sananikone (✉)
Sananikone Investments GmbH
Krähenweg 3b, 68307 Mannheim, Deutschland
E-Mail: ts@sananikone.investments

einen Mercedes oder einen Range Rover. Sie verkehrten gesellschaftlich ausschließlich mit Personen ihres Standes, und meine Mutter flog zum Shoppen sogar gelegentlich nach Hongkong.

Ich liebte es, meine Mutter beim Einkaufen zu begleiten. Nichts war ihr zu teuer, wir lebten in Saus und Braus. Wenn ihr danach war, kaufte sie kurzerhand den Laden leer und ließ sich alles nach Hause liefern. Das fand ich wunderbar, vor allem wenn meine Mutter sagte: „Bitte alles einpacken, ich möchte alles kaufen, was sie haben". Den Gesichtsausdruck der Händler werde ich nie vergessen. Sie konnten ihr Glück kaum fassen. Reichtum war mein Geburtsrecht! So dachte ich zumindest …

Ich war arm …

Bibbernd vor Kälte bläst mir der eiskalte Oktoberwind entgegen und ich sehe den ersten Schnee meines Lebens. Nein, ich war nicht zum Skifahren in die Schweiz gekommen und kurz davor, mich in einem schicken Chalet häuslich einzurichten. Ich stand vielmehr, mittlerweile zehn Jahre alt und ein sonniges und leichtes Luxusleben gewohnt, mit einem dünnen Sommerkleid und Flip-Flops bekleidet, in der Hand eine Plastiktüte, die meine Habseligkeiten enthielt, im Schnee. Mir war so kalt, dass ich nicht wusste, wie ich bei diesem Wetter überhaupt überleben sollte. Als Flüchtlinge kamen meine Familie und ich nach Deutschland, geflohen vor Gewalt und Krieg. Meine Welt hatte sich schlagartig verändert: Aus dem reichen kleinen Mädchen war ein sehr armes kleines Mädchen geworden. Aber wir waren am Leben und ich wollte weiterleben, wenn es mir zunächst auch undenkbar schien, bei der Kälte und all dem Schnee.

Gemeinsam mit 29 weiteren Flüchtlingen wurden wir in einem Schwesternheim in Ketsch untergebracht, einem kleinen Örtchen, das kaum einer kennen würde, wenn es nicht nur ein paar Kilometer von Brühl entfernt läge, das seine Bekanntheit durch die berühmte Tennisspielerin Steffi Graf erlangt hat. Meiner Familie wurde ein Zimmer zugeteilt. Die Hochbetten waren so eng aneinandergestellt, dass wir, wenn wir gleichzeitig aufgestanden wären, ein Nasenspiel hätten machen können. Man teilte uns mit, dass wir bald warme Kleider bekommen würden. Naiv wie ich war, dachte ich, dass wir neue Kleider bekommen würden. Am nächsten Tag rannten andere Flüchtlinge ganz aufgeregt durch den Flur und riefen, dass die Kleider angekommen seien. Am Ende des Ganges waren einige prallgefüllte blaue Müllsäcke, die man normalerweise auf den Baustellen findet, abgegeben worden. Die Leute stürzten sich auf diese blauen Säcke, als ob es kein Morgen mehr gäbe. Jeder wollte etwas Schönes und Warmes zum Anziehen finden. Im Gegensatz zu meinen Erwartungen, waren die Kleider gebraucht und teilweise stark verwaschen. Als ich mich ebenfalls in die Schlacht um ein paar warme Kleider stürzen wollte, ermahnten mich meine Eltern, trotz der Umstände Haltung und Würde zu bewahren: Schließlich war ich eine Sananikone! Als sich der Sturm des Kleiderwühlens gelegt hatte, begannen meine Familie und ich, die kläglichen Reste zu begutachten. Wir wollten sehen, ob etwas Passendes für uns dabei war, allerdings waren die Beutel fast leer. Nur ein paar Sachen waren noch übriggeblieben. Sie waren so groß, dass – gefühlt – meine zwei Schwestern und ich zusammen in einen Pullover hineingepasst hätten. Im Vergleich zu den deutschen sind wir asiatischen Mädchen doch etwas zierlicher gebaut. Zu meinem Glück fand ich unter anderem einen Pullover in meiner Größe, einen Rollkragenpullover mit dunkelrotem und dunkelblauem Ringelmuster, den ich besonders schön fand. Angezogen sah ich hübsch aus und deshalb hob ich ihn für den Schulbesuch auf.

Der Schulbeginn

Einige Wochen später war es dann endlich soweit: Ich wurde eingeschult! Jemand hatte netterweise noch einen gebrauchten, knallgelben Lederranzen im Keller gefunden und mir diesen für den ersten Schultag geschenkt. Ich wurde mitten im Schuljahr eingeschult, saß ganz weit hinten und verstand kein einziges Wort. Alles schien so unwirklich und kam mir vor, als sei es ein Albtraum. Ich hoffte aufzuwachen, doch es gelang mir nicht. Es kam mir vor, als sei es erst gestern gewesen, dass meine Geschwister und ich von unserem Chauffeur zur Schule gefahren wurden. Nun wurde ich vom Status der Klassenbesten auf die hinteren Ränge degradiert – im wahrsten Sinne des Wortes. Ich musste lernen zu akzeptieren, dass es kein Albtraum war, sondern die absolute Realität, mit der ich mich arrangieren musste.

Im Großen und Ganzen bemühten meine Eltern sich sehr, mich nicht unter diesem Statuswechsel leiden zu lassen. Sie taten alles, was sie konnten, um mir Leid zu ersparen. Aber von der Oberklasse in den Flüchtlingsstatus abzustürzen, war selbst für sie kaum zu verkraften. Sie hatten alles verloren: Ihre Häuser, ihr Vermögen und – das Schlimmste –, ihren Status und damit ihre Würde, auf die sie so stolz gewesen waren. Uns zuliebe hatten sie das Land verlassen, um uns ein besseres Leben ohne Gefahren bieten zu können.

Einen Tag, den ich nie vergessen werde …

An diesem Tag ereignete sich ein Vorfall, von dem ich meinen Eltern bis heute nichts erzählt habe … Gut gelaunt stand ich morgens auf, duschte mich, zog Jeans und meinen schönen, geringelten Rollkragen-Pullover an, den ich mir für die Schule aufgehoben hatte. Fröhlich ging ich zur Schule, stand dann in der großen Pause mit einigen Schulkameradinnen zusammen und alberte mit ihnen herum. Plötzlich kam ein Mädchen aus der Parallelklasse auf uns zu und fragte mich, woher ich diesen geringelten Pullover hätte. Ich sagte ihr, dass er ein Geschenk von netten Menschen gewesen sei. Eiskalt erwiderte sie: „Den habe ich weggeworfen, weil ich ihn so unendlich hässlich fand. Meine Mutter hat ihn wieder aus dem Müll geholt, gewaschen und für die Flüchtlinge abgegeben. Sie hatte Recht, so wird er doch noch getragen – von dir!" Sie ging und ihre gemeinen Worte hinterließen tiefe Spuren in meiner Seele. Ich fühlte mich so beschmutzt, als hätte sie mich mit Gülle übergossen. Das Gefühl, der Pullover würde anfangen zu riechen, wurde übermächtig und ich konnte es kaum abwarten, bis der Schultag zu Ende war und ich endlich „nach Hause" gehen konnte, um ihr Vorhaben, den Pullover in den Müll zu werfen, zu vollenden. In diesem Moment wurde mir klar, dass meine Kindheit zu Ende war.

Der Neubeginn

Wenn ich in Zukunft neue Kleider tragen wollte, so musste ich mir rechtzeitig Gedanken darüber machen, wie ich es aus eigener Kraft schaffen könnte, mir diesen und weitere Wünsche zu erfüllen. Mir wurde klar, dass ich mehr aus meinem Leben machen wollte. Ich wollte wieder ein wahrhaft gutes Leben leben! So begann ich, hart, diszipliniert und fleißig an mir und meiner Sprachkenntnis zu arbeiten, denn das schien mit der erste und wichtigste Schritt auf dem Weg zu meinem Ziel zu sein. Ich strengte mich an, zu Wohlstand zu kommen, sparte so gut ich konnte, um hoffentlich bald wieder wohlhabend zu sein.

Sparen, sparen, sparen

Mein Mann und ich haben uns in jungen Jahren kennengelernt. Über unsere finanziellen Prioritäten waren wir uns bald einig. „Wir wollen in den nächsten Jahren unser Traumhaus bauen, die Schulden so schnell wie möglich tilgen und so früh wie möglich die Freiheit haben, entscheiden zu können, wie lange wir noch arbeiten und ab wann wir das Rentnerdasein genießen wollen, weil wir finanziell frei sind."

Für diese Ziele waren wir bereit, die Hälfte unseres Einkommens monatlich zur Seite zu legen. Unser Finanzberater, der bei einem sehr renommierten Konzern arbeitete, riet uns damals, einen Teil in aktiv gemanagte Fonds und einen Teil in fondsgebundene Lebensversicherungen zu investieren. Von Jahr zu Jahr stellten wir jedoch fest, dass unser Vermögen, trotz aller Anstrengungen und fleißigem Sparen, kaum wuchs.

Auf unsere Anfragen hin erhielten wir immer wieder die Antwort, dass wir langfristig denken müssten, die Kurse sich nach den Krisen erholen würden und wir uns keine Sorgen machen sollten. Wir sollten noch etwas Geduld haben, dann würde alles gut. „Gut Ding will eben Weile haben" und „Rom sei auch nicht an einem Tag erbaut worden", so hieß es. Wir sollten die Ruhe bewahren und würden auf jeden Fall unser geplantes Ziel erreichen, so versprach man uns.

Die Jahre vergingen, die Märkte erholten sich und wir strengten uns mit unseren Sparbemühungen weiter an, doch der Umfang unseres Vermögens blieb weiterhin deutlich hinter unseren Erwartungen zurück. Es wurde für uns noch schwieriger, als wir uns eingestehen mussten: „Wenn es so weitergeht, werden wir uns nicht einmal mehr einen Urlaub leisten können …"

Unser Traumhaus und unsere finanzielle Freiheit rückten in immer weitere Ferne und im Jetzt gab es nichts mehr zum Einsparen. Die hoffnungsvoll abgeschlossenen Verträge verdampften unsere finanziellen Spielräume förmlich ins Nichts. Wer möchte schon im Jetzt zu leben aufhören, um vielleicht im Alter angenehm leben zu können? Täglich hämmerten Fragen wie „Was nun?", „Wie geht es weiter?", „Wo bleibt die Belohnung für unsere finanzielle Disziplin?" in unseren Köpfen. Das ungute Gefühl verstärkte sich. Ratlosigkeit, Enttäuschung und Wut machten sich breit. Wir fühlten uns wie in einer Zwangsjacke: Uns waren die Hände gebunden, wir fühlten uns völlig machtlos!

„Die Zeit läuft uns davon" – wertvolle Zeit – die Zeit unseres Lebens und wir haben nur ein Leben. „Was ist denn nun mit unseren Träumen?" und „Warum funktioniert das nicht?" – wir fanden keine Antworten auf unsere Fragen. Wieder einmal kam ich zu dem Schluss, dass ich mein Schicksal lieber in die eigene Hand nehmen wollte.

Auf der Suche nach dem heiligen Gral

Nach einem Studium auf dem zweiten Bildungsweg und einem Diplom im Bereich der Betriebswirtschaft im Gepäck, fühlte ich mich stark genug, dem Geheimnis auf die Spur zu kommen. Mir war völlig schleierhaft, wie es denn sein konnte, dass unsere Finanzberater mit den scheinbar besten Bildungsvoraussetzungen und angeblichen Top-Produkten am Finanzmarkt nicht in der Lage waren, aus unseren Ersparnissen ein nennenswertes Vermögen aufzubauen. Dieser Sache wollte ich auf den Grund gehen.

Mit keinerlei Verkaufserfahrung wagte ich mich in den Finanzvertrieb. Weder hatte ich Kunden, noch den Hauch einer Ahnung, wie Vertrieb überhaupt funktioniert. Getrieben von Ärger und Frustration wollte ich mein Vermögen selbst aufbauen! Weniger als das, was wir in den letzten Jahren mit unseren finanziellen Möglichkeiten erreicht hatten, konnte es nicht werden.

„Was Günter Wallraff kann, kann ich auch, also ab und ‚undercover' in die Finanzbranche", dachte ich verwegen! So ganz undercover war es natürlich nicht – aber ich war aufmerksam und lernte täglich durch meine Arbeit dazu. In den Jahren als Beraterin bei einer der größten Direktbanken und durch meine selbstständige Arbeit bei diversen renommierten Finanzdienstleistern, habe ich die Branche, ihre Akteure und Profiteure kennengelernt. Unzählige Produkte hatte ich unter die Lupe genommen und kam der Wahrheit langsam näher. Ich fing an zu verstehen, weshalb unser finanzieller Wunsch und die Wirklichkeit immer weiter auseinanderklafften.

Ich musste handeln, schnell, aber besonnen, bevor es zu spät war! Und das tat ich.

Frauen und Finanzen

In meiner langjährigen Tätigkeit in der Finanzbranche stellte ich immer wieder fest, dass es vielen Frauen schwerfällt, sich mit dem Thema Finanzen auseinanderzusetzen. Ihnen fällt es schwer, Dinge einzufordern, die ihnen zustehen. Aber warum ist das so?

Multitalent Frau

Sie versorgt die Kinder, ackert im Garten, macht Karriere und ist eine liebevolle und attraktive (Ehe-)Partnerin. Die moderne Frau erledigt alles so perfekt wie möglich und „hält alle Bälle in der Luft". Doch plötzlich passiert es: Ein Ball entgleitet ihr, fällt wie eine Kanonenkugel zu Boden und reißt ein tiefes Loch in den Boden namens Existenz und Freiheit: Der Ball mit der Aufschrift „Finanzen". Er war im alltäglichen Jonglierspiel für FRAU scheinbar der Unwichtigste, hinterlässt jedoch beim Entgleiten im Leben einer Frau oftmals ein Trümmerfeld.

Finanzen sind doch ein Männerthema, oder etwa nicht?

Seit vielen Jahren beobachte ich immer wieder, dass Frauen den Ball mit der Aufschrift „Finanzen" nicht anfassen, geschweige denn eigenverantwortlich damit jonglieren wollen.

Entweder übernimmt der Mann komplett die Verantwortung für das Thema Finanzen und bei Beratungen lerne ich die Frau nie persönlich kennen, oder die Frau wird von ihrem Partner oder Ehemann begleitet, hört zu und lässt dann ihn die Entscheidungen für das gemeinsame Vermögen treffen, selbst wenn sie diejenige ist, die das Vermögen geerbt hat. Bewusst oder unbewusst haben Frauen Angst, hinsichtlich ihrer Finanzen eine falsche Entscheidung zu treffen. Dieser Ball scheint ihnen zu heiß zu sein.

Solange der Mann da ist, ist alles perfekt. Was passiert aber, wenn die Frau mehr oder weniger dazu gezwungen wird, sich um die eigenen Finanzen zu kümmern, weil es keinen Mann mehr gibt, auf den sie sich weiterhin verlassen kann: Sei es durch einen Schicksalsschlag, durch Scheidung oder Trennung.

In der Anfangsphase kann es für eine Frau hilfreich sein, sich durch einen Berater unterstützen zu lassen. Doch wie findet sie den Richtigen?

Wer fragt, der führt!
Folgende Fragen sollten Sie Ihrem möglichen Berater stellen:

- Arbeiten Sie als Angestellter, als selbstständiger Makler eines Strukturvertriebs oder als freier Makler?
- In welchem Fachgebiet haben Sie Ihre Ausbildung oder Ihr Studium abgeschlossen?
- Welche Gewerbeerlaubnisse haben Sie und wie viel Erfahrung können Sie nachweisen?
- Verdienen Sie Ihr Geld über die Provision oder arbeiten Sie auf Honorarbasis?
- Arbeiten Sie mit oder ohne Finanzpläne?
- Sind Sie bereit, die Kosten der Produkte sowie Ihr Einkommen, das Sie durch meine Finanzanlage erzielen, vollständig offenzulegen?
- Wie flexibel ist die Geldanlage? Wann komme ich an mein Geld und ist die Entnahme mit Kosten verbunden?
- Welches Risiko trage ich bei der empfohlenen Geldanlage?
- Welche staatlichen Förderungen und Steuervorteile kann ich nutzen?
- Wie kann ich mein Vermögen für die nächste Generation optimal anlegen?
- Welche Arten von Kunden betreuen Sie?
- Haben Sie Referenzen vorzuweisen?
- Welche Rendite kann ich erzielen und wie kann ich nachprüfen, ob mein von Ihnen angelegter Geldbetrag anwächst?
- Wie bauen Sie ihr eigenes Vermögen auf?
- Können Sie mir diese Fragen schriftlich beantworten?

Die wichtigste Frage
Sind Sie finanziell für sich selbst erfolgreich? Können Sie mir das mittels eines von Ihnen für sich selbst abgeschlossenen und eigenhändig unterschriebenen Vertrages nachweisen und mir die erwirtschaftete Rendite belegen? Nur ein echter Anlageprofi kann Sie sicher und erfolgreich durch den Finanzdschungel führen. Sein eigener wirtschaftlicher Erfolg belegt sein Können! Er ist erfolgreicher Praktiker, kein „Erfolg-ist-möglich"-Theoretiker!

Sollten nicht alle Fragen gänzlich beantwortet werden, so ist es für FRAU Zeit, ihre Handtasche wieder unter den Arm zu klemmen und sich weiter auf die Suche nach dem richtigen Berater zu machen! So werden Sie später nicht auf einem Trümmerfeld stehen, sondern auf fruchtbarem und vor allem ertragreichem Boden!

Ist das jetzt der schnellste Weg zum Wohlstand? Vielleicht nicht, aber aus meiner Sicht der Sicherste, mit dem man es schafft, seinen wohlverdienten Ruhestand mit dem Geld, das man all die Jahre erarbeitet und gespart hat, zu genießen. Mit einer vernünftigen Finanz- und Liquiditätsplanung kann man es schaffen, zu den besten zehn Prozent der Anleger zu gehören. Vor allem, wenn man den Fehler vermeidet, nicht zu kontrollieren, was Jahr für Jahr aus dem Geld geworden ist, das man angelegt hat. Nach Jahrzehnten festzustellen, dass nicht einmal die Hälfte des eingezahlten Kapitals übriggeblieben ist oder man nur mit mickrigen Zinsen abgespeist wurde, lässt den Traum vom sorgenfreien Lebensabend schnell zerplatzen. Leider passiert dies immer wieder, was meine Erfahrung durch die Analysen von zig Kapitalanlagen von Kunden belegt.

Zu meinem Erstaunen stelle ich immer wieder fest, dass kluge Köpfe, die in ihren Jobs hervorragende Leistungen bringen, sich kaum Gedanken darüber machen, was aus ihren Kapitalanlagen geworden ist. Sie realisieren nicht was es bedeutet, wenn sie vielleicht nur ein Prozent Rendite auf ihr angelegtes Kapital erhalten, was in der heutigen Zeit, laut Aussagen von Banken und Versicherungen, üblich ist. Die meisten sind völlig entsetzt, wenn ihnen plötzlich klar wird, dass sie bei einem Zinssatz von einem Prozent ihr Vermögen – durch Zins und Zinseszins – erst in 72 Jahren verdoppelt haben, weil sie es dann leider nicht mehr erleben werden. Schließlich arbeiten sie hart und haben keine Zeit, sich noch um Finanzthemen zu kümmern. Schade, denn wenn sie realisieren würden, dass sie weniger arbeiten müssten oder früher in Rente gehen könnten, wenn ihr Geld härter für sie arbeiten würde, dann könnte es sich doch lohnen, mehr Zeit dafür einzuplanen und genauer hinzusehen. Denn mittel- bis langfristig gesehen sind sechs Prozent geradezu langweilig, aber sehr realistisch! Vor allem könnten sie damit ihr Vermögen bereits nach zwölf Jahren verdoppeln und sich mehr für ihr erarbeitetes Geld gönnen oder früher in den Ruhestand gehen.

Bei dem einen oder anderen Leser schreit jetzt vielleicht der innere Kritiker „Ja, aber das ist bestimmt auch mit Risiken verbunden ...!" Natürlich sind Risiken und Chancen nicht voneinander zu trennen. Aber mit einer vernünftigen Anlagestrategie und klugen Streuung kann man sogar mehr Rendite erzielen, ohne ein höheres Risiko einzugehen. Das bedeutet, dass Sie mehr Geld mit Ihrer Kapitalanlage erwirtschaften und somit früher in den Ruhestand gehen könnten. Aus heutiger Sicht kenne ich kein Produkt, das zu 100 % sicher ist, selbst Tagesgeld nicht, wie man am Beispiel von Griechenland und Zypern gesehen hat. Im Falle einer echten Bankenkrise in Europa ist gerade einmal ein Bruchteil des tatsächlich angelegten Kapitals durch das Sicherungsvermögen im Bankenrettungsfonds abgedeckt.

Meine 17-jährige Tochter Lisa, die gerade ihren Führerschein gemacht hat, sagte mir neulich: „Weißt Du was, ich habe keine Angst mehr vor engen Straßen und großen Lkws, ich habe mich an sie gewöhnt." Angst und Gier sind zwei Begleiter, auf die der Anleger getrost verzichten kann. Erfolg und Misserfolg liegen so nah beieinander, dass, wenn man sich bei der Kapitalanlage von Angst oder Gier beherrschen lässt, sich oft auf der Verliererstraße wähnt. Angst ist meiner Meinung nach nur fehlende Erfahrung, nämlich Erfahrung, die uns fehlt, um die Angst zu beherrschen.

Warum ist die Frage nach dem finanziellen Erfolg des Beraters so wichtig?
Die Wahrheit ist so offensichtlich und doch habe ich fast eine Dekade dafür gebraucht, um sie zu erkennen und vor allem zu verstehen, woran es liegt, dass man durch harte Arbeit und „es sich vom Munde absparen" kaum reich wird.

Als ich in die Finanzbranche ging, glaubte ich, dass alle Finanzberater wahrhaft Ahnung von Finanzthemen haben und absolut wissen, was sie beim Anlegen von Geld tun. Als Quereinsteigerin war ich fasziniert davon, wie klug und wortgewandt die Berater waren, die Herren ganz besonders. In null Komma nichts war ich eingeschüchtert.

Meine berufliche Karriere begann bei einer der größten und bekanntesten Banken Deutschlands. Auf Seminaren lernte ich die verschiedensten Beratertypen kennen. Diejenigen, die ihr vertriebliches Können nur vorgaukelten, konnte ich spätestens dann entlarven, wenn ich wieder im Büro war und die deutschlandweite Berater-Rankingliste ansah. Hier konnte ich schwarz auf weiß sehen, wo sie wirklich standen. Solche Listen sind übrigens im Finanzvertrieb üblich, um die Mitarbeiter durch den Wettbewerb zu fordern.

Sind die sogenannten Top-Ten-Berater (Rankingliste Platz 1–10) die Besseren?
Viele Anleger legen Wert darauf, dass sie bei den Banken und großen Strukturvertrieben von den Niederlassungsleitern oder den Top-Ten-Beratern beraten werden. Ihnen wird oftmals finanzieller Erfolg und Können vorgegaukelt.

Wie bereits erwähnt, habe ich Jahre gebraucht, um zu erkennen, was wirklich bei der Beraterauswahl zählt. Warum ist der persönliche finanzielle Erfolg eines Beraters so wichtig? Warum ist es wesentlich, dass der Berater auch selbst Vermögen vorzuweisen hat? Mir persönlich ist es völlig unerklärlich, dass viele Anleger ihre Finanzen Menschen überlassen, die selbst über kein Vermögen verfügen. Sie haben oft keinerlei eigene Erfahrung damit, was es wirklich bedeutet, Vermögen in verschiedene Finanzprodukte zu investieren und eventuelle Verluste zu verkraften. Der wichtigste Grund hierfür ist die eigene geistige Haltung zum Wohlstand. Wohlstand erreichen wollen die Kunden dieser Berater, daran gibt es keinen Zweifel, aber kann ein solcher Berater mangels eigener Erfahrung seinen Kunden wirklich dabei helfen, wahre finanzielle Freiheit zu erlangen? Die immense Verantwortung ist scheinbar nur wenigen Beratern bewusst.

Ich selbst habe mich schon so oft gefragt, warum es mir in der Vergangenheit nicht aufgefallen war und ich erst in den Finanzvertrieb gehen musste, um es zu erkennen! Stellen Sie sich einmal vor, Sie würden zum ersten Mal in Ihrem Leben den Kilimandscharo besteigen wollen, um den Gipfel – Ihre finanzielle Unabhängigkeit und Freiheit – zu erreichen. Dafür haben Sie Ihr Leben lang trainiert und hart gearbeitet. Würden Sie sich bei dieser Expedition von jemandem führen lassen, der selbst noch nie dort oben war?

Eine völlig abwegige Idee, oder? Warum verhalten wir uns in der Finanzwelt anders? Vielleicht, weil das Thema Finanzen abstrakt ist und der finanzielle Absturz keinen unmittelbaren Tod bedeutet?

Wie soll ein Berater, der selbst kein Geld hat oder für sich nur mickrige Zinsen erwirtschaftet, Sie sicher ans Ziel führen? Wie können Sie sich sicher sein, dass er Sie neutral berät, wenn er selbst im Mangel steckt und nicht weiß, wie man Vermögen aufbaut?

Die Abkürzung

Als ich gefragt wurde, ob ich Lust hätte, einen Beitrag aus meinem Fachgebiet für Frauen zu leisten, habe ich mir sehr viele Gedanken darüber gemacht, wie ich Ihnen das Thema Finanzen so einfach wie möglich näher bringen kann und welche Produkte, die ich in den letzten Jahrzenten kennengelernt habe, wohl die effektivsten sind, damit Sie schnell Ihr Vermögen aufbauen können. Nachdem ich festgestellt habe, dass Produkte kommen und gehen und letztlich nur einen Bruchteil des Erfolgs ausmachen, habe ich mich entschieden, aufzuzeigen, was meiner Ansicht nach tatsächlich der schnellste Weg ist, nachhaltig und stabil Vermögen aufzubauen.

Seit vielen Jahren beschäftige ich mich mit dem Thema Reichtum und Wohlstand und mit der Frage warum der eine augenscheinlich mehr Geld hat als der andere. Was macht das Geld mit uns und unserem Befinden?

Als ich angefangen habe, mich intensiver mit dem Thema Reichtum und Wohlstand auseinander zu setzen, wollte ich lernen, wie man reich wird. Ich wollte den schnellsten Weg kennen, um so schnell wie möglich auf die Überholspur zu gelangen. Ich wollte unbedingt wissen, warum der eine reicher ist als der andere und was den Unterschied ausmacht. Ich dachte, es läge allein an den Finanzprodukten. Wüsste ich, welche ich kaufen sollte, würde ich bald sehr reich werden. Weit gefehlt!

Was wirklich im Leben zählt oder eine Geschäftsreise, die meine Augen öffnete

Die Reise in der ersten Klasse war angenehm. Ich hatte eine gute Unterhaltung mit zwei Herren, die sich auch auf einer Geschäftsreise befanden. Gegen 23:00 Uhr kam ich am Bahnhof in Göttingen an. Ich stieg in ein Taxi und sagte dem Fahrer: „Bitte fahren Sie mich ins GDA-Hotel." Daraufhin der Taxifahrer: „Sie meinen das Pflegeheim?". Ich sagte: „Nein, ins GDA-Hotel." Er: „Sie bezahlen, ich bringe Sie hin!" Dort angekommen, traute ich meinen Augen kaum: ich war tatsächlich im Altenheim gelandet! Offensichtlich hatte sich meine Assistentin geirrt und mir ein Zimmer in einem Teil eines Altenheims gebucht, der für Gäste der untergebrachten Pflegebedürftigen buchbar ist. Leicht verwirrt und unsicher fragte ich am Empfang nach, ob ein Zimmer für mich reserviert sei, was der Mann bestätigte, nachdem er meinen Namen erfahren hat. Kurze Zeit danach lag ich in meinem Zimmer, todmüde, und konnte dennoch nicht einschlafen. Der Raum war sauber und frisch renoviert und man gab sich offensichtlich Mühe, eine Hotelatmosphäre zu schaffen. Mir half diese Intention allerdings nicht, meine empfindliche Nase nahm einen alten und modrigen Geruch wahr. Mir ging durch den Kopf, ob wohl schon jemand auf diesem Bett gestorben sei.

Als Kind hatte ich fürchterliche Angst vor Geistern, weil ich den Tod einer alten Dame in der Nachbarschaft miterlebt hatte. Meine Neugierde trieb mich damals in das Zimmer, in dem die Verwandten versammelt waren, weil die Frau im Sterben lag. All die Bilder kamen plötzlich hoch. Ich dachte, ich hätte sie erfolgreich verdrängt – leider nein. Fast die ganze Nacht lag ich wach. Als der Wecker schrillte, war ich froh, die Nacht überstanden zu haben. Endlich konnte ich aufstehen. Beim Frühstücken war ich die einzige junge Frau unter den Pflegebedürftigen. Ich beobachtete einen Mann am gegenüberliegenden Tisch. Er formte seine Lippen wie einen Schnabel, lange bevor die Tasse mit dem Kaffee in seinen zittrigen Händen seinen Mund erreicht hatte. Plötzlich fiel ein Glas klirrend zu Boden und ich war wieder da – in der Gegenwart.

Der Aufenthalt dort hatte mich aufgeweckt. Im Alltag bin ich so sehr mit meiner Arbeit beschäftigt, dass ich geglaubt hatte, ewig zu leben. Ich hatte mich all die Jahre so sehr angestrengt, Geld zu verdienen und Erfolgen nachzujagen, dass ich völlig vergessen hatte, dass mir das, was ich gerade gesehen hatte, eines Tages auch bevorstand und wenn ich jetzt nicht anfangen würde zu leben, es bald zu spät sein konnte.

Der Weg zu wahrem Wohlstand

Neulich besuchte mich eine Bekannte, die in Erfahrung bringen wollte, ob ich ihr bei ihrem Vermögensaufbau schnell helfen könne, da sie das Gefühl habe, dass ich gut in meinem Job sei. Ich ließ mir von ihr erzählen, was sie sich unter „schnell" vorstelle und was sie von mir erwarte.

Zuerst erklärte sie mir, dass sie endlich ihr Haus abbezahlen wolle. Größere Reisen habe sie schon lange nicht mehr unternommen, und überhaupt wolle sie noch einiges anschaffen, schließlich habe sie jetzt gelernt, dass ihr Wohlstand zustehe. Sie habe vor kurzem ein Seminar besucht und könne jetzt annehmen, was ihr zustehe: Mehrere 100 % Vermögenszuwachs pro Jahr seien nun durchaus selbstverständlich und würden endlich „freie Bahn" haben, um zu ihr zu fließen. Bald könne sie sich alles leisten, wonach ihr der Sinn stehe und was sie sich gönnen wolle. Magnetisch würde sie Geld anziehen. Das hatte ihr zumindest ihr Coach zugesichert, der mit dem Anbieter des Seminars zusammenarbeitete, das sie besucht hatte. Vor allem wurde meiner Bekannten von der Dame wohl auch gezeigt, wie sie mit deren Coaching- und Finanzsystem unfassbar schnell reich werden könne. Nun ja, was soll ich dazu sagen? Ich war neugierig, wie man wohl nachhaltig und in kurzer Zeit so viel Vermögenszuwachs erzielen könne. Und wenn ich von nachhaltig spreche, dann meine ich nachweislich über mehrere Jahre oder Jahrzehnte, keine „lucky strikes", die ab und zu vorkommen. Auf meine Nachfrage hin nannte sie mir den Namen der Dame und ich dachte, ich traute meinen Ohren nicht! Genau diese Dame war seit geraumer Zeit meine Kundin, weil sie in der Vergangenheit schon so viel Geld mit diesem Seminaranbieter „verbrannt" hatte und Angst davor hatte, bald bankrott zu sein. Ich war wie gelähmt. Aus Datenschutzgründen konnte ich meiner Bekannten leider nicht sagen, dass man sie mit ihrer Hoffnung auf das schnelle Geld in die Irre führen und sie mit diesem System höchstwahrscheinlich Geld verlieren würde. Denn wie sonst ließe es sich erklären, dass genau diese Dame sich ausgerechnet mich aussucht, um für sich selbst in Ruhe ein stabiles Vermögen aufzubauen und das, obwohl ich ihr keine „Mondrendite" versprach? Ich war sprachlos. Wie würde ich künftig mit den beiden umgehen? Mein Gewissen plagte mich, aber das Thema Datenschutz verbot mir den Mund!

Vielleicht gibt es diese „eine sichere und nachhaltige Geldanlage" irgendwo da draußen im Dschungel der Finanzwelt. Mir persönlich ist sie leider noch nicht begegnet!

Seit Jahren verwalte ich unser privates Vermögen und berate Kunden mittels Finanz- und Liquiditätsplanung, wie sie ihr Vermögen strategisch aufbauen können. Ich beobachte immer wieder, dass die meisten so sehr mit dem Jagen beschäftigt sind, dass sie kaum Zeit finden, wirklich zu leben. Dabei ist der finanzielle Erfolg nur ein Teil unseres wahren Erfolgs. Zum wahren Wohlstand gehört nach meiner Auffassung viel mehr, als hart zu arbeiten und möglichst viel Geld zu verdienen beziehungsweise anzusparen. Wir sind oft im Strudel des Alltags gefangen und glauben, jeden Tag etwas vermeintlich Wichtigem hinterherjagen zu müssen: Geld, Karriere, Aufmerksamkeit oder Anerkennung.

Unter dem wahren Wohlstand verstehe ich ein ausgewogenes Verhältnis zwischen Arbeit und Leben. Die Zeit mit Menschen zu verbringen, die uns guttun und uns zum Lachen bringen. Dinge zu tun, die uns Freude bereiten, da Geld uns von alleine folgt, wenn wir unserer Leidenschaft nachgehen und unseren inneren Wohlstand anerkennen.

Ab dem Moment, an dem ich anfing, in der Finanzbranche zu arbeiten, wollte ich wissen, wo ich den Heiligen Gral finde. Ich wollte wissen, wie ich mich selbst und meine Kunden schnell reich machen kann. Mittlerweile habe ich mehr als 25 Jahre Erfahrung in der Finanzbranche. In den zehn Jahren im Finanzvertrieb stellte ich fest, dass einige meiner Kunden mit dem gleichen Geldbetrag viel erfolgreicher waren und mehr Geld erwirtschafteten als andere. Ich fing an, mich selbst infrage zu stellen, denn schließlich bin ich die Schaltstelle, von der aus die Anlageempfehlungen abgegeben werden. Warum war ich nicht in der Lage, sie alle gleich erfolgreich zu machen? Bevorzugte ich den einen oder anderen Kunden? Nahm ich mir für den einen oder anderen mehr Zeit und arbeitete für sie eine bessere Strategie aus? Was konnte ich tun, damit sie alle gleich schnell Vermögen aufbauten?

Wenn ich meine Kunden fragte, was ich für sie tun könnte und welche Erwartungshaltung sie mitbringen würden, bekam ich oft die Antwort: „Wir wollen möglichst sicher viel Kapital aufbauen und im Alter finanziell sorgenfrei leben. Vor der Rente wollen wir noch ein Haus bauen und viele schöne Urlaube machen. Ach ja, Kinder wollen wir natürlich auch! Ein bis zwei. Und wenn es sich ergibt, wollen wir auch noch Karriere machen."

Im Grunde genommen ist das Geheimnis, der heilige Gral, kein wirkliches Geheimnis.

Der Motivator

Unsere Tochter hat bereits im Grundschulalter ihr eigenes Konto eingerichtet bekommen, auf das wir ihr Taschen- und Kleidergeld überwiesen haben. Die Geldgeschenke, die sie von ihrer Oma und von den Verwandten zu den verschiedensten Anlässen erhielt, wurden auch auf das Konto überwiesen. Sie durfte frei über ihr Konto verfügen und alles ausgeben oder aufheben – so wie sie es für angemessen hielt. Unser Ziel war, ihr den Umgang mit Geld so früh wie möglich beizubringen. Über viele Jahre hinweg bewegte sich ihr Kontostand entlang der Nulllinie, was mir als Mutter schon etwas Sorgen bereitete, weil ich befürchtete, dass wir etwas falsch gemacht hatten in ihrer Erziehung. Sie hatte ihren Spaß beim Shoppen mit ihren Mädels und ging natürlich danach noch einen Kaffee bei Starbucks trinken oder irgendwo noch ein Stück Pizza mit Freunden essen. Das ist ja cool. Und so blieb auch nicht mehr viel zum Sparen übrig. Zu unserem Glück war eine Überziehung des sogenannten Schülerkontos nicht möglich. Wenn ich ab und zu vorsichtig nachfragte, wann sie damit anfangen wollte zu sparen, war ihre Antwort: „Mama, wenn es soweit ist, mache ich das schon … ". Es fiel mir schwer loszulassen, aber ich wollte unserer Tochter die Freiheit geben, so früh wie möglich eigene finanzielle Entscheidungen zu treffen. Ich wollte sie nicht kontrollieren und damit bei ihr das lähmende Gefühl zu hinterlassen, dass sie nicht fähig sei, mit Geld umzugehen. Sie sollte von Anfang an das Gefühl haben, dass sie selbst fähig sei, sich in der Welt des Geldes bewegen zu können, frei und sicher. In der Vergangenheit konnten wir uns bei anderen Themen immer auf sie verlassen und wir vertrauten ihr. Jetzt ist sie 17 Jahre alt und hat mit Bravur ihr Abitur geschafft. Vor dem Studium möchte sie nach Australien gehen, weit weg von zu Hause, mit den Flügeln der Selbstständigkeit, die wir ihr gaben, fliegen zu üben. Für die Einreise benötigt sie 5000 Australische Dollar als Garantie. Vor wenigen Wochen erzählte sie uns, dass sie es durch ihre Ferienjobs schon bald geschafft hätte, den Betrag aufzubringen – ganz alleine. Wir waren mehr als erstaunt. Wie war denn das möglich? Über so viele Jahre hinweg bewegte sich ihr Kontostand, trotz zusätzlicher Einnahmen durch Nachhilfestunden, permanent in Nähe der Nulllinie.

Das Beispiel ist so einfach und doch lässt es sich genauso auf uns Erwachsene übertragen. Sobald wir ein klares Ziel vor Augen haben, geht es ganz leicht und schnell, deshalb ist es so wichtig, sich Gedanken darüber zu machen, wofür Sie überhaupt das Geld haben wollen. Sobald Ihnen der Reiz und Motivator deutlich bewusst ist, begeben Sie sich auf die Überholspur. Meinen Kunden erkläre ich das am Beispiel einer Fahrt auf der Autobahn: „Selbst wenn Sie ein sehr modernes Fahrzeug führen, mit dem Sie eine hohe Geschwindigkeit erreichen könnten, würden Sie dennoch immer auf der rechten Spur fahren, um vielleicht die nächste Abfahrt nehmen zu können. Schließlich könnten Sie die nächste Abfahrt verpassen, weil Sie immer noch Ausschau nach DER Chance Ihres Lebens halten. Wären Sie sich im Klaren darüber, wohin die Reise gehen sollte, würden Sie versuchen, verkehrsgerecht möglichst schnell zu fahren, um zeitnah ans Ziel zu kommen, sodass Sie über viele Kilometer getrost ganz links fahren könnten. Ihnen wäre die nächste Abfahrt egal. Niemand könnte Sie aus der Ruhe bringen, Sie konzentrierten sich rein auf das Ziel, bis Ihr Navigationssystem Ihnen sagen würde: ‚Sie haben ihr Ziel erreicht!'"

Finanziell gesehen verhalten wir uns Erwachsene genauso. Sobald wir ein klares Ziel vor Augen haben, also wissen, wofür wir das Geld ausgeben möchten – egal, ob es sich um ein Haus, ein Auto, eine Weltreise oder was auch immer handelt – bringen wir eine ganz andere Bereitschaft mit, Geld anzusparen. Es bereitet uns keine Mühe und der Verzicht auf Konsum fällt uns leicht. Wir konzentrieren uns auf die mögliche Chance, anstatt auf den Verlust, und damit kommen wir am schnellsten ans Ziel. Unsere Bereitschaft, uns mit dem Finanzthema zu beschäftigen, ist viel höher. Damit meine ich nicht nur die bereits vorhandenen finanziellen Mittel zum Anlegen. Dazu gehört auch die Risikobereitschaft und die Bereitschaft, sich aus der Komfortzone zu bewegen, um mehr Geld für die geleistete Arbeit zu erhalten und dieses wiederum anlegen zu können, um noch schneller das gewünschte Ziel zu erreichen. Denn ohne ordentliche Substanz kann kein vernünftiger Wert geschaffen werden, egal von welcher Höhe der Rendite man ausgeht.

Bei der Zusammenarbeit mit meinen Kunden ist mir letztlich klargeworden, dass diejenigen, die finanziell langsamer vorwärts kommen, die sind, die nicht genau wissen, was sie wirklich wollen.

Man könnte es auch am Beispiel eines Hausbaus verdeutlichen. Zuerst stellen wir uns vor, wie das Haus aussehen soll, die Größe des Hauses, das Grundstück, die Bauweise, den Ort, an dem es gebaut werden soll, die Umgebung – im Grünen oder mitten in der Stadt – usw. Sobald man ein klares Bild davon hat, wie es sein soll, fängt man an, in die Details zu gehen. Man sucht einen Spezialisten, zum Beispiel einen Architekten, der unsere Vorstellungen aufs Papier bringt, inklusive der benötigten Baumaterialien, und einen Kostenvoranschlag erstellt. Erst wenn er über diese Unterlagen verfügt, kann der Bauherr in Abhängigkeit von seiner Bonität einen Kredit beantragen. Sie wissen, dass ein Kreditantrag und eine Baugenehmigung ohne ordentliche Bauunterlagen völlig undenkbar wären.

Beim Hausbau ist jedem sofort klar, wie vorzugehen ist. Bei Finanzthemen fangen die Leute irritierenderweise zuerst mit der Auswahl der Produkte an. Sie legen ihr Geld irgendwie an, gehen selten strategisch vor und hoffen, dass sie bald finanziell frei werden. Das ist so, als ob man beim Hausbau zuerst mit der Auswahl der Werkzeuge und der Ausstattung anfangen würde, also welcher Hammer beispielsweise benutzt werden sollte, ob die Kinderzimmer lieber in Blau oder Rosa gestrichen werden sollten, weil vielleicht ein Mädchen erwartet wird oder ob ein Kirschbaum angepflanzt werden sollte, weil die Blüten im Frühjahr so schön sind.

Die Gefahr bei der Suche nach dem Heiligen Gral

Die meisten wissen sehr gut, was sie nicht wollen. Wenn man jedoch keine Vision und somit keine Mission hat, ist man orientierungslos. Wie meine Bekannte ist man dann für Menschen, die das durchschauen, eine leichte Beute, die den Verlockungen auf das schnelle Geld erliegt. Ziellos und orientierungslos folgen sie den Träumen derer, die sie ausbeuten. Am Ende stehen sie vor dem Nichts. Sie jagen permanent dem nach, was den schnellen Erfolg verspricht und lassen sich leicht ablenken. Teilweise auch, weil es in Wahrheit bequemer ist, denn sie sind doch permanent beschäftigt, auch wenn sie leider immer noch keinen Erfolg haben. Der wahre Grund ist oft, dass sie ihre Komfortzone ungern verlassen wollen.

Der Heilige Gral

Was ist für Sie Reichtum? Der „sichere Weg zum Wohlstand" ist, sich zunächst im Klaren darüber zu sein, was Wohlstand für Sie persönlich bedeutet. Was brauchen Sie, um sich reich zu fühlen? Welche Macht übt Geld auf Sie aus? Was wollen Sie privat, beruflich, was wirtschaftlich erreichen? Welchen Lifestyle wollen Sie mit dem Geld führen? Ist der wahre Grund vielleicht die tiefe Sehnsucht nach Anerkennung? Sich ein größeres Auto leisten zu können? Ein Haus zu bauen, für das jeder Sie bewundert? Hand aufs Herz! Welcher innere Mangel und welche Leere sollen mit dem äußeren Wert und seiner Darstellung kompensiert werden? Fragen Sie sich selbst, was Ihre wahre Leidenschaft ist und was Ihnen wirklich Spaß macht. Die Frage, die man sich stellen sollte, ist in der Tat, was man wirklich im Leben haben will und was wirklich zählt. Wie viel Geld benötigt man, um glücklich zu sein? Ist das, was uns antreibt und innerlich Freude bereitet, wirklich Geld oder sind es externe Faktoren?

Was ist Ihr Traum? Aus welchem Grund stehen Sie jeden Tag zeitig auf und verlassen Ihr bequemes Bett? Was genau macht Ihnen am meisten Spaß und was können Sie sich vorstellen, den ganzen Tag zu machen, ohne dass es sich wie Arbeit anfühlt, weil Sie gerade Ihr Hobby ausüben, nur mit dem Unterschied, dass Sie auch noch ordentlich Geld damit verdienen?

Folgen Sie Ihrem Herzen, denn Sie allein wissen, was richtig und wichtig für Sie ist. Viele arbeiten so hart daran, Erfolg zu haben und Anerkennung zu erhalten, und stellen am Ende des Tages fest, dass sie viel lieber mehr Zeit mit ihrer Familie und Freunden verbracht oder viel lieber einen anderen Job ausgeübt hätten. Wenn wir ganz ehrlich zu uns sind, sind wir schon ein Stückchen „tot", längst bevor wir gestorben sind, wenn wir permanent Dingen hinterherjagen, die wir nicht wirklich brauchen. Insbesondere die Anerkennung ist es, die viele antreibt, fast bis zum Umfallen zu arbeiten und ihre Kindheitsträume aufzugeben. Interessanterweise habe ich schon sehr wohlhabende Menschen kennengelernt, die mit einem verbeulten Auto vorfahren, um sich von mir beraten zu lassen. Sie sind fröhlich und völlig entspannt, weil sie nichts mehr zu beweisen haben. Sie sind dankbar für selbst gekochte Mahlzeiten mit Freunden, obwohl sie sich jeden Tag die teuersten Restaurants leisten könnten. Der Druck ist raus! Die Liebe und Anerkennung, die sie für und in sich selbst spüren, ist ihnen förmlich anzumerken und offensichtlich gut genug, um ohne Statussymbole auszukommen.

Wenn Sie finanziell auf der Überholspur fahren wollen, ist der schnellste Weg der, Ihrer Vision von Ihrem Leben zu folgen. Denn sobald Sie Ihre Vision haben, haben Sie eine Mission, die Sie angehen können. Gepaart mit Ihrer Lebensaufgabe und der Leidenschaft, wofür Sie brennen, werden Sie automatisch Flügel verliehen bekommen, die Sie mit Freude und Leichtigkeit dahin tragen, wo Sie sein wollen. Geld ist nur Mittel zum Zweck!

Resümee

Ich bin dankbar für meine Geburt und Kindheit im Reichtum in Laos. Diese Zeit hat mir aufgezeigt, was alles im Leben möglich ist und was es bedeutet, wenn der Unterschied zwischen Arm und Reich stark auseinanderklafft und die Bevölkerung gegeneinander aufhetzt.Ich bin dankbar für die Chance durch die Flucht, meine Jugend und mein Leben in Deutschland – das Land der unbegrenzten Möglichkeiten. Ein Land, in dem Gesetz und Ordnung herrschen, ein Land, das das Gleichgewicht zwischen Arm und Reich hält. Jeder erhält die Chance auf kostenlose Bildung, um das Maximale aus seinem Leben machen zu können.

Meine Vergangenheit gehört zu mir. Alles, was geschah, akzeptiere ich und bin dankbar für die Erfahrungen, die ich gemacht habe. Ob gute oder schlechte, es sind immer nur Erfahrungen und Erlebnisse. Ich kann mich auf das Schlechte konzentrieren oder mich dafür entscheiden, mich an die schönen Momente zu erinnern. Meine Zukunft liegt vor mir, was mir künftig widerfahren wird, ist ungewiss.

Einzig und allein die Gegenwart ist das, was zählt. Nur in der Gegenwart kann ich leben und bestimmen, was möglicherweise aus meiner Zukunft wird. Nur im Hier und Jetzt ist der Moment, in dem wir etwas bewegen und verändern können, wenn wir eine bessere Zukunft haben wollen. Carpe diem!

Ich übe mich jeden Tag darin, den wahren Wohlstand zu leben und meine Botschaft ist, genau hinzusehen, ob Geld allein den wahren Wohlstand bringt. Geld darf Diener sein, niemals Herr. Geld darf dazu dienen, Spaß zu haben und den eigenen Traum zu leben. Es darf Zeit und Raum schaffen, um unsere wahre und einmalige Lebenszeit mit denen zu verbringen, die wir lieben und wertschätzen.

Täglich bin ich damit beschäftigt, meinen Kunden aufzuzeigen, was wahrer Wohlstand ist. Jeder Prozess ist anders und so individuell wie jeder Mensch. Ich glaube fest daran, dass wir eine ganz andere Art von Wohlstand erreichen werden, wenn die Menschen das tun und lassen können, was sie wollen. Das, wofür ihr Herz brennt. Ich kenne tatsächlich kaum jemanden, der unermesslich reich sein will. Die meisten wollen ein gesundes Maß an Sicherheit und ein stabiles finanzielles Polster haben, damit sie sich mental zurücklehnen und endlich vom Zwang ihrer aktuellen Situation befreien können.

Finanzielle Freiheit bedeutet Selbstbestimmung, Freiheit und Leichtigkeit im Leben. Hierbei unterstütze ich meine Kunden aus tiefstem Herzen und mit allem, was ich weiß!

11.1 Über die Autorin

Thiphaphone Sananikone, geschäftsführende Gesellschafterin der Sananikone Investments GmbH, ist eine von Banken und Versicherungen unabhängige Kapitalanlage-Spezialistin mit Herz, Verstand und Achtsamkeit.

Ihr fundiertes Wissen rund um den Kapitalmarkt und dessen optimale Anlagemöglichkeiten sammelte die Diplom-Betriebswirtin (FH) und private Equity Advisorin (EBS/BAI) während ihrer über 24-jährigen Tätigkeit bei Großbanken und Finanzdienstleistern. Diese langjährige Erfahrung, gepaart mit ihrem sicheren Gespür für die passende Anlagestrategie zum Wohle ihrer Kunden, machen ihren Erfolg aus. Thiphaphone Sananikone ist in ihrem tiefsten Inneren davon überzeugt, dass wahrer Wohlstand ein Geburtsrecht ist.

Sie hat die Fähigkeit, ihre Klienten Schritt für Schritt zu Wohlstand und zur finanziellen Freiheit zu führen und kann dies beweisen. Ihre Kunden sind durchweg von ihrer Arbeit begeistert.

Weitere Informationen: www.sananikone.investments

Karriereplanung, Aufstieg, Führung – was Frauen erfolgreich macht

Lena Stocker

12.1 Einführung

Als uneheliches Kind in Armenvierteln aufgewachsen, mit nur elf Jahren aufgrund des Todes der Mutter in ein Waisenhaus gekommen, keine Möglichkeit eine Ausbildung abzuschließen und nichts vorzuweisen – solche Voraussetzungen wünscht sich niemand für seine Karriere. Trotzdem hat es *Coco Chanel* an die Spitze der Modewelt geschafft und wird auch heute noch als „Die Modeikone" angesehen.

Nicht weniger leicht hatte es *Margarete Steiff*, Gründerin der beliebten Steiff-Teddybären und Plüschtiere. Sie musste ihren außergewöhnlichen Lebensweg bereits als Kind im Rollstuhl beginnen, da sie an der zu ihrer Zeit noch unerforschten Kinderlähmung erkrankt war. Auch sie ließ sich durch diese schwierigen Umstände nicht von ihrem beruflichen Lebenstraum abhalten. Obwohl sie ihren rechten Arm nur eingeschränkt benutzen konnte, absolvierte sie früh trotz ihrer Behinderung eine Ausbildung zur Schneiderin. Bald darauf kreierte sie ihr erstes eigenes Steiff-Tier, einen kleinen Elefanten, der dann bereits kurze Zeit später zusammen mit anderen Tieren tausendfach verkauft wurde. Für ihre rund 400 Mitarbeiter und 1800 Heimarbeiterinnen fungierte sie stets als Vorbild. Ihr Engagement und ihre Überzeugung haben sich ausgezahlt. Seit über 135 Jahren verkauft die in Familienbesitz gebliebene Margarete Steiff GmbH qualitativ höchstwertige Spielzeuge in alle Welt.

Anna Sacher wiederum bestritt ihren Weg anders, anders bemerkenswert. Was ihr Mann aufgebaut hatte, führte sie nach seinem Tod umso erfolgreicher weiter. Sie verstand es zu verkaufen und zu präsentieren. So konnte sie das Hotel Sacher durch ihr erstklassiges, innovatives Marketing sogar den europäischen Königs- und Kaiserhäusern schmackhaft machen. Noch heute steht das berühmte Hotel Sacher in Wien und Salzburg unter weiblicher Führung der nicht weniger erfolgreichen *Elisabeth Gürtler*, die daneben

L. Stocker (✉)
Rosenheim/München, Deutschland
E-Mail: lenamariastocker@gmail.com

© Springer Fachmedien Wiesbaden GmbH 2017
P. Buchenau (Hrsg.), *Chefsache Frauen II*, DOI 10.1007/978-3-658-14270-4_12

noch die Sachertorten AG leitet, Generaldirektorin der Spanischen Hofreitschule ist und beinahe zehn Jahre lang den Wiener Opern-Ball organisierte (vgl. Plehwe 2015, S. 105–106, 159).

Nun sind Coco Chanel, Margarete Steiff, Anna Sacher und ihre Nachfolgerin Elisabeth Gürtler keine Ausnahmen. Es gibt viele namhafte Frauen, Jung und Alt, die Herausragendes geleistet haben. Sie alle haben ihre ganz eigene Geschichte und könnten bezüglich ihrer biografischen Hintergründe, ihrer Talente und Fähigkeiten nicht unterschiedlicher sein. Aber eines ist ihnen gemein: der berufliche Erfolg. Sie haben es ohne Zweifel weit gebracht.

Was aber macht diese Frauen so erfolgreich? Welche Gemeinsamkeiten haben sie und von welcher ihrer Erfahrungen kann man lernen? Was unterscheidet die Frau in Führungsposition von ihrer Mitarbeiterin? Gibt es einen Musterweg zum Erfolg? Kann „frau" ihre Karriere im Vorhinein planen? Und was sollte sie beim Aufstieg beachten? Diesen Fragen soll anhand von Analysen, Vergleichen und konkreten Beispielen auf den Grund gegangen werden.

12.2 Karriereplanung

Wer Karriere machen will, sollte seine Zukunft nicht dem Zufall überlassen. Es lohnt sich langfristig zu planen, wo die eigene Reise hingehen soll. Und damit sollte so früh wie möglich begonnen werden, frei nach dem Motto „Früh übt sich wer ein Meister werden will.".

12.2.1 Lebensentwurf und Lebensplanung

Es gibt einen Unterschied zwischen *Lebensentwurf* und *Lebensplanung*, der hier kurz verdeutlicht werden soll: Der Lebensentwurf imaginiert eine Zukunft mit dem potenziell Verfügbaren, welche in Form von biografischen *Zielen* verwirklicht werden soll. Er benennt Vorstellungen über die Zukunft. Die Lebensplanung dagegen hat zum Ziel, den Lebensentwurf zu verwirklichen, genauer gesagt, das eigene Leben zu gestalten, und zwar in Form von biografischem *Handeln*. Sie „ist als ein Prozess zu verstehen, der durch innere und äußere Veränderungen, durch Lernprozesse, durch Zeitablauf und die biographischen Entscheidungen selbst getragen und modifiziert wird." (Geissler und Oechsle 1996, S. 37). Dies geschieht stets mit Berücksichtigung zweier Zeitdimensionen: der Vergangenheit, die das gegenwärtige Handlungs- und Möglichkeitsfeld bis dato geprägt hat und die Zukunft, in der künftige Entscheidungen, Alternativen und Anforderungen abgewägt und vorbereitet werden. Dazwischen gibt es viele Handlungsspielräume, welche genutzt und gestaltet werden können. Wie, bleibt einem selbst überlassen. Zusammengefasst kann man sagen, dass Lebensplanung eine „komplexe Form biographischer Selbststeuerung" ist (Geissler und Oechsle 1996, S. 36 ff., 42).

Lebensplanung als solche verlangt also einige fundierte Kompetenzen. So muss neben der Gestaltung der eigenen Zukunft immer auch der soziale Kontext mit bedacht und mit eingebunden werden. Dieser kann institutionelle Vorgaben implizieren, sowie gesellschaftliche Erwartungen, Geschlechterstereotype, soziale Rollen, Familienmodelle und vieles mehr. Das bedeutet eine ständige Auseinandersetzung und Reflexion mit sich ständig ändernden Gegebenheiten. Abgesehen davon, und um zurück zu der subjektiven Gestaltung des Lebenslaufes zu kommen, ist es wichtig, sich seiner eigenen Stärken und Kompetenzen beziehungsweise Ressourcen bewusst zu sein und diese einsetzen zu können. Anhand einer Bestandsaufnahme der bisherigen Biografie kann evaluiert werden, was Erfolg gebracht hat und was nicht. Im Anschluss kann analysiert werden, ob eher die eigenen Ziele oder die gesellschaftlichen Erwartungen ausschlaggebend für den Misserfolg waren und ob eine Umorientierung sinnvoll ist. Interessant ist auch, dass Frauen eine solche Bilanzierung und Planung nicht nur mit ihrer beruflichen Laufbahn vornehmen, sondern gleichermaßen mit ihrem privaten Leben. Dabei gilt, dass je präziser sie sich mit dem vergangenen Lebenslauf auseinandersetzen, desto genauere Vorstellungen und Pläne haben sie für die Zukunft. In Bezug auf die Zukunft ist die Frau von heute beinahe gezwungen, sich schon früh Fragen zu stellen wie: „Kind(er) nein oder ja und wann?" (Geissler und Oechsle 1996, S. 71), als auch mögliche Alternativen früh genug zu antizipieren und sich deren Folgen bewusst zu werden.

Eine gute Karriere- beziehungsweise Lebensplanung umfasst daher zum einen eine Untersuchung objektiver Chancen durch eine Einschätzung des äußeren Umfeldes, zum anderen eine Bewertung und Bewusstwerdung der eigenen Fähigkeiten und Kompetenzen. Zu guter Letzt bedarf es auch der Entwicklung einer realistischen Zeitplanung beziehungsweise Zeitperspektiven für die jeweiligen Lebensbereiche und Entscheidungen (vgl. Geissler und Oechsle 1996, S. 70–73).

12.2.2 Arten der Lebensplanung

Es gibt verschiedene Arten von Lebensplanung, jede setzt andere Prioritäten, womit jeweils unterschiedliche Verzichte und Konsequenzen verbunden sind. Je früher man sich derer bewusst wird, desto leichter werden die Entscheidungen innerhalb des geplanten Lebenslaufmodells fallen. Im Folgenden sollen fünf davon vorgestellt werden.

Ähnlich und doch verschieden sind *die traditionell und die modernisiert familienzentrierte Lebensplanung* als erste der Lebenslaufmodelle, wobei die traditionelle mit der herkömmlichen Rolle der Frau als Mutter und Ehefrau kaum noch vertreten ist. Die modernisiert familienzentrierte Lebensplanung ist schon mehr dem heutigen Zeitgeschehen angepasst. Ausbildung und Beruf als erste Lebensphase spielen eine wichtige Rolle, rücken jedoch, sobald die fest geplante Familiengründung eingetreten ist, welche die zweite Phase einläutet, in den Hintergrund. In dieser Zeit widmet die Frau ihre gesamte Zeit der Familie und den Kindern. Eine spätere Wiederaufnahme der zuvor ausgeübten Arbeit kann, muss aber nicht erfolgen.

Die *doppelte Lebensplanung* dagegen räumt Partnerschaft beziehungsweise Familie auf der einen Seite und Beruf auf der anderen Seite dieselbe Bedeutsamkeit ein, was sich in der Realität nur schwierig gestalten lässt. Die Erwerbsarbeit wird als ein entscheidendes Element für die Persönlichkeitsentwicklung angesehen. Leitbild ist das der modernen, selbstständigen und unabhängigen Frau. Der berufliche Werdegang, genauso wie Familie und/oder Partnerschaft sind diesen Frauen also sehr wichtig, ein reines Mutter- beziehungsweise Hausfrauendasein lehnen sie jedoch ab. Das Kind soll trotz dessen nach der Geburt nicht von Fremden versorgt und großgezogen werden. Ein mittlerweile allgegenwärtiges Dilemma.

Das vierte und nächste Lebenslaufmodell ist das der *berufszentrierten Planung*. Wie der Name schon verrät, steht hier der Beruf über allem. Er dient der existenziellen Absicherung und der Unabhängigkeit, sozial wie materiell. So werden auch das Privatleben und eine eventuelle (eher seltene) Familiengründung auf die Erwerbstätigkeit ausgerichtet. Sollte eine Frau, die diese Art von Lebensplanung anstrebt, überhaupt Kinder bekommen, ist eine Unterbrechung der Arbeit nicht denkbar. Es wird akzeptiert, das Kind nach der Geburt zur Betreuung in fremde Hände zu geben. Oftmals wird das Thema Familie gar nicht angesprochen, da es die Berufs-und Karrierelaufbahn beeinträchtigen könnte. Kurz gesagt, ähnelt die berufszentrierte Lebensplanung der gewohnten Biografie des Mannes und ist mit dieser so gut wie gleichzusetzen. Somit stellt sie keine Neuerung dar, sondern ist vielmehr eine Übernahme eines bereits bekannten Lebenslaufmodells.

Dem gegenüber steht zuletzt die *individualisierte Lebensplanung,* bei der die Selbstentfaltung höchste Priorität hat. Bei dieser Art von Lebensplanung ist nicht Ziel, die beiden Konträre Beruf und Familie zu vereinigen wie beispielsweise bei der doppelten Lebensplanung, sich nur auf den Beruf zu konzentrieren wie etwa bei der berufsorientierten Lebensplanung oder sich nach der Erwerbstätigkeit nur mehr der Familie zu widmen, wie es bei der modernisiert familienzentrierten Lebensplanung der Fall ist. Hier geht es um eine „neue Relation zwischen Berufsarbeit und allen nicht-beruflichen Lebensbereichen" (Geissler und Oechsle 1996, S. 272). Das kann also, muss aber nicht Partnerschaft und/oder Familie beinhalten. Sollte eine Familiengründung dennoch geplant sein, wird eher auf alternative Lebensformen zurückgegriffen. Die Haushaltsarbeit und Kinderbetreuung würde zwischen den Partnern zum Beispiel individuell aufgeteilt werden, womit eine traditionelle Verteilung bewusst vermieden wird. Nennenswert ist, dass dabei jegliches Handeln immer wieder aufs Neue reflektiert und gegebenenfalls geändert wird. Vorgelebte Regeln oder Modelle finden somit kaum Beachtung. Diesem individualisierten Lebenslauf liegt – wenn überhaupt – nur ein flexibles Muster zugrunde, das auf dem höchsten Prinzip der stetigen inneren Weiterentwicklung und Selbstverwirklichung aufbaut (vgl. Geissler und Oechsle 1996, S. 270–278).

Insgesamt ist wichtig zu erwähnen, dass die gerade eben vorgestellten Lebenspläne ein gewisses Umdenken und Musterverhalten widerspiegeln, welches sich im Laufe der Jahre bei jungen Frauen herausgebildet hat und einer frühen Karriereorientierung dienen kann. Das heißt, dass nicht zwingend eine einzige dieser fünf Lebensformen starr verfolgt wird oder werden muss, oft kommt es auch zu Vermischungen und Neuorientierungen innerhalb der individuellen Laufbahnen. Besonders die präsente Generation Y (alle geboren zwischen 1980 und 1995) lebt dies mit ihrer Sprunghaftigkeit vor. Sie kann Elemente des individualisierten Lebensplans mit dem obersten Ziel der Selbstverwirklichung aufweisen, als auch Elemente der doppelten Lebensführung, in welcher der Beruf und die Familie oder Partnerschaft einen gleichermaßen hohen Stellenwert haben. Genauso könnte sie sich plötzlich nur noch der berufszentrierten Lebensweise annähern, wenn sie einzig darin ihre Selbstentfaltung zu finden glaubt. „Junge Frauen heute sind sich darüber im Klaren, dass ihr Lebenslauf weniger festgelegt ist als der früherer Frauengenerationen, dass sie in Alternativen denken und planen können" (Geissler und Oechsle 1996, S. 181).

Der Beruf ist für diese Generation dennoch sehr wichtig, da sich darauf zu einem großen Teil ihr Selbstwertgefühl begründet. Mehr denn je definieren sich die „Ypsiloner" über Arbeit und Leistung, sprich mit allem, was sie schon geschafft haben (vgl. Roland-Schellack 1994, S. 182, 213). Dies kann durchaus zu der Entwicklung eines starken Leistungsbewusstseins führen (vgl. Geissler und Oechsle 1996, S. 198). Dahingehend sollte die karriereorientierte junge Frau dann überprüfen, ob sie leistungsgerecht bezahlt wird, das heißt, ob die Relation zwischen ihrer erbrachten Leistung und dem erhaltenen Einkommen übereinstimmt (vgl. Geissler und Oechsle 1996, S. 208 ff.). Darüber hinaus ist ein strategisches Vorgehen bezüglich der eigenen Ressourcen und der Arbeitskraft zu empfehlen. Qualifikation sollte angemessen Verwendung finden und Wünsche zur Optimierung der eigenen Lage sollten umgesetzt werden, beispielsweise indem frau keine Leistungen unentgeltlich erbringt (vgl. Geissler und Oechsle 1996, S. 223).

12.2.3 Früh übt sich, wer ein Meister werden will

Da wir die verschiedenen Möglichkeiten und Muster bisheriger Lebensläufe kennen, wäre es nun interessant zu wissen, warum eine frühe Karriereplanung hilfreich sein kann und was dabei berücksichtigt werden sollte. Zwar haben Bewerber bei Vorstellungsgesprächen oftmals klare Vorstellungen und Ziele für ihre Zukunft, jedoch sind diese meist nur auf relativ kurze Zeit beschränkt und werden später weder weiterverfolgt, noch werden neue, höhere Ziele definiert. Ursächlich dafür ist der viel vertretene Standpunkt, dass Karriere nicht planbar ist, da der Arbeitsmarkt ständig im Wandel ist und es auch nicht mehr dieselben beständigen Lebensläufe wie früher zu finden gibt. Eine LinkedIn-Umfrage, in der 7000 Beschäftigte aus 15 Ländern befragt wurden, unterstützt diese Annahmen. So gaben zwei von drei Arbeitnehmern an, dass Karriere ihrer Meinung nach nicht vorweg plan- und umsetzbar wäre und hatten dementsprechend keine genaueren Vorstellungen von ihrem weiteren Lebensweg. Auch Sabine Hansen, Partnerin bei der Personalberatung Delta Amrop, bestätigt, dass immer unerwartete Umstände eintreten können und sich plötzlich alles ändern kann, der Zufall sei nicht zu unterschätzen. Trotzdem, so betont sie, könne man durchaus viel beeinflussen. Auch diverse andere Karriere- und Personalberater/-innen stimmen dem zu. So zum Beispiel Gudrun Happich, Führungskräftecoach und -beraterin, sowie Inhaberin des Galileo-Instituts für Human Excellence. Ihr zufolge ließe sich die Karriere zu 50 % planen. Die Pläne müssten jedoch auch in die Realität umgesetzt werden, gerade weil sich der Arbeitsmarkt in so schnellem Tempo ändert. Bisher haben sich Planungen in Fünf-Jahres-Abschnitten am besten durchgesetzt. Solch einer könnte lauten: mit 25 möchte ich meinen Master abgeschlossen haben. Mit 30 möchte ich mein erstes kleineres Team führen und mit 35 im Vorstand sein. Einen Lebensentwurf über 10–15 Jahre hinaus lässt der Arbeitsmarktwandel allerdings in der Regel nicht zu. Wer hätte auch vor einem Jahrzehnt mit Facebook oder Apple als äußerst attraktive Arbeitgeber gerechnet? Nichtsdestotrotz kann es negative Auswirkungen haben, sich zu sehr auf seinen Plan zu versteifen. Ungeahnt auftauchende Möglichkeiten könnten so verpasst oder übersehen werden.

Des Weiteren empfiehlt Gudrun Happich für die konkrete Planung nicht eine bestimmte, angestrebte Position in einem Unternehmen anzugeben, sondern sich zu überlegen, in welchen Themengebieten und mit welchen Aufgaben man sich am meisten identifiziert. Es geht darum, von welchen Ideen und Überzeugungen man geleitet wird, welcher Motor einen antreibt. „[...] Ziele werden sich vielleicht von Zeit zu Zeit ändern, aber die Motive dahinter sind so fest in uns verankert, dass es sich lohnt, sie immer mit zu berücksichtigen" (Heitze 2012). So früh wie möglich sollte herausgefunden werden, was am besten zu einem passt und wo man sich am ehesten sieht. Ist es der Großkonzern oder das kleine Start-up? Arbeite ich lieber von zu Hause aus oder im Großraumbüro? Soll das Unternehmen hierarchisch oder anarchisch aufgestellt sein? Sobald eine ungefähre Vorstellung vorliegt, können die nächsten Schritte eingeleitet werden. Dann sollte analysiert werden, welche Qualifikationen erworben und welches Netzwerk aufgebaut werden müsste. Frauen sollten sich zudem mehr an Unternehmen orientieren, in denen der Karrierefortschritt nicht nach Alter, sondern nach Leistung erfolgt, wie es zum Beispiel in vielen Unternehmensberatungen der Fall ist. Darüber hinaus ist die Themenwahl entscheidend. So sollte eine auf Erfolg fokussierte Frau in Bereichen vertreten sein, die im Vorstand (hohe) Beachtung finden. Auch Präsenz im Unternehmen ist nicht zu vernachlässigen, zum Beispiel durch besonderes Engagement in angesehenen Projekten innerhalb der Firma. Wer auf sich aufmerksam und sich sichtbar macht, hat bessere Chancen Beförderungen und andere Offerten zu erhalten. Das muss nicht nur in jungen Jahren geschehen, auch in fortgeschrittenerem Alter bestehen Möglichkeiten für sich selbst zu werben, sei es den Nachwuchs auszubilden, aktiv an Alumninetzwerken teilzunehmen oder schlicht sich über das Internet zu engagieren. Optionen gibt es genug, man muss nur offen dafür sein und sie nutzen. Sollten dennoch keine Verbesserungen eintreten und die eigene Entwicklung erlahmen oder sogar still stehen, ist es Zeit einen Schnitt zu machen und nach neuen Herausforderungen Ausschau zu halten. Zuerst innerhalb, dann außerhalb des Unternehmens. Es ist in der Tat so, dass nur jeder zehnte Arbeitgeber versucht, die Karriere seiner Mitarbeiter tatkräftig voranzutreiben, so eine Studie des Personalleasing-Dienstleisters Manpower Group.

Dies sollte einen trotzdem noch lange nicht zu einem sogenannten „Job-Hopper" mutieren lassen, der alle paar Jahre das Unternehmen wechselt. Die Gegenseite dazu, in der zehn und mehr Jahre für ein und dieselbe Firma gearbeitet wird, kann die Karriere dagegen ebenso einbremsen. Die Identifikation mit der Firma ist dann schon sehr fortgeschritten und ein Arbeitswechsel unangenehm und unwahrscheinlich. Im Durchschnitt ist womöglich die Mitte zwischen den beiden Extremen die beste Option. Im Einzelfall sollten solche Entscheidungen individuell nach den persönlichen Motiven, die hinter dem gewählten Beruf stehen, gefällt werden (Heitze 2012).

Google verfolgt bereits seit 1999 eine Planungsstrategie von Zielen und Ergebnissen in Form der sogenannten Objectives and Key Results (OKR), bei der für das Unternehmen und die Mitarbeiter Ziele (Objectives) festgelegt werden, die anschließend regelmäßig durch Schlüsselergebnisse (Key Results) gemessen und kontrolliert werden. Somit erhält jedes Objective immer ein Key Result. Weiterentwicklung und Vorankommen sollen damit kontinuierlich in Erinnerung gerufen und überwacht werden. Nicht ohne Grund sind deshalb schon einige andere Unternehmen aus dem Silicon Valley, wie Oracle, Twitter oder LinkedIn nachgezogen und haben diese Strategie eingeführt (Kemp 2014). Die Grundidee, die in diesen Unternehmen im Großen verfolgt wird, könnte in die individuelle Lebensplanung im Kleinen integriert werden, indem beispielsweise für alle fünf Jahre ein Hauptziel definiert wird, das nochmals in Subziele auf Jahresbasis unterteilt wird. Jedes Jahr könnte dann anhand der Key Results Bilanz gezogen werden, ob die Ziele erreicht wurden. Durch ein regelmäßiges Überprüfen, Evaluieren und Bewerten der vergangenen Handlungen geraten diese weniger leicht in Vergessenheit und auch Misserfolge finden zwangsweise mehr beziehungsweise früher Beachtung. Dementsprechend kann schneller ein Strategiewechsel veranlasst und umgesetzt werden.

Kurz und knapp: Was macht Karriereplanung erfolgreich?

- Die persönliche Bestandsaufnahme,
- ohne Ziel kein Weg,
- operationale Karriereziele definieren,
- regelmäßige Standortbestimmungen durchführen,
- flexibel bleiben,
- zu spät gibt's nicht,
- das richtige Timing finden,
- aus Fehlern lernen,
- auch mal Nein sagen.

(Heitze 2012)

12.2.4 Wenn die doppelte Lebensplanung an ihre Grenzen stößt

Viele Frauen sammeln nach dem Studium zunächst ein paar Jahre Berufserfahrung. Wenn dann der Zeitpunkt ansteht, erste Führungsfunktionen zu übernehmen, bekommen Frauen oft stattdessen Kinder. Sie nehmen sich also genau eine Auszeit zum Kinderkriegen, wenn sie Karriere machen könnten (Henn 2012, S. 155).

12.2.4.1 Social Freezing

Eine neue Methode scheint die Lösung dieses Problems zu liefern. Immer mehr Frauen unterliegen der Versuchung des „Social Freezing". Das ist ein Verfahren, bei dem einer Frau Eizellen entnommen werden, die dann schockgefroren und anschließend konserviert werden, damit sie zu einem späteren Zeitpunkt wieder aufgetaut und befruchtet werden können. Später wird die Eizelle dann wieder eingesetzt, in der Hoffnung, ein gesundes Baby nach vollzogenem Aufstieg zu bekommen. In Deutschland sind es bereits rund 1000 Frauen, die Interesse für dieses Verfahren hegen, 500, die es tatsächlich durchgeführt haben. Doch das Ganze birgt auch Risiken und Nebeneffekte. Zum einen beginnen viele Frauen (dreiviertel!) sich erst im Alter von 35–39 für dieses Thema zu interessieren. Eine Entnahme der Eizellen ist dann schon bedeutend schwerer und eine Schwangerschaft unwahrscheinlicher. Optimal wäre, seine Eizellen vor dem 30. Lebensjahr einfrieren zu lassen. Zum anderen ist Social Freezing auch mit nicht zu unterschätzenden Kosten verbunden. Zunächst müssen 2500 € bloß für Entnahme und Konservierung der Eizellen im ersten Jahr aufgebracht werden. Ab dem zweiten Jahr kommen 290 € jährlich für die Lagerung hinzu. Darüber hinaus fallen noch 1500 € an für die Stimulation der Eizellenreifung und für die Finanzierung von Medikamenten. Frauen Mitte 20 ziehen das noch nicht in Erwägung, darüber hinaus fehlen ihnen zu diesem Zeitpunkt oft auch die Mittel für den Aufschub der Mutterschaft (Nauber 2015). Vom Auftauen und Befruchten der Eizellen bis hin zur Schwangerschaft und tatsächlichen Geburt ist es ein mühsamer Weg mit relativ geringem Erfolg: Zunächst überleben nur 80–90 % der Eizellen das Einfrieren und Auftauen, davon können wiederum nur 50–70 % erfolgreich befruchtet werden. Von den gewonnenen Embryos führen dann lediglich 21 % zur Schwangerschaft, welche ebenfalls gerade einmal 50 % Lebendgeburten hervorbringt und immerhin 20 % Fehlgeburten. Umgerechnet ergibt das 5,36 % Lebendgeburten von 100 % eingefrorenen Eizellen. Um auch für junge Frauen ein attraktiver Arbeitgeber zu sein, haben sich Facebook und Apple trotz dieser überschaubaren Erfolgsaussichten bereit erklärt, ihren Mitarbeiterinnen 20.000 US-Dollar für das Social Freezing zu investieren (Hohmann-Jeddi 2014).

12.2.4.2 Den Anschluss nicht verlieren

Diese zuvor beschriebene Methode mag für einen kleinen Teil der Frauen der Weg zum Ziel sein, Karriere und Familie zu vereinen. Der Großteil der jungen (angehenden) Erwerbstätigen wird sich damit jedoch nicht zufriedenstellen. Wie können sie dieses Problem am ehesten umgehen? Hier kehren wir wieder zu der Feststellung zurück, dass Karriere durchaus vorweg planbar ist. Dies kann auch implizieren, sich frühzeitig Gedanken um den Zeitpunkt der Familiengründung und die anschließende Dauer der Mutterschaft zu machen. Auch Maud Pagel, ehemalige Diversity Leiterin und Vice President der Deutschen Telekom rät Frauen, sich von vornherein Gedanken über ihren Lebensweg zu machen, ihn zu planen und schließlich auch umzusetzen. Für drei Jahre in Mutterschaft zu gehen sei ihrer Meinung nach zu lang. Dies belegt eine Studie, in der Frauen in Führungspositionen befragt wurden, wie lange sie sich eine Auszeit nach der Geburt ihres Kindes nahmen. Bei den meisten waren es 4–6 Monate, denn dies ist der maximale Zeitraum, in dem frau „im sozialen Gefüge der Firma bleiben und bei den Überlegungen und Nachfolgeplanungen ihrer jeweiligen Vorgesetzten berücksichtigt werden [kann]" (Henn 2012, S. 155). Wichtig ist demnach, den Anschluss zur Firma zu wahren, wie auch seine Kompetenzen und das Selbstvertrauen. Bei Eveline Schönleber, Geschäftsführerin der MAC Mode GmbH & Co. KGaA, ging die Karriereleiter sehr schnell nach oben und sie ist zudem Mutter von drei Kindern. Ihr Rat an die Frauen ist, schon mit 35 Jahren eine Führungsposition inne zu haben, denn ihrer Meinung nach müssten Frauen aufgrund von gesellschaftlichen Gegebenheiten früher Karriere machen als Männer (vgl. Henn 2012, S. 155). Dies bestätigt auch Facebook-Managerin Sheryl Sandberg, indem sie an die Frauen appelliert, so früh wie möglich Karriere zu machen und anschließend Kinder zu bekommen (vgl. SZ 2016, 9./10. April Nr. 82, S. 61).

12.2.4.3 Unterstützung von außerhalb

Wünschenswert wären daneben Unterstützungen von außerhalb. In diesem Fall sind jedoch nicht (nur) die Frauenquote oder die erhöhte Erwerbstätigkeit der Frau in der Wirtschaft allgemein gemeint, sondern vielmehr eine gezielte Förderung der Karriereentwicklung. *Frau* soll von Anfang an ein barrierefreier Aufstieg in Führungspositionen erleichtert werden. Angesetzt werden sollte bei der schwierigen Vereinbarkeit von Familie und Kinder, welche einen großen „Störfaktor" in der Karrierelaufbahn darstellt. Damit verbunden, sollte eine längere Unterbrechung der Erwerbstätigkeit verhindert und ein Wiedereinstieg und die Wiedereingliederung der Frau nach der Elternzeit in das Unternehmen durch spezielle Programme erleichtert werden. Eine verbesserte Kinderbetreuung sollte ebenfalls realisiert werden. Darüber hinaus würde frau von einer Anpassung der beruflichen Rahmenbedingungen im Unternehmen an die Wünsche der Familien nach mehr Flexibilität erheblich profitieren – ebenso das Unternehmen letztendlich.

Was sonst noch förderlich sein könnte, um die unsichtbaren, strukturellen Hürden der Frau beim Aufstieg in hohe Positionen zu lockern, sind Mentoring-Programme, eine geschlechtersensiblere Förderung der angehenden Führungskräfte, sowie professionelle Karrierenetzwerke (vgl. Henn 2012, S. 19).

12.3 Aufstiegskompetenzen

12.3.1 1003 Faktoren

„Frauen profitieren von Krisenzeiten. [. . .] Wenn eine Frau an die Spitze kommt, können Sie sicher sein, dass die Situation richtig schlecht ist." (SZ PLAN W Ausgabe 01 2016, S. 12). Beispielsweise wurde General Motors lange Zeit ausschließlich von Top-Managern geleitet. Als das Unternehmen sich dann in der Krise befand, wurde erstmalig eine Frau an die Spitze geholt. Ein recht trauriger Aspekt, den Christine Lagarde, Chefin des Internationalen Währungsfonds da anspricht. Es muss doch auch einen anderen Weg für Frauen geben, um in eine hohe Position zu kommen, als auf Krisenzeiten zu warten?! Es gibt einen großen Unterschied zwischen Führungskraft *sein* und Führungskraft *werden*. Für ersteres benötigt man Führungskompetenzen, welche im vorigen Kapitel bereits erklärt wurden. Wer dagegen Führungskraft werden will, benötigt Aufstiegskompetenzen und hat damit ganz andere Hürden zu meistern. Laut Petra Eberlein-Kemper, Direktorin bei der Commerzbank, müssten „1003 Faktoren stimmen, damit eine Frau in eine Führungsposition kommt" (Henn 2012, S. 172). Die Zeiten zu glauben, nur durch qualitativ gute Arbeit aufzusteigen, seien ihrer Aussage nach vorbei (vgl. Henn 2012, S. 172). Frauen vertrauen hier darauf, durch gute Leistung im Unternehmen voranzukommen. Es kommt aber darauf an, „die richtigen Leistungen [...] zum richtigen Zeitpunkt in die Aufmerksamkeit der richtigen Leute zu rücken" (Henn 2012, S. 33). Es reicht nicht, so gut zu sein wie die männlichen Kollegen, Frauen müssen ihnen einiges voraus haben, um dasselbe zu erreichen (vgl. Henn 2012, S. 33).

12.3.2 Glass Ceiling – die unsichtbare Barriere

In vielen Fällen ist das sogenannte „Glass Ceiling" beziehungsweise die „gläserne Decke" Ursache für das Steckenbleiben im unteren und mittleren Management. Diese unsichtbare gläserne Decke birgt diverse Hindernisse, die Frau beim Aufstieg ins Top-Management überwinden muss. Haben sie sie jedoch einmal durchbrochen, halten sie ihre Position im Durchschnitt nicht weniger lange inne als ihre männlichen Kollegen.

Drei verschiedene Haltungen und Denkweisen der Männer im Management erschweren der Frau den Eintritt in die hohe Position: die konservative, die emanzipierte und die individualistische Mentalität. Männer, die konservative Ansichten vertreten, lehnen die Frau aufgrund ihres Geschlechts als Teil des Managements ab. Führung obliegt ihrer Meinung nach nur dem Mann, die Frau sei dabei ein Störfaktor. Männer, die der emanzipierten Grundhaltung unterliegen, gehen beim Management von einer harten geschäftlichen Tätigkeit aus, die dem weichen, sensiblen Wesen der Frau entgegensteht. Den Spielregeln und Ritualen auf der Führungsebene könne sie nicht gerecht werden und sollte sie es dennoch versuchen, würde sie mit jeglichem Auftreten unauthentisch wirken. Für den dritten Typus Mann, der den individualistischen Denkansatz vertritt, ist das Geschlecht zwar nicht ausschlaggebend für die Rekrutierung einer Führungskraft, aber es gebe schlicht keine Frau, die die gewünschten biografischen und persönlichen Qualifikationen für eine Führung erfüllt.

Neben diesen hinderlichen Mentalitäten der Männer gibt es noch weitere „soziale Konstrukte", wie Monika Henn sie nennt, die zu den Glass Ceilings führen. Eines davon ist die sogenannte „Think Manager – Think Male" (Henn 2012, S. 82) Einstellung, bei der sich das Bild einer Führungskraft im stereotypischen Mann manifestiert hat. Denken, handeln und fühlen wie ein Mann, und ja sogar aussehen wie ein Mann. So haben Untersuchungen ergeben, dass Frauen mit maskulinem äußeren Erscheinungsbild Führung eher zugetraut wird, als Frauen mit weiblicheren Zügen, geschweige denn attraktiven Frauen. Unattraktive Kolleginnen schnitten dahingehend weitaus besser ab.

Ein weiteres Phänomen, das die unsichtbare Barriere verstärkt, ist das „Old Boys Network" (Henn 2012, S. 83). Das sind Männerbünde in den höheren Managementbereichen. Diese sind in der Regel männlich dominiert und laufen daher auch unterbewusst nach deren „Spielregeln". Brüderlichkeit, Kameradschaft und Gleichheit werden darin großgeschrieben. Trotz dessen gibt es eine klare Hierarchie und Regeln, die es zu befolgen gilt. Keiner redet schlecht über den anderen. Frauen sind und können davon nicht Bestandteil werden. Über sie wird ebenfalls kein schlechtes Wort verloren, vielmehr aber, weil über sie gar kein Wort verloren wird: „Männliche Manager reden keineswegs schlecht über ihre weiblichen Kollegen, sie reden gar nicht über sie. Oft hat man den Eindruck, es gäbe keine einzige Frau im Management" (Henn 2012, S. 83). Das Old Boys Network wirkt natürlich stärker, je weniger Frauen im Management vertreten sind. Männer verbringen überdies mehr Zeit im Unternehmen und entsprechen daher mehr der dort häufig vorherrschenden Präsenzkultur. Eine längere Anwesenheit wird oftmals mit mehr Einsatzbereitschaft und Engagement für die Firma gleichgestellt. So kann jederzeit Einfluss auf den Mitarbeiter und seine Leistung genommen werden. Er ist greifbarer als beispielsweise bei Telearbeit und kann daher auch besser kontrolliert werden. Frauen müssen jedoch oftmals anderen Verpflichtungen, wie der Kinderbetreuung, nachkommen, weshalb es ihnen nicht möglich ist, diese subtilen Erwartungen zu erfüllen. Obendrein bedeutet weniger Zeit im Unternehmen wiederum weniger Zeit für netzwerken mit Schlüsselkontakten, die fördern oder den Aufstieg erleichtern könnten und trägt zu einem Ausschluss aus den vorherrschenden Männerbünden bei. Zuletzt unterstützt auch die statistische Diskriminierung das Bestehenbleiben der gläsernen Decke. Dabei wird unterstellt, dass Frauen zum einen öfter ihren Beruf unterbrechen und zum anderen, dass die doppelte Belastung von Beruf und Familie ihre Produktivität mindert (vgl. Henn 2012, S. 78–85).

12.3.3   Wenn sich Frau selbst im Wege steht

Neben dieser scheinbar undurchdringlichen, unsichtbaren Decke gibt es noch andere Faktoren, weswegen Frauen seltener in Führungspositionen aufsteigen als Männer. Diese Gründe sind ihnen hauptsächlich selbst zuzuschreiben. Ein Faktor wurde schon zu Beginn dieses Kapitels angestreift und wird als „Aschenputtel-Schema" (Henn 2012, S. 172) bezeichnet. Hier unterliegt Frau dem Irrglauben, allein durch qualitativ gute Arbeit aufzusteigen. Sie wartet darauf, entdeckt zu werden und dann in die oberen Führungsebenen zu gelangen. Anne-Kathrin Deutrich, ehemalige Vorstandssprecherin der Sick AG, beschreibt dieses Phänomen wie folgt: „Männer setzen sich Ziele, Frauen warten, bis sie gefragt werden oder den Anforderungen perfekt entsprechen" (Henn 2012, S. 172). Selbst nach einer Beförderung machen sich deutliche Unterschiede in den Denkweisen bemerkbar. Männer fragen sofort was sie werden können, Frauen dagegen, was sie machen können. Sie ergreifen zu wenig Initiative und unterschätzen die Macht des Eigenmarketings und Netzwerkens (vgl. Henn 2012, S. 172).

Ein sehr häufig verbreitetes Vorkommnis ist das „Paradox der zufriedenen Mitarbeiterin", wie es in Monika Henns Buch bezeichnet wird. Frauen geben sich demnach mit schlechterer Bezahlung und geringerem Ansehen bei gleicher Leistung eher zufrieden wie ihre männlichen Kollegen, denen vergleichsweise mehr Verantwortung, Gehalt, und Ansehen zuteil wird. Das rührt zum einen aus der Tatsache her, dass Frauen sich mit Frauen vergleichen, die ebenfalls niedrig bezahlt werden. Zum anderen rechtfertigen sie den Unterschied in den Arbeitsbedingungen in der Annahme, im Beruf insgesamt weniger Beitrag und Einsatz zu leisten als Männer. Frauen sind darüber hinaus weniger anspruchsvoll und erachten Ansehen, Entscheidungsbefugnis und Bezahlung als nicht so wichtig wie ihre männlichen Kollegen (vgl. Henn 2012, S. 68–69).

Dieses Phänomen zeigt sich auch sehr häufig bei Gehaltsverhandlungen. Einige Frauen verkaufen sich dabei oftmals unter ihrem Wert, indem sie sich systematisch unterschätzen und unterbewerten. Nicht selten sind sie froh, überhaupt einen Job zu haben, weshalb sie sich mit einer scheinbar nur mit großem Risiko veränderbaren Situation schneller zufrieden geben als Männer. Was aber passiert nun, wenn frau nicht für sich selbst, sondern für eine Kollegin oder Mitarbeiterin verhandelt? Eine Studie von Harvard, bei der es um das Erstreiten eines Jahresgehalts ging, bestätigt die Vermutungen: Den Frauen wurde mitgeteilt, sie würden die Verhandlung nicht für sich selbst, sondern als Mentorin für eine Mitarbeiterin durchführen. Die Vergleichsgruppe waren Männer, die das Gehalt für sich selbst erstritten. Ergebnis war, dass die Frauen mit 167.000 Dollar deutlich mehr als ihre männlichen Kollegen herausholten, diese konnten nämlich nur 146.000 Dollar für sich erkämpfen (SZ PLAN W Ausgabe 01 2016, S. 15).

Aber auch allgemein zeigen Frauen schneller Unsicherheit und drücken sich weniger klar aus als Männer. Haben sie eine andere Meinung oder irren sich, merkt man ihnen das oft deutlicher an als ihren männlichen Kollegen, die sich in solchen Situationen viel selbstsicherer und souveräner geben und ihre Standpunkte mit Überzeugung vortragen, als gäbe es nichts daran zu rütteln (vgl. Roland-Schellack 1994, S. 201).

Ähnlich und teilweise bedingt durch das Paradox der zufriedenen Mitarbeiterin, steht es mit dem Konkurrenzverhalten, welches bei Frauen deutlich weniger ausgeprägt ist als bei Männern. Frauen gehen Konkurrenzkämpfen und Wettbewerben eher aus dem Weg, scheuen sie oft sogar. Dies hat verschiedene Gründe zur Ursache, in jedem Fall spielt hier jedoch wieder die viel verbreitete Unsicherheit eine Rolle. Erfolg wird als Glück oder Zufall interpretiert, Misserfolg wird durch eigenes Versagen erklärt, während Männer Erfolge durch ihr Können begründen und Misserfolge in äußeren, nicht beeinflussbaren Umständen suchen. Wo sich Frauen unterschätzen, neigen Männer dazu, sich zu überschätzen. Sie ziehen ein Verlieren gar nicht in Erwägung und „versuchen sich einfach", auch wenn die Gewinnchancen eher gering stehen. Frauen dagegen wägen im Vorhinein genau ihre Chancen auf den Erfolg ab. Sehen sie es dann als nicht realistisch an zu gewinnen, ziehen sie sich zurück und überlassen den anderen den Kampf. Und das selbst dann, wenn es um Geld geht. Hier schließt sich der Kreis und wir stehen wieder am Anfang des Paradoxes der zufriedenen Mitarbeiterin (vgl. Henn 2012, S. 59–67).

12.3.4 Erfolgsstrategien

Im letzten Abschnitt wurden einige Faktoren genannt, die den Aufstieg der Frau in eine hohe Position erschweren können. Sich dieser Dinge bewusst zu sein ist wichtig, denn „was Sie sich bewusst machen, kann Sie nicht länger unbewusst behindern" (Topf und Gawrich 2014, S. 21). Allerdings könnte frau davon ausgehen, als wären die gläserne Decke und Co. nicht zu überwinden. Nun haben aber durchaus Frauen ihren Weg in das Top-Management großer Unternehmen gefunden. Es kann also funktionieren. Wie, soll im Folgenden erläutert werden.

12.3.4.1 Information

„Erfolgreiche Frauen sind bestens informiert." (Topf und Gawrich 2014, S. 27). Während Frauen in der Arbeit meistens über Privates reden, tauschen sich Männer über unternehmensbezogene Themen aus wie zum Beispiel, wer gerade am auf- und wer am absteigenden Ast ist, mit wem man sich gut stellen sollte, wer die guten Kontakte hat usw. Es gilt also, an die richtigen Informationen zu kommen. Wichtigste Voraussetzung dafür ist das Interesse. Wer interessiert ist, ist gut informiert. Wie gelangt frau nun an diese Informationen? So einfach es klingt, aber bloß zuhören kann schon Wunder bewirken. Auch schlicht Aufmerksamkeit schenken, kann Türen öffnen. Manchmal hilft es auf fremde Männer zuzugehen und schlicht nach der erforderlichen Information zu fragen. Vielleicht weiß er ja, ob die ersehnte Stelle der Teamleitung bald frei wird oder ein Vorstandsmitglied mit dem Gedanken spielt bald in den Ruhestand zu gehen? Männer erzählen Frauen in der Regel mehr als ihren männlichen Kollegen.

Umgekehrt gehen Frauen oftmals zu wenig vorsichtig mit Informationen um. Für Männer bedeutet Wissen Macht, weshalb sie entsprechend zurückhaltend und diskret Informationen teilen. Frauen sind von dem Gedanken geleitet, dass ein gut informiertes Team, harmonischer, produktiver und engagierter zusammenarbeitet und gehen daher gerne einmal (zu) offenkundig damit um. Nicht selten führt das dazu, dass eine Idee gestohlen und von jemand anderen für die eigene verkauft wird. Dies sollte immer antizipiert werden. „Männer hängen tendenziell auch wenig durchdachte Ideen gerne an die große Glocke. Frauen tendieren dagegen dazu, selbst perfekt durchdachte Ideen lieber informell weiterzugeben, als offiziell zu präsentieren" (Topf und Gawrich 2014, S. 47). Am besten also die Idee schnellstmöglich zu Papier bringen und dem Vorgesetzten vortragen. Sollte eine Idee dennoch von einem Kollegen fälschlicherweise als eigenes Gedankengut verkauft worden sein, auf keinen Fall den Dieb beim Chef an den Pranger stellen, sondern ihn konfrontieren und eine Gegenleistung fordern.

Die Art, wie Frauen Informationen weitergeben, hat aber auch Vorteile. So delegieren sie nicht kurz und gehaltlos, wozu Männer manchmal neigen, sondern binden in ihren Informationsgehalt positive und negative Konsequenzen mit ein, was meistens motivierender auf die Beteiligten wirkt. Darüber hinaus gehen sie mehr auf Augenhöhe mit ihrem Gegenüber und sensitivieren sich gewissermaßen für ihn. Dieser fühlt sich folglich aufgehoben und verstanden. Trotzdem ist zu betonen, dass die Information nicht zu „weich" übermittelt werden sollte. Sachlichkeit und Klarheit sind neben Sensibilität gleichermaßen wichtig (vgl. Topf und Gawrich 2014, S. 25–73).

12.3.4.2 Delegation

Einige Männer gehen gerne unangenehmen Tätigkeiten am Arbeitsplatz aus dem Weg und versuchen sie an gutmütige Kolleginnen weiterzugeben. Nicht zu selten lassen sie diese sich auch aufbürden. Zum einen, weil die jeweilige Aufgabe im Auge der Frau anderweitig nicht ordentlich und gewissenhaft genug erledigt werden würde und zum anderen, weil sie fürchtet, andernfalls abgelehnt zu werden. Sie möchte nicht riskieren, als schwierig, faul oder gar unkollegial zu gelten. Doch zweier Dinge sollte sie sich bewusst sein. Hat sie einmal eingewilligt, wird es nicht das letzte Mal gewesen sein, dass sie um eine Abnahme derartiger Arbeiten gebeten wird. Zum anderen kostet die Erfüllung meistens nichts als Zeit und Energie, die sie für andere, erfolgversprechendere Tätigkeiten verwenden sollte. „Mann macht es nur mit Frauen, die es mit sich machen lassen" (Topf und Gawrich 2014, S. 84). Also ruhig einmal zu dem kleinen, aber wichtigen Wort „Nein" greifen. Bedeutend öfter trifft man damit auf Anerkennung als auf Ablehnung. Das gilt auch für Situationen, in denen versucht wird, eine Aufgabe weiter zu delegieren. Es gibt viele Möglichkeiten eine Ablehnung zum Ausdruck zu bringen: bedauernd, mit oder ohne Ausrede usw. In jedem Fall sollte ein Nein höflich und klar formuliert werden. Hilfreich ist oft auch dem Gegenüber seine scheinbar plötzlich nicht mehr vorhandene Fähigkeit, die jeweilige Aufgabe zu bewerkstelligen, vor Augen zu halten.

Wenn Delegation von der Frau ausgeht, gibt es ebenfalls ein paar Dinge zu beachten. Frauen äußern Wünsche und Forderungen in der Regel implizit, Männer explizit. Dadurch können leicht Missverständnisse entstehen oder sich die Erledigung der Anweisung in die Länge ziehen. Männer müssen indirekt ablesen, was Frau will. Wenn Frau also delegiert, sollte sie sich freundlich und klar ausdrücken. Überdies hilft es, beim Namen anzusprechen (und nicht in der dritten Person zu sprechen), den Indikativ zu verwenden (müssen statt müssten) und abschwächende Wörter wie „vielleicht, ein bisschen" zu vermeiden und Anweisungen entschlossen Nachdruck zu verleihen (anstatt sie aus Unsicherheit zu entwerten) (vgl. Topf und Gawrich 2014, S. 77–119).

12.3.4.3 Gesundes Durchsetzungsvermögen

„Es setzt sich nicht durch, wer besser ist, sondern wer sich besser durchsetzt" (Topf und Gawrich 2014, S. 179). Hier stoßen wir wieder auf die Tatsache, dass Frauen in erster Linie ihre Arbeit gut machen, Männer dagegen aufsteigen wollen. Es gibt durchaus Frauen, die mit einer dauerhaften Position auf Mitarbeiterebene zufrieden sind, sie werden immer ein Grund finden, um nicht aufzusteigen. Erfolgreiche Frauen dagegen wissen, wofür sie aufsteigen wollen und, dass es sich lohnt. Ein interessanter Fakt zum häufig diskutierten Thema der Diskriminierung der Frau am Arbeitsplatz ist, dass diese erfolgreichen Frauen in ihrer Karriereentwicklung Diskriminierung nicht bewusst erlebten oder sie als Herausforderung annahmen. Mit selbstbewussten sachlichen Gegenargumenten, Humor oder Schlagfertigkeit lassen sie dem gar keinen Raum. Hilfreich ist auch, allgemein verbreitete Glaubenssätze, wie, dass Führung bedeutet, hart zu sein und über Leichen gehen zu müssen, gründlich zu hinterfragen, bevor frau ihnen Macht gibt, sie einzuschüchtern. In der Regel lösen sie sich dann auf (vgl. Topf und Gawrich 2014, S. 179–191).

12.3.4.4 Eigenmarketing

Frau sollte einen selbst verzeichneten Erfolg, demjenigen, der sie weiterbringen kann, selbstbewusst und sachlich vortragen. Viele Frauen scheuen sich aber davor, da sie ihren jeweiligen Erfolg als nicht perfekt oder geeignet genug ansehen. Dieser Gedanke kann sehr hinderlich sein für ein Weiterkommen, genauso, wie zu warten bis der Erfolg von selbst entdeckt wird, was in der Regel nicht passiert. Auch Präsenz dient dem Eigenmarketing. So kann es den Karriereschub fördern, wenn Frau Vorträge, Fachzirkel und Firmenevents besucht oder andere Einladungen zu Workshops, Essen oder Kaffee annimmt. Dadurch bieten sich ihr zweierlei Vorteile: Zum einen gibt es die Möglichkeit, sich inhaltlich weiterzubringen, indem frau von interessanten Persönlichkeiten lernt, und zum anderen kann und sollte sie die Chance nutzen, mit Menschen in Kontakt zu treten, die entscheiden und sie vorwärtsbringen können. Darüber hinaus schadet es auch nicht, sich hin und wieder über die normale Arbeit hinaus zu engagieren. Präsenz kann gesteigert werden durch: Übernahme eines zusätzlichen Projekts, herausragende Beiträge in Meetings, Empfehlungen durch Kunden, Fachartikel in angesehenen Publikationen, in denen im besten Falle noch Name und Verdienste des Vorgesetzten mit eingebracht werden und vieles mehr (vgl. Topf und Gawrich 2014, S. 194–200).

12.3.4.5 Netzwerken

„Nach einer Umfrage eines Jobportals im Internet, genannt ‚Stepstone‘, werden fast 40 % der Stellen durch Tipps von Freunden oder Bekannten vermittelt" (Henn 2012, S. 88). Frau kann also qualifizierter als ein Mitbewerber sein und den Job trotzdem nicht bekommen, wenn ihr der nötige Kontakt fehlt. Das Netzwerk kann aber nicht nur helfen, den nächst höheren Posten zu erlangen, sondern auch bei diversen anderen alltäglichen Fragen und Problemen nützlich sein und der Karriere einen Stoß verleihen (vgl. Henn 2012, S. 88–89). Schon im vorgenannten Kapitel der Führungskompetenzen wurde darauf aufmerksam gemacht, dass Frauen in Führungspositionen ihre Kontakte pflegen und ständig ausbauen, was sie erfolgreicher macht als ihre Kolleginnen auf Mitarbeiterebene.

12.3.4.6 Mentoren

Ein großer Teil der Frauen in Führungspositionen hatte bei ihrem Weg nach oben einen Mentor beiseite. Dies ist von wesentlicher Relevanz und wird daher nochmals im nächsten Kapitel der Führungskompetenzen kurz aufgegriffen. Ein Mentor kann ein Arbeitskollege, Vorgesetzter, Partner, Verwandter oder Freund sein. Meistens verfügt er in dem jeweiligen Bereich über mehr Erfahrung und kann wertvolle Tipps geben, fördern und fordern. Am besten mit der Intention, dass der Mentee sich weiterentwickelt und sein Potenzial voll ausschöpft. Das kann, muss aber nicht ein Mentor für alles sein. Sondern, je nachdem in welchem Bereich frau Unterstützung braucht, kann sie einen dafür geeigneten Mentor suchen. Wer sich nun die Frage der Gegenleistung stellt, kann beruhigt sein. Der Stolz zu sehen, wie der Mentee vorankommt, ist Gegenleistung genug (vgl. Topf und Gawrich 2014, S. 206–208).

12.3.4.7 Rückschläge bewältigen

Männer schreiben Misserfolge meistens äußeren Umständen zu und stürzen sich gleich wieder auf das nächste Projekt. Frauen nehmen sich Rückschläge viel mehr zu Herzen und zweifeln sofort an sich und ihren Fähigkeiten. Sie ziehen sich zurück, schmollen, verfallen in Pessimismus und resignieren. Das ist für den Aufstieg natürlich fatal. Ein Ausweg ist, sich immer wieder zurück auf den Boden zu bringen durch Fragen wie: Würde meine beste Freundin auch so mit mir sprechen, wie ich das gerade tue? Würde mein Mentor sagen ich übertreibe? Würde ich mit ihnen so sprechen wie mit mir selbst gerade? Ist es objektiv gesehen wirklich so wie ich es beschreibe? (vgl. Topf und Gawrich 2014, S. 209–210)

12.3.4.8 Konflikte und Emotionen

Viele Frauen sind konfliktscheu. Sie vermeiden und ignorieren Auseinandersetzungen so lange wie nur möglich. Je länger frau aber mit einer aktiven Auseinandersetzung wartet, desto schneller wächst die Wahrscheinlichkeit einer Eskalation und desto unangenehmer wird die Situation für alle Beteiligten. Konfliktfähigkeit ist jedoch eine unerlässliche Kompetenz, die Frau und Mann besitzen müssen, um aufzusteigen. Tatsache ist auch, dass Frauen ihre Emotionen und ihre Gefühlswelt deutlich mehr nach außen zeigen als ihre männlichen Kollegen. Während diese offen ihr Innenleben kundtun, gewährt ein Mann nicht den geringsten Einblick in seine Gefühlswelt. Diese zu offenbaren ist grundsätzlich nichts schlechtes, denn Emotionen können sehr motivierend sein. Dennoch sollten diese innerhalb gewisser Grenzen ausgelebt werden. Zu viel überfordert das Umfeld. Frau sollte also keine Emotionen unterdrücken, vielmehr dazu stehen, alles jedoch in Maßen. Auch Aggressionen müssen nicht unterdrückt werden, mit entsprechenden Ich-Botschaften können sie, ohne verletzend oder angreifend zu wirken, übermittelt werden. Ähnlich verhält es sich mit Kritik, steigen Sie positiv in das Gespräch ein, tragen Sie Ihren (das heißt einen) Kritikpunkt konstruktiv vor und steigen wieder positiv aus. Sollte Kritik gegen Sie selbst gerichtet sein, ist die goldene Regel: nicht (zu) persönlich nehmen! (Vgl. Topf und Gawrich 2014, S. 136–149, 161–163, 249–261)

12.3.4.9 Stärken ausbauen

Eine falsche, aber weit verbreitete Annahme ist, Schwächen zu Stärken machen zu müssen. Das wird nur in Ausnahmefällen funktionieren. Besser ist es, diese Zeit zu nutzen, um Stärken auszubauen. Schwächen können und sollten maximal insoweit reduzieren, dass sie nicht mehr schaden. Ziel ist vielmehr „bereits vorhandene Stärken so zu nutzen, dass damit Schwächen mehr als kompensiert werden" (Topf und Gawrich 2014, S. 275).

12.3.4.10 Prioritäten setzen

Wenn alles zu viel zu werden scheint, dann hilft es, Prioritäten zu setzen. Wenn Sie fünf Aufgaben gleichzeitig bewältigen müssen, sind sicher nicht alle gleich wichtig. Welche hat oberste Priorität, und welche kann danach erledigt werden? Welche zwei lassen sich vielleicht auf einmal erledigen? Und schon reduziert sich der Druck (vgl. Topf und Gawrich 2014, S. 272–273). Wichtigkeit geht vor Dringlichkeit!

12.3.4.11 (Körper)sprache

Wie eine Person sich artikuliert, sagt viel über sie aus. Frauen lassen sich signifikant häufiger in Meetings unterbrechen als Männer. Erfolgreiche Frauen verbieten sich das mit intelligenten Gegenfragen und Schlagfertigkeit. Sie drücken sich klar und deutlich aus. Behauptungen werden als Behauptungen formuliert und Anweisungen als Anweisungen. Sie widersprechen, wenn ein undurchdachter Einwand erhoben wird, sagen was sie denken, denken aber bevor sie es sagen. Auch die Körpersprache kann viel bewirken. Dazu gehören die Haltung, Gestik, Mimik und auch die Kleidung. Blickkontakt halten, anstatt sich auf die Mitschrift zu konzentrieren, ein Bürokostüm anstatt Jeans tragen, aufrecht anstatt gebückt gehen, das sind alles Erfolgsfaktoren, die bewusst und unbewusst Einfluss auf die persönliche Karriereleiter haben können (vgl. Topf und Gawrich 2014, S. 210–216).

12.3.4.12 Innerer Dialog

Es sind aber nicht nur andere, die der Frau im Wege stehen können. Oftmals ist sie es selbst und zwar mit ihrer eigenen produzierten irrationalen Gedankenwelt. Auch erfolgreiche Frauen müssen dagegen ankämpfen. Aber sie tun es auch, und eben in den meisten Fällen erfolgreich. Ein solcher innerer Dialog könnte mit einem schädlichen Gedanken beginnen wie „Ich halte lieber den Mund. Sonst bringe ich die Kollegen gegen mich auf." und rationalisiert werden durch „Das glaube ich nicht. Und wenn, dann setze ich mich mit ihren Bedenken freundlich auseinander. Schließlich sind sie nicht gegen mich, sondern gegen einen meiner Vorschläge. Das ist ein Unterschied." (Topf und Gawrich 2014, S. 218). Bevor sich frau also selbst ein Bein stellt, sollte sie sich immer zurück auf ihre Stimme der Vernunft besinnen (vgl. Topf und Gawrich 2014, S. 217–219).

12.3.5 Wenn alles zu viel wird

In Stress- und Drucksituationen geraten besonders Frauen in Selbstzweifel und machen sich Unmengen an unrealistischen Vorwürfen, baden in Schuldgefühlen und versuchen alles wieder alleine geradezubiegen und diskreditieren sich währenddessen emotional bis Gesundheit und Beziehungen darunter leiden.

Sieben einfache, aber wirkungsvolle Schritte können die Situation entschärfen:

1. Zunächst kann eine Denkpause helfen. Man sollte innehalten und überlegen, was gerade in einem selbst vor sich geht, welche Gefühle und Gedanken einen dominieren. Ziel ist, sich dem Wahrgenommenen bewusst zu werden, denn wie schon einmal erwähnt „was Sie sich bewusst machen, kann Sie nicht länger unbewusst behindern".

2. Der nächste Schritt ist, diese Gedanken zu hinterfragen und sie sich ehrlich und klar zu beantworten. Wie berechtigt und angemessen sind meine Gefühle? Soll ich diesen Gedanken wirklich folgen? Und welche Konsequenzen könnte das mit sich bringen? Ist es sinnvoll abends und die nächsten Wochenenden durchzuarbeiten, um „meinen Fehler geradezubiegen"?

3. Die Ist-Situation. Sich den Sachverhalt aus der Perspektive einer dritten, unbeteiligten Person selbst zu beschreiben, kann helfen, wieder zurück ins Hier und Jetzt zu finden. Was würde zum Beispiel die beste Freundin objektiv zur Situation sagen? Wie ist der Sachverhalt rein sachlich, frei von Emotionen betrachtet wirklich?

4. Wie aber soll das Problem nun gelöst werden? Ist es wirklich dienlich, sich die nächsten Abende und Wochenenden nur noch dem Projekt und seiner Problemlösung zu widmen? Anstatt der erstbesten Lösung sofort nachzugeben, ist es besser, sich noch andere möglichen Optionen aufzulisten und diese zu bewerten.

5. Selbst wenn eine vernünftige Option gefunden wurde, versuchen die meisten Frauen immer noch allem alleine Herr zu werden und scheitern an der Last. Deshalb sollte sie nun Kontakte einschalten, die ihr sowohl emotional als auch tatsächlich Arbeit abnehmen können. Wie haben denn Kollegen vor ihr dasselbe oder ein ähnliches Problem gelöst? Wer im Team kann welche Aufgabe übernehmen?

6. Im sechsten, und vorletzten Schritt sollte das Vorgehen geplant werden. Was soll Step für Step nacheinander passieren und wer soll zu welchem Zeitpunkt involviert werden?

7. Zu guter Letzt folgt die Umsetzung in die Realität und eine anschließende Evaluation. Sollte der Plan nicht exakt nach Vorstellung verlaufen – was meistens der Fall ist – wäre es schädlich das Handtuch zu werfen. Vielmehr hilft dann zu evaluieren: offensichtlich, funktioniert das so nicht. Was kann ich anders machen? Welche Alternativen gibt es?

In jeder Hinsicht sollte man in seinen inneren Dialogen stets respektvoll, vorwurfsfrei, wohlwollend und fürsorglich mit sich selbst umgehen, so wie man das auch mit anderen tun würde (vgl. Topf und Gawrich 2014, S. 277–285).

12.4 Führungskompetenzen

12.4.1 Das Anforderungsprofil für eine Führungskraft

„Ein Heer von Schafen, das von einem Löwen geführt wird, schlägt ein Heer von Löwen, das von einem Schaf geführt wird," so besagt es ein arabisches Sprichwort (Leadership Journal).

Gute Führung ist und bleibt ein allgegenwärtiges Thema und um dem auf den Grund zu gehen, sollte zunächst geklärt werden, wie Führung überhaupt definiert werden kann: „Führung in Organisationen: Zielorientierte soziale Einflussnahme zur Erfüllung gemeinsamer Aufgaben in/mit einer strukturierten Arbeitssituation" (Henn 2012, S. 27). Ziel ist, die Mitarbeiter zur Erreichung bestimmter Unternehmensziele hinzuführen und diese schließlich umzusetzen. Der erste deutsche Bundespräsident Theodor Heuss formulierte in den 50erJahren: „Führung heißt nicht Befehle geben, sondern eine Leistungsatmosphäre schaffen" (Zitatdatum unbekannt).

Nun gibt es eine große Facette an Anforderungen, die an Führungskräfte allgemein gestellt werden. Im Folgenden sollen einige davon dargelegt werden:

- *Klassische Anforderungen*
  (Intelligenz, analytisches Denkvermögen, Einsatzbereitschaft, Loyalität, Begeisterungsfähigkeit)
- *Kommunikative Kompetenz*
  (Überzeugung nicht nur durch Anweisungen, sondern auch im Gespräch und als Vorbild)
- *Teamarbeit*
  (Abteilungs- und projektgruppenübergreifende Teamarbeit)
- *Partizipation*
  (Miteinbezug der Mitarbeiter/-innen in Planungs- und Entscheidungsprozesse)
- *Konfliktmanagement*
  (Lösen, Vermeiden, Überbrücken oder Unterdrücken von Konflikten)
- *Management of Diversity*
  (Akzeptanz, Toleranz, Sensibilität und Flexibilität bezüglich Geschlecht, Alter, Nationalität und ethnischer Zugehörigkeit)
- *Ganzheitliches, systemisches Denken und Flexibilität*
  (Durchdachtes, innovatives und flexibles Reagieren auf unbestimmte und komplexe Sachverhalte)
- *Kreativität*
  (Kreatives Problemlösen durch Freiräume und Fehlerkultur)
- *Transparenz und Authentizität*
- *Lebenslanges Lernen*
  (kontinuierliche Weiterbildung in Bezug auf neue Technologien und Anforderungen)

- *Interkulturelle Managementfähigkeiten*
  (Gespür/Sensibilität für andere Kulturen und Einstellung auf diese im Verhalten und
  der Kommunikation)
- *Innovationsmanagement*
  (Verbesserung der Qualität von Produkten und Dienstleistungen für interne, wie externe
  Kunden, Prozess- und Verfahrensinnovationen und deren Durchsetzung)
- *Vermitteln von Sinn und Vision*

(Quelle: Henn 2012, S. 29–32)

Als Ergänzung zu den von Monika Henn angeführten Führungsanforderungen sollen
noch folgende Kriterien dienen:

- *Integrität*
  (Sich selbst treu bleiben, vertrauenswürdig handeln, unbescholten und unbestechlich
  bleiben)
- *Entscheidungsfreude*
  (zügig und eindeutig entscheiden, Fehlentscheidungen akzeptieren und aus ihnen lernen)
- *Emotionale Stabilität und Selbstbeherrschung*

Diesen Anforderungskriterien sollten also sowohl die männlichen, als auch die weiblichen Führungskräfte gerecht werden. Allerdings werden die genannten Führungsanforderungen je nach hierarchischer Stufe und Zahl der unterstellten Mitarbeiter in unterschiedlich hoher Ausprägung einzusetzen sein.

12.4.2 Wie Frauen im Gegensatz zu Männern führen

Das soeben dargelegte Anforderungsprofil von Führungskräften schlägt sich grundsätzlich
in drei verschiedenen Arten von Führungsstilen nieder, welche von Frau und Mann unterschiedlich praktiziert werden. Ersterer ist der sogenannte *transformationale Führungsstil*,
bei dem auf das Vertrauen der Mitarbeiter/-innen und deren Motivation gesetzt wird. Es
werden Pläne und Ziele entwickelt und umgesetzt. Zudem besteht Offenheit gegenüber
Innovation. Die Führungskraft operiert als Mentor, führt entscheidende Änderungen im
Unternehmen durch und erweitert die bisherigen Handlungsspielräume. Daneben steht der
transaktionale Führungsstil, der an eine Beziehung des „Gebens und Nehmens" (Henn
2012, S. 70) zu den Mitarbeiter/-innen knüpft. Er zeigt Merkmale der intrinsischen und
extrinsischen Motivation der Mitarbeiter auf. Eigeninteresse ist gewünscht, die Übernahme von Verantwortung wird erwartet, Leistung wird belohnt, und dem Entgegenstehendes
sanktioniert. Der dritte Führungsstil wird seiner Bezeichnung als *Laisser-faire-Stil* gerecht. Wer diesen einsetzt, führt keine Eigenschaften der ersten beiden Führungsstile aus.
Er führt also, indem er nicht führt.

Ein Großteil der Frauen praktiziert den transformationalen Stil in Verbindung mit dem transaktionalen Stil. Sie kümmern sich um ihre Mitarbeiter/-innen und versuchen sie zu motivieren. Gerne wird gute Arbeit dann belohnt. Männer konzentrieren sich wiederum mehr auf den transaktionalen Führungsstil mit seinen sanktionierenden Maßnahmen und tendieren generell mehr zum Laisser-faire-Stil als eine Frau in hoher Position. Studien belegen, dass sich ein transformationaler Führungsstil zusammen mit den belohnenden Eigenschaften des transaktionalen Stils am besten im Management moderner Unternehmen bewährt. Insgesamt wird der von den Frauen ausgeführte „Führungsstilmix" als zielführender erachtet als der ihrer männlichen Kollegen. „[Er] setzt stärker auf Mitwirkung und Zusammenarbeit" (Henn 2012, S. 71). Dies wird erreicht durch die Teilhabe der Mitarbeiter/-innen an Entscheidungsprozessen. Sie werden unterstützt, motiviert und belohnt, was ihre Einsatzbereitschaft und Eigeninitiative fördert. Eine Frau alleine reicht für die Umsetzung jedoch nicht, denn sobald sie sich in Männer dominierten Gefügen befindet, schwinden diese Eigenschaften und sie neigt dazu, den klassisch männlichen Führungsstil anzunehmen (vgl. Henn 2012, S. 70–71). Dies muss natürlich nicht zwangsläufig negativ sein, da auch die männlichen Führungsstile viele positive Eigenschaften aufweisen, die den weiblichen fehlen. Während Männer explizit und unmissverständlich auch bei unangenehmeren Situationen sagen, was sie wollen, weichen Frauen oft durch Andeutungen, Umschreibungen und indirekte Anweisungen aus, die dann häufig nicht als solche empfunden werden. Im Nachhinein gibt es dann Ärger, weil die Aufgabe nicht oder nicht den Wünschen entsprechend erfüllt wurde (vgl. Topf und Gawrich 2014, S. 125).

Zu guter Letzt wird Frauen überdies eine beziehungsorientierte Führung nachgesagt. Eine positive Arbeitsatmosphäre wird bei ihnen sehr groß geschrieben. Auf eine gute, persönliche, auf Augenhöhe basierende Beziehung zu den Mitarbeitern wird ebenfalls Wert gelegt. Haben diese ein Problem, schenken sie dem stets Gehör. Auch Ideen und Vorschlägen schenken sie immer ein offenes Ohr. Insgesamt ist ihnen wichtig, dass ihre untergeordneten Kollegen gerne für sie arbeiten. Macht ist nicht Zentrum des Fokus einer Frau in Führungsposition. Sie ist mehr ein Bestandteil der Führung, nicht aber der Hauptbestandteil (vgl. Topf und Gawrich 2014, S. 150–151).

12.4.3 Was Frauen in Führungspositionen von ihren fachlich gleichqualifizierten Mitarbeiterinnen unterscheidet

Die Ausführungen dieses und des nächsten Abschnitts basieren auf einer Studie der promovierten Psychologin, Management-Trainerin und Business-Coach Monika Henn, die für ihre Dissertation an der Universität Regensburg erstmals Frauen mit Frauen verglich. Im Fokus sind Führungskräfte, die ihre Karrierelaufbahn in Unternehmen vollzogen haben und nicht beispielsweise Gründerinnen oder Erbinnen sind. Darüber hinaus sind dies Unternehmen ausschließlich aus der Produktions- und Dienstleistungsbranche, zum Beispiel Henkel, L'Oreal, Continental, Toyota, VOSS, Rodenstock oder Sick, Telekom, O2,

Lufthansa, Deutsche Post, Allianz, Commerzbank, Microsoft und viele mehr (vgl. Henn 2012, S. 20, 153).

Akademisch betrachtet haben die weiblichen Führungskräfte den Mitarbeiterinnen oft nichts voraus, so kann es auf beiden Seiten Promotionen, Zusatz- und Weiterbildungen oder beispielsweise einen MBA geben. Eine gleiche Qualifikation muss also noch lange nicht zur gleichen Position führen. So besitzen Frauen in Führungspositionen oft noch Eigenschaften jenseits vom akademischen Grad. Eine gute Führungskraft verfügt über eine ausgeprägte *Führungsmotivation*, das heißt, die Fähigkeit ihre Arbeitnehmer für das zu begeistern und da hinzuleiten, was dem jeweiligen Ziel entspricht. Sie gehen mehr als die Mitarbeiterin davon aus, Maßstab und Autoritätsperson für andere zu sein. Auch in der *Durchsetzungsstärke* lassen sich deutliche Unterschiede verzeichnen. Managerinnen sind gewillter, ihre Ziele auch bei schwer zu bewältigenden Hürden weiter zu verfolgen und scheuen Konfliktsituationen nicht so sehr wie ihre Geführten. Darüber hinaus verfügen sie über ein höheres *Selbstbewusstsein* und größeres Vertrauen in sich selbst. Sie lassen sich weniger schnell von Urteilen anderer verunsichern. Auch die *Gestaltungsmotivation* findet sich bei Führungskräften verstärkter als bei deren Mitarbeiterinnen. Ihnen ist es ein Anliegen, ihr Umfeld und dessen Abläufe nach eigener Vorstellung zu formen. Empfinden sie die gegenwärtige Situation als nicht zufriedenstellend oder sogar mangelhaft, haben sie das Bedürfnis, diese zu verändern. Ein sehr wichtiges Kriterium ist überdies, dass Managerinnen höher *belastbar* sind als ihre Mitarbeiterkolleginnen. Sie sehen sich selbst als resistenter und weniger anfällig an. Größeren Belastungen würden sie sich eher aussetzen und versuchen ihnen die Stirn zu bieten. Weibliche Führungskräfte treiben sich selbst mehr an. Des Weiteren stellen sie höhere Erwartungen an sich selbst und ihre Leistung, in der Absicht, diese kontinuierlich zu steigern, was auch als *Leistungsmotivation* bezeichnet wird. In der *Teamorientierung* punkten sie ebenfalls mehr. Arbeit im Team wird sehr geschätzt und wenn es der Entscheidungsfindung hilft, hadern sie nicht, sich zurückzunehmen und den anderen das Ruder zu überlassen. Im Gegensatz zu ihren Geführten sind sie auch weitaus *flexibler*, zum Beispiel im Umgang mit abrupt neuen Situationen und Problemstellungen. Sie versuchen, Dinge aus einem anderen Blinkwinkel zu betrachten und sind zugänglicher für neue Ideen und Vorschläge. Überdies ist bei weiblichen Führungskräften ein hohes Maß an *Sensitivität* vorzufinden. Sie verfügen über ausreichend Empathie und deuten das Verhalten der Mitarbeiter meist richtig, selbst wenn bestimmte Verhaltensweisen nur subtil angedeutet werden. *Kontaktfähigkeit* wird ihnen auch mehr als den Mitarbeiterinnen zugeschrieben. So gehen sie öfter und lieber auf bekannte, wie unbekannte Gesichter zu. Managerinnen bauen vermehrt alte und neue Kontakte auf und aus und pflegen sie, was oft unter dem Begriff des Netzwerkens zusammengefasst wird. Diese Fähigkeit ist bei Frauen wichtiger als bei Männern, da sich diese oft von bereits bestehenden Männerbünden profitieren können, zum Beispiel dem „Old Boys Network". Zu guter Letzt sind weibliche Führungskräfte *emotional stabiler* als ihre gleichqualifizierten, aber untergeordneten Kolleginnen. Sie bleiben bei Misserfolgen und anderen Rückschlägen in ihren emotionalen Reaktionen kontrollierter und beständiger.

Interessant ist, dass sich bei dem Merkmal der *Gewissenhaftigkeit* die Seiten vertauschen und hier die Mitarbeiterinnen die Nase vorn haben. Bei genauerer Betrachtung erscheint das auch logisch, da Managerinnen den Überblick behalten müssen und sich nicht an Details aufhalten können, welche sie pflichtgetreu abarbeiten müssen (vgl. Henn 2012, S. 116–122).

Weitere Unterschiede sind, dass Frauen in hohen Positionen bemerkenswert öfter von Mentoren unterstützt und anderweitig gefördert wurden. Ihnen ist schnelles Vorankommen wichtig, wofür sie sich selbst aktiv einsetzen. Sie sind mutig, zielstrebig und bereit, sich überdurchschnittlich zu engagieren. Außerberuflichen emotionalen Rückhalt konnten beide Parteien gleichermaßen genießen. Auffällig ist, dass weibliche Führungskräfte signifikant seltener Kinder haben als ihre Mitarbeiterinnen, und wenn sie welche haben, nahmen sie sich nur 4–6 Monate Auszeit nach der Geburt. Auch mit ihrer Work-Life-Balance sind sie weitaus weniger zufrieden. Im Umgang mit Konkurrenz sind sie ihren Kolleginnen ebenfalls überlegen. Auch der Kleidungsstil ist ihnen wichtiger, sie kleiden sich stets businesslike. An Humor fehlt es ihnen nicht und frauenfeindliche Äußerungen lassen sie leichter abprallen. Darüber hinaus versuchen Frauen in Führungspositionen im Unternehmen immer sichtbar zu bleiben, was in der Regel weniger Schwierigkeiten bereitet, aufgrund der Tatsache, dass sie im Top-Management meistens die einzige Frau sind. Rücksichtnahme, Freundlichkeit, Sozialität und das Bedürfnis nach Harmonie sind allerdings auf beiden Ebenen gleichermaßen ausgeprägt (vgl. Henn 2012, S. 124–149).

12.5   Karriere konkret

12.5.1   Von den Erfahrungen der Erfolgreichen lernen

Um der Abstraktion der letzten Kapitel mehr Praxisrelevanz zu verleihen, sollen im Folgenden beispielhaft zwölf Lebensläufe, Erfahrungen und Einstellungen bestimmter Karrierefrauen vorgestellt werden.

1. *Dr. Angelika Dammann* war bei den ganz Großen dabei: sie fungierte bei Shell, Unilever und SAP als Geschäftsführerin und im Vorstand und erhielt dafür diverse Auszeichnungen. Seit 2011 arbeitet sie selbstständig als Personalexpertin und Executive Coach. Ihre Karriere hat sie nicht begonnen mit dem Wunsch Karriere zu machen, es ging ihr vielmehr um die Aufgabe selbst und ihre Herausforderungen. Schon als Schülerin und Studentin sammelte sie durch Tätigkeiten bei der Bank, beim Rundfunk und im Einzelhandel Erfahrungen in den verschiedenen Branchen. Einen Teil ihrer Referendariatszeit nach dem Jura-Studium verbrachte sie in London, wo sie schließlich Neugierde und Interesse besonders für die angelsächsische Kultur für sich entdeckte. Es überrascht nicht, dass sie kurze Zeit später ihre Karriere bei dem internationalen Unternehmen Shell begann. Persönlich weitergebracht hat sie, ihre Kollegen und Vorgesetzten bei der Arbeit zu beobachten und für sich herauszufinden, was sie gleich

machen möchte, und was nicht. Gerade von einigen wenigen Top-Führungskräften hat sie einiges lernen können. Sie sieht den weiblichen Führungsstil im Vergleich zum männlichen als bedeutend mehr inhaltsorientiert und weniger machtbezogen an. Für sie selbst ist wichtig, die Talente und Potenziale der Menschen zu erkennen und sie bestmöglich einzusetzen. Das steigere deren Motivation und Engagement erheblich und liefere am Ende die bessere Leistung. Frau Dammann pflichtet darüber hinaus dem alten Sprichwort bei „Drum prüfe, wer sich bindet" bei und betont dabei die Bedeutsamkeit der richtigen Partnerwahl. „Jede erfolgreiche Frau hat ein unterstützendes Umfeld, sei es der Partner oder die Eltern. Ohne geht es einfach nicht." (Plehwe 2015, S. 115) Sheryl Sandberg, COO von Facebook hat dazu den mittlerweile viel zitierten Ausspruch „Die wichtigste Karriereentscheidung, die eine Frau treffen kann, ist, wen sie heiratet." (SZ PLAN W Ausgabe 03, S. 41) getätigt. Frau Dammann hebt eine ihrer Charaktereigenschaften besonders hervor: die Klarheit. Sie weiß, was sie will. Für eine Führungskraft ist es ihrer Meinung nach wichtig, von dem, was sie tut überzeugt zu sein und dazu zu stehen. Das erfordere Mut und Unabhängigkeit, sei aber essenziell. Auch Kompetenz in Form von Authentizität sei unabdingbar. Frauen insbesondere müssten öfter mutig sein und über ihren Schatten springen. Aber auch Neugier, der Wille, neue Herausforderungen anzunehmen und sich trauen, auf die innere Stimme zu hören, seien von großer Bedeutung. Sie bedauert, dass viele Führungskräfte im Alltag vorrangig rational handeln und die Emotionen vergessen. Eine gute Führungskraft findet eine passende Balance zwischen den zwei Gegnern. Emotionen seien ihrer Aussage nach deshalb auch nicht zu unterschätzen, dass sie im positiven Sinne sehr motivierend und inspirierend wirken können (vgl. Plehwe 2015, S. 109–118).

2. Auch von *Zuzana Halkova*, die es als erste Frau in den Vorstand von Henkel Zentral- und Osteuropa geschafft hat, kann frau sich einiges „abschauen". Ärztin wollte sie werden, Psychologie hat sie dann studiert und nach der Leitung einer Obst- und Gemüsehandlung und einem Job in einer Handelsorganisation wollte sie endlich ihren Sprachenreichtum einsetzen. Sechs Sprachen spricht Frau Halkova: Slowenisch (Muttersprache), Ungarisch, Tschechisch, Russisch, Deutsch und Englisch. Sie bewarb sich bei Henkel und ihre Karriere begann. Vorbilder hatte sie hauptsächlich in der Wissenschaft und in der Bildung. Einen konkreten Karriereplan hatte sie nicht, wusste aber, dass sie sich in einem Umfeld bewegen und sich dieses auch selbst erschaffen musste, in welchem sie vorankommt. Und das tat sie, Schritt für Schritt. Sah sie eine neue Chance, stärkte sie ihre Stärken für den jeweiligen Bereich, bis sich wieder die nächste Möglichkeit bot, weiterzukommen, wofür sie sich dann wieder stärkenorientiert selbst optimierte. Und so ging es stetig nach oben auf der Karriereleiter. Sie empfindet, dass „je höher man kommt, umso mehr braucht man Selbstsicherheit, ein hohes Durchsetzungsvermögen, eine gewisse Unabhängigkeit im Denken – und das gepaart mit einem ausgezeichneten Verständnis der eigenen Organisation" (Plehwe 2015, S. 127). Darüber hinaus sei es wichtig, an sich selbst zu glauben und daran, dass frau durchaus Einfluss auf ihr Leben und all seine Ereignisse nehmen könne. Einen sehr hohen Stellenwert gibt sie auch dem Mentor. So sei es äußerst wertvoll für die einzelnen Be-

rufs- und Lebensabschnitte, einen Begleiter beiseite zu haben. Wie schon angemerkt, setzt Frau Halkova darauf, auf seine Stärken zu bauen, weniger seine Schwächen auszumerzen. Ist die Schwäche allerdings eine unerlässliche Kompetenz, so müsse man sie zumindest auf das nötige erforderliche Niveau bringen (vgl. Plehwe 2015, S. 121–128).

3. Die nächste Karrierefrau ist *Petra Jenner*, Leiterin von Microsoft Schweiz. Ihre ausgeprägten Strategie- und Führungskompetenzen haben sie dazu befähigt, nicht nur die Profitabilität der Länderorganisation zu steigern, sondern auch das Partnernetzwerk innerhalb kürzester Zeit zu intensivieren und auszubauen. Sie verfügt über 20 Jahre Erfahrung in der IT-Branche, was sie sich zu Berufsbeginn niemals hätte träumen lassen. Zunächst studierte sie nämlich Französisch, um in dieser Sprache zu dolmetschen. So gelangte sie dann in ihr erstes IT-Unternehmen. Schnell wurde sie von der Dynamik und Schnelligkeit der Branche ergriffen und ist noch heute fasziniert davon. Wenig später studierte sie also BWL und Wirtschaftsinformatik berufsbegleitend. Sie schätzt besonders an ihrem Beruf ihre daraus resultierende Selbstbestimmtheit und Unabhängigkeit. Das kostete sie aber einiges an Widerstand im privaten Bereich. Viele ihrer Freunde bemängelten, dass sie nie Zeit hätte. Das gibt sie auch zu, nichtsdestotrotz war die Entscheidung für die Karriere ihrer Meinung nach die richtige. Für sie ist für die Führung wichtig, Prozesse zu hinterfragen, Dinge aus einem anderen Blickwinkel zu betrachten und immer dazu zu lernen. Veränderung muss selbst aktiv an- und vorgenommen werden und das durch persönliche und fachliche Weiterentwicklungbeziehungsweise -bildung. Auch sie appelliert an den Mut der Frauen. Wenn sie eine klare Meinung haben, sollen sie sich nicht scheuen diese zu äußern. Sie sollten auch einfordern, was ihnen zusteht und nachhaken, wenn etwas wichtig für sie ist. Frau Jenner selbst hat immer getan, was sie für richtig empfand, das hat ihr dann Möglichkeiten geöffnet, die sie nutzte. Ohne Mentoren aber, so betont sie, wäre ihr Weg wohl nicht so erfolgreich verlaufen. Überdies hat sie stets Rückhalt von ihrem Mann erhalten. Er hat sie unterstützt und bestärkt. Daneben sind ihrer Meinung nach auch Freunde und andere soziale Kontakte nicht zu unterschätzen. Deshalb plant sie private Zeit ebenso wie geschäftliche (vgl. Plehwe 2015, S. 149–156).

4. *Lydia Lux-Schmitt* ist im wahrsten Sinne des Wortes innerhalb von sechs Jahren zur Geschäftsführerin des Konzerns Johnson & Johnson in Düsseldorf „gesprintet". Ihr Leistungsdenken hat die Sportlerin dabei auf ihre Karrierelaufbahn übertragen. Während andere sich vergnügten, absolvierte sie ihr BWL-Studium abends und am Wochenende. Sie suchte stets die Herausforderung, durchlief aber zuvor mehrere Stationen in verschiedenen Branchen, um zu finden, was sie ihr Leben lang machen wolle. Ihrer Meinung nach ist die richtige Einstellung entscheidend. Vielen Frauen fehle das Selbstbewusstsein. Frau selbst sei zum Beispiel dafür verantwortlich bei ungleicher Bezahlung für ein gerechtes Gehalt zu kämpfen, das dem des Mannes entspricht. Für Frau Lux-Schmitt gibt es keine Niederlagen, nur Chancen (vgl. Keese und Münchau 2003, S. 26–27).

5. Chancen ergreifen, das bedeutet Erfolg für *Sandra Babylon*, Managing Director im Bereich Financial Services bei Accenture. „Natürlich hängt Erfolg auch immer mit fachlichem Know-how zusammen, entscheidend ist aber, sich etwas zuzutrauen und bereit zu sein, auch ganz neue Themen anzugehen. [...] Die bevorstehende Herausforderung selbstbewusst anzupacken" (Zettier 2015), so Sandra Babylon. Sie bedauert, dass viele Frauen sich oftmals durch fehlendes Selbstvertrauen selbst einbremsen würden. Anstatt zu fragen, *ob* etwas zu schaffen ist, sollte frau fragen, *wie* es zu schaffen ist. Als Mentorin empfiehlt sie darüber hinaus, sich „aktiv zu positionieren" und Selbstmarketing zu betreiben (Zettier 2015).

6. Auch *Monisha Kaltenborn*, CEO der Sauber Motorsport AG und damit eine Rarität in der männlich dominierten Formel 1, pflichtet dem bei und gibt Berufseinsteigerinnen Folgendes auf den Weg: „Das Wichtigste ist, dass man konsequent seinen Weg geht und sich auch dann nicht entmutigen lässt, wenn es Widerstände gibt." (Zettier 2015).

7. Opel-Entwicklungschefin *Rita Forst* würde sich über mehr Frauen in der Autoindustrie freuen. Sie schätzt besonders deren ausgeprägte soziale Kompetenz und ihre Bereitschaft und Offenheit, Dinge auch aus einer anderen Perspektive zu betrachten. Nach ihrer abgeschlossenen Ausbildung zur technischen Zeichnerin, fügte sie noch ein Maschinenbau-Studium an. Die gute Ausbildung ist für sie Hauptgrund für ihre Karrierelaufbahn. Daneben begründet sie ihren Erfolg darin, sich nie nur auf ein spezielles Thema konzentriert zu haben, sondern immer auch offen gewesen zu sein für neue, bereichsübergreifende Projekte und Aufgaben und deren Zielkonflikte. Sie betont überdies, dass Frauen, die Karriere machen wollen, diese im Vorhinein planen sollten (Gaide 2011).

8. 2001 wurde *Elisabeth Roegele* mit nur 35 Jahren Vorstandsmitglied der Stuttgarter Börse und war damit die jüngste Frau im Top-Management aller europäischen Börsen. Schon in der Kindheit faszinierte sie die Macht der Paragrafen und so studierte sie Rechtswissenschaften an der Universität Mannheim. Nach ihrem zweiten Staatsexamen arbeitete sie zunächst für die Bausparkasse Schwäbisch Hall und ging dann in die Börsenaufsichtsbehörde ihres späteren Konkurrenten, dem hessischen Wirtschaftsministerium. Kurze Zeit später fand sie dann ihren Weg zur Stuttgarter Börse, wo sie nach ihrem Start als Justiziarin innerhalb eines Jahres zum Vorstandsmitglied aufstieg. „Zugutekommt Roegele, dass sie dezent auftritt, ihre Anliegen sachlich, aber mit Verve vorträgt und dabei klar und offen spricht." (Keese und Münchau 2003, S. 105). Die Arbeit mit ihr wird als sehr herausfordernd und anstrengend, aber auch produktiv und zielorientiert beschrieben. Sie selbst gibt wieder, sehr engagiert zu sein, bemängelt jedoch auch, dass ihr dadurch viel an Freizeit verloren gehe (vgl. Keese und Münchau 2003, S. 105–106).

9. *Liz Mohn*, die als Aufsichtsratsmitglied der Bertelsmann SE & Co. KGaA und Vorstandsmitglied der Bertelsmann Stiftung als eine der mächtigsten Frauen Deutschlands gilt, hob in einem Interview mit dem Magazin ZEIT ebenfalls die Bedeutung von Engagement hervor und appellierte mit folgendem Ausspruch an die jüngere Generation: „Geht mit offenen Augen durch die Welt. Jeder kann etwas aus seinem Leben machen,

aber ohne Disziplin und Engagement erreicht man seine Ziele nicht." (Hamann und Kammertöns 2011).

10. Ihre Verlässlichkeit und Verbindlichkeit, sowie ihr glasklarer Verstand und ihre immense Energie sind es, was die Top-Manager der Deutschen Telekom an ihrer Kollegin *Claudia Nemat* schätzen. Mit ihrem abgeschlossenen Studium der theoretischen Physik in Köln ging sie anschließend zur Unternehmensberatung McKinsey, wo sie rasch zur Partnerin aufstieg. In dieser Zeit beriet sie sogar ihren späteren Arbeitgeber und bekam überdies vom damaligen Konzernchef Obermann einen Vorstandsposten angeboten, den sie aber in Erwartung eines Kindes ablehnte. Seit 2011 ist sie unter den sieben Vorstandsmitgliedern die einzige Frau des Dax-Konzerns. Sie ist bekannt dafür, Ziele zu definieren und diese auch umzusetzen, und das vehement, aber nie engstirnig. Sie kann hart sein, ohne zickig zu wirken und charmant, ohne den nötigen Respekt zu verlieren. Für Führungskräfte sei ihrer Aussage nach Humor wichtig: „Manche Dinge steckt man besser weg, wenn man denen einen realsatirischen Charakter zuordnet." (SZ 2016: 9./10. April Nr. 82, S. 61).

11. *Rachel Empey*, Vorstandsmitglied von Telefonica wusste schon sehr früh, dass sie einmal eine einflussreiche Position innehaben wolle, in der sie viel bewegen könne. Wichtig war ihr auch eine sich schnell verändernde Umgebung. So hing sie an ihr mit 21 Jahren abgeschlossenes Mathematikstudium in Oxford sogleich eine Ausbildung zur Wirtschaftsprüferin bei Ernst & Young an. Diesen Schritt in die Beratung hatte sie bewusst gesetzt: Vor Antritt ihres ersten Jobs suchte sie sich die 40 erfolgreichsten Unternehmen in Großbritannien heraus und studierte die Lebensläufe der jeweiligen Konzernchefs. Ein Großteil davon hatte einen Hintergrund in der Beratung, somit war ihre Entscheidung klar. Seit 2011 agiert sie als CFO des Dax-Unternehmens. Sie betont jedoch explizit, dass sich nicht lebt, um zu arbeiten. Ihrer Meinung nach gehöre mehr zum Leben. Wenn sie unter viel Druck steht, ist die Distanz ihr Ausweg. Eine Runde laufen gehen, sich gesund ernähren und acht Stunden schlafen, sind dann ihre Devise (vgl. SZ 2016: 9./10. April Nr. 82, S. 61).

12. Ein schönes, abschließendes Erfolgsrezept zu ihrem persönlichen Karriereweg hat *Dr. Ilham Kadri* formuliert. Sie studierte Physik und Chemie an französischen und kanadischen Universitäten und promovierte schließlich an der Université Louis Pasteur in Straßbourg. Ihre Karriere begann sie bei Shell Chemicals, wechselte dann aber zu The Dow Chemical Company, wo sie seit 2010 Generaldirektorin Mittlerer Osten und Afrika ist. Die „Zutaten", die ihren Weg so erfolgreich gemacht haben, beschreibt sie wie folgt:

a. Leidenschaft ist mein Antrieb,
b. Neugier ist mein Motor,
c. Demut ist die wichtigste Eigenschaft,
d. Mentoren als Unterstützung,
e. Entschlossenheit und Belastbarkeit als Überlebenswerkzeuge,
f. Zielstrebigkeit und das Übernehmen meiner Rollen und Aufgaben.

(Quelle: Plehwe 2015, S. 412–413)

12.5.2 Zitate und Anregungen erfolgreicher Frauen

„Misserfolge spornen mich dazu an, mich noch mehr anzustrengen. Sie treiben mich zur Arbeit an. Statt mich zurückzuziehen, gebe ich noch mehr als vorher und ich versuche die effektivste Lösung zu finden. Konflikte und Misserfolge erlebt jeder, schließlich sind wir alle nur Menschen."

Irena Eris, Unternehmerin und Inhaberin von zwei exklusiven SPA-Hotels und 24 Kosmetikinstituten

(Plehwe 2015, S. 397)

„Wir sollten nicht aufgeben, ohne vorher unser Bestes gegeben zu haben. Selbstvertrauen und eine positive Einstellung zu haben ist wichtiger als alles andere und man sollte keine Angst davor haben, Fehler zu machen."

Hyun Jeong-Eun, Vorsitzende der Hyundai Group, unter den „100 Most Powerful Women" der Forbes Liste 2008 und 2009

(Plehwe 2015, S. 398)

„Macht ist Gestaltungsmöglichkeit, Erfolg ist das Erreichen von Zielen und Wünschen. Der Zusammenhang zwischen Macht und Erfolg: Seine Ziele aktiv gestaltend zu verfolgen, bringt schneller Erfolg als darauf zu warten (machtlos), bis sich Erfolg von selbst einstellt."

Maria Fekter, Österreichische Politikerin und ehem. Bundesministerin für Finanzen

(Plehwe 2015, S. 399)

„Es hilft nichts, sich zu vergleichen, Erfolg muss man selbst definieren."

Brenda Bratt, Personalmanagerin aus Bothell, Washington (U.S.)

(SZ Plan W Ausgabe 03 2015, S. 6)

„Wenn man sich diplomatisch verhält, aber beharrlich bleibt, kommt man am weitesten."

Jutta Werner, Agrarwissenschaftlerin

(SZ 2016, Nr. 66, 19/20 März, S. 69)

„Wer nicht an drei von fünf Tagen mit Leidenschaft zur Arbeit geht, sollte etwas anderes machen. Das Leben ist zu kurz."

Heidi Stopper, ehemalige deutsche Top-Managerin und Coach

(SZ Plan W Ausgabe 03 2015, S. 5)

„Die wichtigste Karriereentscheidung, die eine Frau treffen kann, ist, wen sie heiratet."

Sheryl Sandberg, COO von Facebook

(SZ Plan W Ausgabe 03 2015, S. 41)

„Wenn du voller Energie bist und große Schritte gehen möchtest, dann heb die Hand und zeig, dass du es kannst."
Andrea Schauer, Geschäftsführerin der geobra Brandstätter GmbH (Playmobil)
(Plehwe 2015, S. 193)

„Was Frauen noch lernen müssen, ist, dass niemand ihnen Macht gibt. Sie müssen sie sich nehmen."
Roseanne Barr, US-amerikanische Schauspielern und Buchautorin
(Huffingtonpost 2013)

„Sei die Heldin deines Lebens, nicht das Opfer."
Nora Ephron, US-amerikanische Schriftstellerin und Bloggerin
(Huffingtonpost 2013)

„Wenn eine Frau sich selbst die beste Freundin ist, wird das Leben einfacher."
Diane von Fürstenberg, Belgisch-amerikanische Modedesignerin
(Huffingtonpost 2013)

12.6   Zusammenfassung

Fest steht, dass Firmen mit mehr Frauen in Führungspositionen ein besseres Unternehmensergebnis erzielen. Das belegt eine Studie des renommierten Peterson Institute of International Economics in Washington. Die Anzahl der Frauen in den Top-Positionen sei dabei entscheidend. So fand die Studie heraus, dass es für den Erfolg mehr als eine Frau auf C-Level braucht (Freigang 2016). Schade wäre jedoch, wenn dies durch Frauenquoten erzwungen würde, so sollte doch immer noch die am besten qualifizierte Person den jeweiligen Job erhalten, egal ob männlich oder weiblich. Darüber hinaus bin ich überzeugt, dass Frauen es auch ohne Quote schaffen können. Ein paar Beispiele haben wir nun schon kennengelernt. Einige dieser Erfolgsfrauen sind zudem in Zeiten aufgewachsen und aufgestiegen, in denen Themen wie Frauenförderung, Frauenquote und Co. noch nicht ansatzweise in den Köpfen der Menschen vertreten waren, im Gegenteil. Und trotzdem haben sie es geschafft. Ihre Erfahrungen und Anregungen sollen die vielen talentierten Frauen motivieren, die voller Energie und Potenzial stecken, sich aber oft selbst im Wege stehen und in einbremsenden Denkmustern verhaftet sind. Auch die Top-Managerinnen hatten ihre Schwierigkeiten auf dem Weg nach oben, haben sich zuvor in vielen verschiedenen Bereichen ausprobiert, zwischendrin Rückschläge und Widerstände erlebt und trotzdem immer ihre Ziele konsequent weiterverfolgt. Einen Musterweg zum Erfolg gibt es also nicht, wohl aber Strategien und Vorgehensweisen, die den Aufstieg erleichtern. Mit gutem Beispiel voran geht momentan die Generation Y (geboren 1980–1995). Selbstbewusst und anspruchsvoll treten die „Ypsiloner" dem Arbeitgeber gegenüber, „ein gutes Gehalt ist ihnen genauso wichtig wie Flexibilität, Vereinbarkeit von Familie und Beruf und Perspektiven im Unternehmen. Die Generation Y verzeiht schlechte Führung weniger als die Babyboomer Generation vor ihr. Und sorgt so für eine angenehme Unternehmenskultur, von der wiederum alle profitieren." (SZ Plan W Ausgabe 03 2015, S. 5).

Sie fordern ein, was ihnen zusteht, sind dann aber auch durchaus bereit, Leistung zu geben. Erfreulich wäre, wenn sich die Grundsätze dieses Lebens- und Wertestilwandels zunehmend durchsetzen, damit Frauen in Zukunft ihr Potenzial besser ausschöpfen und ihren besonderen Beitrag für Unternehmen und Gesellschaft leisten können.

12.7 Über die Autorin

Neben dem Studium der Internationalen Betriebswirtschaftslehre an der Wirtschaftsuniversität Wien mit den Spezialisierungen Entrepreneurship und Innovation und International Business, zählt Lena Stocker zu ihrer Karriere Tätigkeiten im Bankwesen, im Private Equity, sowie in der internationalen Unternehmensberatung.

Literatur

Freigang, C. (2016). Megastudie stellt klar: Mehr Frauen – mehr Profit. http://www.xing-news. com/reader/news/articles/198661?link_position=digest&newsletter_id=11235&xng_share_ origin=email. Zugegriffen: 28. Juni 2016.

Gaide, P. (2011). Kompetenz schafft Akzeptanz, egal ob als Mann oder Frau. http://www.zeit.de/ karriere/2011-03/opel-forst-ingenieurin/komplettansicht. Zugegriffen: 28. Juni 2016.

Geissler, B., & Oechsle, M. (1996). *Lebensplanung junger Frauen – Zur widersprüchlichen Modernisierung weiblicher Lebensläufe*. Weinheim: Deutscher Studienverlag.

Hamann, G., & Kammertöns, H.-B. (2011). Schreib es auf. http://www.zeit.de/2011/37/P-Interview-Mohn/komplettansicht. Zugegriffen: 28. Juni 2016.

Heitze, U. (2012). Was Sie bei der Karriereplanung berücksichtigen sollten. http://www. handelsblatt.com/unternehmen/beruf-und-buero/buero-special/voll-durchstarten-was-sie-bei-der-karriereplanung-beruecksichtigen-sollten/6923150.html. Zugegriffen: 28. Juni 2016.

Henn, M. (2012). *Die Kunst des Aufstiegs – Was Frauen in Führungspositionen kennzeichnet.* Frankfurt/New York: Campus.

Hohmann-Jeddi, C. (2014). Kinderwunsch später. http://www.pharmazeutische-zeitung.de/index. php?id=54760. Zugegriffen: 28. Juni 2016.

Huffingtonpost (Hrsg.) (2013) 10 inspirierende Zitate von Frauen. http://www.huffingtonpost.de/ 2013/11/13/zitate-frauen_n_4264957.html. Zugegriffen: 28. Juni 2016

Keese, C., & Münchau, W. (Hrsg.). (2003). *101 Frauen der deutschen Wirtschaft.* Wiesbaden: Gabler.

Kemp, T. (2014). OKR – Googles Wunderwaffe für den Unternehmenserfolg oder: Raus aus der Komfortzone. http://t3n.de/news/okr-google-wunderwaffe-valley-ziele-530092/.Zugegriffen. Zugegriffen: 28. Juni 2016.

Leadership Journal. Die besten Zitate über „Führung". http://www.leadershipjournal.de/zitate/ fuehrung-zitat/. Zugegriffen: 28. Juni 2016

Nauber, T. (2015). Social Freezing ist keine Babyversicherung. http://www.welt.de/gesundheit/ article144743279/Social-Freezing-ist-keine-Babyversicherung.html. Zugegriffen: 28. Juni 2016.

Plehwe, K. (2015). *Female Leadership – Die Macht der Frauen – Von den erfolgreichsten der Welt lernen.* Hamburg: Hanseatic Lighthouse.

Roland-Schellack, E. (1994). *Kinder, Krisen und Karrieren – junge Frauen heute.* Reinbek bei Hamburg: Rowohlt.

Topf, C., & Gawrich, R. (2014). *Das Führungsbuch für erfolgreiche Frauen.* München: Redline.

Zettier, S. (2015). Drei Top-Managerinnen verraten ihre Erfolgsgeheimnisse. http://www.unicum. de/frauen-in-fuehrungspositionen/. Zugegriffen: 28. Juni 2016.

Magazine

Süddeutsche Zeitung (2016: 19./20. März Nr. 66, S. 69): Beruf und Karriere. Helfen, um zu lernen.

Süddeutsche Zeitung (2016: 9./10. April Nr. 82, S. 61) Beruf und Karriere. So haben wir es geschafft.

Süddeutsche Zeitung – Plan W – Frauen verändern Wirtschaft (2015: Ausgabe 03): Super Job! Arbeiten, ohne wahnsinnig zu werden.

Süddeutsche Zeitung – Plan W – Frauen verändern Wirtschaft (2016: Ausgabe 01): Madame Lagarde, die Welt und das Geld – Ein Gespräch.

Warum wir auch mal Tussi sein dürfen – Wie Businessfrauen bei der Partnersuche erfolgreich sind

13

Gwendolyn Stoye-Mingers

Sonja Brinkmann ist Bürgermeisterin einer Kleinstadt. Den ganzen Tag ist sie von Termin zu Termin gefahren, hat zwischendurch Administratives im Büro erledigt und zum Abschluss des Arbeitstages noch die Ratssitzung geleitet. Wie immer wurden hier einige knifflige Fragen der Stadtpolitik besprochen und die Spitzen der Ratsfraktionen beharkten sich gegenseitig.

Um 20:00 Uhr ist endlich Feierabend, „schon um 20:00 Uhr", denkt sie, denn immerhin steht kein Abendtermin an. Das ist sonst häufig der Fall, dann ist sie meist erst um 22:00 Uhr oder noch später daheim.

Als sie die Haustür aufgeschlossen, sich der Pumps entledigt und ihre kuschelige Hausjacke angezogen hat, geht sie ins Wohnzimmer, wo ihr Mann schon auf sie wartet. Ein Glas des leckeren Rotweins, den sie neulich bei Freunden gekostet haben, steht bereits auf dem Tisch, und sie lässt sich neben ihrem Gatten auf das Sofa fallen. „Wie war die Ratssitzung? Konntest du die Gemüter beruhigen? Und hast du den Stadtbaurat von deinen Vorstellungen bei den Bauprojekten überzeugen können?"

Sonja Brinkmann lächelt. Sie liebt ihren Mann für genau diese Fragen. Egal, wie spät und wie gestresst sie nach Hause kommt, er empfängt sie mit Ruhe und Gelassenheit. Und er interessiert sich für ihre Arbeit. Will sie nicht darüber sprechen, um abzuschalten, akzeptiert er das und bietet seine Schulter zum Anlehnen, aber er weiß auch, dass sie sich oft selbst klarer über die Dinge wird, wenn sie sie einem Außenstehenden erzählen kann.

Sonja Brinkmann hat offenbar ihren Traummann gefunden. Wenn ich allerdings in meinem beruflichen Umfeld mit erfolgreichen Frauen spreche, muss ich oft feststellen, dass die größte Baustelle in ihrem Leben nicht im Bereich beruflicher Entscheidungen liegt. Die Baustelle, die nie wirklich fertig wird, heißt Partnersuche. Frauen, die sich im Beruf durchgesetzt und Karriere gemacht haben, scheinen häufig im Privatleben genau die entgegengesetzte Entwicklung durchzumachen. Entweder kommt es gar nicht erst zu dem,

G. Stoye-Mingers (✉)
Heisfelder Str. 199, 26789 Leer, Deutschland

© Springer Fachmedien Wiesbaden GmbH 2017
P. Buchenau (Hrsg.), *Chefsache Frauen II*, DOI 10.1007/978-3-658-14270-4_13

was man ernsthaft Beziehung nennen könnte, oder diese Beziehungen sind von kurzer Dauer und stellen uns nicht zufrieden.

13.1 Das Spiel heißt: „Wer ist toller?"

Vor einiger Zeit traf ich Svenja. Svenja ist Anfang 30, leitet bereits eine kleine Abteilung in dem Unternehmen, in dem sie vor einigen Jahren nach einem mit Bestnote abgeschlossenen Studium ihre Karriere begonnen hat. Von Zeit zu Zeit muss sie Präsentationen vor wichtigen Kunden halten und Verkaufsgespräche leiten. Jedes Mal merkt sie, wie sehr sie all diese Herausforderungen elektrisieren. Sie ist auf den Punkt motiviert, führt sicher und konzentriert durch die jeweilige Veranstaltung und fährt gute Ergebnisse ein. Dass dafür oft Arbeitszeiten notwendig sind, die jenseits jeglicher Tarifverträge liegen, nimmt sie gern in Kauf. Das Gehalt stimmt, und sie empfindet ihre Tätigkeit als sehr befriedigend.

Alles perfekt also, könnte man annehmen. Eine Frau, die ihren Weg geht, Selbstbewusstsein demonstriert und sich vor männlichen Alphatierchen nicht klein macht. Eine echte Führungspersönlichkeit, die mit dieser Alpharolle sehr gut zurechtkommt.

Wenn Svenja abends nach Hause kommt, sitzt dort kein Mann mit einem Glas Rotwein. Keiner, der sie fragt, ob das Meeting so gelaufen ist, wie sie sich das vorgestellt hat und ob das wichtige Verkaufsgespräch, das sie heute hatte, einen erfolgreichen Abschluss gefunden hat.

Dabei fände sie es schön, wenn dort jemand sitzen würde, doch läuft es in der Liebe in den letzten Jahren nicht rund für Svenja. Ihre letzte Beziehung hatte sie mit Thorsten. Thorsten ist Manager in einem Konkurrenzunternehmen ihrer Branche, kennen gelernt hatten sie sich auf einem Kongress. Er hatte sie beeindruckt, sah gut aus, war ausgesprochen erfolgreich auf seinem Posten und außerdem ein aufmerksamer Zuhörer. Sie hatte sich davon sofort angezogen gefühlt, weil er dem Idealbild zu entsprechen schien, das sich mit der Zeit in ihrem Kopf geformt hatte. Es hatte nicht lange gedauert, bis sie ein Paar wurden, auch im Bett erfüllte Thorsten voll und ganz Svenjas Erwartungen. Und dann doch wieder: Trennung. Svenja hatte darüber nachgedacht, was schief gegangen war, und als wir uns darüber unterhielten, fiel mir auf, dass ich ähnliche Gespräche bereits mit einer ganzen Reihe von erfolgreichen Frauen geführt hatte. Die Muster glichen sich.

Bei Svenja und Thorsten hatte sich eine Art Wettlauf eingestellt. Sie spielten in ihrer Beziehung ein Spiel, dieses Spiel heißt: „Wer ist toller?" Beide konnten in der knapp bemessenen Freizeit nur schlecht auf einen anderen Modus umschalten, beide verhielten sich im Privatleben genauso dominant wie im Job. Obwohl Svenja zunächst ja genau dieses Verhalten an Thorsten imponiert hatte, merkte sie recht schnell, dass ihr damit im Privatleben etwas fehlte.

So geht es vielen erfolgreichen Frauen. Die Partnersuche organisieren wir ähnlich unserer Business-Strategien. Wir haben eine Checkliste im Kopf, die wir innerlich abhaken und der der potenzielle Partner genügen muss. Nicht umsonst boomen die Partnerbörsen im Internet, gerade jene, bei denen der Schwerpunkt auf die Suche nach besonders niveauvollen Partnern gelegt wird. Hier können wir die Checkliste gezielt eingeben und hoffen, dass das System uns schon den idealen Partner, der allen Kriterien entspricht, präsentieren wird. So, dass wir nur noch zugreifen müssen. Machen Sie ruhig einmal den Selbsttest und legen sich ein Profil auf einer dieser Seiten zu. Sie werden dort zunächst gebeten, Ihr eigenes Profil möglichst vollständig auszufüllen und dort anzugeben, welche Eigenschaften Ihr potenzieller Partner haben sollte. Wenn Sie dort hineinschreiben, dass Sie einen erfolgreichen Mann suchen, der vielleicht ein eigenes Unternehmen führt oder irgendwo einen Geschäftsführerposten innehat, werden Sie überrascht sein, wie wenig die Ergebnisse, die die Maschine Ihnen präsentiert, Ihren Erwartungen entsprechen.

Offenbar ist diese kopflastige Herangehensweise an die Partnersuche also ein Problem, gleichzeitig sind erfolgreiche Frauen aber in dieser Business-Denkweise so geschult, dass es ihnen schwer fällt, privat eine andere Denkweise zu etablieren. Dabei gehört doch gerade das auch zu unseren Vorzügen als erfolgreiche Businessfrau: Wir sind flexibel, können unser Denken und Handeln den Gegebenheiten anpassen und sind oft gerade deswegen gefragt, weil wir kreativ sind und nicht an den alten Denkschablonen festhalten.

Warum also übertragen wir diese Vorzüge nicht einfach auf die Partnersuche?

Konkret heißt das, sich frei zu machen von den Checklisten, die scheinbar in Stein gemeißelt sind. Und es heißt, über die bisher geltenden Kriterien einmal nachzudenken. Zu analysieren, warum es mit den bisherigen Alphamännern nicht so recht geklappt hat. Wenn wir es zulassen, darüber nachzudenken, dann sehen wir häufig, dass diese Männer einen ganz anderen Frauentypus suchen, als wir ihn darstellen, nämlich die schwache, schutzsuchende Frau, die zu ihrem Partner aufblicken möchte.

Nun liegt aber meiner Erfahrung nach genau hier auch für die erfolgreichen Frauen der Hase im Pfeffer. Denn wer sagt denn, dass wir nicht bisweilen eine Sehnsucht danach verspüren, schwach sein zu dürfen? Dass wir nicht froh wären, einen Partner zu haben, der in der Lage ist, uns zu schützen?

Kommen wir in diesem Zusammenhang noch einmal zurück auf das Eingangsbeispiel. Die Bürgermeisterin ist ein ausgezeichnetes Beispiel dafür, was ich meine. Sie steht ihre Frau, jeden Tag in einem anstrengenden Job, der nach sehr viel Führungskompetenz verlangt und häufig mit unbequemen Entscheidungen verbunden ist. Trotzdem muss sie ihrem Mann nicht beweisen, was für eine taffe und unabhängige Frau sie ist. Das weiß der nämlich sowieso und käme nie auf die Idee, in ihr eine schwache Person zu sehen, nur weil sie sich auf dem Sofa an seine Schulter lehnt.

Diesen Switch zu schaffen, ist eine der Lösungsstrategien, die ich den Frauen, die mit mir über ihre Probleme bei der Partnersuche reden, ans Herz lege. Was wir erkennen müssen, klingt eigentlich ganz logisch und einfach, ist aber gerade für starke Businessfrauen häufig nur schwer vorstellbar: „Du bist nicht schwach, wenn du dich fallen lässt!"

Wir müssen also das Spiel nicht spielen, von dem hier schon die Rede war. Wir müssen nicht feststellen, wer von uns toller ist. Wir brauchen keinen Konkurrenzkampf in der Beziehung, der den Konkurrenzkampf im Job nachahmt. Wenn Frauen das verinnerlicht haben, sind sie schon einen guten Schritt weiter auf dem Weg zur Entspannung in Sachen Partnersuche.

Um den Switch zu schaffen und bei der Suche nach „Mr. Right" offener vorzugehen, kommen wir nicht darum herum, mit uns selbst kritisch ins Gericht zu gehen. Ich habe bereits angedeutet, dass unsere eingeengte Sichtweise uns dazu verleitet, nach einem Mann zu suchen, der charakterlich letztendlich so ist wie wir. Wir finden unsere eigenen Charakterzüge und Stärken so unwiderstehlich, dass wir intuitiv davon ausgehen, nur glücklich werden zu können, wenn unser Partner uns in dieser Hinsicht möglichst ähnlich ist. Das Motto könnte lauten: „Gleich und gleich gesellt sich gern."

13.2 Die Schattentheorie

Als ich mir Gedanken zum Thema gemacht habe, fiel mir relativ schnell eine Theorie ein, die ich durch Maja Storchs tolles Buch „Die Sehnsucht der starken Frau nach dem starken Mann" (Storch 2010) kennen gelernt habe: Die Schattentheorie des Psychologen C. G. Jung. Kurz gesagt geht es bei der Schattentheorie darum, dass sich unsere Abneigungen häufig genau auf die Eigenschaften anderer Menschen beziehen, die uns fehlen, die wir aber eigentlich manchmal ganz gerne hätten. Maja Storch erklärt das am Beispiel der „Tussi", und ich habe gemerkt, dass sie damit auch bei mir einen wunden Punkt getroffen hat.

Die Frage, die wir uns genauso klar und hart stellen sollten, wie Maja Storch sie formuliert, lautet: „Welchen Typ Frau finden Sie so richtig zum Kotzen? Bei welchem Typ Frau würden Sie am empörtesten verneinen, wenn Ihnen jemand auf den Kopf zusagen würde, dass das, was diese Frauen verkörpern, ein ungelebter Anteil in Ihnen selbst ist?" Bei den meisten Frauen, die mit beiden Beinen fest im Berufsleben stehen, ist die „Tussi" die einzig mögliche Antwort. Sie ist diejenige, die gar keinen Wert darauf legt, stark und eigenständig zu sein. Sie nutzt den reflexhaften Beschützerinstinkt des Mannes und lässt sich von ihm hofieren, wo es nur geht. Ihre größte Stärke ist ihre Schwäche. Denn diese Schwäche sichert ihr ein angenehmes Leben.

Was bedeutet das für uns, die wir natürlich niemals Tussi sein wollen, sondern zurecht stolz auf unser Selbstbewusstsein und unser Können sind, die uns Unabhängigkeit sichert? Wir können lernen, dass wir gegen den Tussi-Anteil unserer Persönlichkeit nicht revoltieren sollten. Wir sollten vielmehr lernen, ihn anzuerkennen und zuzulassen. Damit ist natürlich nicht gemeint, Rückschritte zu machen und sich einen Mann zu suchen, von dem wir uns aushalten lassen. Gemeint ist ein Schritt in die Richtung unserer Bürgermeisterin, die ganz sicher keine Tussi ist. Aber sie besitzt die Fähigkeit, nicht rund um die Uhr stark sein zu müssen und es zu genießen, wenn ein Mann da ist, der sie auffängt, wenn die Anspannung des Tages von ihr abfällt.

Es mag im ersten Moment banal klingen, aber hier liegt einer der wichtigsten Schlüssel zu einer besseren Beziehung. Verabschieden wir uns vom Wettkampfgedanken, machen wir aus der Suche und aus der Beziehung selbst keine Rennen um die goldene Ananas, sondern besinnen uns auf die scheinbar verpönten weiblichen Anteile unserer Persönlichkeit. Erkennen wir, dass es nur eine gesellschaftliche Erwartungshaltung ist, die uns suggeriert, als starke und erfolgreiche Businessfrau auch im Privatleben die totale Kontrolle haben zu müssen und uns mit dem Partner messen zu müssen, um unsere Stärke zu demonstrieren.

Ich will an drei Beispielen erklären, wo es Trennlinien zwischen beruflicher und privater Ebene gibt, die wir verinnerlichen sollten.

1. Lächeln

Eine Frau, die beruflich Karriere macht, lernt sehr schnell: Lächeln ist im Job fast immer verboten. Wenn wir lächeln, dazu den Kopf ein wenig schief legen und den Hals zeigen, greifen beim – meist männlichen – Gegenüber schnell uralte Muster. Das Signal, das wir senden, heißt: „Ich bin lieb, du musst keine Angst vor mir haben." Anders ausgedrückt: „Zieh mich in der Verhandlung ruhig über den Tisch, behandle mich schlecht, ich werde mich nicht wehren."

Die meisten erfolgreichen Frauen haben das schnell verstanden und handeln dementsprechend. Gelächelt wird im beruflichen Umfeld selten, sondern wir haben die Strategien übernommen, nach denen Männer schon immer handeln: Pokerface, gerader Blick, fester Blickkontakt. Auf keinen Fall erkennen lassen, was sich hinter der Fassade abspielt, welche Gedanken und strategischen Überlegungen sich gerade formen. Das verschafft Respekt, wir werden ernst genommen und signalisieren, dass wir ein gleichwertiger (oder sogar überlegener) Verhandlungspartner sind.

In der privaten Beziehung zu einem Mann ist der Verzicht auf ein Lächeln hingegen ein großer Fehler. Trotzdem neigen wir häufig dazu, auch dem Mann, mit dem wir zusammen sein möchten, nur nicht zu oft ein Lächeln zu schenken, weil wir es als Signal der Schwäche empfinden. Wir fühlen uns als Tussi, wenn wir ihn lieb anlächeln, damit er nett zu uns ist. Dabei ist es doch genau das, was wir (auch) brauchen: Gemocht werden, einfach nur so. Nicht, weil wir schon wieder drei kluge Entscheidungen getroffen haben, sondern einfach nur, weil wir gerade entspannt, nett, freundlich und lieb sind. Männer reagieren darauf immer positiv. Ein Lächeln weckt ihren Beschützerinstinkt, innerlich liegt er uns sofort zu Füßen. Und wir sollten das annehmen und uns aus der Emanzipationsfalle befreien. Er darf Mann sein, wir dürfen Frau sein, und niemand verliert dadurch irgendetwas.

2. Antworten haben

Der renommierte Hirnforscher Ernst Pöppel liefert uns eine beeindruckende Zahl. Aufgrund seiner Forschungen schätzt er die Zahl der Entscheidungen, die wir jeden Tag treffen, auf etwa 20.000 (Tönnesmann 2008). Andere Studien setzen den Wert zwar niedriger an, berücksichtigen aber vielleicht auch nicht jede Mini-Entscheidung. Denn im Grunde fangen wir noch vor dem Aufstehen damit an: Der Wecker klingelt: Liegen bleiben oder aufstehen? Aufstehen, klar. Vor dem Aufstehen noch zwei Minuten ruhen, oder sind fünf Minuten drin? Oder springe ich sofort aus dem Bett? So geht es den ganzen Tag weiter, im Minutentakt treffen wir meist intuitiv oder aus langer Erfahrung heraus, Entscheidung um Entscheidung, weil es sonst nicht vorangehen würde. Erfolgreiche Frauen wissen, dass auch im Job die Entscheidungskompetenz zu den wichtigsten Dingen gehört, die für eine Führungskraft gefragt sind. Nichts macht uns unglaubwürdiger und schwächt unsere Position mehr, als ständiges Zaudern, Zögern und Vertagen oder sogar Vermeiden von Entscheidungen. Es gilt sogar der Antoine de Saint-Exupéry zugeschriebene Spruch: „Besser eine schlechte Entscheidung als gar keine Entscheidung."

Im Beruf haben wir also gelernt: Jedes Problem verlangt nach einer Lösung, und um diese Lösung herbeizuführen, übernehmen wir selbst Verantwortung und treffen eine ganze Reihe von Entscheidungen. Da wir dies mit Kompetenz, Wissen und Selbstvertrauen machen, sind diese Entscheidungen meistens richtig und bringen uns beruflich voran.

Und im Privatleben? Natürlich treffen wir auch hier ständig irgendwelche Entscheidungen, das ist auch gar nicht das Problem. Wichtig ist, den Punkt zu erkennen, an dem wir darauf verzichten, über Entscheidungen und Antworten eine Lösung herbeizuführen. Der Zaubersatz lautet: „Wenn Du möchtest, dass etwas gemacht wird, dann habe gerade keine Lösung." Sie werden sehen: das funktioniert. Denn Männer lieben es, Frauen zu helfen. Wenn wir hingegen um jede Entscheidung kämpfen, überall die Deutungshoheit behalten wollen und auf alles schon eine Antwort haben, bevor er überhaupt die Frage gestellt hat, ist das ein sicheres Beziehungsgift. Starke Männer mögen eigenständige Frauen. Sie mögen es aber auch, wenn Frauen sich helfen lassen. Auch hier dürfen wir also manchmal ein wenig Tussi sein, und es wird unserer Beziehung gut tun.

3. Vorne sein, nicht warten, bis jemand fragt

Dieser Punkt korrespondiert mit Punkt zwei, dem „Antworten haben". Denn, wenn wir Antworten haben, dann sollten wir sie auch zielführend und zeitnah einsetzen. Das bedeutet, dass wir nicht das tun, was die Gesellschaft jahrhundertelang von Frauen erwartet hat. Wir halten uns nicht zurück, warten artig ab, bis uns jemand (sprich: ein Mann) nach unserer Meinung fragt, sondern gehen in die Offensive und betreiben mit unserer Analyse Agenda-Setting. Die Tatsache, dass wir damit im Mittelpunkt der Aufmerksamkeit stehen, haben wir längst für uns zu nutzen gelernt. Es stört uns nicht mehr, sondern hilft uns bei unseren beruflichen Plänen.

In der Beziehung müssen wir nicht ständig im Mittelpunkt stehen. Unsere Bürgermeisterin muss nicht nach Hause kommen und sich mit ihrem Mann darin messen, wer den aufregenderen Tag hatte und wer für die im privaten Umfeld anstehenden Entscheidungen die zielgerichteteren Lösungen parat hat. Hier dürfen wir ruhig auch mal leise sein, zurückhaltend, hilfsbedürftig. Hier dürfen wir Tussi sein und müssen es nicht als Schwäche werten.

13.3 Die Schattenpersönlichkeit integrieren

Was ich in meinen Beratungen und vielen weiteren Gesprächen immer wieder feststelle, ist die große Schwierigkeit für starke Frauen, die Tatsache zu akzeptieren, dass unterschiedliche Welten auch unterschiedliche Arten brauchen, sich in diesen Welten zu bewegen. Wer als Frau in der immer noch männerdominierten Berufswelt Erfolg haben möchte, tut gut daran, sich männliche Verhaltensweisen anzueignen und gezielt einzusetzen. Das ist eine Tatsache, der alle wirklich erfolgreichen Frauen leidenschaftslos ins Auge geblickt und die sie sich zunutze gemacht haben.

Die private Welt, in der Frauen einen Partner suchen, mit dem sie glücklich werden können, funktioniert nach anderen Prinzipien. Idealerweise sollte sie der Ausgleich zum strikten Leistungsprinzip in der Berufswelt sein. Wir reden gerne und viel über Work-Life-Balance, nehmen die Botschaft dieses Modebegriffs aber gar nicht ernst. Wenn wir uns als Bild für diesen Begriff eine Waage vorstellen, suchen wir dann weniger die „Balance", indem wir von der „Work"-Seite das Gewicht auf die „Life"-Seite verlagern. Wir verharren vielmehr geistig und emotional auf der „Work"-Seite, legen im privaten Bereich Gewicht aus unseren beruflichen Strategien nach und schaffen auf diese Weise niemals einen Ausgleich der Waage.

Der erste Schritt, das Gewicht zu verlagern und über größere Ausgeglichenheit bessere Chancen bei der Partnersuche zu haben, ist es, sich die unterschiedlichen Ansprüche der beiden Welten bewusst zu machen. Dazu gehört auch, im Sinne der Jung'schen Schattentheorie die Anteile meines Ichs zu akzeptieren, von denen ich immer dachte, dass ich sie gar nicht besitze. Denken Sie ruhig einmal ganz offen darüber nach, was Sie an anderen Frauen am meisten nervt. Und dann überlegen Sie, warum es Sie nervt und bleiben dabei ganz ehrlich mit sich selbst. Bei vielen Dingen werden Sie feststellen, dass es Sie nervt, weil Sie manchmal selbst gerne diese Eigenschaften hätten. Diese Erkenntnis gilt es, in unser Leben zu integrieren. Erst, wenn wir unseren Schatten integrieren können, erweitern wir die Möglichkeiten, uns zu verhalten und damit auch die Chancen, glücklich mit einem anderen Menschen zusammen zu sein.

Dies ist selbstverständlich kein Plädoyer dafür, dass Frauen sich in der Partnerschaft oder bereits bei der Partnersuche unterwürfig zeigen sollen. Es ist im Gegenteil ein Plädoyer dafür, unsere spezifische weibliche Intelligenz endlich zu nutzen und uns eines klar zu machen: Wir sind so gut, dass wir es gar nicht nötig haben, auch im privaten Bereich ständig in Machtkämpfe zu gehen, um uns zu beweisen. Was sollte das sein, das wir uns da beweisen? Dass wir stark, selbstbewusst, intelligent, entscheidungs- und durchsetzungsfähig sind? Das wissen wir doch alles längst und beweisen es jeden Tag aufs Neue im Job.

Also sind wir, wenn wir erkannt haben, dass wir unsere beruflichen Strategien nicht eins zu eins auf die Partnersuche übertragen können, schon auf dem sicheren Weg zum Traumpartner. Oder etwa doch nicht?

Ich möchte an dieser Stelle noch ein einfaches Beispiel aus meinen Seminaren mit Wiedereinsteigerinnen in den Beruf bringen, das sich leicht auf die hier gestellte Frage übertragen lässt. In diesen Seminaren lasse ich die Frauen meistens ein Bild malen. Sie dürfen bei der Erstellung ganz frei assoziieren, es gibt keine Vorgaben, was im Einzelnen zu sehen sein soll. Die einzige Vorgabe ist das Thema des Bildes, es soll nämlich das derzeitige Leben der Frauen zeigen. Unabhängig von den Motiven und Themen, die auftauchen, ist eines bei der Mehrzahl dieser Bilder enorm auffällig: Sie sind alle voll. Sie zeigen ein prall gefülltes Leben, in dem auch der letzte freie Winkel noch genutzt zu sein scheint. Die Frage, die ich den Frauen dann stelle, lautet: Und wo möchtest du in diesem Leben noch einen Job unterbringen?

Diese Frage führt in der Regel erstmal zu Ratlosigkeit. Dann dazu, dass die Frauen verstehen, dass sie für die ernsthafte Absicht, wieder ins Berufsleben einzusteigen, Kompromisse schließen müssen und eventuell auch etwas aus ihrem bisherigen Leben streichen müssen.

Bei starken Frauen, die einen Partner suchen, finden wir häufig das gleiche Phänomen. Wenn sie ehrlich ihren Alltag analysieren, stellt sich am Ende heraus: Für einen Mann ist hier überhaupt kein Platz.

Ich habe dieses Phänomen in einer meiner Beziehungen am eigenen Leib erlebt. Mein Partner war ein gut aussehender, lieber Mann, an dem ich natürlich viele Dinge sehr attraktiv fand. Gescheitert ist die Beziehung, nachdem er mich darauf aufmerksam machte, dass er im Grunde die meiste Zeit in meiner Prioritätenliste auf einem der hinteren Plätze verbrachte, weil mein Leben einfach zu voll mit anderen für mich wichtigen Dingen war. Meine Kinder gingen grundsätzlich vor, mein Job ging natürlich vor, aber auch meine Hobbys waren mir so wichtig, dass ich dafür durchaus einen gemütlichen Abend daheim sausen ließ. Genau diese gemütlichen Abende hatte er sich aber zumindest ab und an vorgestellt. Auf der Couch abhängen, einen Film gucken, ein Glas Wein trinken. Ohne fest definiertes Ziel.

Ich ging damals in mich und stellte fest: Es stimmt, ich habe gar keinen Platz für ihn. All die Alternativen zur trauten Zweisamkeit sind mir wichtig, und offenbar sind sie mir zu diesem Zeitpunkt sogar wichtiger, als der Mann an meiner Seite.

Diese Beziehung ist damals an dieser Erkenntnis gescheitert, und ich habe daraus gelernt, dass es gerade für Frauen, die erfolgreich in einem harten Job arbeiten und trotzdem auch von ihrem knappen Privatleben etwas haben wollen, oft fast unmöglich ist, in dieses Leben einen Partner zu integrieren, ohne diesem einen Platz zuzuweisen, der ihm nicht gerecht wird. Das heißt: Fragen Sie sich immer ehrlich und offen: Bin ich überhaupt bereit für eine Beziehung? Habe ich Platz in meinem Leben für diesen Mann, den ich die ganze Zeit suche? Wenn ich eigentlich keinen Platz habe: Bin ich bereit, Kompromisse einzugehen und andere Dinge zu streichen oder stark einzuschränken?

13.4   Fazit

Die Frage, wie ich als starke, beruflich erfolgreiche Frau einen Partner finde, mit dem die Chance auf eine glückliche Beziehung besteht, lässt sich nicht abschließend mit der einen wunderbaren Strategie beantworten. Sie lässt sich aber mit Lösungsansätzen beantworten, die wir erst einmal erkennen müssen, um sie anwenden zu können. Jeder Ansatz ist dabei Teil der Lösung, und jeder Ansatz wird für je nach Frau ein unterschiedliches Gewicht haben. Was sie alle eint, ist die Tatsache, dass sie uns davor bewahren zu verkrampfen, immer mehr mit dem Kopf vor die Wand zu rennen und uns zu wundern, dass es nicht so recht klappen will mit dem Traummann.

Die Lösungsansätze im Überblick

- Machen Sie sich frei vom Idealbild des Mannes, der beruflich mindestens den gleichen Status hat wie Sie, wenn nicht einen deutlich höheren. Überdenken Sie Ihre Kriterien und gehen freier und unvorbelasteter an die Sache heran.
- Schaffen Sie den Switch. Spielen Sie nicht „Wer von uns ist toller?" und übertragen Ihre beruflichen Strategien auf die Partnersuche. Erkennen und akzeptieren Sie, dass das Privatleben nach anderen Regeln funktioniert, als das Berufsleben. Gestehen Sie sich zu, auch mal schwach und hilfsbedürftig sein zu dürfen.
- Überlegen Sie ehrlich, ob Sie bereit für eine Beziehung sind und Platz für einen Partner in Ihrem Leben haben. Finden Sie heraus, welche Bestandteile Ihres derzeitigen Lebens auf einer Streichliste landen könnten, um Zeit für einen Partner zu haben.
- Erkennen Sie den Schattenteil Ihrer Persönlichkeit. Finden Sie heraus, welche Charakteranteile Sie bei anderen Frauen ablehnen und sich trotzdem manchmal für sich selbst wünschen, weil sie bei der Partnersuche hilfreich wären. Sie müssen nicht Tussi sein. Aber Sie dürfen es, wenn es Ihnen gut tut.

Unsere Bürgermeisterin Sonja Brinkmann hat offenbar einige dieser Ansätze sehr gut in ihr Leben integriert. Sie kämpft nicht mit ihrem Mann um Positionen, sie versucht nicht, ihn zu übertrumpfen. Und sie lässt zu, dass er der starke Teil der Partnerschaft sein darf, wenn sie abends erschöpft nach Hause kommt. Ich arbeite in meiner Beratung gerne mit solchen Beispielen, weil sie zeigen, dass immer alles möglich ist. Auch für Sie, denn schließlich sind Sie eine starke Frau, die sich nicht von Schwierigkeiten entmutigen lässt und können es so schaffen, dass sich zum beruflichen Erfolg auch das private Glück gesellt.

13.5 Über die Autorin

Gwendolyn Stoye-Mingers unterstützt Frauen erfolgreich glücklich zu sein. ihr Thema: Positionierung als Businessfrau – erfolgreich glücklich. Sie ist Dipl. Volkswirtin, (Verkaufs-)Trainerin und Coach, hat zwei Kinder und selbst erlebt, wie es ist, Karriere, Kinder und (Lebens)Komfort unter einen Hut zu bringen. Mit viel Leidenschaft und Kompetenz begleitet sie ihre Kundinnen zu einem freien, erfolgreichen und glücklichen Leben.

Weitere Infos unter www.gwendolyn-stoye.de

Literatur

Storch, M. (2010). *Die Sehnsucht der starken Frau nach dem starken Mann*. München: Goldmann.

Tönnesmann, J. (2008). 20.000 Blitzentscheidungen pro Tag. http://www.wiwo.de/erfolg/trends/zeitdruck-im-job-20-000-blitzentscheidungen-pro-tag/5445178.html. Zugegriffen: 22. Apr. 2016.

Dagmar Verloop

> Die Quelle der Zufriedenheit muss dem eigenen Geist entspringen, und wer so wenig über die Natur des Menschen weiß, dass er Glück durch das Verändern von irgendetwas anderem als seinen eigenen Charakteranlagen sucht, der wird sein Leben mit furchtlosen Bemühungen verschwenden und den Kummer, den er zu entfernen trachtet, vervielfältigen (Samuel Johnson).

Frauen bringen die besten Voraussetzungen mit, um im Business erfolgreich zu sein und ihren männlichen Kollegen in jeder Hinsicht ebenbürtig, wenn nicht sogar mehr als das zu begegnen. „Eigentlich schon, aber ..." wird es nun in einigen weiblichen Köpfen heißen. In diesem Moment spielen dann recht häufig eher negative Aspekte und Erinnerungen eine Rolle, Erfahrungsberichte, die man entweder gelesen hat, oder Situationen, die die eine oder andere gar schon selbst erleben musste. Beispielsweise: Frauen erhalten nicht einmal die Chance, sich auf höhere Positionen zu bewerben oder Männer werden Frauen sowieso vorgezogen. Aber auch Erfahrungen oder Gedanken, wie zum Beispiel, Frauen werden im Business seltener gefördert beziehungsweise erhalten kaum die Möglichkeit auf einen Aufstieg. Häufig kommt die Befürchtung hinzu, aber auch Erlebnisse und Reflexionen auf, dass Frauen meist deutlich mehr leisten müssen, um das Gleiche wie ihre männlichen Kollegen zu erzielen oder um an die Spitze von Großkonzernen kommen zu können. Weitere Aspekte, die Frauen bei diesem Thema ohne Weiteres in den Sinn kommen, sind beispielsweise gehaltliche Gleichstellung zwischen Mann und Frau, Spannungsfeld Familie und Karriere, Konkurrenzdruck statt Kooperation oder Unsicherheit zwischen eigenem Können und gestellten Anforderungen, um hier nur einige zu nennen.

Es ist sicher nicht zielführend, weiter und tiefer in all das einsteigen, was Kopfzerbrechen und Probleme bereitet beziehungsweise was Frauen zweifeln lässt. Der Fokus der folgenden Seiten richtet sich vielmehr auf die Ressourcen, die Kenntnisse, Talente und die

D. Verloop (✉)
Frankfurt, Deutschland
E-Mail: dagmar.verloop@dagmar-verloop.com

© Springer Fachmedien Wiesbaden GmbH 2017
P. Buchenau (Hrsg.), *Chefsache Frauen II*, DOI 10.1007/978-3-658-14270-4_14

Möglichkeiten und Chancen, die Frauen haben, um damit noch erfolgreicher zu werden. Frauen bringen häufig alles mit, um eine berufliche Karriere zu machen und erfolgreich zu werden. Sie müssen sich dessen in den jeweiligen Situationen nur bewusst sein. Deshalb richtet sich der Blick all dem „Werkzeug" zu, das eine Frau längst selbst mit und in sich trägt und vergegenwärtigt damit, dass frau bereits weit mehr beherrscht oder kann, als sie glaubt oder meint. Dabei ist es hilfreich, folgende drei Punkte zu beachten:

Wichtig ist zum einen, alle Bedenken und Einschränkungen, alle „wenn und aber" sowie alle Ungläubigkeit und Zweifel auszublenden und zu akzeptieren, dass mehr möglich ist, als oftmals angenommen wird. Keinesfalls sollte frau nach Beweisen und Belegen suchen, die etwaige negative Einstellungen rechtfertigen. Es sollte auch nicht zugelassen werden, dass der Verstand Recht behält und für alle ablehnenden Ansichten Beweise sucht und liefert. Denn das passiert in aller Regel dann, wenn man sich zum Beispiel auf eine Automarke fokussiert, die man demnächst kaufen möchte, denn genau dann sieht man diese plötzlich an jeder Ecke. Vielmehr ist es zielführender, mal die positiven Seiten zu betrachten und es zuzulassen, Bestätigungen für die „neue" Denkweise zu erhalten.

Des Weiteren ist es wesentlich, nicht alle Ursachen für die gestellten Herausforderungen und Probleme ausschließlich im Außen zu sehen oder zu suchen. Alles hat zwei Seiten und somit ist es auch interessant, den Blick nach innen zu richten, um zu sehen, welchen Beitrag man selbst leisten kann.

Unerlässlich für all das ist, zu wissen oder zu entwickeln, was frau will. Es braucht dann einen ersten Schritt und dieser ist nur möglich, wenn frau an sich glaubt und die ehrliche Absicht hat, einen Wandel in ihrem Leben in Angriff zu nehmen.

14.1 Gesellschaftlicher und wirtschaftlicher Wertewandel beeinflussen weibliche Karrieren

Wir leben und arbeiten in einer globalisierten Welt, in der Frauen inzwischen immer häufiger eine berufliche Ausbildung machen, die Hochschulreife haben und zunehmend auch an Fachhochschulen und Universitäten gehen, um zu studieren und einen akademischen Abschluss zu erlangen. Oftmals gehen Frauen auch mindestens für ein Semester oder Jahr ins Ausland und erwerben dabei nicht nur Sprachkenntnisse, sondern machen auch interkulturelle Erfahrungen. Statistisch betrachtet, schneiden Frauen sehr häufig mindestens genauso gut, wenn nicht sogar besser ab als ihre männlichen Mitschüler oder Kommilitonen. Frauen bringen also für den beruflichen Einstieg weitgehend vergleichbare oder sogar bessere Startmöglichkeiten mit. Das ist eine wesentliche Basis, um in der männerdominierten Businesswelt konkurrieren zu können.

Frauen engagieren sich in ihrem Beruf und managen dabei nicht selten auch noch ein „Familienunternehmen", nämlich in aller Regel die eigene Familie und den Haushalt. Dies ist ein beträchtlicher zeitlicher und organisatorischer Aufwand, dieses Spannungsfeld unter einen Hut zu bringen. Chapeau! Für viele sicher ein nicht zu unterschätzender

Kraftakt, ein „24 × 7-Stunden Familienunternehmen" mit einem weiteren externen Beruf in Einklang zu bringen.

Die Generationen, die aktuell auf den Arbeitsmarkt strömen, haben hierzu ein ganz eigenes Selbstverständnis. Die Generation Y hinterfragt die Dinge sehr viel stärker und möchte möglichst viele Aspekte eines ausgewogenen Privat- und Berufslebens berücksichtigt wissen. (Generation Y: Generation, die zwischen 1980 bis 1995 geboren wurde. Y – wird englisch Why = Warum – ausgesprochen, was auf das Hinterfragen der Generation verweisen soll.) Dabei zeigt sich, dass Männer nicht nur eine zeitintensive Karriere anstreben, sondern gleichzeitig auch ein erfülltes Privatleben haben möchten. Das Thema Familie und Beruf tangiert die Männer somit inzwischen aktiver als früher. Männer, auch auf Managementpositionen, denken inzwischen immer mehr um und nehmen zum Beispiel Elternzeit und geben Frauen damit die Gelegenheit, sich beruflich weiter zu engagieren oder entlasten sie einfach nur in dem gemeinsamen „Familienunternehmen". Häufig ein mutiger Schritt, der durchaus mit Einschränkungen in der beruflichen Entwicklung einhergehen kann. Gleichermaßen wird aber auch die Attraktivität gesehen. Bleibt eine Frau eine Zeit lang wegen der Betreuung der Kinder zu Hause, wird sie seltener als weniger attraktiv angesehen. Die männliche Attraktivität wird noch mehrheitlich mit Erfolg in Verbindung gebracht. Ein Hausmann gilt zwar einerseits als „fortschrittlich und revolutionär", andererseits erfährt er nicht selten ein Stigma und dies von Männern wie auch Frauen gleichermaßen. Es bleibt also ein Spannungsfeld, wenn es um die Aufteilung der familiären Aufgaben geht. Oder auch nicht? Man wird sehen, was die Generationen Y oder Z an weiteren Entwicklungen in dieser Hinsicht mit sich bringen werden. Tatsache ist, dass die Generation Z bereits eine andere Arbeitsauffassung als die Vorgängergeneration Y hat. (Generation Z: Generation, die ab 1995 geboren wurde.)

Ähnliche Zeichen des Wandels finden sich auch im Kaufverhalten. Gab es vor einigen Jahren noch Industriezweige, in denen vorrangig Männer die Kaufentscheidungen trafen, sollen es mittlerweile bereits 80 % der Kaufentscheidungen sein, die von Frauen getroffen werden (vgl. Bialek 2011). Ob es sich um den gehobenen Neuwagen handelt oder Produkte aus dem Baumarkt, den Erwerb von Immobilien oder die Investition in Finanzgeschäfte, die Hemmschwelle von Frauen diesbezüglich ist inzwischen deutlich gesunken. Mit dieser Entwicklung nimmt der Druck auf Unternehmen zu, sich auf individuelle Bedürfnisse einer differenzierten Kundschaft einzustellen und demzufolge auch gezielt Produkte und Dienstleistungen für Frauen zu entwerfen und zu vermarkten. Dies zieht ein Umdenken der Unternehmen nach sich, was wiederum mehr Frauen in entsprechenden entscheidenden Positionen erfordert beziehungsweise wünschenswert macht.

2013 hat John Gerzema (Amerikanischer CEO und Kolumnist, der sich auf Sozialwissenschaften und die Auswirkungen der Führungsethik und Unternehmenskultur auf das Verbraucherverhalten und finanzielle Leistungsfähigkeit konzentriert) die Ansicht vertreten, „weibliche Werte sind das Betriebssystem für den Fortschritt im 21. Jahrhundert". Grundlage für diese Aussage war eine Umfrage, durch Brand Asset Valuator, bei der rund 64.000 Menschen in 13 Ländern unterschiedlicher Kulturen 125 Eigenschaften als typisch weiblich, männlich oder neutral klassifizieren sollten. In einem nächsten Schritt sollte beurteilt werden, welche Bedeutung diese Eigenschaften auf Führung, Erfolg, Moral und Glück haben. Das Ergebnis war, dass eher als weiblich eingestufte Charaktereigenschaften empfehlenswerter als männliche für eine bessere Welt sind. Sein Fazit hieraus ist, dass in einer Welt, die zunehmend sozial, verflochten und transparent ist, weibliche Werte zunehmen.

2015 hat die Bundesregierung mit großer Mehrheit die Frauenquote beschlossen. Diese sieht vor, dass ab 2016 börsennotierte und mitbestimmungspflichtige Unternehmen 30 % der Aufsichtsratsposten mit Frauen besetzen müssen. Überzeugender wäre es gewesen, wenn sich die betroffenen Unternehmen von sich aus ein derartiges Ziel gesetzt hätten. Aber immerhin ist es ein Schritt, der im Sinne der Frauen gemacht wurde, wenngleich dieser trotz gesetzlicher Vorgaben eher verhalten umgesetzt wird, wie einige Medien schreiben.

All diese Aspekte zeigen, dass sich für die Frauen langsam etwas bewegt. Nun heißt es die Chancen zu ergreifen und voranzugehen. Es gibt diverse weibliche Vorbilder, an denen sich Frauen orientieren können. Sei es Sheryl Sandburg (COO von Facebook und ehemals in der Führungsmannschaft von Google), Hillary Clinton (US-amerikanische Politikerin und Kandidatin bei der Präsidentschaftswahl 2008 und 2016), Susan Wojcicki (CEO von YouTube), Angela Ahrendts (Senior Vice President bei Apple), Anne-Marie Slaughter (Professorin an der Universität von Princeton), Meg Whitman (CEO von HP, davor CEO von eBay), Amy Hood (CFO von Microsoft) oder Petra Jenner (CEO von Microsoft Schweiz). Aber auch in Deutschland haben es Frauen wie zum Beispiel Angela Merkel (Bundeskanzlerin der BRD), Nicola Leibinger-Kammüller (Vorsitzende der Geschäftsführung der Trumpf GmbH + Co. KG), Anke Schäferkordt (Geschäftsführerin der Mediengruppe RTL Deutschland und RTL Television), um nur einige zu nennen, nach oben geschafft. Im Vergleich zu Männern in gleichgelagerten Managementpositionen werden Frauen nicht so häufig erwähnt, gesehen oder füllen die Schlagzeilen. Das kann diverse Gründe haben. Fakt ist, dass Frauen im Vormarsch sind und die Businesswelt erobern. Dies erfolgt aber nicht ausschließlich durch äußeres Zutun, sondern auch durch eigenes Engagement, Willensstärke und Zielstrebigkeit, wie auch durch den Glauben an sich selbst und Zuversicht. Die Möglichkeiten sind da, also gilt es unsererseits einige Stadien zu durchdringen, um diese Chancen aktiv zu nutzen.

► Frauen sind bestens aufgestellt, um im Business erfolgreich zu sein. Studien und aktuelle Entwicklungen unterstützen dies und einige weibliche Vorbilder in der Wirtschaft beweisen es.

14.2 Leidenschaft, Begabung und Absicht sind die Basis für eine berufliche Karriere

Selbstverständlich gibt es neben den genannten Frauen noch eine ganze Reihe weiterer erfolgreicher weiblicher Führungskräfte und Managerinnen, die ihre Karriere auf dem direkten oder indirekten Weg geschafft haben. Sie sind alle Vorbilder und demonstrieren, dass es unterschiedlichste Karriere-Routen gibt, auf die sich frau begeben kann.

Wichtig bei der eigenen Karriere ist es, einen persönlichen Weg zu finden, der den eigenen Leidenschaften, Interessen, Fähigkeiten und Absichten entspricht. Der berufliche Aufstieg ist in aller Regel kein 100-m-Lauf, sondern entspricht eher einem Marathon oder gar einem Triathlon. Man braucht neben dem Wettbewerbsdenken auch Geduld und Ausdauer und die Bereitschaft hart zu arbeiten, denn dieser Weg ist nicht selten auch steinig und mit der einen oder anderen Hürde verbunden. Somit ist es sehr wichtig, dass man das, für das man sich engagiert, mit Leidenschaft tut, um sich in schwierigen Phasen selbst zu motivieren und auch mal eine Zeit lang hart arbeiten zu können. Fehlt diese Passion, kostest es einfach zu viel Energie so manche Täler, die einem begegnen, zu durchschreiten. Umso mehr man bei sich ist und umso authentischer man ist, desto hilfreicher ist es, in dem Umfeld männlicher Konkurrenz seine Stärken und Möglichkeiten gezielt einzusetzen. Kämpft man stattdessen mit Dingen, die einem eigentlich nicht liegen, verliert man unnötige Kraft und bringt seine eigentlichen Vorzüge nicht zum Einsatz.

Eine Parallele kann man zu Sportlern ziehen. Hier bedarf es täglichem stundenlangen Training, ständiger Motivation und steten Wettbewerb mit anderen Sportlern, um Erfolg zu erlangen. Wenn ein Athlet seinen Sport nicht liebt, dann wird es ihm schwer fallen, diese kontinuierliche Leistung Tag für Tag im Training wie auch im Wettkampf abrufen zu können.

Es ist also wichtig, ehrlich zu sich selbst zu sein, denn damit trägt man in jeder Hinsicht auch zu einem besseren Arbeitsumfeld bei. Maria Damanaki (EU-Kommissarin für maritime Angelegenheiten und Fischerei) sagte in The Athena Doctrine (2013), die von John Gerzema und Michael D'Antonio herausgegeben wurde, „The only option is to be completely sincere. Telling a lie works for a moment or a month but then it falls apart. We have to change our vision, the way we do our jobs."

Erfolg lässt sich leichter erreichen, wenn man für die Aufgabe brennt und sich mit dem identifiziert, was man tut.

Wenn dieser erste Schritt, sich auf seine Leidenschaft zu finden und zu fokussieren, keine Option beim Start der beruflichen Karriere war, sei es, weil es aufgrund der schulischen Leistungen nicht möglich war oder weil die Eltern andere Ziele für einen vorgesehen hatten, so gibt es immer noch Möglichkeiten, seinen Weg in irgendeiner Form zu justieren. Manchmal glaubt man nicht, dass ein kompletter Kurswechsel möglich ist. Warum aber nicht? Was spricht dagegen? Fehlende Ausbildung? Finanzielle Verpflichtungen? Es bedeutet sicherlich eine ganze Portion Mut, einen Neuanfang zu wagen, aber unmöglich – sofern es sich nicht um unrealistische Ziele handelt – ist es zunächst einmal nicht. Eine Richtung eingeschlagen zu haben, bedeutet also nicht, dass keine Veränderung mehr möglich ist. Vielleicht muss es aber auch nicht immer gleich eine vollständige Neuausrichtung sein, um seiner Passion ein Stück näher zu kommen beziehungsweise innerlich zufriedener zu werden. Bisherige berufliche Wege lassen sich auch mit neuen Ausrichtungen kombinieren. Sei es, dass man neben dem eigentlichen Beruf seine Leidenschaft zunächst als Hobby oder eine Nebenbeschäftigung ausübt (zum Beispiel eine Ärztin, die lieber Schriftstellerin geworden wäre – schreibt entweder zunächst nebenbei Arzt-Romane oder Fachartikel). Dies bedarf sicherlich kreativer Findungsprozesse, die es bestimmt Wert sind, in Gang gesetzt zu werden, wenn man sich auf seinem aktuellen Weg nicht ausgeglichen und zufrieden fühlt.

Ein wesentlicher Aspekt hierbei ist in jedem Fall, seine Stärken zu erkennen und zumindest in einem ersten Schritt zu versuchen, diese in dem aktuellen beruflichen Umfeld einzusetzen, weiter zu stärken und auszuweiten. Dies trägt dazu bei, dass frau sich selbst in ihrer Tätigkeit authentischer wahrnimmt und damit zufriedener und als Folge auch erfolgreicher werden kann.

Wichtig ist hinzuschauen und zu erkennen, was man kann und will. Welche Stärken und Neigungen habe ich? Fällt einem dieser Prozess schwer oder ist man unsicher, diesen Weg alleine anzutreten, kann ein Coach häufig eine hilfreiche Unterstützung sein. Nicht gleich zu Beginn aufgeben, heißt die Devise – keinesfalls verharren und sich seinem Schicksal ergeben, sondern es in die eigenen Hände nehmen! Man hat immer die Möglichkeit, Entscheidungen in irgendeiner Form zu treffen. Also keine falsche Zurückhaltung und Sparsamkeit, wenn es darum geht, sein eigenes Leben zu designen und zu optimieren. Jeder ist sich das wert.

Die Jahre des Aufstiegs sind in der Regel mit einem immer stärker werdenden Wettbewerb verbunden. Einem Wettbewerb, der bereits bei der Stellensuche beginnt und sich im Unternehmen fortsetzt. Durch die steigende Globalisierung und zunehmende Mobilität verschwinden Grenzen auch in Bezug auf die Stellenbesetzungen. Frauen konkurrieren nicht mehr nur mit Frauen und Männern aus der Region oder dem eigenen Land, sondern bereits mit Mitbewerbern des jeweiligen Kontinentes oder sogar interkontinental. Unternehmen werden internationaler und somit auch deren Belegschaft.

Oftmals ist dieser Wettbewerb aber genau das, was so manche Frau nicht unbedingt in ihrer Karriere anstrebt.

Die Studie von Matthias Sutter und Daniela Rützler (2010) von der Universität Innsbruck mit 1035 Kindern und Jugendlichen zeigte deutlich, dass ein unterschiedliches Wettkampfverhalten zwischen Mädchen und Jungen besteht. 40 % der Jungen entschieden sich für den Wettkampf unter Gleichaltrigen, während es bei den Mädchen gerade nur 19 % waren.

Ähnliches hat ein Laborexperiment ergeben, das mit Studenten durchgeführt wurde. Katharina Heckendorf (2013) verweist hierbei auf die Ergebnisse einer Studie von Peter Kuhn und Marie-Claire Villeval, bei der Belohnungen von Gruppenleistungen gegenüber Einzelleistungen von Frauen bevorzugt wurden. (Die Probanden sollten am Computer vier Minuten lang ausgeschriebene Zahlen in Nummern übertragen. Je mehr sie schafften, desto besser wurden sie bezahlt. Den Raum teilten sie dabei mit jeweils einem anderen Teilnehmer. Vorab konnten sie jedoch ihre Entlohnung wählen: Wollten sie individuell, entsprechend ihrer eigenen Leistung, bezahlt werden – oder anteilig für die Leistung der Gruppe? Und siehe da: Frauen entschieden sich deutlich häufiger für die Bezahlung auf Basis der Gruppenleistung.)

Frauen zeigen offenkundig ein anderes Aufstiegs- und Wettbewerbsverhalten als Männer. Verhaltensweisen wie Eigen-/Selbstmarketing, Netzwerken und Seilschaften sowie Machtstreben, Konkurrenz- beziehungsweise Wettbewerbsverhalten sind bei Frauen deutlich weniger ausgeprägt als bei ihren männlichen Konkurrenten. Es sind aber genau die Methoden, die Frauen auf dem Weg nach oben benötigen und aktiv nutzen sollten, um eine erfolgreiche Karriere zu machen, nachdem sie ihre Leidenschaft erkannt hat, für die sie sich beruflich einsetzen möchte.

▶   Leidenschaft, Talent und die klare Absicht, um ein Ziel zu verfolgen, sind die
      Grundlagen für den Wettbewerb um Karriere und Erfolg.

14.3   Selbstbewusstsein und Selbstsicherheit gehören zu einer erfolgreichen Karriere

Frauen bringen gleichwertige, wenn nicht sogar bessere Qualifikationen mit, um beruflich erfolgreich zu sein. Dennoch zeigen sich viele Frauen nicht so mutig und selbstbewusst wie die männlichen Kollegen. Dies ergab auch eine Studie mit 100 Studenten und 34 Studentinnen unter der Leitung von Ernesto Reuben et al. (2010) von der Columbia Business School. Diese umfasste zwei Teile. Im ersten Teil sollten die Teilnehmer ihre Leistungen verschiedener Aufgaben, die sie zuvor absolviert hatten, bewerten. Hierbei zeigte sich, dass die Männer ihre tatsächliche Leistung um rund 30 % überschätzt hatten, die Frauen hingegen um weniger als 15 %. Im zweiten Teil wurden die Teilnehmer in Gruppen eingeteilt und sollten jeweils einen Vertreter ihrer Gruppe wählen. Dieser sollte gegen Vertreter anderer Gruppen antreten und Fragen beantworten, für deren richtige Antwort Geld zu gewinnen war. Hierbei zeigten sich weibliche Teilnehmer zu ehrlich beziehungsweise eher zurückhaltend, wodurch sie seltener als die männlichen Kommilitonen die Rolle des Vertreters übernahmen.

Diese Studie verdeutlicht, dass Frauen ihre Leistungen und Fähigkeiten eindeutig unterschätzen und sich damit aus potenziellen Aufstiegsmöglichkeiten herausnehmen. Dieser Umstand ist sicherlich auch ihrer Sozialisation zuzuschreiben. Frauen sind oftmals sehr viel defensiver und weniger machtorientiert.

Es ist wichtig, alle Negationen auszublenden und sich mehr auf seine eigenen Erfahrungen, Fähigkeiten und Werte zu fokussieren. Das Konto der positiven Positionen ist häufig länger, als man denkt. Es beginnt in der Schulzeit, setzt sich während der Ausbildung beziehungsweise des Studiums fort und endet nicht unbedingt beim Berufsstart. Dennoch erinnern sich Frauen nicht daran, dass sie in diesen Jahren gleich oder sogar besser abgeschnitten haben, als ihre männlichen Kollegen. Frauen haben es damit bereits bewiesen, dass sie ebenbürtig sind. Im Beruf können Frauen dies weiter unter Beweis stellen. Die Voraussetzungen sind da und dies sollte keine Frau außer Betracht lassen.

In der Regel treten Frauen mit ihrer ebenbürtigen Ausbildung oder auch ihrer bisherigen Karriere sehr viel seltener als ihre männlichen Kollegen entschlossen und pro-aktiv nach außen auf. Sie stellen ihre erworbenen Fähigkeiten und Leistungen deutlich gering-wertiger dar, „verkaufen" diese in entscheidenden Situationen unter Wert und stellen damit ihr Licht unter den Scheffel. Frauen können sehr viel, haben bereits einiges geleistet und doch fehlt ihnen in manchen Situationen oder in bestimmten Positionen der Mut, weitere Karriereschritte zu gehen oder sich entsprechend zu präsentieren.

Wenn man sich seiner eigenen Fähigkeiten und Leistungen nicht uneingeschränkt be-wusst sein sollte, dann ist es meist hilfreich, diese niederzuschreiben und damit festzuhal-ten, was man bisher getan und erreicht hat. Häufig hilft schon, wenn frau ihren Lebenslauf aktualisiert und sich damit wieder vor Augen führt, was sie alles zuwege gebracht hat. Da-bei ist es jedoch wichtig, sich nicht nur auf die reinen Aktivitäten zu beschränken, sondern sich ebenfalls zu vergegenwärtigen, was man durch sein Handeln erreicht hat. Vielleicht hat frau es zum Beispiel durch ihr diplomatisches Geschick geschafft, einen verärgerten und unzufriedenen Kunden vor dem Absprung zu hindern und ihn weiterhin zu binden? Gegebenenfalls konnte durch vortreffliche kommunikative Fähigkeiten ein Vorgesetzter überzeugt werden, etwas Positives im Sinne der Belegschaft zu machen? Unter Umstän-den konnte durch exzellentes Organisationsgeschick ein Kundenevent vor einem Desaster gerettet werden? Oder waren es möglicherweise passable Excel-/Word- oder PowerPoint-Fähigkeiten, die dazu geführt haben, dass die Präsentation eines Vortrages so erfolgreich beurteilt wurde oder ein Bericht noch stärker aufgewertet wurde und damit der rote Fa-den des Inhaltes noch besser transportiert wurde? Was sind die scheinbaren Kleinigkeiten, die frau beherrscht, die aber als selbstverständlich abgetan werden, da sie als integraler Bestandteil der aktuellen Position gesehen werden. Diese unbeachteten Fähigkeiten und Begabungen können unter Umständen dazu beitragen, derzeitige Aufgabenbereiche an-ders oder neu zu gestalten. Vielleicht verhelfen sie aber auch dazu, einen Neuanfang zu machen.

Sind all das wirklich andere Rahmenbedingungen als bei den Männern? Glauben Frau-en wirklich, dass bei den Männern alles ohne Beschränkungen, Unterstützung, Glück oder Zufall erfolgreich läuft? Ist das wirklich die weibliche Überzeugung und stellen Frauen deshalb ihren Erfolg und ihre Leistungen so unattraktiv und weniger werbewirksam dar?

Eigen-PR (Public Relation) ist sehr wichtig, um selbst wahrgenommen zu werden. Ins-besondere in unserem zunehmend globalen Wettbewerb, in dem Konkurrentinnen und Konkurrenten inzwischen aus einem sehr viel größeren Umfeld kommen, als noch vor einigen Jahren. Frau präsentiert sich inzwischen häufig auf einer internationalen Bühne. Dezente Zurückhaltung ist somit absolut unangebracht und sogar kontraproduktiv, um sich zu positionieren. Somit gilt auch an dieser Stelle „Klappern gehört zum Handwerk". Nicht aufdringlich angeberisch, sondern überzeugend präsent. „Tue Gutes und berichte darüber", ein Motto, das fördert und nicht beschränkt.

Anders als ihre männlichen Kollegen, die verbal oftmals als unfehlbar erscheinen, kom-munizieren Frauen deutlich häufiger ihre Schwächen als ihre Stärken und Leistungen. Zudem relativieren sie nicht selten ihre Erfolge und kommunizieren diese mit entspre-chend einschränkenden Formulierungen. Das können entweder Worte sein (zum Beispiel nur, jedoch, aber), Konjunktive (zum Beispiel hätte, könnten, müsste) oder negative Formulierungen (zum Beispiel Frau erwähnt nicht die zehn Dinge, die sie bereits verantwortet hat, sondern hebt genau die beiden Punkte hervor, die sie noch nicht getan hat).

In der Businesswelt sind „Ich kann das nicht", „Ich habe bisher nur …", „Ich bin nur …" und ähnliche einschränkende Formulierungen keine Botschaften, die eine Frau weiter bringt. Falsche Bescheidenheit ist hier nicht angebracht.

Eine Frau sollte sich bewusst sein, welche Wirkung sie hiermit auf Gesprächspartner, Entscheider, Vorgesetzte, Kollegen oder auch Mitarbeiter hat. Stellt man sich mit seinen Formulierungen als „Opfer" oder als Gestalter dar? Wirkt man zielstrebig oder orientierungslos? Drückt man Dinge positiv und lösungsorientiert oder eher negativ und problembehaftet aus? Vermittelt frau, dass das eigene Geschick eine Resultierende des jeweiligen Umfeldes ist und man selbst keinerlei Wahl hat? Auch wenn es so gewesen ist, was hat man aktiv unternommen, um der Misere auszuweichen? Das ist nicht nur bedeutsam und wichtig, um bei seinem Gegenüber als pro-aktiv zu erscheinen, sondern vor allem auch für einen selbst. Hat frau Initiative ergriffen oder hat sie sich ihrem Schicksal hingegeben? Eigeninitiative, zu welchem Ergebnis sie auch schlussendlich führt, fördert das Selbstbewusstsein und minimiert das Gefühl der Machtlosigkeit.

Neben unvorteilhafter Wortwahl und Formulierungen neigt eine Frau gerne dazu, etwaige externe Unterstützung hervorzuheben oder die Leistungen ihrem Glück und dem Zufall zuzurechnen. Natürlich sind positive äußere Umstände stets hilfreich, um Erfolg zu haben. Aber es nützt auch nichts, wenn günstige Bedingungen bestehen und frau schlussendlich nichts daraus macht. Chancen muss man nutzen und aktiv umsetzen. Dies mindert keinesfalls die Qualität des Ergebnisses, sondern zeigt, dass aktives Handeln im richtigen Moment zum Erfolg geführt hat. Oder glaubt jemand, dass ein Fußballspieler, der ein Tor geschossen hat, dieses stets relativiert, weil ein anderer Spieler ihm den Ball passend zugespielt hat?

Die Körperhaltung ist mindestens so wichtig wie die Sprache. Geringe Selbsteinschätzung spiegelt sich auch im Auftreten wider, da die damit einhergehende Körperhaltung diese Unsicherheit unterstreicht. Deshalb ist es wichtig, selbstsicher aufzutreten und an sein Können und seine Fähigkeiten zu glauben, um zu überzeugen. Erfolg schafft Selbstvertrauen und die individuellen Errungenschaften einer jeden Frau sind die Basis für selbstbewusstes Auftreten. Selbstvertrauen strahlt frau damit aus, dass sie mit erhobenem Haupt sowie aufrechter Körperhaltung einen Raum betritt, ihrem Gegenüber mit einem positiven Gesichtsausdruck begegnet und Augenkontakt hält.

Bei Frauen ist aber auch der Händedruck bei der Begrüßung sehr wichtig. Er ist sicherlich nicht so kräftig, wie bei so manchem Mann, aber dennoch sollte eine Frau darauf achten, die Hand selbstbewusst zu geben.

Es gibt gewiss Momente oder Situationen, in denen es wahrlich nicht immer so einfach ist, selbstsicher und stark aufzutreten. Wenn man dies aber spürt, ist es wichtig, diesem Gefühl nicht zu viel Raum zu lassen und diese innere Unsicherheit nicht zu sehr auszustrahlen. In solchen Augenblicken ist es erneut wichtig, sich darauf zu besinnen, was man bereits alles erreicht hat. Man hat einen gewissen Punkt erlangt, weil man gut in dem ist, was man tut. Dies ist sehr wichtig und sollte frau sich stets vor Augen halten.

▶ Nur wer seinen Selbstwert kennt und stärkt, tritt selbstbewusst und selbstsicher auf, um an sein Karriereziel zu kommen.

14.4 Positive Botschaften und Glaubenssätze untermauern die Karriereschritte

Neben der Selbst-PR, der Sprache und der Körperhaltung sind es sicherlich sogenannte Glaubenssätze, die Menschen grundsätzlich in ihrem Handeln prägen. Frauen erfahren von Kindheit an häufig begrenzende oder negative Glaubenssätze, die schließlich eine weitere Ursache für ihr Verhalten in der Berufswelt sind. Sätze, die einer Frau durch ihre Erziehung beziehungsweise durch ihr Umfeld über Jahre indoktriniert wurden. Wer kennt diese nicht? Sätze wie „Das tut man nicht als Mädchen/Frau", „Das kannst du nicht", „Das ist nichts für Mädchen", „Mädchen sind bescheiden", „Sei nicht so aggressiv, vorlaut oder forsch", „Kümmere Dich auch mal um andere", „Du bist nicht so klug", „Das ist nichts für dich" usw. Diese unbewussten inneren Stimmen kommen später in allen möglichen Lebenssituationen zum Tragen und führen dazu, dass sich Frauen beruflich wie auch privat in großen wie auch in kleinen Dingen selbst bremsen und begrenzen. Derartige beschränkende oder gar negative Botschaften, die eine Frau ihr ganzes Leben zu hören bekommen hat, werden derart verinnerlicht und sogar eingebrannt, sodass sie zu immer wiederkehrenden Glaubenssätzen werden.

Wenn frau genau nachdenkt, werden ihr definitiv eine oder sogar mehrere derartiger Botschaften einfallen, die bei ihr gesetzt und präsent sind. Diese wurden in der Regel sicher nicht einmal hinterfragt. Wahrscheinlich hat sie auch nicht genau das Gegenteil getan, denn diese Botschaften sind im Unterbewusstsein abgespeichert. Die menschliche „Festplatte" behält alles und spult den Inhalt instinktiv ab. Darüber denkt frau nicht einmal nach. Um aber beruflich voranzukommen sowie erfolgreich und einflussreich zu werden, sollten Glaubenssätze, mit negativen Auswirkungen für bestimmte Bereiche, bewusst aufgedeckt und durch neue positive ersetzt werden.

Hierzu ist es hilfreich, sich solche beschränkenden Botschaften zu vergegenwärtigen und zu überlegen, ob sie bewiesenermaßen stimmen. Erweisen sie sich als nicht richtig, dann ist es sicher empfehlenswert, aktiv zu versuchen, diese Aussagen zu widerlegen.

An dieser Stelle sei aber erwähnt, dass ein als eher einschränkend zu betrachtendes Attribut nicht grundsätzlich als negativ zu beurteilen ist und unbedingt verändert werden muss. Es gibt sicherlich Situationen oder Anforderungen, in denen derartige Eigenschaften sogar wichtig und förderlich sind. Wenn jemand beispielsweise als eher ruhig, still oder zurückhaltend betrachtet wird, können diese Charaktereigenschaften in Konstellationen, in denen Ausgeglichenheit und Besonnenheit vonnöten sind, hilfreich und passend sein, hingegen in Positionen und Rollen, in denen grundsätzlich extrovertiertes Auftreten gefordert ist, vielmehr nicht. Wesentlich ist in jedem Fall, sich seiner Glaubenssätze und deren negativen wie auch positiven Einsatzgebieten bewusst zu sein und diese entsprechend einzusetzen. Auch hierbei kann ein Coach behilflich sein, derartige Botschaften zu analysieren und entsprechend zu transformieren.

In diesem Kontext ist es aber auch wesentlich, die Stärken zu erkennen, um das eigene Potenzial vorteilhafter auszuschöpfen. Eine Frau neigt dazu, zu jeder Stärke auch diverse Schwächen aufzählen zu können, da hierbei meist die Überzeugung mitschwingt, dass sie nicht hundertprozentig perfekt ist. Dieser vermeintliche Makel lässt die Überlegungen zu, dass sie scheitern könnte, was Frauen wiederum daran hindert, beruflich selbstbewusst aufzutreten und durchzustarten. Auch in dieser Hinsicht geht es Frauen nicht anders als Männern. Unsicherheiten sind normal, gehören zum Leben und sind mitunter in bestimmten Situationen auch angebracht. Um mehr Standfestigkeit zu erlangen und ein gesundes Selbstbewusstsein zu entwickeln, ist es ebenfalls nützlich, einerseits die potenziellen Bedenken und Unentschlossenheit zu hinterfragen, andererseits die bisher erzielten Erfolge bewusst zu analysieren und daraus entsprechende Erfolgsfaktoren zu identifizieren. Das Ergebnis hieraus trägt sicherlich dazu bei, von der eigenen Leistungsfähigkeit überzeugt zu sein und damit deutlich mehr Zuversicht zu erlangen.

Sowohl Glaubenssätze, Unsicherheit wie auch ein mangelndes gesundes Selbstbewusstsein tragen dazu bei, dass sich Frauen von Stellenanzeigen für anspruchsvolle Positionen einschüchtern und beeindrucken lassen. Sei es, dass eine Frau sich erst traut, sich auf eine Stelle zu bewerben, wenn sie die meisten bis alle der dort genannten Kriterien und Anforderungen erfüllt oder sie sich eine hohe Wahrscheinlichkeit ausrechnet, ein passendes Profil einreichen zu können.

Die Eye-Tracking-Studie von Jobware (2014) (Online-Stellenbörse) zeigt, „dass Männer eigene Defizite schneller ausblenden." Danach lassen sich Frauen erstklassige Jobangebote entgehen, was wohl darin begründet ist, dass sie sich von Stellentiteln und Anforderungsbeschreibungen in Jobinseraten einschüchtern lassen. Dies wurde im Rahmen einer Roadshow herausgefunden, bei der 151 Männer und 79 Frauen 150 Stellenanzeigen gelesen haben. Hierbei wurden ihre Augenbewegungen und Aussagen aufgezeichnet und im Anschluss bewertet. Diese Studie hat ergeben, „dass Frauen akribisch Stellenprofile vergleichen, während Männer eine schnelle und selbstbewusste Auswahl treffen." Des Weiteren zeigte sich, dass sich Frauen von eher männlichen Jobbezeichnungen, wie zum Beispiel „Senior Manager (m/w)" beeindrucken lassen und sich somit seltener darauf bewerben. Aber auch Anforderungsprofile, die eher männliche Eigenschaften beziehungsweise Qualifikationen aufwiesen, blieben von Frauen mehrheitlich unbeachtet. Zudem konnte man erkennen, Frauen setzen sich bei der Durchsicht der „Stellenanzeigen weitaus kritischer mit den Anforderungen an die eigenen Fähigkeiten auseinander." Männer hingegen suchten meist zu große Herausforderungen.

Es ist sicherlich wichtig und gut, Jobinserate sorgfältig und kritisch zu lesen, aber dennoch kann zu viel sorgfältiges Analysieren und Hinterfragen bei manchen Positionen ebenfalls wenig förderlich sein. Männer erfüllen per se nicht all die Kriterien und Anforderungen und sind folglich auch nicht immer passender für die ausgeschriebenen Stellen. Sie haben eine vergleichbare Ausgangslage und decken in der Regel auch nur einige der angegebenen Stellenanforderungen ab. Also muss frau sich keine großen Gedanken machen, dass sie unter Umständen weniger gut passen könnte. Manchmal gehört einfach auch nur Mut zur Lücke dazu. Die Unternehmen, die diese Stellenanzeigen verfassen, wissen sehr wohl, dass sie bei der einen oder anderen Qualifikation und Eigenschaft Abstriche werden machen müssen. Sowohl bei Durchsicht des Lebenslaufs, wie auch beim ersten persönlichen Gespräch können sich wiederum Qualitäten der Bewerberinnen zeigen, die zwar in der Stellenausschreibung nicht niedergeschrieben war, die aber ohne Weiteres für die ausgeschriebene Position von Vorteil sein könnten. Frauen sollten deshalb nicht so selbstkritisch sein. Positives Selbstmarketing kann erst erfolgen, wenn man mit Firmen in Kontakt tritt und das ist bekanntermaßen erst der Fall, wenn man sich beworben hat und dann in das persönliche Gespräch gegangen ist. Wer weiß, wenn es vielleicht nicht die Stelle ist, die man ausgewählt und auf die man sich beworben hat, so ist man zumindest im Gespräch. Man ist bekannt und hat vielleicht die Chance auf eine andere Position, die entweder bisher noch nicht ausgeschrieben war oder die man selbst nicht wahrgenommen hatte. Und vielleicht stellt sich bei dieser sogar heraus, dass sie schlussendlich noch besser passen könnte. Der persönliche Eindruck entscheidet und dies erfordert die erste Hürde zu nehmen und sich auf Positionen zu bewerben, auch wenn sie keine hundertprozentige Abdeckung aufweist.

Eine Studie am Universitätsklinikum Tübingen (Pavlova et al. 2014) ergab, dass sich Frauen viel eher von Klischees beeinflussen lassen. In dieser Studie sollte ein Intelligenztest durchgeführt werden. Dabei wurde einer Hälfte der Teilnehmer mitgeteilt, dass Frauen bei dieser Aufgabe generell bessere Ergebnisse erzielen und der anderen, dass Männer darin besser abschneiden. Das Ergebnis hierbei zeigte, dass sich Frauen von negativen Aussagen viel stärker beeinflussen ließen als ihre männlichen Kollegen.

Zudem beeinflussen pauschale Vorurteile nicht selten die Sichtweise auf die Rollentauglichkeit von Frauen oder Männern in Führungspositionen. Während Männern eher Eigenschaften wie selbstsicher, wettbewerbsorientiert, machtbewusst oder durchsetzungsstark attestiert werden, sieht man bei Frauen eher Attribute wie kommunikativ, integrativ, diplomatisch oder motivierend. Somit werden diese häufig bei der Besetzung von Stellen mit in die Entscheidungsfindung einbezogen.

Frauen lassen sich zu sehr von äußeren Einflüssen beeindrucken und beeinflussen. Seien es nun die Stellenbeschreibungen mit entsprechenden Formulierungen und Inhalten oder seien es Aussagen über das, was eine Frau oder ein Mann in einer bestimmten Situation erreichen beziehungsweise darstellen kann oder auch nicht. Nicht selten sind es selbst auch die Frauen, die unbewusst oder gewohnheitsmäßig solche Klischees in irgendeiner Form unterstützen. Es ist folglich äußerst wichtig, dass Frauen diesen Stereotypen mit Selbstbewusstsein und Überzeugung entgegentreten, um diese aufzuweichen und damit für ein neues Frauenbild, in welcher beruflichen Position auch immer, zu sorgen.

► Es ist wichtig, nicht in die Falle alter Botschaften und Glaubenssätzen zu tappen, die eine Frau in ihrer Karriere eher ausbremst statt beschleunigt.

14.5   Money, Money, Money ist der Lohn für eine erfolgreiche Karriere

Einen weiteren interessanten Aspekt bei der Stellensuche entdeckten Andreas Leibbrandt und John A. List (2012) im Rahmen einer Studie, die in neun amerikanischen Städten durchgeführt wurde. Frauen analysieren demnach nicht nur kritischer Stellenanzeigen und zweifeln ihre eigenen Fähigkeiten an, sondern sind auch bei Gehaltsverhandlungen zu ausgeschriebenen Stellen eher zurückhaltend. In dieser Studie wurden zwei verschiedene Versionen von Stellenausschreibungen veröffentlicht. In einer wurde vorgegeben, dass das Gehalt nicht verhandelbar wäre und in der anderen ließ man diesen Aspekt eher offen und suggerierte damit Möglichkeiten der Verhandelbarkeit. Ergebnis dieser Studie war unter anderem, dass sich weit mehr Männer bei der Stellenausschreibung meldeten, bei denen die Anfangsgehälter zu verhandeln waren oder wo die Lohnfindung nicht eindeutig klar war. Frauen hingegen bevorzugten die Stellen, bei denen Gehaltsstrukturen genau geregelt waren und nicht verhandelt werden mussten. Der Grund hierfür ist, dass Männer zum einen bevorzugt verhandeln und zum anderen ihre Chancen sehr viel höher einschätzen mehr herauszuholen, wenn die Regeln der Gehaltsfindung nicht eindeutig geregelt sind. Das ist aber nur eine Sicht auf die Ursachen der Gehaltsunterschiede.

Die Zeitung „Die Welt" (2010) verweist auf eine Studie des Deutschen Instituts für Wirtschaftsforschung (DIW), die ergab, dass Frauen im Vergleich zu Männern, um ein Viertel niedrigere Gehälter als angemessen angaben. „Die von Frauen als gerecht empfundenen Löhne liegen demnach sogar unterhalb dessen, was Männer in gleichen Positionen tatsächlich verdienen." Auch diese Studie verdeutlicht, dass Frauen ihre Wertigkeit stärker im Blick haben und dafür einstehen müssen. Es gibt keinen Anwalt, der dies für Frauen tut, weil sie irgendwann erkannt haben, dass sie sich unter Wert verkauft haben.

In den Medien kann man darüber immer wieder lesen und das Statistische Bundesamt hat die Zahlen bis 2014 hierzu veröffentlicht, dass auch aufgrund der Art der Unternehmen eklatante Differenzen zwischen den Gehältern und Löhnen von Männern und Frauen bestehen. „Das Verdienstgefälle ist im öffentlichen Bereich weniger stark ausgeprägt als im privatwirtschaftlichen Unternehmen. Der Verdienstabstand ist mit sechs Prozent im öffentlichen Dienst wesentlich geringer als in der Privatwirtschaft (24 %)." Diese Lohnungleichheit ist über all die Jahre, trotz leichtem Anstieg, für weibliche Führungskräfte frustrierende Wahrheit geblieben (Statistisches Bundesamt 2006).

Kriterien wie zum Beispiel die Art und Wertigkeit des Berufes oder aber auch die Entscheidung für Kinder tragen sicherlich zu einem anderen Gehaltsniveau bei. Dennoch haben Studien auch gezeigt, dass sich Frauen sehr viel schneller mit geringeren Löhnen und Gehältern zufrieden geben. Dies zeigt sich nicht nur bei der Einstellung in ein Unternehmen, sondern auch im Verlauf der Betriebszugehörigkeit. Einer der Gründe liegt an der zuvor beschriebenen eher gering ausfallenden persönlichen Überzeugung der eigenen Fähigkeiten und Möglichkeiten. Ein weiterer Grund liegt sicherlich aber auch an der Art, wie Frauen in Gehaltsgesprächen auftreten und verhandeln.

Männer können sicher nicht per se besser verhandeln. Mit weiblicher Raffinesse haben Frauen sicherlich in bestimmten Situationen Vorteile, wenn es um das Verhandeln von Gehältern, Löhnen oder Positionen geht. Wenn Frauen einmal darüber nachdenken, finden sie zweifellos einige Situationen, in denen sie erfolgreich verhandelt haben. Sie beherrschen in vielerlei anderen Gebieten das Verhandeln um Produkte und Preise. Also warum nicht, wenn es um die Wertigkeit der eigenen Person geht?

Wichtig ist erstens, sich gut vorzubereiten und herauszuarbeiten, was in der Regel für bestimmte Stellen gezahlt wird und zweitens seinen Wert zu erkennen und entsprechend auch einzufordern und sich nicht so schnell mit geringeren Löhnen oder Gehältern zufrieden zu geben. Immerhin hat frau dafür vieles getan, Zeit investiert und Engagement gezeigt und häufig auch eine Ausbildung gut bis überdurchschnittlich abgeschlossen. Was spricht dagegen?

Es ist also wichtig zu analysieren, was Männer und Frauen mit derselben Ausbildung und denselben Qualifikationen verdienen. Hierbei kann das Internet, aber vor allen Dingen auch das eigene Netzwerk behilflich sein. Dies ist eine wichtige Voraussetzung, um in die Gespräche zu gehen und um seine Gehaltsvorstellungen zu „kämpfen", ohne dabei zu früh einzuknicken und ja zu sagen, weil man es selbst nicht besser einschätzen kann. Gute und überzeugende Argumente sind hierbei sehr hilfreich und gehören somit ebenfalls zu einer guten Vorbereitung für derartige Gespräche.

Warum nicht auch hoch „pokern"? Mit seinen Gehaltsvorstellungen kann man immer noch nach unten gehen, wenn es noch im Rahmen des Vertretbaren erscheint. Sich von einer unteren Position aber nach oben zu verhandeln oder die Gehaltsforderungen noch einmal höher anzusetzen, ist üblicherweise nicht möglich. Zudem ist es demotivierend und frustrierend, wenn frau später erfährt, dass männliche Kollegen deutlich mehr Gehalt bekommen. Also sich nicht im Vorfeld restriktiv und zurückhaltend verhalten, sondern seinen Wert einfordern.

Das Einstiegsgehalt ist somit nicht unerheblich für die Karrieren, da jede prozentuale Gehalts-/Lohnsteigerung die absolute Differenz erhöhen kann. Also frühzeitig daran denken, die richtigen Weichen zu stellen, da dies später eher schwierig werden kann.

Eine Gehaltsspanne zu nennen ist möglich und eröffnet Handlungsspielräume. Wird hierbei dann ein Wert eher im unteren Bereich angeboten, kann frau zum Beispiel ihren höheren Wert als Zielgehalt nach der Probezeit vereinbaren.

Sofern der Gesprächspartner darauf nicht eingehen sollte, kann frau sehr wohl Gehaltsdifferenzen zu anderen Unternehmen ansprechen und sich diese erklären lassen. Dies erfordert, wie zuvor erwähnt, eine genaue Vorbereitung. Es heißt also seine Hausaufgaben zu machen, um aktiv seine Belange zu vertreten und nicht einfach passiv auf Angebote einzugehen. Weitere Punkte, die man bei Gehaltsverhandlungen anbringen kann, sind beispielsweise Zusatzleistungen (zum Beispiel Dienstfahrzeug) oder leistungsabhängige Zulagen (zum Beispiel der unterer Wert als Fixum und gestaffelte Zulagen bei Überschreitung vereinbarter Ziele).

Somit gilt es für eine Frau auch an dieser Stelle, sich für eine angemessene Bezahlung ihrer Fähigkeiten und Leistungen einzusetzen und nicht darauf zu warten, dass von außen dies entsprechend in die Wege geleitet wird. Sie kann nur gewinnen, wenn sie selbst pro-aktiv für ihre Belange eintritt und nicht reaktiv Probleme, Fehler und Einflüsse einzig und alleine im Außen sieht.

▶ Frauen sollten nicht den Wettbewerb scheuen, sondern ihre eigenen Stärken erkennen, diese gezielt einsetzen und stärken sowie honorieren lassen.

14.6 Mut, Risikobereitschaft und Beharrlichkeit braucht es auf einer Karriereleiter

Frauen gehen ihren Weg, aber dieser führt sie nicht immer ganz nach oben. Wenn sie dennoch die Karriere dorthin steuert, dann sind es nicht selten Führungspositionen in Personalwesen, Kommunikation, Marketing, Recht oder anderen eher unterstützenden Geschäftsbereichen. Es sind dann häufig Aufgabenfelder, die mit den eher typisch weiblichen Begabungen, wie zum Beispiel Kommunikationsfähigkeit, emotionaler und sozialer Intelligenz in Verbindung gebracht werden. Das sind dann aber in aller Regel Leitungsfunktionen, die einer Frau in den meisten Fällen nicht dazu verhelfen, in Vorstands- oder Aufsichtsratspositionen aufzusteigen. Der Weg dorthin erfolgt eher über Verantwortungsbereiche im Kerngeschäft wie zum Beispiel Einkauf, Produktion, Finanzen, Vertrieb und Ähnliches.

Frauen unterschätzen häufig ihre Fähigkeiten, in diese Bereiche aufsteigen zu können. Hier besteht definitiv Potenzial, um Karrierepfade zu beschreiten, die bisher eher selten von Frauen erobert wurden. Es gibt zum Beispiel hervorragende weibliche Vertriebs- oder auf Neu-Deutsch Sales-Managerinnen. Aufgrund ihrer Kommunikationsstärke und ihrer Fähigkeit, zuhören zu können, aber auch durch ihre emotionale Kompetenz, sich in andere Menschen einzufühlen, bringt eine Frau sehr wesentliche Attribute mit, um eine erfolgreiche Vertriebs-Managerin zu sein. Recht häufig kümmern sich Frauen im privaten Umfeld um die Finanzen. Warum nicht auch im Business? Weil Mathematik vielleicht nicht zu den beliebtesten Schulfächern gehört hat? Waren die männlichen Klassenkameraden in der Schule denn grundsätzlich alle Mathematik-Genies? Wenn man bedenkt, dass die meisten Teilgebiete der Mathematik (wie zum Beispiel Algebra, Mengenlehre, Geometrie) im Business, sofern es sich nicht um mathematiklastige Berufszweige handelt, nicht zur Anwendung kommen, warum lässt sich denn dann eine Frau davon abschrecken? Das Spektrum der Möglichkeiten ist für eine Frau ebenso groß, wie für einen Mann, wenn man von Berufen absieht, die mit körperlicher Kraft einhergehen.

Frauen sollten den Mut aufbringen, auch Berufssparten auszuwählen, die bisher eher männlich dominiert waren, denn auch dort sind die als eher weiblich kategorisierten Eigenschaften ein wertvolles Asset, um ein Unternehmen noch erfolgreicher werden zu lassen. Und vor allem fallen dort die derzeit noch unterrepräsentierten Frauen sicherlich auf. Dies kann in so mancher Situation ein nicht zu unterschätzender Wettbewerbsvorteil sein.

Ein weiterer wesentlicher Grund, warum Frauen diesen Weg nicht beschreiten, sind in aller Regel das fehlende Siegertyp-Gen, die mangelnde Unterstützung von Vorgesetzten und die meist nicht vorhandenen weiblichen Vorbilder im höheren Management oder auf Vorstands- und Aufsichtsratsebene.

Ein Siegertyp zu sein, geht bei vielen Frauen auch damit einher, Perfektionistin zu sein und keine Fehler machen zu wollen, um somit auch keine Kritik zu ernten.

Erfolg kommt nicht davon, dass man eventuell auftretenden Misserfolgen oder Niederlagen aus dem Weg geht oder sich in seinem „Kopfkino" vorstellt, was alles passieren könnte und deshalb mit sich hadert, herausfordernde Chancen zu ergreifen. Der nächste Triumph steht sicherlich bald bevor. Wie sagte schon Johann Wolfgang von Goethe „Erfolg hat drei Buchstaben: TUN". Deshalb ist es auch wichtig, mutig zu sein und etwas zu tun, was zunächst unbekannt erscheint, aber einen sicher seinem Erfolg einen Schritt näher bringt. Auf solch einem Weg ist natürlich nicht alles immer hundertprozentig vorausplanbar und somit ist man nicht immer auf alles vorbereitet. Das ist auch in gewisser Weise gut so, denn ansonsten könnten unter Umständen Punkte im Vorfeld auftauchen, die einen immer wieder daran hindern, den entscheidenden Schritt nach vorne zu gehen. Zum nächsten Schritt auf der Karriereleiter braucht es also immer auch etwas Mut und man geht dabei nicht selten auch ein Stück Risiko ein. Vielleicht macht dieser Schritt ins Ungewisse auch etwas Angst. Sowohl die Angst, als auch das Risiko bringen einen aber voran und stärken das Selbstbewusstsein beziehungsweise Selbstvertrauen. Man hat Entscheidungen getroffen und kann jederzeit weitere treffen, um neue Richtungen einzuschlagen oder unter Umständen aus einer vorangegangenen „Fehlentscheidung" sich heraus zu manövrieren. Fakt ist, man hat gehandelt und ist einen Schritt auf seiner Karriereleiter vorangegangen. Das ist das Wichtigste, was zählt.

Chancen muss man wahrnehmen, auch wenn man Angst vor Niederlagen und Versagen hat. Wie man mit etwaigen Misserfolgen umgeht, kann und sollte man lernen. Denn Chancen vorbeiziehen zu lassen, um Enttäuschungen oder Fehler zu vermeiden, ist nicht erfolgsversprechend. Im Sport ist nur diejenige erfolgreich, die mit Ausdauer und Beharrlichkeit trainiert, trainiert, trainiert und dabei immer wieder aufsteht und weiter macht. Natürlich gehört ein gewisses Talent dazu, aber nicht von Anfang an Perfektion. Der Olympia-Sieger hat sich auch im Laufe seines Trainings entwickelt. Wenn man es also nicht wagt, zum Beispiel eine Führungsrolle anzunehmen, kann man sein Talent, mit Menschen umzugehen, sie zu motivieren und anzuleiten, nicht entwickeln. Wichtig ist es also, sich auszuprobieren und unter Umständen beim ersten Mal auch zu scheitern.

Angst vor Niederlagen oder zu versagen ist also nichts Verwerfliches, aber sie ist unbegründet, denn aus Fehlern lernt man und kommt weiter. Unter Umständen zeigt sich auch hieraus, dass eine Aufgabe oder Rolle, die frau stets angestrebt hat, in Realität nicht das verspricht, was erwartet wurde oder frau hierfür ungeeignet ist. Auch dies kann eine wichtige und hilfreiche Erfahrung sein.

Ebenso ist es mit Kritik, deren Umgang einen wichtigen Aspekt darstellt: Konstruktive Kritik ist einfach anzunehmen und hilfreich, jedoch mit destruktiver Kritik muss man lernen umzugehen. Beschuldigungen und unqualifizierte Kommentare bringen einen nicht weiter, sondern führen nicht selten zu einer Verteidigungshaltung oder ziehen einen mental runter. Anders ist es mit konstruktiver Kritik, die einem die Chance gibt, Fehler zu erkennen und zukünftig zu vermeiden und damit auch etwas für vergleichbare Situationen zu lernen. Somit ist es manchmal sogar sehr einträglich, um konstruktives Feedback zu bitten und daraus seine Chancen und Möglichkeiten abzuleiten.

Deshalb sollte frau sich immer vor Augen führen: Versagen oder Scheitern ist der Startpunkt, um einen besseren Weg einzuschlagen und nicht das Ende. Häufig sieht man aber nur die erfolgreiche Karriere, aber realisiert dabei nicht, dass es keine makellose berufliche Karriere ohne den einen oder anderen kleineren oder größeren Misserfolg gibt. Einige berühmte Namen haben es trotz Einbrüchen zu Ruhm geschafft.

Dennoch schwingen bei der einen oder anderen Frau sicher weiterhin Bedenken mit, denn es ist traurige Realität, dass wir in Deutschland in einer Leistungsgesellschaft leben und arbeiten, in der Menschen an ihren Erfolgen gemessen und für ihre Niederlagen gebrandmarkt werden. Eine Gesellschaft, in der erfolgreiche Menschen oft Neid und Missgunst erfahren und Menschen, die gescheitert sind, Schadenfreude und Bösartigkeit erleben beziehungsweise denen Gesichtsverlust droht. Inzwischen zeichnet sich aber allmählich ein anderer Umgang mit Misserfolgen ab. Dies ist auch höchste Zeit, denn damit werden auch Dynamik und Beweglichkeit derjenigen Menschen belohnt, die sich wagen, etwas zu verändern und neue beziehungsweise andere Wege zu beschreiten, um etwas zu bewegen. So hat zum Beispiel der FDP-Politiker Christian Lindner im Rahmen der FuckUp Night in Frankfurt am 03. März 2016 (YouTube 2016) über das eigene unternehmerische Scheitern berichtet und warum es eine bessere gesellschaftliche Akzeptanz des Scheiterns braucht. Es bewegt sich also etwas. (FuckUp Night: Eine weltweite Bewegung, die 2012 in Mexiko geboren wurde und bei der öffentlich über das unternehmerische Scheitern in sieben Minuten berichtet wird.)

Dennoch bedeutet Erfolg und Karriere mit Höhen und Tiefen umgehen zu können.

Wie sagte schon Thomas A. Edison, US-amerikanischer Erfinder, Entdecker des glühelektrischen Effekts, „Erfahrung nennt man die Summe aller unserer Irrtümer" und „Ich bin nicht entmutigt, weil jeder als falsch verworfene Versuch ein weiterer Schritt vorwärts ist."

Es ist also wichtig, mit Ausdauer und Beharrlichkeit voranzuschreiten und sich von vermeintlich nicht Schaffbarem nicht beeindrucken zu lassen. Wenn man dennoch einmal demotiviert und der Ansicht ist, dass man eine Herausforderung nicht bewerkstelligen kann, dann ist es in aller Regel hilfreich, sich seine erfolgreichen Momente vor Augen zu führen, in denen man zunächst Unerreichbares dann schlussendlich doch gestemmt hat. Mit einer guten Portion selbstbewusstem Verhalten lässt es sich eher rational und ruhig mit Kritik und Rückschlägen umgehen.

Also ist die wichtigste Person, für die es sich richtig anfühlen muss, man selbst. Wenn eine Frau Karriere machen möchte, sollte sie mutig sein, ein gewisses Risiko eingehen und Ängste überwinden, um den Selbstwert zu steigern. Denn wie heißt es so schön, „Wer nicht wagt, der nicht gewinnt".

▶ Siegertyp zu sein bedeutet, Mut, Risikobereitschaft und Beharrlichkeit auf dem
Weg zum Erfolg zu zeigen.

14.7   Motivation, Ausdauer und Zielstrebigkeit begleiten die Karriere

Neben einer ganzen Portion Mut gehört auch die Ausdauer und Zielstrebigkeit dazu, seinen Weg zu gehen. Nicht selten lassen sich Frauen auch von ihrem ursprünglichen Ziel
abbringen, geben sich mit zweitbesten Lösungen zufrieden oder kämpfen nicht um ihre
Ziele und Möglichkeiten.

Wie zu Beginn erwähnt, besteht die Basis darin, seine Stärken und Fähigkeiten auszulo-
ten und hierauf seine berufliche Ausrichtung durchzusetzen. Verfolgt man kein konkretes
Ziel, ist es eher schwierig, Erfolg zu haben. Daher ist es wichtig, diese zu definieren beziehungsweise zu formulieren. Es sollten ohne Weiteres herausfordernde, dennoch aber
erreichbare Ziele sein. Hat man sein Ziel erst einmal bestimmt, hilft es häufig auch, dieses
zu visualisieren. Sei es durch eine Zeichnung oder, wenn frau künstlerisch nicht so be-
gabt ist, durch eine Collage. Vielleicht gibt es aber auch jemanden, die/der dieses visuelle
Zielbild entsprechend für einen umsetzen kann.

Eine weitere Variante ist ein bestehendes Bild oder Foto auszuwählen, das dem eigenen Ziel entspricht. Zu diesem Bild beziehungsweise Foto kann man Schlüsselbegriffe
aufschreiben. Dabei handelt es sich um Assoziationen, Beobachtungen und Eindrücke,
die dieses Bild einem liefert und die einen besonders positiv ansprechen beziehungsweise
berühren. Darauf aufbauend kann frau ein sogenanntes Mottoziel beschreiben, das einen,
in Kombination mit dem gewählten Bild beziehungsweise Foto, emotional anspricht und
mental unterstützt. Während ein Verhaltensziel (zum Beispiel eine Anzahl an Neukunden
akquirieren) beziehungsweise ein Ergebnisziel (zum Beispiel zehn Neukunden im ersten
Quartal) messbar ist, ist ein Mottoziel nicht messbar und eher allgemein beschrieben und
formuliert, da es an den Bedürfnissen der Person anknüpft.

Mit diesem Mottoziel (Bild und Motto) vor Augen, kann frau ihr Ziel konsequent verfolgen. Es visualisiert nämlich ganz persönliche Absichten, Gefühle und Motivationen,
die mit dem weiteren Weg verbunden sind. Wichtig dabei ist nur, sich keinesfalls von
Besserwissern, Pessimisten oder Quertreibern verunsichern oder vom Kurs abbringen zu
lassen. Wie zuvor beschrieben, kann es hier auch wieder Menschen geben, die einem
einreden wollen, warum man etwas nicht kann, warum etwas nicht funktionieren wird
oder warum hier Schwierigkeiten bestehen könnten. An dieser Stelle sei angemerkt, dass
Rat, Hinweise und Tipps von außen ohne Weiteres wichtig und hilfreich beziehungsweise
unterstützend sein können. Dennoch ist mit solchen Kommentaren kritisch umzugehen,
denn bekanntlich kann in jeder Suppe ein Haar schwimmen. Pros und Cons heißt es also achtsam abzuwägen. Wenn frau sich all zu früh aus dem Konzept bringen lässt und
vorrangig nur alle negativen Konsequenzen und Folgen betrachtet und damit alle Chancen und Möglichkeiten in den Hintergrund verdrängt, dann lassen sich die meisten Dinge
nicht realisieren. Zudem hilft zusätzlich auf seine innere Stimme zu hören und dabei auch

den Verstand mit einzubeziehen. Dies ist immer wichtig. Wenn in dieser Kombination ein gutes Gefühl entsteht, ist in aller Regel eine perfekte Ausgangsposition geschaffen, um seine berufliche Karriere in Angriff zu nehmen.

Sein berufliches Ziel zu verfolgen ist meist mit Beförderungen, Stellenwechsel und Gehaltserhöhungen verbunden. Auch hier ist es wichtig, sein Ziel vor Augen zu behalten und seine Ansprüche geltend zu machen.

In einer Langzeitstudie mit rund 450 Führungskräften untersuchte Karen Lyness (2006) die Korrelation von Geschlecht und Art der Position zur Leistungsbeurteilung sowie den Bezug von Leistungsbewertung auf Beförderungen innerhalb von zwei Jahren. Hierbei fand sie heraus, dass einerseits die Art der Position auf die Beurteilung einen Effekt hat, aber vielmehr wurde transparent, dass Frauen, die befördert wurden, deutlich höhere Bewertungen erhalten hatten als beförderte männliche Kollegen. Fazit ist hier: Frauen mussten entscheidend mehr leisten, um aufzusteigen, beanspruchten aber nicht mit so viel Nachdruck bei Beförderungen berücksichtigt zu werden.

Hier spielen sicherlich eine gewisse Zurückhaltung und vielleicht sogar auch Passivität des weiblichen Geschlechts mit. Häufig warten Frauen eher ab, um entdeckt zu werden, statt aktiv auf ihr Recht zu pochen, um auf der Karriereleiter weiter aufzusteigen.

Wenn frau es schon schwarz auf weiß vorliegt, dass sie überdurchschnittlich gut abgeschnitten hat und damit die Voraussetzungen erbringt, um beruflich weiter zu kommen, dann ist es wichtig, diese Errungenschaft aktiv einzusetzen und ihr Ziel konsequent zu verfolgen. Es obliegt ihr, ihre Karriere ehrgeizig und tatkräftig anzugehen. Also ist es wichtig, sich nie ausschließlich auf andere zu verlassen, die den Weg ebnen oder einen fördern beziehungsweise befördern. Wenn es aber keine Mentoren im eigenen beruflichen Umfeld gibt, dann sollte frau ihr eigener Mentor sein. Denn wenn frau sich selbst nicht hilft, ist die Enttäuschung auf der Strecke zu bleiben, doppelt so groß.

Unser Glück und unsere Zufriedenheit hängen nicht von irgendeiner anderen Person oder Organisation ab, sondern wir sind dafür selbst verantwortlich. Wir wissen, was uns gut tut und was wir brauchen, um unsere Fähigkeiten engagiert und nachhaltig einsetzen zu können und unsere Ziele konsequent durchzusetzen.

Schwach und emotional gesehen zu werden, wird einerseits als Stereotype der Frauen betrachtet, zum anderen nutzen Frauen dieses Bild auch ganz bewusst aus. Im Business heißt es, derartige Stereotype nicht dominieren zu lassen, sondern diese in eine Balance zu bringen und auch das Gegenteil unter Beweis zu stellen. Zu den wesentlichen Attributen einer erfolgreichen Karrierefrau gehören Zielstrebigkeit und Durchsetzungsvermögen, um auch für seine Interessen und Werte einzustehen, sowie bestimmt aufzutreten, um sich Respekt zu verschaffen.

▶   Sein Ziel zu erreichen und Karriere zu machen, erfordert Eigeninitiative und sich nicht ausschließlich auf andere zu verlassen.

14.8 Gegenseitige Unterstützung, eigene Positionierung und ein gutes Netzwerk helfen bei der erfolgreichen Karriere

Obwohl Frauen oftmals wesentlich mehr Potenzial als Männer haben, um aufzusteigen, beeinflussen Rahmenbedingungen und Führungsmotivation den Weg an die Spitze und stellen häufig auch Hürden auf dem Karriere-Parcours dar.

Ergebnisse aus dem Forschungsprojekt von Elprana et al. (2011) zeigten, dass Frauen für ihren Aufstieg nicht selten beschränkende Rahmenbedingungen vorfinden, wie zum Beispiel die sogenannte „gläserne Decke", die einen beruflichen Aufstieg blockiert, fehlende KITA-Plätze, die eine Balance zwischen Beruf und Privatleben erschweren, Diskriminierung am Arbeitsplatz oder männlich geprägte Netzwerke.

Während in kleineren Unternehmen knapp 25 % der Führungskräfte weiblich sind, sinkt der Prozentsatz bei Großunternehmen auf gerade mal neun Prozent. Diese bieten in der Regel mehr Mitarbeiterverantwortung, größere Arbeitsplatzsicherheit und bessere berufliche Fördermaßnahmen als Kleinstunternehmen.

An dieser Stelle ist ein interessantes Phänomen zu erwähnen: Erstaunlicherweise werden weibliche Vorgesetzte nicht nur von Männern, sondern sogar von weiblichen Mitarbeitern eher ungern gesehen. Dies war das Ergebnis einer Forsa Studie (Jobware 2011). Demnach wollen nur drei Prozent der Frauen eine weibliche Chefin und immerhin 27 % bevorzugen einen Mann als Chef. Bei den Männern sind die Zahlen nicht ganz so eklatant. Hier akzeptieren neun Prozent einen Chef und drei Prozent eine Chefin.

Zudem wurde festgestellt, dass 55 % der weiblichen Fach- und Führungskräfte eine Frauenquote fordern, jedoch 42 % diese ablehnen.

Das Ganze zeigt eher ein Dilemma, denn wie können Frauen einfacher und stärker in die Führungsspitzen der Unternehmen aufsteigen, wenn sie schlussendlich dort doch eher Männer bevorzugen. Unter solchen erschwerten „selbstverschuldeten" Bedingungen ist ein beruflicher Aufstieg in die Führungsetagen natürlich noch schwieriger. Gegenseitige Unterstützung ist damit definitiv nicht gegeben.

Was ist es, was dieses deutlich schlechter aufgebaute und genutzte Netzwerk zwischen Frauen entstehen lässt? Zerstörerischer Konkurrenzkampf? Destruktiver Zickenkrieg? Neid und Missgunst? Frauen gehen mit Konfrontationen, Kampf und Kritik im Business anders um als ihre männlichen Kollegen, die von Jugend auf den Wettkampf als spielerisches Ritual kennengelernt haben. Männer schätzen eher den Wettbewerb und das sich gegenseitige Messen, während Frauen all dies eher persönlich nehmen. Andererseits sorgen Frauen dafür, dass der Umgang in gemischten Teams eher etwas „kultivierter" abläuft, als in rein männlichen Teams, in denen der Ton und der Umgang häufig auch schon einmal etwas direkter und tougher werden.

Was immer es auch ist, Frauen sollten sich keinesfalls dem Klischee von Machtkämpfen und Zickenkriegen hingeben. Es gilt Neid und Missgunst auszublenden, denn es geht ums Business. Hier gewinnt nur das Team, das zusammenspielt. Ein konstruktives Miteinander fördert den gemeinsamen Erfolg und nicht ein destruktives Gegeneinander.

Somit heißt es, Kommunikation, Zusammenarbeit und Verständnis füreinander aktiv angehen und optimieren. Frauen können deutlich stärker füreinander da sein und sich unterstützen. Dies soll aber nicht heißen, sich gegen die Männer aufzulehnen und ausschließlich in Frauenverbänden zu agieren. Wir leben und arbeiten in gemischten Organisationen, also sollten diese optimal genutzt und für jeden als eine Win-win-Umgebung betrachtet werden, die sich so auf Dauer für jeden auszahlt.

Dies sind nur einige beschränkende Rahmenbedingungen, die Frauen den Ferrari vielmehr nur mit angezogener Handbremse fahren lassen. Hier können sich Frauen weit mehr füreinander engagieren und unterstützen, um derartige Hürden zu überwinden. Das bedeutet aber nicht, dass eine Frau nicht um ihre Chancen, Möglichkeiten und Errungenschaften kämpfen und ihren Standpunkt klar vertreten soll.

Eine Frau kommt immer wieder in Situationen, in denen sie sich nicht zufrieden fühlt. In solchen Momenten ist es umso wichtiger, auch mal freundlich, aber bestimmt und deutlich „Nein" zu sagen. Also nicht alles akzeptieren und hinnehmen, sondern für seine Interessen einstehen und diese äußern. Für manche mag sich ein derartiges Verhalten zunächst unangenehm und ungewohnt anfühlen. Insbesondere, wenn man eher passiv und abwartend erzogen wurde. Dieses anfänglich „schlechte" Gefühl wird sich nach den ersten Nein-Erfolgen legen. Nämlich dann, wenn frau ihre eigenen Interessen vertreten sieht und erlebt, dass ein Nein ohne Weiteres auch einmal Klarheit für beide Seiten bedeuten kann. Irritierend wird es für eine/n Vorgesetzte/n oder Kolleg/-innen dann, wenn zum Beispiel eine Frau ein Angebot zwar annimmt, aber schlussendlich damit nicht zufrieden ist und dies kontinuierlich ihr Umfeld spüren lässt. In solchen und vergleichbaren Fällen entstehen unnötige Reibungsflächen, die der eigentlichen Zielverfolgung Energie entziehen und somit dem angestrebten Erfolg entgegenwirken können. Es erfordert also auch, seinen Standpunkt und seine Anforderungen selbstbewusst zu vertreten und damit eine klare Linie zu zeigen.

Vielleicht wird es nicht unbedingt bei mehreren Punkten gleichzeitig möglich sein, aber dafür ist es im Vorfeld auch erforderlich, sich über seine Ziele im Klaren zu werden, diese zu priorisieren und der Wichtigkeit nach durch- und umzusetzen. Hat frau hier nicht das klare Bild vor Augen, kommt sie selbst ins Schleudern und kann dann keinem anderen einen Vorwurf machen, dass ihre nebulöse Wolke an Erwartungen und Anforderungen nicht wunschgemäß erkannt und umgesetzt wurde.

Wichtig ist deshalb, dass frau nicht wartend an der Seitenlinie des Spielfeldes steht und das Geschehen betrachtet, sondern die Leitung des Spiels übernimmt. Unsicherheit und Ängstlichkeit sind hier nicht angebracht. Sich positionieren ist wesentlich und dabei sowohl seine fachlichen oder technischen wie auch kommunikativen Stärken und Fähigkeiten nutzen, um die Führungskraft zu sein. Dies bedeutet andererseits aber auch nicht, dass Frauen alles allein tun sollen und müssen. Frauen sollten wissen, was sie wollen, was ihren Fähigkeiten entspricht und wie und welches Leben sie leben möchten. Das ist die Basis. Dennoch sind sich manche Frauen in dieser Hinsicht unsicher. In solchen Situationen sind Coaches oder Mentoren hilfreiche Sparringspartner, um sie hierbei zu begleiten. Eine solche Unterstützung ist auch berufsbegleitend von Zeit zu Zeit eine hilfreiche Maßnahme. Spitzensportler haben auch ihre Trainer beziehungsweise Coaches, die sie auf ihrem Weg zum Erfolg unterstützen. Warum also nicht auch im Business?

Aus eigener Erfahrung kann ich jedem nur ans Herz legen, selbst zumindest einmal als Mentor tätig zu sein, um andere an seiner eigenen Erfahrung partizipieren zu lassen. Mit allem, was wir geben, bekommen wir auch etwas zurück. Es ist also nicht zu unterschätzen, welche Chancen sich aus dem Weitergeben von Erfahrung hervortun können.

Sich gegenseitig zu unterstützen und zu helfen, bedeutet ein Netzwerk aufzubauen, zu pflegen und weiterzuentwickeln. In aller Regel werden Kontakte und damit das bereits existierende Netzwerk immer noch etwas unterschätzt. Das Internet bietet hierzu elektronische Plattformen, die frau nutzen kann. Die bekanntesten sind sicherlich XING, LinkedIn, aber auch weitere ähnliche elektronische Plattformen erlauben es Kontakte stets aktuell zu halten. Gerade in unserer schnelllebigen Welt ist dies sehr wichtig. Menschen bewegen, respektive verändern sich heute im Business weit mehr als noch vor 10, 20 oder mehr Jahren. Somit ist das eigene Netzwerk sehr hilfreich, um Informationen zu erhalten, sich grundsätzlich zu bestimmten Themen auszutauschen oder einen Berufswechsel zu unterstützen.

Die Kontaktpflege kann in Form von Geburtstagsgrüßen erfolgen, aber auch im Austausch von Informationen oder durch ein Feedback zu Veröffentlichungen beziehungsweise Veranstaltungen. Sie findet aber auch bei formellen Begegnungen (zum Beispiel Events, Vorträgen) wie auch informellen Treffen (zum Beispiel Kaffee oder Lunch) statt. Ein Netzwerk ist das A und O im Business.

Gleiches gilt für Netzwerke in bestehenden Arbeitsverhältnissen. Natürlich gibt es mal angespannte Situationen oder schlechte Stimmung und manchmal treten auch organisatorische Veränderungen auf, die negative Auswirkungen auf den Arbeitsplatz haben; welcher Auslöser auch immer zu einer ablehnenden Atmosphäre führt, wichtig ist es, keine verbrannte Erde zu hinterlassen und anderen Wertschätzung entgegenzubringen. Man begegnet sich in aller Regel immer ein zweites Mal. Und wer weiß, welchen ehemaligen Vorgesetzten, Mitarbeiter oder Kollegen frau irgendwann in einer relevanten Position antrifft, ohne es vorher geahnt oder gewusst zu haben. Gut, wenn man sich stilvoll getrennt und andererseits ein gutes Netzwerk gepflegt hat. Manchmal sind es gerade solche kleinen Zufälle von Kontakten, die einem bisher verschlossene oder ungeahnte Türen öffnen und Chancen aufzeigen.

▶   Der Erfolg ist das Ergebnis der eigenen Leistungsfähigkeit, die auf Fleiß, Engagement, Talent, Selbstwert und einem funktionstüchtigen Netzwerk basiert. Erfolg zu haben, heißt ihn zu genießen und stolz darauf zu sein, ihn aber auch zu teilen, um einerseits das Selbstbewusstsein zu fördern und andererseits anderen etwas weiterzugeben.

Frauen in Führungsetagen haben nachweislich einen positiven Effekt auf den Erfolg von Unternehmen. In dem Forschungsprojekt von Elprana et al. (2011) wurde unter anderem auf die Women-Matter-Studie von McKinsey (2007) verwiesen. Diese hebt wirt-

schaftliche Vorteile in Unternehmen mit einer hohen Gender Diversity in den Führungsetagen hervor. „Bei den Kennzahlen Eigenkapitalrendite, Gewinn vor Zinsen und Steuern
und Wertpapiersteigerung liegen diese Unternehmen vorne! Faire Rahmenbedingungen
sind also sowohl für Frauen mit Führungspotenzial als auch für die Wirtschaft von größ-
tem Interesse."

Jedes Unternehmen, das seinen Shareholdern und Gesellschaftern entsprechen möchte, muss sich bei solchen Ergebnissen regelrecht veranlasst sehen, noch mehr Frauen in
ihren Führungsetagen einzusetzen, um das Führungsteam zu einem Siegerteam zu transformieren. Jede Frau wiederum bekommt den Nachweis, dass durch ihr Engagement sich
ein Führungsteam zu einem Siegerteam entwickeln kann. Es braucht somit wohl keine
schlagkräftigeren Beweise, dass Männer zusammen mit Frauen auf Erfolgskurs durch das
„Meer" an Möglichkeiten segeln können.

14.9   Über die Autorin

Dagmar A. Verloop ist Beraterin und Coach, Führungspersönlichkeit und Managerin –
seit über 20 Jahren ist sie erfolgreich in Beratungsunternehmen und Banken tätig. Die studierte Diplom-Kauffrau entwickelte und implementierte Anwendungen, analysierte und
optimierte Prozesse oder baute Organisationseinheiten auf. Ihre langjährige Erfahrung im
Sales und in der Leitung von Einheiten oder Projekten ließen immer wieder erkennen,
dass der Fokus auf Fachwissen, Technik oder Zahlen nicht ausreichen, um Erfolg zu erzielen. Der Faktor Mensch sowie die Zusammenarbeit und Kommunikation spielen in
Unternehmen ebenso bedeutende Rollen. Sie versteht sich als Bindeglied zwischen der

fachlichen und der technischen Welt, in der sie Menschen unterschiedlichster Disziplinen zusammenführt und zu Teams aufbaut. Mit Spaß und Abwechslung, mit Kreativität und Erfahrung, sowie mit Respekt und Wertschätzung, begleitet sie diese, um gemeinsame Ziele zu erreichen und Wertschöpfung zu erlangen. Hieraus entwickelte sie nicht nur ihr breites Netzwerk, sondern sie engagiert sich seit mehreren Jahren auch als Management-Coach und Mentor und unterstützt Mitarbeiter und Kunden erfolgreich in ihrer Karriere.

Literatur

Bialek, C. (2011). Die Kaufkraft der Frauen. http://www.handelsblatt.com/unternehmen/handel-konsumgueter/nielsen-studie-die-kaufkraft-der-frauen/4336320.html

Die Welt (Hrsg.) (2010) Frauen sind mit weniger Gehalt zufrieden. http://www.welt.de/wirtschaft/article8331361/Frauen-sind-mit-weniger-Gehalt-zufrieden.html. Zugegriffen: 29. Juni 2016.

Elprana, G., Gatzka, M., Stiehl, S., & Felfe, F. (2011). Aktuelle Ergebnisse aus dem For-schungsprojekt (Mai 2009 bis Februar 2011). http://www.career-women.org/dateien/dateien/fm_ergebnisse_2009_2011.pdf. Zugegriffen: 29. Juni 2016.

Gerzema, J. (2013). Die Athene-Doktrin. http://www.focus.de/finanzen/karriere/tid-32364/unternehmenskultur-von-morgen-frauen-herrscher-der-zukunft_aid_1044294.html.

Gerzema, J., & D'Antonio, M. (2013). The Athena Doctrine. https://app.box.com/s/7r9si0y2gz60mxci1m29. Zugegriffen: 29. Juni 2016.

Heckendorf, K. (2013). Frauen stehen auf Kooperation, Männer auf Wettbewerb. http://www.wiwo.de/erfolg/beruf/berufsalltag-frauen-stehen-auf-kooperation-maenner-auf-wettbewerb/8671710.html. Zugegriffen: 29. Juni 2016.

Jobware (Hrsg.) (2011) Frauenquote? Nur 3 % der Frauen bevorzugen eine Chefin. http://www.jobware.de/Ueber-Jobware/Presse/2011/Frauenquote-Nur-3-Prozent-Frauen-bevorzugen-eine-Chefin.html. Zugegriffen: 29. Juni 2016.

Jobware (Hrsg.) (2014) Eye-Tracking Studie 2014 – Frauen trauen sich weniger zu als Männer. http://www.jobware.de/Ueber-Jobware/Presse/2014/Frauen-trauen-sich-weniger-zu-als-Maenner.html. Zugegriffen: 29. Juni 2016.

Leibbrandt, A., & List, J. A. (2012). Do women avoid salary negotiations? Evidence from a large scale natural field experiment. http://www.nber.org/papers/w18511.pdf. Zugegriffen: 29. Juni 2016.

Lyness, K. (2006). When fit is fundamental: performance evaluations and promotions of upper-level female and male managers. http://www.ncbi.nlm.nih.gov/pubmed/16834505. Zugegriffen: 29. Juni 2016.

Pavlova, M., Weber, S., Simones, E., & Sokolov, A. N. (2014). Gender Stereotype Susceptibility. http://www.ncbi.nlm.nih.gov/pmc/articles/PMC4269388/. Zugegriffen: 29. Juni 2016.

Reuben, E. et al. (2010). The Emergence of Male Leadership in Competitive Environments. http://ftp.iza.org/dp5300.pdf. Zugegriffen: 29. Juni 2016.

Statistisches Bundesamt (Hrsg.). (2006). Gender Pay Gap. https://www.destatis.de/DE/ZahlenFakten/Indikatoren/QualitaetArbeit/Dimension1/1_5_GenderPayGap.html. Zugegriffen: 29. Juni 2016.

Sutter, M., & Rützler, D. (2010). Gender Differences in Competition Emerge Early in Life. http://ftp.iza.org/dp5015.pdf. Zugegriffen: 29. Juni 2016.

YouTube 2016: FuckUp Night in Frankfurt am 03. März 2016 https://youtu.be/6F1aeAyMhnE Zugegriffen: 18. Okt. 2016.

McKinsey&Company – Desvaux, Georges; Devillard-Hoellinger, Sandrine; Baumgarten, Pascal (2007), Women matter – Gender diversity, a corporate performance driver. http://wit.berkeley.edu/docs/Women-Matter-McKinsey-2007.pdf Zugegriffen: 29. Juni 2016.

Die Einstellung macht den Unterschied!

Sonja Volk

Haben Sie sich auch schon mal gefragt, was wirklich erfolgreiche Frauen anders machen als die, die es nicht sind? Was genau der Unterschied ist?

Dass unser Mindset, also unsere Denkweise, *das* entscheidende Kriterium für unseren Erfolg ist, wissen inzwischen die meisten. Aber was verbirgt sich hinter den zwei so oft gebrauchten Worten „Mindset" und „Erfolg" eigentlich genau? Sie klingen toll, aber ist Ihnen bewusst, wie viel Power wirklich dahinter steckt?

Fangen wir mit Erfolg an. Was ist eigentlich Erfolg? Und was bedeutet es, erfolgreich zu sein?

Landläufig assoziieren die meisten Menschen mit Erfolg als erstes finanziellen, also wirtschaftlichen Wohlstand oder Karriere. Das ist auch völlig richtig. Allerdings hat Erfolg noch viel mehr Facetten und bedeutet für jeden etwas anderes. Für die Eine zum Beispiel ein Unternehmen zu gründen oder einen sportlichen Wettkampf zu gewinnen, für die Andere bedeutet Erfolg möglicherweise es zu schaffen, eine glückliche Beziehung zu führen. Für die Dritten heißt es, vielleicht gesund zu sein und für noch jemand Anderen heißt es, beruflich Karriere zu machen. Oder vielleicht heißt es auch für jemanden, sich persönlich entwickelt zu haben und vom „Mauerblümchen" zur „Rampenlichtqueen" geworden zu sein. Vielleicht heißt es aber auch, Beruf und Familie mit gutem Gefühl und Erfüllung unter „einen Hut zu kriegen". Vielleicht aber auch „einfach" nur glücklich in allen Bereichen zu leben. Wenn wir wollen, können wir also eine Unterteilung in persönlichen, beruflichen, finanziellen oder sportlichen Erfolg machen.

Aber ganz gleich, wie Sie für sich persönlich Erfolg ganz genau definieren. Es gibt eine Gemeinsamkeit, die all die verschiedenen Facetten treffend zusammenfasst.

Earl Nightingale definierte seinerzeit Erfolg folgendermaßen: „Erfolg ist die fortschreitende Verwirklichung eines würdigen, lohnenswerten Ziels."

S. Volk (✉)
Am Gartenkamp 20, 40629 Düsseldorf, Deutschland

© Springer Fachmedien Wiesbaden GmbH 2017
P. Buchenau (Hrsg.), *Chefsache Frauen II*, DOI 10.1007/978-3-658-14270-4_15

Da stimme ich ihm hundertprozentig zu. Denn in meiner Definition bedeutet *Erfolg* seine selbstgesteckten (Herzens)Ziele zu erreichen und seine Wünsche zu verwirklichen, also zu realisieren. Oder ganz kurz:

Erfolg heißt seine Ziele erreichen! Und Erfolg *folgt* immer, wenn wir unseren Zielen folgen.

Und mal Hand aufs Herz: Jeder möchte doch erfolgreich sein, oder?

Die gute Nachricht: *Sie* können ab sofort auch lernen, wie Sie Erfolg magnetisch anziehen, wenn Sie wissen, was genau die Strategien, Eigenschaften und Denkweisen erfolgreicher Frauen sind!

Denn eines haben *alle* Erfolgreichen gemeinsam: Nämlich ein **Erfolgs-Mindset!**

Genau deswegen verrate ich Ihnen auf den kommenden Seiten genau *die* Eigenschaften, die erfolgreiche Frauen ausmachen. Und ich verrate Ihnen, welches *Mindset* dafür nötig ist.

Lassen Sie uns daher zuerst einen Blick auf das Wort „Mindset" werfen. Was genau ist damit gemeint?

Mit Mindset ist unsere innere Einstellung, unsere geistige Haltung, unsere Mentalität gemeint. Also die **Denkweise**, wie wir beispielsweise mit Herausforderungen des Lebens umgehen. Es beschreibt unsere **grundlegenden Einstellungen** zu typischen Lebensthemen wie Finanzen, Beziehungen, Gesundheit, Partnerschaft, Gesellschaft, Projekten, Professionalität etc.

Mit Mindset ist also die Art und Weise gemeint, wie wir über etwas denken. Es ist die Einstellung, mit der man an Dinge herangeht und zeigt auch, nach welchen Lebensweisheiten man lebt.

Wieso das wichtig ist, was und wie wir denken?

Ganz einfach:

Die Art und Weise unseres Denkens, also **was und wie** wir über etwas **denken,** hat Einfluss auf unsere Gefühle. Und unsere Gefühle wiederum haben wiederum Einfluss auf unsere Handlungen. Also auf das, was wir tun, aber auch auf das, was wir nicht tun und somit lassen.

Somit haben all unsere Handlungen (und auch unser Nicht-Handeln) 100 % Einfluss und Auswirkungen auf das Ergebnis!

Sie sind also nicht nur verantwortlich für das, was Sie tun, sondern auch für das, was Sie nicht tun!

Somit beginnt Erfolg immer im Kopf! Mit unserem Mindset, mit dem, was wir denken!

Vielleicht kennen Sie die Aussage von Henry Ford „Egal ob du denkst, es geht, oder es geht nicht. Du wirst immer Recht behalten."

Unsere Denkweise und Vorannahmen beeinflussen letztendlich immer unser Verhalten!

Stellen Sie sich einmal vor, Sie denken „Das schaffe ich nicht, die anderen sind viel besser". Was passiert bei Ihnen selbst? Richtig! Sie fühlen sich schlecht und höchstwahrscheinlich auch nicht motiviert, da „die Anderen es ja eh besser können". Das führt zu Resignation und eben keiner Handlung.

Stellen Sie sich hingegen vor, Sie sind der Überzeugung „Das ist nicht ganz leicht, aber ich kann das schaffen" und denken „Ich wachse mit meinen Herausforderungen". Zu was führt das? Genau: Zu Selbstvertrauen und dem guten Gefühl „es zu packen". Und was passiert, wenn Sie sich selbst vertrauen? Genau! Sie legen los und kommen ins Handeln anstatt den Kopf in den Sand zu stecken. Und wer handelt und ins Tun kommt, erzielt Resultate und Ergebnisse.

Hätte ich persönlich die Überzeugungen meines Umfeldes damals übernommen beziehungsweise nicht geändert, wäre ich heute nicht da, wo ich heute bin. Oder hätten Sie gedacht, dass aus einer Außenseiterin mit starkem Seh-Handicap, die schüchtern war und eine vier in mündlicher Beteiligung in der Schule hatte, inzwischen eine Speakerin und ErfolgsCoach für Highperformance geworden ist? Aber dazu später mehr.

Bevor ich jedoch tiefer ins Thema Mindset und Glaubenssätze einsteige, möchte ich Ihnen der Reihe nach die neun Eigenschaften näher bringen, die meiner Meinung nach wirklichen und langfristigen Erfolg ausmachen. Es sind meiner Meinung nach *die* Schlüssel, die jedes Erfolgsschloss öffnen.

15.1 Die 9 Erfolgsschlüssel für ganzheitlichen Erfolg

15.1.1 Zielklarheit: Sie müssen wissen, was Sie wollen!

Seien Sie klar in Ihren Zielen!
Wenn Sie wirklich nachhaltig erfolgreich sein wollen, müssen Sie glasklar wissen, was Sie wollen! Das mag jetzt banal und einfach klingen, doch glauben Sie mir, dass ich tagtäglich erlebe, wie schwer es einigen fällt. Wenn ich beispielsweise in meinen Coachings meine Klienten frage, was denn ihr konkretes Ziel ist, an dem sie arbeiten wollen, höre ich häufig
„Ich möchte nicht mehr so schlechte Laufzeiten haben",
„Ich will mich nicht mehr so ärgern" oder
„Ich möchte mich im Verkaufsgespräch nicht mehr so unsicher fühlen",
„Ich will die Präsentation nicht vermasseln".
Fällt Ihnen etwas auf? Es sind alles „Nicht-Formulierungen".

Jetzt können Sie denken „Na und, wo ist das Problem?" Das Thema ist, dass unser Gehirn die Worte *Nicht* und *kein* nicht versteht, da es in Bildern denkt. Probieren Sie es aus! Denken Sie jetzt auf gar keinen Fall an ein rotes Ferrari-Cabriolet, das frisch geputzt aus der Waschanlage kommt. Und? Hat es funktioniert *nicht* daran zu denken? Genau, es funktioniert nicht wirklich, nicht daran zu denken. Und das lässt sich neurobiologisch auch ganz leicht erklären. Unser Gehirn denkt in Bildern. Weil es für das Wort *nicht* oder *kein* kein Bild gibt, sehen wir vor unserem inneren Auge immer sofort das, was hinter diesem Wort steht. In unserem Beispiel also den Ferrari. Das heißt, unser Gehirn muss das Programm öffnen, in dem die Assoziation für Ferrari (oder Handtaschen, Pumps ☺) abgelegt ist und danach sagen Sie „Ups, daran wollte ich ja gar nicht denken".

Verstehen Sie jetzt, wieso es so elementar wichtig ist, dass wir unsere Wünsche und Ziele *positiv* formulieren? Es ist wie bei einem PC, bei dem Sie eine Schaltfläche doppelklicken und sich das Programm öffnet. Einmal doppelgeklickt heißt öffnen, da hilft dann auch der Satz „Das wollte ich jetzt aber nicht" nicht mehr, das Programm ist offen.

Was lernen wir daraus? Wenn es um Ihre Ziele, Wünsche und Visionen geht, sollten Sie negative Formulierungen vermeiden. Stattdessen sollten Sie sich fragen: Was will ich denn stattdessen? Und das positiv formulierte Ergebnis dann aufschreiben. Beispielsweise „Ich möchte gerne meine Laufzeit um drei Minuten bis Mai verbessern" oder

„Ich möchte gerne in herausfordernden Situationen gelassen und souverän bleiben" oder

„Im Verkaufsgespräch möchte ich mich gerne sicher und wohl fühlen und Spaß haben" oder

„Ich möchte mit der Präsentation die Zuhörer begeistern" oder

„Mein Ziel ist es bis Oktober 60.000 € Umsatz mit xy gemacht zu haben".

Wenn Sie Ihre Ziele, Wünsche und Visionen so formulieren, weiß Ihr Unterbewusstsein, was es tun soll und wird Sie dabei unterstützen. Denn das, auf was wir unsere Aufmerksamkeit, also unseren Fokus legen, verstärkt sich. Also sollten Sie *nicht* Mentaltraining in die falsche Richtung machen und sich überlegen, was alles schief gehen könnte, sondern stattdessen vielmehr überlegen, *was Sie wirklich wollen!*

Denn auch wirtschaftlich sind klar definierte und fixierte Ziele Gold wert!

Eine Langzeitstudie der amerikanischen Harvard-Universität zum Karriereverlauf von Universitätsabsolventen ergab nämlich, dass Menschen mit klaren Zielen mehr Geld verdienen als Menschen ohne klare (berufliche) Ziele.

83 % der Befragten mit Zielen verdienten im Durchschnitt einen jährlichen Dollarbetrag x, 14 % hatten *klare* Karriereziele, diese aber *nicht* schriftlich fixiert. Sie verdienten im Durchschnitt dreimal so viel, wie die Angehörigen der ersten Gruppe.

Nur drei Prozent hielten ihre Ziele *schriftlich* fest. Dafür verdienten sie im Schnitt zehnmal so viel (Business-Netz 2011)!

Klarheit siegt

Sie müssen also wissen, was Sie wollen, um zu bekommen, was Sie wollen! Klingt einfach? Ist es auch.

Das ist nämlich wie bei einem Navigationssystem im Auto. Da müssen Sie auch ganz klar eingeben, wo *genau* Sie hinwollen, mit Straße und Hausnummer und Ort und nicht nur „irgendwohin" oder „nicht nach Köln".

Unser Unterbewusstsein kann nicht unterscheiden zwischen dem, was wir wollen und dem, was wir nicht wollen. Es führt einfach aus, worauf wir unseren Fokus legen, worauf wir uns konzentrieren. Konzentrieren wir uns also auf etwas, das wir eigentlich gar nicht wollen, ziehen wir es aber trotzdem an. Genau deshalb ist es so wichtig zu wissen und schriftlich positiv formuliert festzuhalten, *was* wir eigentlich konkret wollen.

Also beispielsweise „50.000 € Umsatz bis zum 30.06. diesen Jahres mit Produkt x" oder „Ein Business, das mich glücklich macht und erfüllt, mit dem ich ortsunabhängig von überall aus arbeiten kann und mir monatlich Summe x einbringt" oder „Einen Partner, der mich unterstützt in meinen Ideen, auch gerne tanzt und wir uns optimal ergänzen". Es ist völlig egal welchen Lebensbereich Sie nehmen.

Wenn Sie wissen, *was* Sie wollen, bekommen Sie, was Sie wollen, da das universale Grundgesetz von Ursache und Wirkung dafür sorgt, dass sich Ihre Gedanken in der Wirklichkeit manifestieren. Mein Kernsatz heißt: Mentales – also das, was Sie denken – wird immer Reales! In die eine, wie in die andere Richtung!

Nehmen Sie sich also regelmäßig Zeit für sich selbst und Ihre Lebensplanung, um sich über Ihre wahren Ziele und Wünsche *klar* zu werden!

15.1.2 Motivation: Das persönliches „Warum" kennen

Werden Sie sich klar, was Ihr persönliches WARUM ist!
Jetzt fragen Sie sich vielleicht, was genau ich mit dem persönlichen Warum meine. Und das ist gut so! Wenn wir wirklich große Ziele haben (ich empfehle ihnen übrigens sich ausschließlich große Ziele zu setzen), dann brauchen Sie die Fähigkeit, schnell umzusetzen beziehungsweise zu starten, Ausdauer und Durchhaltevermögen, um immer „dran zu bleiben", nicht aufgeben und Ihr Ziel klar vor Augen zu haben. Um aber genau diese Fähigkeiten zu haben, ist es unerlässlich, seine eigene Motivation, seinen eigenen *Beweg*grund zu kennen. Es geht darum, ein großes Bild oder eine Vision vor Augen zu haben, um zu Höchstleistungen **motiviert** zu sein und vor allem zu bleiben. Erfolgreich sind immer nur die, die aus eigenem Antrieb heraus handeln.

Finden Sie für sich heraus, was Ihr *Beweg*grund ist! Fragen Sie sich beispielsweise:

- Für was stehen Sie morgens auf?
- Was wollen Sie erreichen?
- Warum und wofür ist das genau wichtig für Sie?
- Was gibt Ihnen das?
- Wobei fängt Ihr Herz an zu tanzen?
- Was *begeistert* Sie?

Wenn Ihr innerer Antrieb, Ihre Motivation, Ihr Beweggrund sich zu bewegen stark ist, schaffen Sie Dinge, die Andere für unmöglich halten!

Sie werden dann morgens schon vor Kraft strotzen und dann mit Leichtigkeit Ihren persönlichen Erfolgsweg gehen.

15.1.3 Entscheidungen treffen Commitment: Treffen Sie eine Entscheidung! Verpflichten Sie sich selbst Ihrem Ziel gegenüber zu 100 %!

Sie müssen es wirklich wollen!

Sie haben bestimmt schon ganz oft von der Macht der Entscheidung gehört. Wollen Sie wissen, wieso das Entscheidung treffen so wichtig ist?

Ganz einfach. Nur wenn Sie eine glasklare Entscheidung treffen, kommen Sie ins Handeln!

Wissen über etwas zu haben ist toll, inspiriert zu sein ist auch toll. Aber nur das tatsächliche *Handeln* verändert etwas.

Vielen fällt es schwer, sich zu entscheiden. Um schnell gute Entscheidungen treffen zu können, gibt es eine ganz einfache Möglichkeit.

Fragen Sie sich „Gibt es für die Sache (Person, Projekt) ein *bedingungsloses* **JA**?"

Wenn es das nicht gibt, ist Ihre Entscheidung eh bereits klar und Sie suchen lediglich noch nach Argumenten.

Wenn es ein inneres, bedingungsloses Ja gibt, na bitte, dann ist auch alles klar.

Machen Sie es sich also einfach und stellen Sie sich diese simpel erscheinende Frage, um schnell gute Entscheidungen treffen zu können.

Denn sobald Sie Ihr Unterbewusstsein auf das ausrichten, was Sie haben oder erreichen möchten, wird Ihr Geist alle seine Ressourcen so aktivieren, damit Sie alles anziehen, was Sie brauchen, um Ihr Ziel auch tatsächlich in Ihrer Realität zu erfahren.

Fühlen Sie immer in sich hinein und hören Sie auf den ersten blitzschnellen Impuls. Stellen Sie sich vor, es gäbe nur einen Ja- oder Nein-Buzzer. Welchen würden Sie sofort, ganz spontan drücken?

Es muss ein inneres bedingungsloses *Ja* in Ihnen geben. Wenn es das gibt, dann legen Sie los! Denn wenn es dieses innere Commitment, dieses *Ja*, dieses „Ich will es wirklich" in sich haben, dann wird es auch erfolgreich! Weil Sie voll und ganz, mit Leib und Seele dahinterstehen.

Und nicht nur für die Erreichung der Ziele brauchen Sie Entscheidungskraft. Auf dem Weg dahin, müssen Sie auch immer wieder Entscheidungen treffen. Die Entscheidung, was Priorität hat, ob Sie mit jemandem, der Ihnen ein Angebot macht, zusammenarbeiten wollen usw.

Um eine Entscheidung treffen zu können, müssen Sie sich also zuerst darüber klar sein (oder werden), was Sie wirklich wollen. Deshalb habe ich auch mit Zielklarheit als ersten Schritt zu allem begonnen.

Nachdem Sie wissen, *was* Sie wollen, können Sie jetzt die Entscheidung treffen danach zu handeln, sich also mit Herz und Seele diesem Ziel gegenüber selbst verpflichten.

Sie allein haben also die Freiheit zu entscheiden, wie Ihr Leben aussehen wird. Die Kraft der Entscheidung ist genau *die* Kraft, die alles verändert! Denn immer, wenn Sie sich für etwas entscheiden, nehmen Sie Ihr Leben selbst in die Hand!

15.1.4 Fokus: Konzentrieren Sie sich auf das, was Sie wollen! (Anstatt auf das, was Sie nicht wollen)

Unser Fokus, also das, worauf wir uns konzentrieren, spielt eine riesengroße, wenn nicht sogar die größte Rolle, wenn es darum geht, was wir erreichen. Denn mit dem, was wir denken, als auch mit der Art, wie wir mit uns und anderen reden, programmieren wir unser Unterbewusstsein. In die eine, wie in die andere Richtung! Wir haben es also selbst in der Hand, beziehungsweise vielmehr im Kopf ☺.

Vielleicht kennen Sie die Aussage „Energie folgt der Aufmerksamkeit". Das ist ein universales Grundgesetz und besagt, dass unsere Energie immer dem folgt, worauf wir unsere Aufmerksamkeit, unseren Fokus haben.

Kreisen in meinem Kopf Gedanken wie „Das ist viel zu groß für mich, das kann ich nicht schaffen" oder „Was, wenn das nicht klappt?".

Oder sind es eher Gedanken wie „Es wird eine Herausforderung, mal sehen wie ich es diesmal schaffe", „Der und der hat das ja auch schon geschafft, also muss das gehen" oder „Wer kann mich dabei unterstützen mir zu zeigen, wie das geht?".

Ich nenne das ganze „*kopfgoogeln*". Die Art der Frage bestimmt das Ergebnis!

Sie merken möglicherweise beim Lesen meiner Beispiele schon, dass es nicht darum geht, sich alles hemmungslos schön zu reden, sondern vielmehr darum, in Lösungen zu denken beziehungsweise in die richtige Richtung! Mit richtiger Richtung meine ich, in Richtung Ziel (und nicht in Richtung Problem) zu denken.

Beispiel: Sie wollen sich vielleicht selbstständig machen und überlegen, was es alles zu berücksichtigen gibt. Möglicherweise werden Ihnen an der einen oder anderen Stelle Bedenken oder Fragen kommen, auf die Sie *noch* keine Antwort haben. Jetzt ist die Frage, wie mental stark Sie sind. Lassen Sie sich von Ihren inneren (oder äußeren) Kritikern abbringen oder nutzen Sie die Kraft Ihrer Gedanken in die (fürs Ziel) richtige Richtung, indem Sie schon vom Ziel aus denken?

Das Geheimnis der Menschen, die ihre Ziele mit zusätzlicher Gedankenpower erreichen, liegt darin, dass sie klare *Bilder* von ihren Zielen im Kopf entwerfen. Sie nutzen die Kraft der Visualisierung!

Denken Sie immer vom Ziel aus. Also so, als ob Sie es schon erreicht hätten. Stellen Sie sich bildlich vor, wie Sie beispielsweise die Zusage für ein Projekt bekommen, oder Ihre Wunschzeit beim Marathon laufen oder Sie Ihr eigenes Buch schon frisch gedruckt in den Händen halten. Ganz gleich, was Ihr persönliches Ziel ist, stellen Sie sich mit allen fünf Sinnen vor, es bereits geschafft zu haben.

- Wie werden Sie sich dann fühlen?
- Was hören Sie dann?
- Was sagen Sie vielleicht selber zu sich?
- Wie sehen Sie dann aus? (Gesichtsausdruck, Körperhaltung, Gestik etc.)
- Gibt es vielleicht etwas, das Sie riechen oder schmecken können?

Tauchen Sie völlig ein in die Vorstellung des realisierten Wunsches!

Entwerfen Sie einen Kinofilm in Ihrem Kopf, der *Sie* als Hauptdarsteller bei der Umsetzung Ihres gesteckten Ziels zeigt.

Mentales Training hat drei riesengroße Vorteile

1. Sie programmieren Ihr Unterbewusstsein auf das gewünschte Ergebnis und machen Ihr Unterbewusstsein somit zu Ihrem Verbündeten.

   Ihr Unterbewusstsein kann nämlich nicht zwischen Realität und Fiktion unterscheiden. Das ist übrigens auch der Grund, warum Mentaltraining so wunderbar und genial funktioniert.

   Da es nach Dauer und Häufigkeit (Wiederholung) arbeitet und nur ausführt, worauf Sie Ihren Fokus legen, also worauf Sie sich konzentrieren (unabhängig davon, ob es gut für Sie ist und Sie es wirklich wollen oder nicht), sollten Sie diese Power in die richtige Richtung nutzen!

2. Dadurch, dass Sie immer wieder den *idealen Zielzustand* in Ihren Gedanken durchgehen, haben Sie keine Misserfolge.

   Wenn Sie sich beispielsweise vorstellen, wie Sie beim Tanzen die Doppeldrehung ohne zu wackeln ganz stabil stehen werden, haben Sie gegenüber dem „echten" also körperlichen Training den Vorteil, dass es immer klappt. Das wiederum stärkt Ihr Selbstvertrauen und den Bewegungsablauf in Ihrem Unterbewusstsein. Das hilft dann im realen körperlichen Training, genau diese „Standfestigkeit" ganz einfach abzurufen.

   Nutzen Sie also die mentalen Taktiken der Spitzensportler für sich und Ihr Leben!

   Fokussieren Sie sich also immer auf das Endergebnis, also auf Ihr ZIEL und kommen Sie ins TUN.

3. Sehen Sie Ihre Ziele und Visionen als eine Art Leuchtturm. Auch wenn es einmal nebelig ist, sehen Sie nach wie vor, in welche Richtung Sie wollen, wo Ihr Leuchtturm steht. Auch wenn Sie Umwege fahren müssen, das Ziel bleibt immer klar! Es geht darum, klar im Ziel, aber *flexibel in der Umsetzung* zu sein.

15.1.5 Ausdauer, Disziplin, Durchhaltevermögen: Lassen Sie sich nicht abhalten und bleiben Sie dran!

Ausdauer und Durchhaltevermögen sind Kerneigenschaften, wenn es um das Thema Erfolg geht. Wenn Sie ein Mindset wie ein Kind entwickeln, werden Sie langfristig immer Erfolg haben. Was heißt das genau? Naja, ganz einfach. Auch wenn ein Kind beim Laufen lernen immer und immer wieder hinfällt, es würde nicht auf die Idee kommen, es deswegen sein zu lassen. Soll heißen: Bleiben Sie am Ball! Das erfordert mentale Stärke. Aber genau diese mentale Stärke entwickeln Sie, wenn Sie – wie ich in Abschn. 15.1.2

beschrieben habe – Ihr persönliches Warum kennen. Denn dann haben Sie den Biss, die Disziplin, die Ausdauer und das Durchhaltevermögen, das es immer mal wieder braucht.

Je besser Ihre eigene Klarheit ist, je besser Ihre innere Motivation und Leidenschaft, desto leichter wird es für Sie immer dran zu bleiben, auch wenn Sie mal einen Umweg in Kauf nehmen müssen. Die Devise für Durchhaltevermögen heißt: Klar im Ziel, *flexibel* in der Umsetzung!

15.1.6   Selbst- und Emotionsmanagement: Übernehmen Sie Eigenverantwortung!

Uns selbst und unsere Emotionen managen zu können und somit Verantwortung für uns selbst, unsere Gedanken und Gefühle zu übernehmen, ist die Grundvoraussetzung, damit wir ein selbstbestimmtes und vor allem erfolgreiches Leben führen können.

Es ist völlig menschlich und gut, dass wir uns mal aufregen, über etwas ärgern, oder mal traurig oder einfach „high on emotion" sind. Emotionen sollen und wollen gelebt werden. Allerdings geht es immer um das Maß der Dinge. Mal kurz „Dampf abzulassen" ist sinnvoll, um seinen Emotionen Raum zu geben. Allerdings ist es nicht sinnvoll, sich stunden-, tage-, wochen- oder sogar monatelang in einem schlechten Zustand gefangen zu halten.

Das ist besonders dann wichtig, wenn Sie noch Menschen im Umfeld haben, die Ihnen nicht gut tun, die Ihnen versuchen, die Energie zu rauben oder Ideen auszureden.

Sehr erfolgreiche Frauen haben gelernt, ihre Emotionen – und sich selbst zu managen. Es gibt zahlreiche Möglichkeiten dazu, unter anderem die Butterfly-Technik.

Was ebenfalls wunderbar hilft, um schnell wieder in einen guten Gemütszustand zu kommen, ist das Nutzen unserer Physiologie. Das heißt, dass es schlichtweg nicht möglich ist, sich schlecht zu fühlen, wenn wir beispielsweise gerade stehen und lächeln. Selbst wenn das Lächeln anfangs künstlich und gestellt ist. Unserem Gehirn wird nämlich durch den Druck auf den Muskel suggeriert, dass wir gut drauf sind, was dann direkt mit einer Dopaminausschüttung belohnt wird. Und genau diese gibt uns dann wirklich real das gute Gefühl!

Also 60 s lächeln und aufrecht stehen hilft sofort!

15.1.7   Gedankenmanagement Mindset: Werden Sie zum Gestalter Ihrer Gedanken und entwickeln Sie ein Erfolgsmindset!

Wirklich erfolgreiche Frauen haben gelernt, dass sie nicht Opfer der Umstände und ihrer Gedanken sind, sondern Gestalterinnen ihres Lebens und somit auch ihres Erfolges!

Das heißt nicht, dass wir nicht auch zwischendurch immer mal wieder destruktive Gedanken oder Überzeugungen haben. Allerdings haben wir/sie zum einen gelernt, uns selbst zu reflektieren und es uns somit *bewusst* zu machen. Zum anderen wissen wir/erfolgreiche Frauen damit umzugehen und vor allem *wie* sie diesen Zustand schnell ändern!

Es geht um die richtige innere Haltung und *Einstellung* verbunden mit dem richtigen *Bewusstsein*.

Was machen also erfolgreiche Frauen anders im Denken?

- Wirklich erfolgreiche Frauen gehen raus aus ihrer Komfortzone!
- Sie denken GROß und unternehmerisch.
- Sie wissen und *leben*, dass *geben* vor Nehmen kommt.
- Sie suchen sich inspirierende Vorbilder.
- Sie machen Dinge, die andere Menschen nicht wagen würden.
- Sie stellen sich ihren Ängsten und gehen bewusst dorthin, wo die Angst sitzt, weil sie wissen, dass dort der Erfolg wartet.
- Sie schließen Kooperationen und suchen sich Unterstützer.
- Sie sind proaktiv, kommen ins Tun und setzen um!
- Sie haben Spaß und Freude am Leben und lieben, was sie tun!
- Sie sind diszipliniert.
- Sie haben einen SINN, höheres Ziel, eine Vision, mit dem, was sie tun.
- Sie kennen ihr „persönliches Warum", ihren Antrieb, ihre Motivation hinter ihren Handlungen!
- Sie gönnen Anderen Erfolg, statt in Neid und Missgunst zu denken!
- Sie sehen sich als Gestalterin ihres Lebens und ihrer Realität und nicht als Opfer des Systems oder es Lebens.
- Sie feiern Erfolge.
- Sie kombinieren ihr Wissen mit dem richtigen Bewusstsein!
- Sie kombinieren also Verstand und Gefühl.
- Sie sind sich bewusst, dass sie nicht nur „Ja" zu Sachen, sondern auch „nein" sagen müssen, sie sind bereit, den Preis für ihren Erfolg zu zahlen (Umfeldveränderung, gegebenenfalls Neid etc.)
- Sie sind klar im Ziel und flexibel in dem, wie sie denken und handeln!
- Sie reflektieren sich, sind ehrlich zu sich selbst und handeln bewusst.
- Sie kennen ihren (Selbst)Wert, sind sich dessen bewusst.
- Sie pflegen Beziehungen und haben ein Netzwerk von Gleichgesinnten.
- Sie übernehmen Verantwortung für ihr Denken, ihr Handeln, ihre Misserfolge und Erfolge!
- Sie denken in Kooperationen und Beziehungen statt in Konkurrenz und Missgunst oder Hierarchien.

Sie merken jetzt möglicherweise, dass es vielleicht an der einen oder anderen Stelle noch ein paar Änderungen im Mindset bedarf. Wenn Sie diesen Mindsetshift jedoch machen, wird Sie das zwangsläufig zum Erfolg führen.

15.1.8 Umfeld persönliche Weiterentwicklung: Erschaffen Sie sich das richtige Umfeld! Umgeben Sie sich mit den richtigen Menschen!

„Du bist der Durchschnitt der fünf Menschen, mit denen du am meisten Zeit verbringst!" Diesen Satz haben Sie bestimmt schon häufig gehört. Genau das ist der Grund, wieso unser Umfeld so prägend und entscheidend ist. Wenn Sie nicht das passende Umfeld haben, kostet es Sie unglaublich viel Kraft und Anstrengung, Ihre Ziele zu erreichen. Es wird dann immer Energievampire geben, die Ihnen Ihre Ideen ausreden wollen oder einfach mit ihrer negativen Denkart anstrengend sind und Ihnen Energie rauben.

Umgeben Sie sich also mit Menschen, die dieselben Ziele und Vorstellungen haben wie Sie selbst! Und suchen Sie sich einen Mentor. Also jemanden, der schon geschafft hat, was Sie erst noch erreichen wollen. Wieso? Ganz einfach! Weil Sie so am schnellsten erfolgreich werden. Nicht umsonst haben alle wirklich erfolgreichen Menschen Mentoren, von denen sie die richtige Strategie lernen und sich somit tryerror und viel Zeit und unnötige Fehler sparen.

Bauen Sie sich Ihr persönliches Erfolgsnetzwerk auf!

Gleichgesinnte lassen sich beispielsweise in Mastermind-Gruppen oder auf Seminaren und Fortbildungsveranstaltungen leicht finden. Netzwerken, Mehrwert bietende Kooperationen eingehen und Spaß an Win-win-Situationen ist das Zauberwort!

Investieren Sie in sich selber und in Ihr persönliches Wachstum, indem Sie sich durch Coachings, Vorträge, Seminare, Podcasts, Bücher, Hörbücher, Events oder andere Veranstaltungen weiter entwickeln. Sie bekommen neue Inspiration, neue Perspektiven und bleiben somit flexibel und entwickeln sich als Persönlichkeit weiter!

Und persönliches Wachstum ist die Voraussetzung, um dauerhaft erfolgreich zu sein!

Vor allem verdeutlicht es das Prinzip von Säen und Ernten. Das, was Sie in sich selber investieren, ernten Sie auch!

15.1.9 Selbstbewusstsein, Selbstwert und Selbstvertrauen: Entwickeln Sie Bewusstheit!

Jegliche Art von Veränderung braucht Bewusstheit.

Im Wort Selbstbewusstsein steckt es bereits drin. Sich seiner selbst bewusst sein.

Es geht darum, seine eigenen Stärken und Entwicklungsbereiche zu kennen und bewusst damit umzugehen. Unser Selbstbewusstsein, unser Selbstwert und unser Selbstvertrauen hängen eng miteinander zusammen und bedingen sich wechselseitig. Jemand mit schwachem Selbstwert (der wiederum vom Selbstbild abhängt) wird seinen eigenen Wert nicht so schätzen können und auch meistens nicht – zumindest nicht authentisch und kongruent – selbstbewusst wirken können.

Im umgekehrten Fall bedeutet das: Jemand, der seinen eigenen Wert kennt und hoch zu schätzen weiß, der sich selbst und seinen Fähigkeiten vertraut, ist selbstbewusst und wirkt auch so.

Es geht also immer darum, Bewusstheit zu entwickeln. Dafür ist es notwendig, ehrlich zu sich selbst zu sein und sich selbst zu reflektieren.

Werden Sie sich über Ihre Stärken und Ihrer unterschiedlichen Rollen bewusst. Wenn Sie diese Klarheit haben, wird es Ihnen leicht fallen zum Beispiel gegenseitig gewinnbringende Kooperationen einzugehen, da Sie, wenn Sie selbst klar sind, auch klar mit Anderen kommunizieren können.

Chancenbewusstsein

Mit Chancenbewusstsein meine ich die Fähigkeit, Chancen als solche zu erkennen.

Es gibt zwei Arten von Motivation. Die „von weg-Motivation" und die „Hin-zu-Motivation". Menschen, die Schmerz vermeiden wollen (von weg-Motivation) oder Menschen, die etwas Hin-zu-gewinnen wollen. Wenn Sie jetzt vielleicht denken, wo da der Unterschied ist, vergleichen Sie es mit einem Spiel.

Spielen Sie, um nicht zu verlieren oder spielen Sie, um Spaß zu haben und nach Möglichkeit richtig gut abzuschneiden und zu gewinnen? Hin-zu-motivierte Menschen haben das Ziel, das Ergebnis als Antrieb!

Um Chancen als solche erkennen zu können, braucht es ganz klar eine Hin-zu-Motivation. Beziehungsweise fällt es uns mit dieser Art deutlich leichter, Chancen zu erkennen und vor allem sie dann auch zu ergreifen und zu handeln!

Die gute Nachricht: Selbst wenn Sie bisher vielleicht noch ein paar andere Denk- und Handlungsmuster haben, so lässt sich alles ändern, sobald Sie sich dafür entscheiden, es zu wollen!

Und somit schließt sich auch der Bogen zu meiner eigenen Geschichte, die ich Ihnen am Anfang schon einmal angedeutet habe.

Geboren mit einem grauen und grünen Star und damit verbundener fast Blindheit auf dem rechten Auge und einer Sehkraft von 30 % auf dem linken Auge versuchten mir schon im Grundschulalter die Lehrer einzureden, dass ein Besuch des Gymnasiums nicht möglich beziehungsweise „ganz ganz schwierig" werden würde. Zum Glück hatte ich schon früher einen ganz starken Willen und die Überzeugung „Jetzt erst recht". Was bitte ist das für ein dämliches Argument, dass ein Gymnasiumsweg unmöglich ist? Schließlich betrifft mein Handicap nicht meine Gehirnfunktionen, sondern lediglich meine Sehkraft.

Weiter ging es mit der Aussage „Das geht nicht, das hat so noch keiner vorher gemacht", als ich meine Banklehrzeit verkürzen wollte.

Auch als ich begann, mich für Tanzen als Leistungssport zu interessieren, hieß es wieder einmal „Das ist fast unmöglich, du kannst ja bei schnellen Headspots (Kopfdrehungen) gar keinen Punkt fixieren, da dir das 3-D-Sehen fehlt."

Was will ich Ihnen damit sagen? Lassen Sie sich niemals, niemals, NIEMALS von anderen Menschen von etwas abhalten, das SIE gerne machen möchten!

Glauben Sie an sich und nutzen Sie die Kraft des erreichten und verwirklichten Bildes um trotz, oder gerade mit Gegenwind, *Ihr* Ding zu machen!

Ich bin unendlich *dankbar*, dass ich jeher eine starke Hin-zu-Motivation hatte und bereit war meinen Preis zu zahlen, um meine Wünsche zu verwirklichen. Ich war schließlich auf dem Gymnasium, habe meine Lehre und das Studium verkürzt, habe mich dem Wettkampf mit „normalen Tänzern" bis in die höchste Leistungsklasse erfolgreich gestellt und auch – trotz Abraten der anderen – erfolgreich mein Unternehmen „ErVOLKreich" gegründet und ausgebaut.

Auch die Wandlung von einem stillen, in sich gekehrten Mädchen, das sich aufgrund ihres Handicaps nicht traute, mehr in den Fokus zu rücken, zum ErfolgsCoach und zur Speakerin, die ihr Geld damit verdient, andere Menschen auf ihrem Weg zu unterstützen, ist geglückt.

Ich erzähle Ihnen das nicht um zu protzen, wie toll ich bin, sondern um Ihnen zu zeigen, *dass* es geht, wenn Ihre Einstellung und Ihr Umfeld stimmen und Sie es wirklich aus tiefstem Herzen heraus wollen! Mein Ziel ist es, Sie zu inspirieren, Ihnen Mut zu machen, zu sich und Ihren Wünschen zu stehen und diese konsequent zu verfolgen.

Nehmen Sie Ihr Leben in die Hand und leben Sie Ihre Träume!

Fühlen Sie sich inspiriert! Alles Gute, viel mentale Stärke und viel Erfolg!

15.2   Über die Autorin

Sonja Volk ist Mentalcoach, Bestseller-Autorin und Speakerin. Sie ist Expertin für Erfolgspsychologie und gesunde Highperformance und gilt als Deutschlands weibliche Mentalcoach Nr. 1. Zu ihren Kunden gehören neben DAX-Unternehmen auch Leistungssportler und Privatpersonen, die schnell ihre Blockaden lösen wollen, um ihre Wünsche zu realisieren und Erfolge zu bewegen. Gesundheitlich, sportlich, finanziell und beruflich.

Tägliche Inspirationsimpulse finden Sie unter www.facebook.com/erVOLKreich.by. SonjaVolk und auf YouTube http://www.youtube.com/c/SonjaVolk-Mentalcoach

Literatur

Business-Netz (Hrsg) (2011). Harvard-Studie beweist: Ziele sollten Sie unbedingt schriftlich fixieren. http://www.business-netz.com/Selbstmanagement/Ziele-schriftlich-fixieren. Zugegriffen: 20. Juli 2016.

Printed by Printforce, the Netherlands